责任编辑:唐　飞
责任校对:蒋　玙
封面设计:墨创文化
责任印制:王　炜

图书在版编目(CIP)数据

现代材料分析技术 / 黎兵，曾广根主编. —成都：四川大学出版社，2017.9
ISBN 978-7-5690-1211-8

Ⅰ.①现… Ⅱ.①黎… ②曾… Ⅲ.①工程材料-分析方法 Ⅳ.①TB3

中国版本图书馆 CIP 数据核字（2017）第 245486 号

书名　**现代材料分析技术**

主　　编	黎　兵　曾广根
出　　版	四川大学出版社
地　　址	成都市一环路南一段 24 号 (610065)
发　　行	四川大学出版社
书　　号	ISBN 978-7-5690-1211-8
印　　刷	郫县犀浦印刷厂
成品尺寸	185 mm×260 mm
印　　张	20.25
字　　数	486 千字
版　　次	2017 年 10 月第 1 版
印　　次	2022 年 2 月第 3 次印刷
定　　价	49.00 元

◆读者邮购本书,请与本社发行科联系。
电话:(028)85408408/(028)85401670/
(028)85408023　邮政编码:610065
◆本社图书如有印装质量问题,请
寄回出版社调换。
◆网址:http://press.scu.edu.cn

·四川大学精品立项教材·

现代材料分析技术

XIANDAI CAILIAO FENXI JISHU

主　编　黎　兵　曾广根

四川大学出版社

前　言

从我们对文明发展阶段的划分（石器时代、青铜时代和铁器时代）就可以看出材料对人类而言是多么重要。可以说，人类社会每一个新时代都是因为一种新材料的出现而促成的。材料之间的差异往往深藏在表面之下，人们唯有依靠先进的科学仪器才能略窥一二。为了了解材料的性质，我们必须跳出人类的经验尺度，钻进物质里面去，进入微观，甚至超微观世界中去。

遥想在地球之外的宇宙天体世界，那里存在着什么样的物质？曾经发生过什么样的变迁？它们的光谱或能把这些秘密告诉我们。虽然，今天人类的飞船可以到月球、金星、火星上去，从那里采样回来进行各种测试分析，然而，这些星球只是茫茫宇宙天体世界之一粟。就太阳这样的星球，其成分就不能靠飞船去采样，更何况还有离开我们几光年，甚至几十、几百光年的星球，就现在的宇航技术而言，我们就更加无能为力了。实际上，远在宇宙飞船出现前一百多年，人类依靠光谱技术，就已经知道太阳以及银河系中各个星体的组成成分了。

一提到材料分析，就会令人联想到精密仪器分析。诚然，市面上关于仪器分析的书籍已不算少，不过大多以介绍化学分析类的测试仪器为主；且其读者对象是以化学专业类的本科生、研究生为主。

本书由四川大学材料科学与工程学院黎兵（教授）、曾广根（副教授）主编。编者长期担任材料物理、材料化学、新能源材料与器件专业必修课“现代材料分析技术”的主讲教师，深感缺少专门针对材料科学与工程类的高等学校教材以及与材料物理、材料化学等专业密切相关的参考书。有感于此，编者集十余年的教学所得，汇编本书，试图弥补。

由于功能材料的性质分析主要针对材料的组分、结构及微观形貌进行测试表征，因此，本书主要从这三个方向出发来选择现代精密仪器，并进行原理性介绍。鉴于X射线衍射技术在新能源专业未专门开设本科课程，故本书将其内容收录在最后，使本书更加完整和系统。另外，其他材料分析类书籍中很少涉及的核磁共振波谱法，也在本书中进行了较全面的介绍。这样，分子结构的四大分析工具（紫外可见光谱法、红外光谱法、质谱法、核磁共振波谱法）在本书收录齐全。

本书内容共11章，第1、2章介绍原子光谱技术，它是专门测试材料组分的技术方法；第3、4章介绍分子光谱技术；第5章介绍散射光谱法；第6章介绍质谱法；第7章介绍核磁共振波谱法；第8、9、10章介绍电子显微技术及原子力显微技术，这是测试材料的超微观形貌的技术手段；第11章介绍X射线衍射技术。第3～6章介绍的内容是测试材料组分及分子结构的主要技术手段。

本书每一章均由“历史背景”“方法原理”“技术原理”“分析测试”“知识链接”“技术应用”“例题习题”七大板块组成，既强调了技术方法的前后关联、逻辑性，又突出了读者的参与性和能动性。其有鲜明的时代特色，符合教育改革的方向。

“历史背景”——介绍本章所涉及技术的发展简史，目的是让读者对测试方法及仪器原理等有广泛的、历史性的了解。

“方法原理”——介绍本章所涉及技术的方法原理，包括该测试技术的立足点、有关公式及定律的推导等。

“技术原理”——介绍本章所涉及仪器的工作原理，包括该仪器的设计框图、设备示意图，突出关键设备部件的工作原理。

“分析测试”——介绍本章所涉及的样品种类和制备，以及得到的结果（谱图或照片），并根据基本原理，做出定性、定量的分析。

“知识链接”——这是本书区别于其他教材及参考书的一大创新。出发点是基于教育改革的需要。具体来说，根据前面的内容讲授，提出一些发散性的问题或方向，引导学生进行深入的思考。形式上以思想实验或理论推导为主，力求另辟蹊径、化繁为简地解决问题。编者已经在专业课堂上应用此方式，收到了很好的教学效果。学生的学习积极性、能动性有了大幅提高，并逐渐养成求索的科学精神。尤其当教师授课时，建议灵活穿插知识互动的内容，由浅入深。在丰富学生的知识面的同时，也引导学生进行深度的思考。

“技术应用”——介绍本章所涉及技术的应用及发展前景，目的是让读者对测试技术及仪器有应用性、前瞻性的了解。

“例题习题”——每章均设置例题和思考题，目的是让读者对了解的内容加深印象，并能消化吸收。

本书编写及内容安排力图实现本课程的教学目的：使学生对材料的各种现代分析技术有一个初步的、较全面的认识，掌握相应的基本原理、方法及理论推导；培养有一定材料分析、材料设计能力的高等人才。

本书的导言以及第1～3章，由四川大学材料科学与工程学院黎兵（教授）主编；第4～11章由曾广根（副教授）主编，其独立编写逾25万字。杨科、卢红婷、何思颖、刘吉洋、刘晓兰、唐萍等研究生参与了前3章的部分校对工作。

本书适用于材料科学与工程一级学科专业或二级学科专业的公共/专业课，本/专科教学使用，同样可作为物理、化学类的本科教学参考书，建议48～64学时。本书也可供研究生及相关技术人员参考使用。

本书的出版得到家人及单位同仁的支持和鼓励，获得2015年度四川大学立项建设教材的资助。对为本书的出版提供帮助的四川大学出版社，以及书中被引用的研究成果及资料的作者，一并表示感谢。

本书采用了崭新的编排思路，试图从逻辑上对每一个分析方法进行梳理。但限于编者水平，疏漏和不妥之处在所难免，敬请读者批评指正。

主编　黎兵、曾广根

二〇一七年五月

目　　录

科学十诫

——摘自《爱因斯坦的圣经》

你应遵守自然的诫命：

1. 你只可信仰一个且唯一一个自然之律、宇宙之律。甚至在它们处于支离的状态下，你也应遵守它的原理。

2. 你应服从引力。因为你应在时空的自然构造中沿着一定的曲率移动。此种弯曲运动将构成引力。

3. 你应服从电磁力。如果你是一个电荷，你将被与自己相同的电荷排斥，被与自己相反的电荷所吸引。磁力将是电力与电荷运动的结果。

4. 你不可杀死电荷。

5. 你应服从弱力和强力。它们统治核世界和亚核世界。

6. 你不可偷窃能量、动量或角动量。它们既不能创造也不能毁灭，所以你应使它们守恒。

7. 你不能以超光速旅行。无论你是运动还是静止，光速都是不变的。

8. 你可将物质变成能量，能量变成物质。所以你可将能量看作物质，将物质看作能量。

9. 你应服从量子力学的原理。你不会知道微观状态是粒子还是波，因为微观状态有时像粒子，有时像波。这样的状态将由量子波等式来测定。你不会同时无限精确地知道物体的位置和动量，所以你将凭不确定性和或然性前行。

10. 如果你是半整数自旋，你就是费米子，服从泡利不相容原理，你不会占据你兄弟的状态；如果你是整数自旋，你就是玻色子，你将与你的同行形成完美的对称。

这知识的十诫，
将是文化与科学的财富。
科学的黄金律，
将服从宇宙的规律，
它将包含十诫，
及其自身。

导　言

一、引子

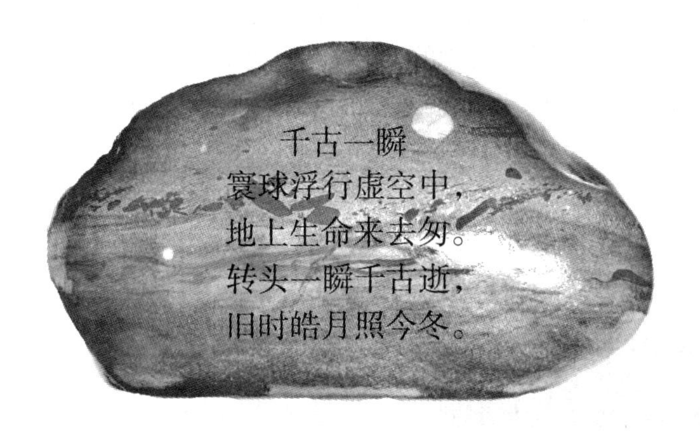

二、你的亿万年时空之旅

欢迎你，疲惫的旅行者。你已经经历了或许连自己都不知晓的漫长旅程。因为，你和你周围的世界都是物质和能量，是经过亿万年的时空之旅临时组装而成的。例如，你身体内许多原子，都是在古老的恒星内核中锻造出来的；你体内的一些水，还曾在恐龙的身体内流淌过。而在未来，你的旅途仍会继续……

下面，我将讲述几个跨越时空的旅行故事。你估计忘了，类似这样的故事，你或许早已经历过。

1. 从星尘到星尘

旅行者：一个钙原子。

出发地：第一批恒星。

目的地：你的身体，以及其他。

旅行时长：超过 135 亿年。

你骨骼中的钙原子，就像你身体中其他的重原子一样，是在大质量恒星的核心中锻造出来的，这样的恒星的质量可能是太阳质量的 10 多倍、100 多倍甚至 1000 多倍。它们是宇宙中的第一批恒星，诞生于宇宙大爆炸之后的 5.5 亿年左右。第一批恒星中的大质量恒星，在演化接近末期时会发生剧烈爆炸，变为超新星。一个钙原子在这个过程中诞生了，它像电影中一个动作明星逃离汽车爆炸一样，远离超新星。在星际空间飘荡几千年之后，它会加入一个由气体和尘埃构成的星云之中，这片星云最终会坍缩成一个新的恒星，然后会再次变为超新星。

这个钙原子会经历很多次这样的循环，直到距今大约50亿年前，它进入了一片将会变为太阳系的星云之中。在这里，气体和尘埃不断旋转着，在核心处，物质开始坍缩，发出的光芒会穿过周围的物质照耀出来，如同一颗夺目的宝石闪耀在沙漠神殿里。慢慢地，这些物质在引力的作用下挤压到足够热时会发生聚变，于是，太阳就诞生了。在新生的太阳周围，环绕着一个巨大的物质盘，而那个钙原子就在这个物质盘中。

之后，经过了几亿年，地球以及其他行星和卫星从这个物质盘中诞生，钙原子就被困在了地球上。它在地球上开始了长达45亿年的旅行：它从地壳深处跑到海洋中，然后停留在石灰石悬崖，再到软体动物的贝壳上，贝壳最终破碎，成为海洋沉积物，甚至成为远古人类石器时代进步的奠基石，或者可能经过亿万年的演化，变成一块有画面或象形的奇石，被后人发掘出来把玩欣赏。

历经沧海桑田，这个钙原子终会成为土壤的一部分。之后，它被一颗西兰花吸收，最终被你吃掉。对于钙原子而言，它只会在你的骨骼里停留很短的时间。中年之后，人体每年会有近1%的钙质流失。总有一天，这个钙原子会从你的骨骼中流失，进入你的血液，最终通过尿液排出体外。之后，这个钙原子还会被其他生物吸收走。

离现在大约50亿年后，这个钙原子将会目睹到太阳逐渐变为一颗巨大、蓬松，但表面温度略低的恒星，即变为红巨星。随着时间的推移，其核心将变为一颗致密天体，即白矮星。整个太阳的质量将会坍缩为一个地球大小的天体，而外面的大气会完全抛散到太空中。

如果地球能在这个过程中存活下来，那么这个钙原子会长期停留在一个无聊的、毫无生机的岩石世界里。最终，地球可能会下落并撞到白矮星上。那时，如果外星天文学家正好观测到这颗白矮星，那么他们会从白矮星的光谱之中找到钙原子存在的痕迹（因为特定的元素会在光谱中留下特定的光谱线）。事实上，我们的天文学家就已经发现了银河系中的一些白矮星上存在着类似的重元素。但是，如果太阳在变为红巨星的过程中就把地球气化了，那么那个曾经在你骨骼里待过的钙原子最终会变为宇宙的尘埃，并成为下一代恒星的原材料。

2. 你体内的水，曾在恐龙的身体内流淌过

旅行者：水。

出发地：撞到地球上的彗星。

目的地：一页纸。

旅行时长：约40亿年。

水的旅程始于约40亿年前。那时的地球如同地狱一般，表面处处岩浆流淌，彗星和小行星还不断撞击到地球表面。水分子被一颗彗星带到了地球上。大约7亿年之后，地球干燥炽热的地表逐渐变为温和的由海洋覆盖着的世界。

之后，水分子随着其他亿万个伙伴一起形成洋流，缓慢地从地球的一方漂到另一方。在数百万年里，它曾触摸过大陆边缘，轻轻推动海底沉淀物，帮助岩石溶解以及传输气体。它可能穿过赤道成千上万次。某一天，它受到阳光的烘烤后上升到大气中，然后与其他水分子形成雨滴降至地表上。它会通过裂缝渗入地下，并困在地下含水层中几个世纪。随着地壳不断地运动，这个水分子会再次开始新的旅程，并重新回到海洋之中。

而距今大约38亿年前，一个新的旅行线路出现了——水分子可以在生命体之间进行旅行，同时还能使生命体存活。大约在1.5亿年前，水分子发现自己被困在北美大草原的一片湖水中。迷惑龙把自己如同起重机一样的脖子伸到湖面上，喝了一口水。这样，这个水分子以及其他水分子就顺着迷惑龙的消化系统，进入其血液之中。于是，这个水分子开始扮演地球上最为重要的角色——行使生命的基本化学反应。

与其他水分子一起，它会使DNA、蛋白质和细胞膜等细胞物质形成正确的形状，发挥正常的作用。它还可以协助把氧气传输到迷惑龙的大脑中，或者改变心脏细胞的电流传输等。一个星期之内，它就能在迷惑龙的身体中溜达一圈，当它最终抵达迷惑龙的肾脏，这一段在恐龙体内的旅行就要结束了。这个水分子会成为尿液的一部分，被迷惑龙“驱逐”到体外。它会通过地表渗入地下，像以前很多次经历的那样，最终找到一条路线回到海洋中。

在之后的1亿多年里，这个水分子会出现在地球的各个地方。例如，它曾停留在鲸鱼的大脑里，也曾出现在南极一个冰盖上。之后，在某一天，它出现在一杯水里，然后

被人喝掉后进入其体内。再之后，它被排出人体外，并被一棵松树吸收。它在几十年里一直停留在树的木质纤维之中，直到这棵树被砍倒，并变成纸浆。纸浆虽经过多次操作，这个水分子仍能保留，最终它发现自己被锁定到一张纸上。这张纸被印上图片和文字，然后被切割和装订。最终，这个水分子停留在你眼前这本书的这张纸里，一动不动。它，正等待着下一次旅行。

3. 往返于地球深处

旅行者：锆石。

出发地：地球内部。

目的地：亚洲某地。

旅行时长：约40亿年。

大约40亿年前，地球大部分地方都遍布着火山熔岩。距地表以下几百公里，锆离子在缓慢流动的岩浆中飘荡，地幔的流动使得锆离子都聚集到一起。之后，岩浆被抬升并发生了冷却，开始有晶体生长——无数个原子构成完美的晶格。其中，锆离子也会形成一种晶体，叫作锆石。锆石虽然只有几立方毫米大小，但它晶莹剔透，而且十分坚固，可以永久地保存下去——至少在地球上。而对于铀原子来说，锆石还是一个避风港。铀原子被包裹在锆石中，会衰变为铅，而这个衰变过程可持续几十亿年。这样，铀原子会随着锆石周游世界。

锆石没有时间休息。岩浆不断地涌动着并被推上一个火山口。锆石随着一堆炽热的气体和熔岩喷出火山口，并落到不远处的火山灰上。之后，更多的火山灰堆积在上面。而这个火山最终会走向死亡。

经过数百万年风雨的侵蚀，这个锆石最终暴露在一片死气沉沉、布满碎石的荒地上，而此时的大气大部分还是由二氧化碳和甲烷构成的。这是一个危险的地方，陨石不断撞击着这个星球，附近一个撞击还使得锆石的部分晶格发生了错位。几千年又过去了，风雨的侵蚀最终使得这个锆石脱离荒地，掉进河流，然后随着河水流进大海。借助海洋的流动，它在海底比以前更快地移动着。不过随着时间的流逝，海洋中的沙子越堆越多，最终锆石第二次进入地壳深处。

这也是古老的奇石的真实写照，比如下面这块象形梨皮石。

十几亿年之后，地质运动再次把这个锆石带到地表上，而此时陆地和海洋都发生了

巨大的变化。一些漂浮在海洋中的细胞已经进化出直接从阳光中获取能量的能力，并将氧气排到空气中，这使得大陆上的任何不稳定的矿物开始生锈。锆石周围的含铁矿物逐渐变为棕色或红色。之后，锆石再次被冲进海里，逐渐被包含微生物的淤泥覆盖，然后它第三次进入地壳深处。在之后的20亿年里，全球板块不断地漂移和撞击，锆石饱受蹂躏，它身上的疤痕，会在某一天告诉世人它所经历的非凡之旅。

第三次来到地表后，伤痕累累的锆石躺在一处温暖潮湿的热带地区。天空有鸟类在飞翔，附近的森林中，一个新进化出的物种加入森林合唱团，它们就是灵长类动物。而在一个雨季，锆石又被冲进河水中，流进新的海洋并再次被淹埋。又过了大约6500万年，锆石在亚洲某地重见天日，但此时的情况已非常不同。锤子和凿子在岩石上叮当作响，锆石被挖出来后，人类对它进行了各种测试。人类用金刚石砂轮切开它，读取铀原子的衰变情况，并分析它身上的伤疤，了解它所保留下来的历史和知识。尽管被切掉一大块，锆石仍然十分坚硬，它将再次踏上旅程，直到地球的灭亡之日。

4. 从遥远的星系团到生物基因

旅行者：宇宙射线。

出发地：遥远的星系团。

目的地：大气。

旅行时长：十几亿年。

在遥远的室女座星系团中，一颗年老的大质量恒星即将变为超新星，它的内核约有1亿摄氏度。在这里，原子核还不断碰撞，发生着聚变，继续产生更多的热量。在内核的边缘，则是我们的旅行者：一个聚变的产物——铁原子核。

恒星的内核在过去的几十万年里不断增长，直到无法继续稳定存在，最终发生坍缩，然后反弹发生爆炸，变为一颗超新星，其产生的辐射会撕裂整个星体。在这一爆炸过程中，铁原子核在多次产生的冲击波和强电磁场中，获得越来越多的能量，直到它冲出爆炸的火球，自由地飞向太空。

铁原子核高速地飞行在太空中，其身后留下的是恒星死亡后产生的星云。铁原子核正前往一个星系的中心，而那里有一个怪物正等待着它——一个巨大的黑洞，其质量是太阳质量的十几亿倍。铁原子核抵达后，与周围的气体一起高速绕着黑洞旋转，它越来越靠近黑洞的事件视界，即黑洞的表面。一旦越过事件视界，那么它再也无法从黑洞里逃逸出来。然而在最后时刻，它被黑洞产生的强烈的磁场风暴卷走了，成为等离子体喷流的一部分，以超过90%光速的速度被喷射出去。

黑洞喷流的冲击力比超新星更具威力。远离黑洞后的铁原子核，大约具有8 J的能量，是地球上大型强子对撞机产生的粒子的最高能量的数百万倍。铁原子核在星系之间游荡，运动状态不断被宇宙各处的磁场改变。鉴于铁原子核运动的速度过快，相对论效应将显现出来。跨越漫长的星际之旅，对于铁原子核来说，只需不长的时间。在星际空间旅行的最后一天，我们的旅行者终于接近了银河系的一条旋臂，它的前方正是太阳系。当它抵达地球时，我们把它称为一个超高能宇宙射线。

对于铁原子核来说，高层大气的稀薄气体远比它之前遇到的任何障碍都更具挑战性。一个氮原子核会与这个铁原子核相撞，撞击出的超高能量不仅会破坏这两个原子核，而且还会制造出一堆介子与其他亚原子粒子，产生的每一个粒子都有足够的能量与其他原子核再次发生剧烈碰撞，最终产生大量的辐射，穿过大气倾泻下来。

这些粒子会稍微增加飞机里乘客和机组人员所受到的辐射剂量。一些粒子可能会触发雨滴的形成，甚至可能会触发闪电的形成。一些粒子还会闯进生物细胞中，可能会改变人以及其他生物的基因，并影响生命的进化。但许多人没有意识到，这些粒子其实是一个曾与黑洞亲密接触的原子核的灰烬。

5. 从沧龙的一次呼吸到火电站

旅行者：碳原子。

出发地：沧龙的一次呼吸。

目的地：火电站。

旅行时长：约 6600 万年。

6600 万年前，一个巨大的浅海覆盖着北美洲，这个浅海被称为西部内陆海道。在这里，一个二氧化碳分子被水里的一只长约 18 m 的沧龙吐进水域中。于是，二氧化碳分子开始进行环游世界之旅，在空气和海洋之间穿梭。

地质运动最终把西部内陆海道抬升了起来，海底被亚热带湖泊和沼泽所替代。二氧化碳经历了多次环球旅行之后，被沼泽中的树所吸收。当这棵树死掉后，二氧化碳中的碳原子被困住。在几百万年里，许多腐烂的植物和河流污泥不断堆积在这棵树的遗体上。不断上升的温度和压力使它们变硬和变黑，最终在 6000 万年前形成了煤炭。几千万年过去了，越来越多的沉积物堆积在煤炭上，使得煤炭深埋于地下数千米。但在 1000 万年前，地质运动使得这里的地壳开始抬升，碳原子所受的压力开始减少。

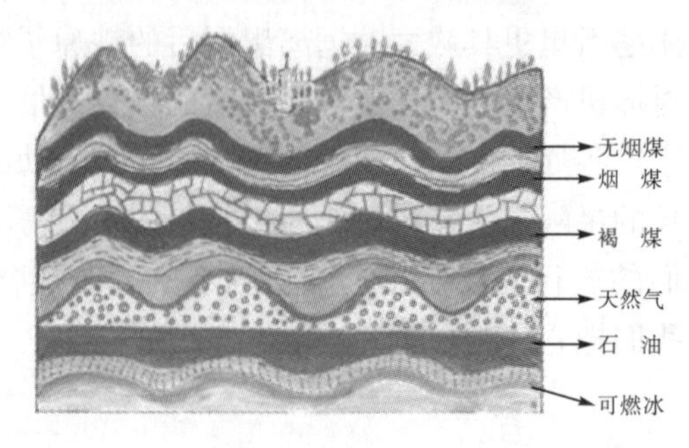

到了20世纪70年代，这个巨大的煤层得以开采，碳原子经历了6600万年的旅程终于重见天日。它将经历一个与之前完全不同的旅程。煤炭在火电站的锅炉中燃烧起来，快速释放的能量一部分变为电能，供周围居民使用。而碳原子将与两个氧原子结合，形成二氧化碳，通过烟囱进入大气之中。之后，它可能需要再经历数百万年，才会返回大地，并藏匿起来。

6. 你眼睛里的星光

旅行者：星光。

出发地：天津四。

目的地：你的眼睛。

旅行时长：1500年以上。

位于天鹅座的一颗名为天津四的恒星外部，一个光子诞生了。它是一个古老家族的后裔，这个古老家族是在数万年前由天津四内核聚变所创造出来的一堆光子。祖先们在恒星中心与电子相撞，被离子吸收。在这个过程中，又有能量更低的光子逐渐诞生，并从恒星核心向外运动。而这个光子十分幸运：它是在恒星大气最低的一层即光球中诞生的。它可以轻易地穿过稀薄的外层大气逃到太空中。于是，它开始了一次超长的旅行。不过，如果从量子的角度来看，它经历的是无穷多次的旅行。从诞生到消亡，一个光子的路径不是确定的。事实上，光子可以同时走在所有可能的路径上。这些路径可以分布在整个空间中，但是光子所走的最短路径，则是天津四和地球之间的直线路径。

当你在晴朗的夜晚仰望天空时，光子无穷多次的旅行最终结束在你的眼睛中：光子会撞击到你的视网膜中的一个蓝敏细胞上，其最后的作用是激发了你的视神经反应，使你能看到天鹅座有一个明亮的蓝白色光点，然后就消失了。

7. 你将何去何从

组成你的各种粒子，经过亿万年的时空旅途，塑造了人类、塑造了你。

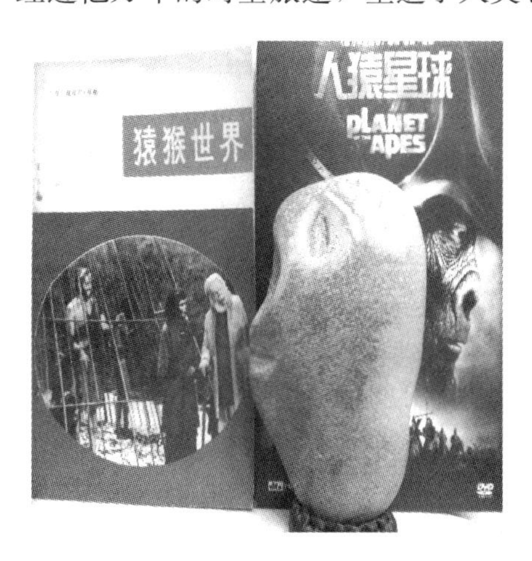

人类的未来，需要每一位的努力。你的未来，取决于你的能力、性格、机遇，以及你对每件事情做出的决定和选择。

就本书内容而言，对材料的组分、结构及微观形貌进行测试分析，也需要面对现代分析技术及精密设备方法的选择。希望本书能为你提供帮助。

三、推荐书目

通过前述内容，我们对组成世界的物质和能量以及能源有了一个形象的认识，其中涉及光谱、材料、分析等。

本书的每一章都涉及专门的精密设备仪器以及专业文献。本科生应力图掌握重要的基本原理和方法，为之后的学习工作奠定基础。所以，编者除了在本书参考文献中列出了本书编写中主要参考的资料外，还推荐几本科普类图书供学生参考：《费恩曼物理学讲义》（三卷本）《物理学的进化》《爱因斯坦的圣经》《从一到无穷大——科学中的事实和臆测》《牧羊少年奇幻之旅》《围城》《伯爵家书》《丑陋的中国人》。

第1章　原子发射光谱法

第1节　历史背景

1.1　1927年索尔维会议

距今约100年前，即截至20世纪初，经典物理学家建立了一整套集中代表他们思想的假定，使得别的新思想很难脱颖而出。下面就是他们关于物质世界的一些信念：

（1）宇宙就像一部装在绝对空间和绝对时间里的巨大机器。复杂运动是由这部机器内部各构件之间的简单运动所组成的，即使有些部件是不能（无法）看到的。

（2）牛顿的归纳总结意味着所有运动都有原因。如果一个物体表现运动，则总能找到导致这运动的原因。这就是因果律，没人对此置疑。

（3）如果已知物体在某个时刻（如现在）的运动状态，就可以确定它在过去和将来任意时刻的状态。所有事件都是过去的原因造成的后果，都是确定的。这就是确定论。

（4）光的性质由麦克斯韦电磁波理论完全描述，并被1802年托马斯·杨的一个简单双缝实验中的干涉条纹所证明。

（5）物质运动有两种形式，一种是粒子，像不可穿透的球形体，类似台球；另一种是波，类似于海洋表面冲向岸边的浪涛。波和粒子互不兼容，即能量载体要么是波，要么是粒子。

（6）对于系统的性质，如温度、速度的测量，在原则上可以达到任何精度，误差可通过减少观察者探测时的干扰或用理论校正来解决，即使对微观的原子系统也不例外。

经典物理学家对以上总结陈述坚信不疑，尽管这六条假定都值得怀疑。最早认识到这些问题的是1927年10月24日在比利时中央旅舍聚会的一群物理学家们。

在“第一次世界大战”爆发的三年前，比利时企业家索尔维在布鲁塞尔发起了系列性国际会议，参加者多为个别邀请，与会人数一般为30人左右，每次会议事先确定讨论主题。

前五次会议在1911—1927年召开，以极不寻常的方式记录了20世纪初物理学发展的历史。1927年的会议专注于量子理论，与会者中对量子论有奠基性贡献的就不下9人，后来这几位均因其贡献，先后被授予诺贝尔奖（图1-1）。

图 1—1　1927 年索尔维会议与会者合影

图中的阵容可谓是“大腕云集”，称得上是科学史上最著名的一张合影照片。科学史很少有这样一个时期，在如此短的时间内，只被这样几个人清楚地阐述重要的关键基础问题。再看这张照片，不禁令人心潮澎湃。

第一排的居里夫人（Marie Sklodowska Curie，1867—1934）旁边那位愁眉苦脸的普朗克（Max Planck，1858—1947），一手拿着礼帽，一手拿着雪茄，一副筋疲力尽的样子，他多年来一直力图推翻自己对物质和辐射的革命性思想，他在跟自己过不去。

1905 年，瑞士专利局的一位年轻职员爱因斯坦（Albert Einstein，1879—1955）推广了普朗克的量子观念。图中的爱因斯坦坐在前排正中，穿着笔挺的西装正襟危坐。从 1905 年发表文章之后的 20 年来，他一直对量子论十分关注，但没有实质性深入。当然，他对量子理论的发展不断有所贡献，他也支持其他一些似乎不太严谨的原创思想。1915 年，最伟大的广义相对论已使他在国际上名声大振。

在布鲁塞尔，爱因斯坦就量子论的非同一般的表述，与“丹麦大个”尼尔斯·玻尔（Niels Bohr，1885—1962）展开了辩论。玻尔坐在图中第二排最右边，显得很放松和自信，这位 42 岁的资深教授正春风得意，这时他的权威性在物理界中达到最高峰。

在爱因斯坦的后面，最后一排的薛定谔（Erwin Schrödinger，1887—1961）很引人注目，在他左边的第二、三位是刚刚二十来岁的泡利（Wolfgang Pauli，1900—1958）和海森伯（Werner Heisenberg，1901—1976）。另外，第二排还有狄拉克（Paul Dirac，1902—1984）、德布罗意（Louis de Broglie，1892—1987）、玻恩（Max Born，1882—1970）。

如今，这些人已成为永垂不朽的存在。当时他们当中年纪最大的普朗克 69 岁，最小的狄拉克 25 岁，后者在次年完成了相对论电子理论。

现在我们知道，只有使用了这些科学家们开创的量子论，才能更深刻地理解光谱。

1.2　光谱观测的由来

回溯三百多年前发现的光谱，如今已在生产实践、科学研究中得到了广泛的应用。我们对于宏观的宇宙世界和微观的原子世界的认识，主要也是从光谱技术上得到的。因此，回顾光谱的发展史是有一定意义的。

1666 年，英国正在闹瘟疫，年轻的科学家艾萨克·牛顿从剑桥大学回到家乡林肯郡。但他并没有闲着，而是兴致勃勃地研究起光学来。

有一次，牛顿手里拿着一块玻璃制的三棱镜来到紧闭的窗前，一束阳光通过窗上特意挖出的小孔射进来。当他把这块玻璃放进这束光线中时，一个奇妙的现象出现了：玻璃一插入光束，原先投射在椅背上的那个白色光斑，马上变成了长条形的彩色光带。他好奇地把一只手插进光带中，他的手指有的“染”上了红色，有的“染”上了黄色，有的“染”上了绿色……

牛顿把这个实验做了一遍又一遍，每次实验都出现了同样的现象：太阳光在没有三棱镜遮挡时，投射在椅背上的是一个圆形的白色光斑；而在三棱镜遮挡时，投射在椅背上的就变成雨后彩虹一样的彩色光带。彩色光带的上端是红色，下端逐渐转变为橙色、黄色、绿色、紫色……牛顿把这样的彩带称为太阳光的光谱。如图 1－2 所示。

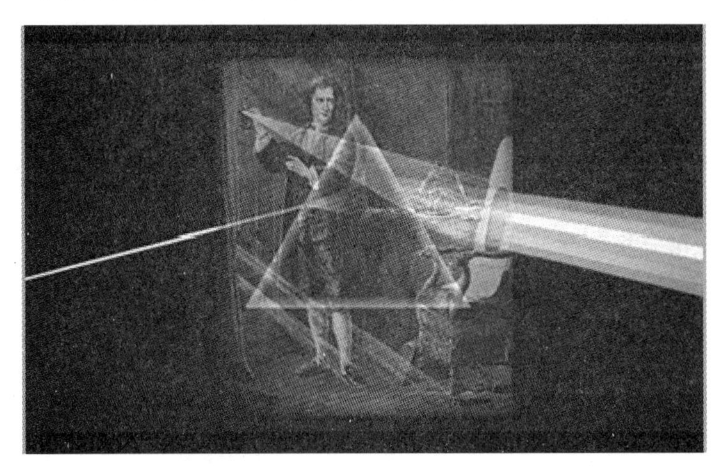

图 1－2　牛顿进行光学实验

牛顿的光谱实验引起了同时代其他科学家的浓厚兴趣，纷纷进行各种光源发光成分的科学实验。例如，为了能够定量地记录光源发射某种颜色光波的所在位置，就在光源与棱镜之间加一条狭缝，让光束先穿过狭缝，然后再通过棱镜；用透镜将通过棱镜的光束会聚起来，在透镜的焦平面上便得到了一系列狭缝的像，每个像都是一条细的亮线，称其为光谱。

1.3　光谱浅谈

光波的颜色和它的波长有一一对应的关系，每条光谱对应一种波长的光辐射。在光谱图上，波长相差越大的两条谱线，它们之间的距离也越远。有一些光源，比如炽热的固体发射出来的光辐射，里面包含着一定范围内任意长度的波长。因此，在这种光源的光谱图上，光谱线是一条紧挨着另外一条，彼此连接成一片的。这种形式的光谱称为连续光谱。太阳光就是连续光谱的典型例子。如果光源发射的光辐射中只包含少数几种波长的辐射，在它的光谱图上，就可以清楚地看到孤零零的一些亮线，这样的光谱称为线状光谱。

现在我们知道，光谱的分类有多种。从产生机制上，可分为发射光谱、吸收光谱。发射光谱是指构成物质的分子、原子或离子受到热能、电能或化学能的激发而产生的光谱。吸收光谱是指物质吸收光源辐射所产生的光谱。从样品类型上，可分为原子光谱、分子光谱。散射光谱也可归类于分子光谱，在本书中主要是指拉曼散射光谱，其有别于普通的瑞利散射光谱。从谱线的形态上，可分为线状光谱、带状光谱与连续光谱。线状光谱是由原子或离子被激发而发射的光谱，因此，只有当物质离解为原子或离子时（通常是在气态或高温下），才发射出线状光谱，相应地称为原子光谱或离子光谱。带状光谱是由分子被发射或吸收的光谱，例如，在吸收光谱分析中观察到的四氮杂苯的吸收光谱。连续光谱是由炽热的固体或液体所发射的，例如，白炽灯在炽热时发射的光谱就是连续光谱，太阳光谱也是连续光谱。

在地球之外的宇宙天体世界，存在着什么样的物质？曾经发生过什么样的变迁？它们的光谱能把这些“秘密”告诉我们。虽然，如今人类的飞船可以到月球、金星、火星上去，并从那里采样做各种测试分析，但这些星球只是茫茫宇宙之一粟。像太阳这样的星球就不能靠飞船去采样。还有离我们几光年，甚至几十、几百光年的星球，依照现在的宇航技术，我们无能为力。实际上，远在宇宙飞船出现前一百多年，人类就已经依靠光谱技术，知道了太阳以及银河系中各个星体的组成成分了。

原子发射光谱分析，就是利用物质发射的光谱而判断物质组成的一门分析技术。因为在光谱分析中所使用的激发光源是火焰、电弧、电火花等，被分析物质在激发光源作用下将被离解为原子或离子，因此，被激发后发射的光谱是线状光谱。这种线状光谱只反映原子或离子的性质，而与原子或离子来源的分子状态无关，所以光谱分析只能确定试样物质的元素组成和含量，而不能给出试样物质分子结构的信息。

第 2 节　方法原理

2.1　光谱的量子论解释

精确观测气体发光在欧洲实验室中已有 150 多年的历史，许多人相信此中必隐含有原子的秘密。不过，如何破译已有的大量信息，从一片混乱中整理头绪呢？这是一个很大的挑战。

1752 年，苏格兰物理学家梅耳维尔把装有不同气体的容器放到火上加热，进而对发射出来的五光十色的光线进行研究。他的发现令人惊讶：加热不同气体发出的光，通过棱镜得到的光谱和发热固体的类似于彩虹的光谱（太阳光谱）很不同。通过狭缝实验发现，加热气体的光谱包含不同的亮线，每一根都固定在光谱的某个颜色区，即不同的气体有不同的光谱。

物质由分子、原子组成，而各种原子又由原子核及核外电子组成。这些分子、原子、原子核及核外电子，均处于不停的运动中，它们具有一定的能量，即处于一定的能级。从量子力学的观点来看，它们具有的能级是不连续的，当其吸收了外界供给的能量，便由能量低的基态能级 E_1 跃迁到高能级 E_n，这个过程称为**激发**。受激后称为激发态，在激发态下，原子居留在能级上有一个平均时间，即激发态原子存在**能级平均寿命**（约 10^{-8}s），它们将会很快自发地直接或经中间能级后返回到基态能级 E_1，同时把受激时所吸收的能量 $\Delta E=(E_n-E_1)$ 以电磁波的形式释放出来，这个过程称为**退激**。

根据量子理论有

$$\Delta E = h\nu = hc/\lambda \tag{1-1}$$

式中，h 是普朗克常数；ν，λ，c 分别表示辐射出来的电磁波的频率、波长、波速（即光速）。

由于 hc 是常量，则 ΔE 正比于 $1/\lambda$。当 λ 用 cm 表示时，$1/\lambda$ 称为**波数**。

因为各种分子、原子、原子核及电子所处的运动状态不同，它们具有的能量范围必然不同，因此激发或退激时，在能级跃迁中可能吸收或辐射的电磁波的波长也就不同。测定这些电磁波的波长和强度，即可对样品的物质组成及数量进行定性和定量分析。

人类所处自然界的能量波谱范围如图 1−3 所示。

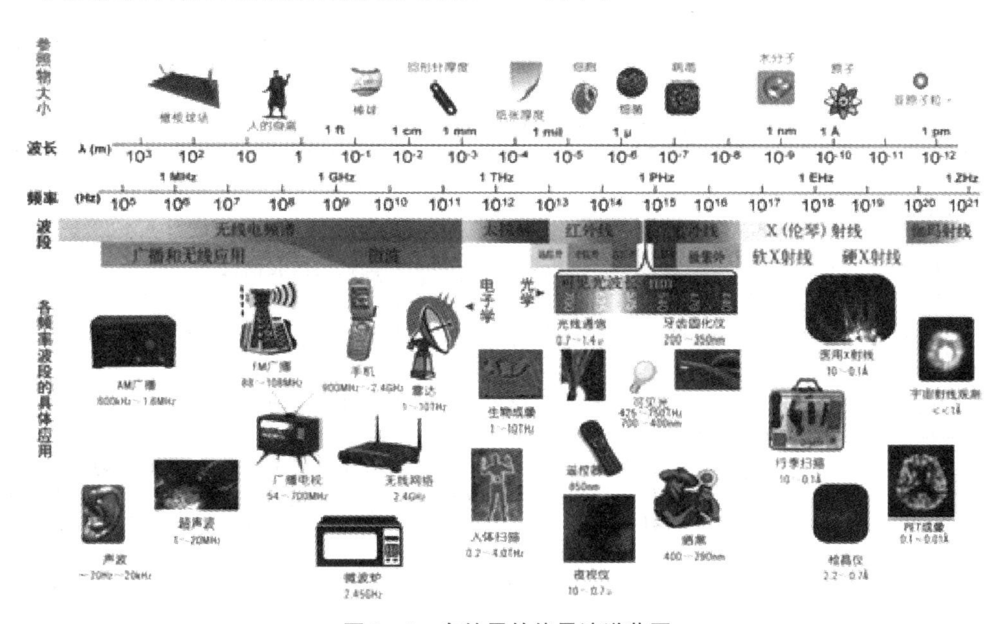

图 1−3　自然界的能量波谱范围

如图 1−4 为可见光连续光谱图，可见光波段（380～780 nm）是我们人类目力所及的波谱范围。其中，红光的范围是 630～780 nm，代表波长是 700 nm；橙光的范围是

600～630 nm，代表波长是 620 nm；黄光的范围是 570～600 nm，代表波长是 580 nm；绿光的范围是 500～570 nm，代表波长是 550 nm；青光的范围是 470～500 nm，代表波长是 500 nm；蓝光的范围是 420～470 nm，代表波长是 470 nm；紫光的范围是 380～420 nm，代表波长是 420 nm。

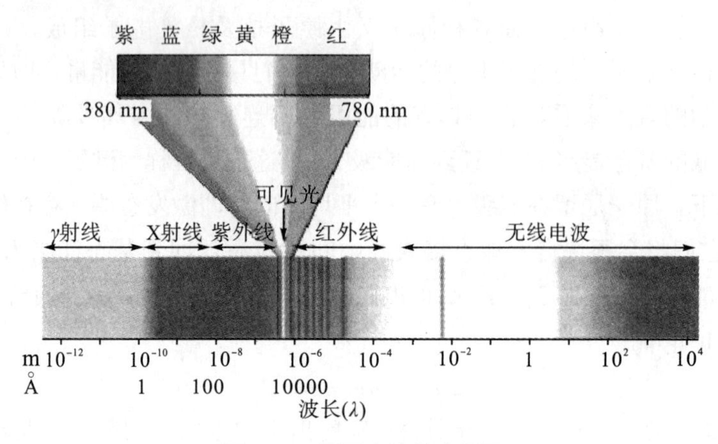

图 1—4 可见光连续光谱图

在实践中，为了便于对某一波段的电磁波信号进行准确的测量，一般都设计了专用的分析测试仪器。

表 1—1 给出了各电磁波段的产生原因及有关测试仪器。其中的波长等数据，是一个范围值。从上到下，显示的是能量逐渐增大的情况。力图将物质世界的能量形式按低能到高能的顺序做了一个大致的排列。本书中的大部分章节，就是介绍有关如何利用这些能量形式（即辐射），去探知物质本身的组成、结构等内部信息，进而制备出更好的材料来。

表 1—1 各电磁波段的产生原因及相关测试仪器

波长（λ）/cm	波数（1/λ）/cm^{-1}	波段	产生原因	测试仪器
>10	$<10^{-1}$	射频	核自旋	核磁共振波谱仪
$10^{-1}\sim10$	$10^{-1}\sim10$	微波	电子自旋，分子转动	电子顺磁共振波谱仪
$10^{-4}\sim10^{-1}$	$10\sim10^{4}$	红外线	分子振动	红外光谱仪
$10^{-6}\sim10^{-4}$	$10^{4}\sim10^{6}$	近红外线 可见光 紫外线	价电子跃迁	激光拉曼光谱仪、原子发射光谱仪、原子吸收分光光度计、紫外及可见分光光度计、分子荧光及磷光光谱仪
$10^{-9}\sim10^{-6}$	$10^{6}\sim10^{9}$	X 射线	内层电子跃迁	X 射线衍射仪、X 射线荧光光谱仪
$<10^{-9}$	$>10^{9}$	γ 射线	核跃迁	闪烁计数器

2.2　原子发射光谱

原子发射光谱法（Atomic Emission Spectroscopy，AES）就是在光源中使被测样品的原子或离子激发，并测定退激时其价电子在能级跃迁中所辐射出来的电磁波（主要是近紫外光及可见光），再根据其光谱组成和强度分布情况，来定性和定量地确定样品的元素组成和浓度。

1. 原子结构

原子是由原子核与核外电子所组成的，电子绕原子核运动。每一个电子的运动状态可用主量子数、角量子数、磁量子数和自旋磁量子数来描述。主量子数 n 决定了电子的主要能量 E：

$$E = \frac{-Z^2}{n^2}R = -13.6\frac{Z^2}{n^2}(\text{eV}) \tag{1-2}$$

式中，n 是主量子数，可取 1，2，3，4，…；Z 是核电荷数；R 是里德堡常数。

电子的每一个运动状态都和一定的能量相联系。根据主量子数，可把核外电子分成许多壳层，离原子核最近的叫作第一壳层，往外依次称为第二壳层、第三壳层……通常用符号 K，L，M，N，…来相应地代表 $n=1$，2，3，4，…的各壳层。角量子数 l 决定轨道的形状。因此，具有同一主量子数 n 的每一壳层按不同角量子数 l 又分为几个支壳层，这些支壳层通常分别用符号 s，p，d，f，g，…来代表。原子中的电子遵循一定的规律填充到各壳层中。根据泡利不相容原理，在同一原子中不能有四个量子数完全相同的电子，可以确定原子内第 n 壳层中最多可容纳的电子数目为 $2n^2$。按照最低能量原理（在不违背泡利原理的前提下，电子的排布将尽可能使体系的能量最低）和洪特规则（在 n 和 l 相同的量子轨道上，电子排布尽可能分占不同的量子轨道，且自旋平行），可以确定电子填充壳层的次序。电子填充壳层时，首先填充到量子数最小的能级，当电子逐渐填充满同一主量子数的壳层，就完成一个闭合壳层，形成稳定的结构；下一个电子再填充新的壳层，这样便构成了原子的壳层结构。

2. 氢原子能级和能级图

正如上述所讲，原子具有壳层结构，原子发射光谱是原子壳层结构及其性质的反映，是由未充满的支壳层中的电子产生的；当所有支壳层被充满时，则是由具有最高主量子数 n 的支壳层中的电子产生的。这种电子称为**光学电子**。一般说来，光学电子同参与化学反应的价电子相同。换言之，原子发射光谱是由光学电子状态跃迁所产生的。

原子在不同状态下所具有的能量，通常用能级图来表示。图 1－5 表示氢原子能级图。

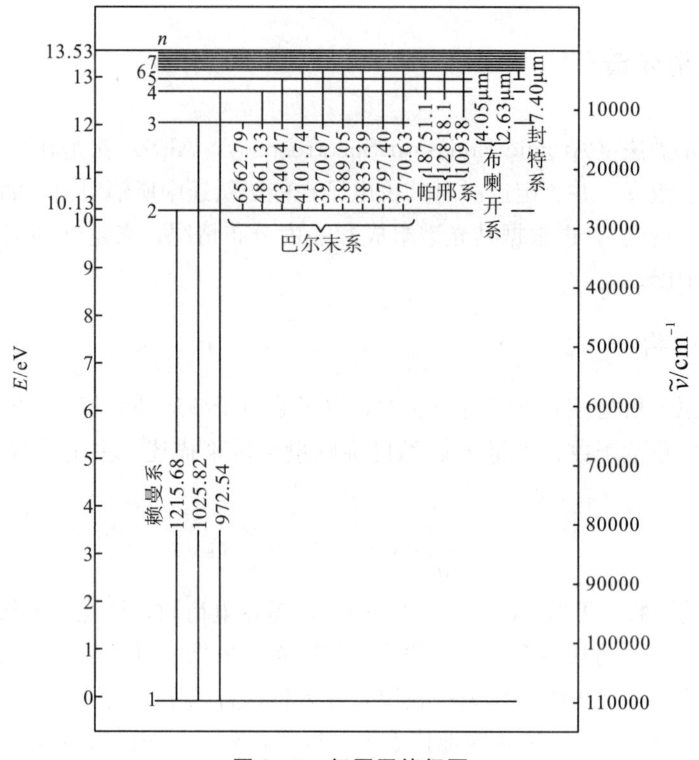

图 1－5　氢原子能级图

在氢原子能级图中，水平线表示实际存在的能级。原子体系内，所有可能存在的能级，按其高低用一系列水平线画出。由于能级的能量和主量子数的平方成反比，随 n 增大，能级排列越来越密，当 $n\rightarrow\infty$时，成为连续区域，这是因为电离了的电子可以具有任意的动能。能级图中的纵坐标表示能量标度，左边用 eV 标度，$n=1$的最低能量状态即基态，相当于 0 eV，$n=\infty$相当于电子完全脱离原子核而电离；右边是波数标度，波数是每厘米长度中包含波动的数目，单位为 cm^{-1}。每一光谱系中的极限频率 ν_∞ 相当于 $n=\infty$的电离状态。光谱线的发射是由于原子从一个高能级 E_q 跃迁到低能级 E_p 的结果，因此，各能级之间的垂直距离表示跃迁时以电磁辐射形式释放的能量 ΔE：

$$\Delta E = E_q - E_p = hc\,\tilde{\nu}_{qp} = \frac{hc}{\lambda_{qp}} \tag{1-3}$$

式中，能量以 eV 表示，$1\ eV\approx1.6021892\times10^{-19}$ J；h 是普朗克常数，$h\approx6.626196\times10^{-34}$ J·s；c 为光速，$c\approx3\times10^8$ m/s；ν 为电磁辐射的频率；$\tilde{\nu}$为波数；λ 为波长。

图 1－6（a）是在可见光区和近紫外光区的氢原子发射光谱，根据赫兹堡的著作整理。将图 1－6（a）旋转 90°，即得到对应于图 1－3 中巴尔末系的图 1－6（b）。图中的波长单位是埃（Å[①]）。

① 1 Å$=10^{-10}$ m。

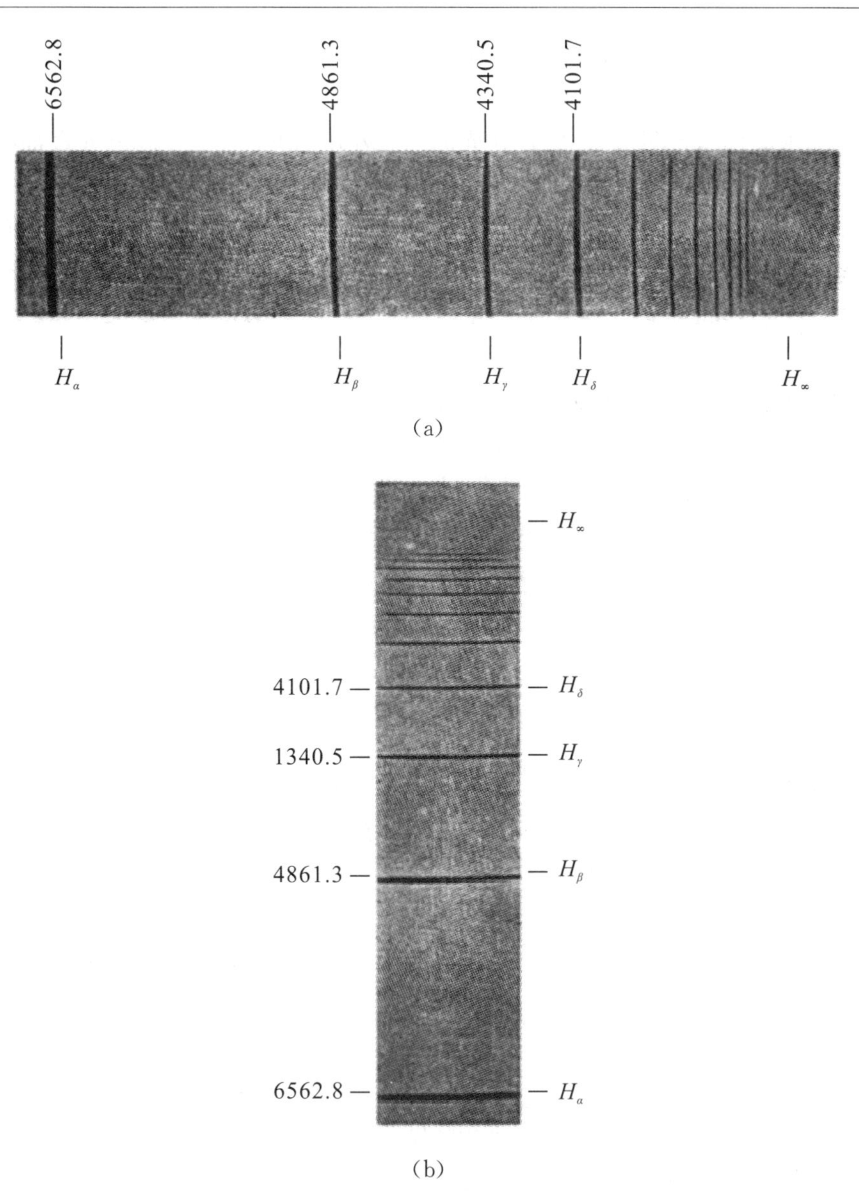

图 1－6　氢原子发射光谱（巴尔末系）

其中最早发现的在可见光区的四条谱线波长为：$H_\alpha = 656.3$ nm（红光），$H_\beta = 486.1$ nm（青光），$H_\gamma = 434.1$ nm（蓝光），$H_\delta = 410.2$ nm（紫光）。

由于激发原子并不都是直接回到基态，而可以回到光谱选择定则所允许的各个较低的能量状态，从而发射出各种波长的谱线。由激发态直接跃迁到基态而发射的谱线称为**共振线**，由最低激发态跃迁到基态发射的谱线称为**第一共振线**，第一共振线通常是最强的谱线。

大多数原子是多电子原子，而随着核外电子数的增多，原子能级复杂化。在研究多电子原子的光谱时，可以借助原子实模型（多电子原子可认为是由价电子与其余电子与原子核形成的原子实所组成的）。根据原子实模型，碱金属原子可以看作一个光学电子围绕着原子实运动。碱金属原子的光谱可以视为碱金属原子中光学电子的状态跃迁所引起的。与氢原子不同的是，碱金属原子的光学电子的状态和能级，不仅与主量子数 n 有关，而且也与角量子数 l 有关。

由于各种元素的原子结构不同，在光源的激发作用下，样品中每种元素都发射出自己的特征光谱。同时，大量的实践证明，不同元素的线光谱都不相同，不存在任何有相同线光谱的两种元素。不同元素的线光谱在谱线的多少、排列位置、强度等方面都不相同。这就是说，**线光谱是元素的固有特征，每种元素各有其特有的、不变的线光谱**。

3. 谱线强度

在通常温度下，原子处于基态。在激发光源的高温作用下，原子受到激发，由基态跃迁到各级激发态。同时，还会使原子电离，进而使离子激发，跃迁到各级激发态。在通常的激发光源（火焰、电弧、电火花）中，激发样品形成的等离子体处于热力学平衡状态，每种粒子（原子、离子）在各能级上的分配遵循玻尔兹曼分布：

$$n_q = n_0 \frac{g_q}{g_0} e^{-\frac{E_q}{KT}} \tag{1-4}$$

式中，n_0是处于基态的粒子；n_q是处于激发态的粒子；E_q是激发态的激发能；g_q和 g_0 分别是 E_q 能级态和基态的统计权重；K 是玻尔兹曼常数，其值为 1.380×10^{-23} J/K；T 是热力学温度。

处于激发态的粒子是不稳定的，或者通过自发发射直接回到基态，或者经过不同的较低能级再回到基态。在单位时间内处于 E_q能级态向较低的 E_p能级态跃迁的粒子数与处于 E_q能级态的粒子数成正比：

$$\mathrm{d}n_{qp} = A_{qp} n_q \mathrm{d}t \tag{1-5}$$

式中，A_{qp}为由能级 E_q向能级 E_p自发跃迁的跃迁概率，它表示单位时间内产生自发发射的粒子数与激发态的粒子数之比，即

$$A_{qp} = \frac{\mathrm{d}n_{qp}/\mathrm{d}t}{n_q} \tag{1-6}$$

在单位时间内发射的总能量，即谱线强度 I，等于在单位时间内由 E_q能级向 E_p能级跃迁时发射的光子数乘以辐射光子的能量：

$$I_{qp} = A_{qp} n_q h\nu_{qp} \tag{1-7}$$

将式（1-4）代入式（1-7），得到谱线强度公式为

$$I_{qp} = A_{qp} n_0 \frac{g_q}{g_0} e^{-\frac{E_q}{KT}} h\nu_{qp} \tag{1-8}$$

对于原子线或离子线强度，式（1-8）都是适用的。

由式（1-8）可以看到，谱线强度取决于谱线的激发能、处于激发态 E_q 的粒子数和等离子体的温度。在 n_q和 T 一定时，激发态能级越高，跃迁概率越小。例如，NaI 3302.32 Å 的跃迁概率比 NaI 5889.95 Å 和 NaI 5895.92 Å 小 22 倍。因此，谱线强度随激发态的能级高低不同，差别很大。共振线激发能最小，所以，它的强度最大。谱线强度与温度之间的关系比较复杂。温度既影响原子的激发过程，又影响原子的电离过程。在温度较低时，随着温度升高，气体中的粒子、电子等运动速度加快，为原子激发创造

了有利条件，谱线强度增强；但超过某一温度之后，随着电离的增加，原子线强度逐渐降低，离子线强度还在继续增强；温度再升高时，一级离子线的强度也下降。因此，每条谱线有一个最合适的温度，在这个温度下，谱线强度最大。

第 3 节　技术原理

3.1　原子发射光谱法的过程及仪器

用适当方法（电弧、电火花或等离子体焰）提供能量，使样品蒸发、气化并激发发光，光经棱镜或衍射光栅构成的分光器分光，得到按波长排列的原子光谱。测定光谱线的波长及强度，以确定元素的种类及其浓度的方法，称为原子发射光谱法（AES）。

在现代原子发射光谱法中，对光谱的检测方法有摄谱法和光电法两种，它们所使用的仪器各不相同，具体情况见图 1−7。

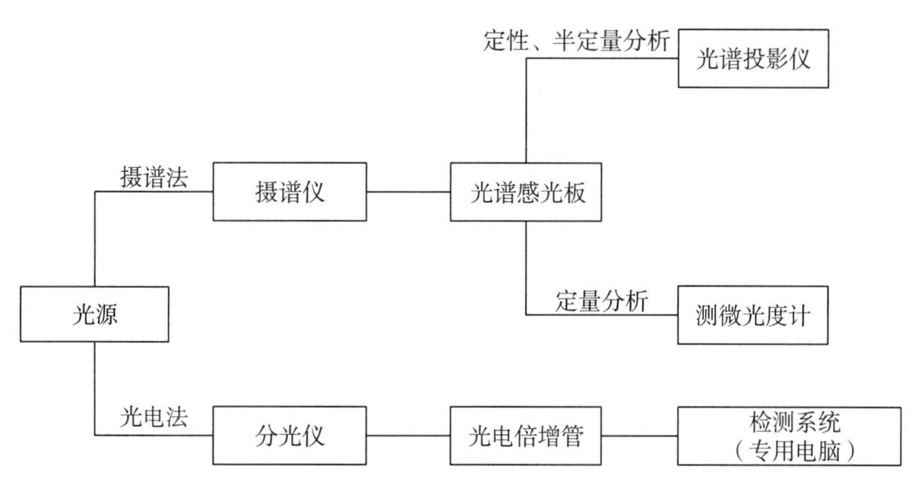

图 1−7　原子发射光谱法的过程及仪器装置图

摄谱法所用的仪器包括光源、摄谱仪、光谱投影仪、测微光度计等。方法是将光谱感光板放置于摄谱仪的焦平面上，接收被分析样品的光谱而感光，再经过显影、定影等过程，制得光谱底片，底片上有许多黑度不同的光谱线，用光谱投影仪观察谱线的位置及大致强度，进行光谱定性分析及半定量分析；或者采用测微光度计测量谱线的黑度，进行光谱的定量分析。

光电法所用的仪器为光源、分光仪、光电倍增管、检测系统等。光电法用光电倍增管检测谱线的强度，光电倍增管不仅起到光电转换的作用，还起到电流放大的作用。

3.2　激发光源

激发光源的基本功能就是提供使试样变成原子蒸气和使原子激发发光所需要的能

量。对于激发光源的基本要求是具有高的灵敏度，稳定性良好，光谱背景小，结构简单，操作方便、安全。

1. 等离子体（CP）光源的特点

20世纪60年代初，等离子体光源开始用于光谱分析。所谓的等离子体，实际上是一种由自由电子、离子和中性原子或分子所组成的在总体上呈电中性的气体。光谱分析所用的等离子体温度一般在4000～12000 K之间，试样主要以雾化的溶液或去溶剂干燥后的固体微粒引入光源，因此，这类光源主要有以下几个特点：

（1）有较高的温度，利于激发在一般电弧或火焰中所不能激发的元素和激发电位较高的谱线。同时由于在惰性气体中不易形成耐高温的物质，易实现较完全的原子化，检出限一般可达ppb① 级或更低，对一些难挥发的元素具有比原子吸收和原子荧光更低的检出限。

（2）稳定性与火焰相似甚至更高，分析误差一般<5%，在光电记录时可降至1%～2%。

（3）能对溶液进行多元素同时分析，而且由于等离子体周围被高温气体包围，谱线自吸小，分析的线性范围最大达5～6个数量级，能同时分析试样中的主体元素和**痕量元素**。

（4）基体组织对分析结果的影响较小，而且在溶液分析中可设法消除或抑制。对几种不同类型的试样可用一套标准样品进行分析。

（5）不用电极，避免了沾污。

等离子体光源也有其局限性：氩气用量较大，费用高且边远地区不易得到；高频电磁场及臭氧对人体有一定的危害，需采取保护措施；用溶液法分析试样时，须溶解、稀释，既费时间又易被溶剂沾污。

2. 电感耦合等离子体（ICP）光谱分析系统

ICP发生器通常由等离子炬管、雾化器和高频发生器构成。以下主要介绍等离子炬管的构造及其作用原理。

等离子炬管主要有单管、双管及三管结构的等离子炬管，其中三管结构应用较广。三管等离子炬管由置于高频线圈中三根同轴的石英管构成，见图1-8。中间管3是通工作气体（氩气）的。在高频线圈1通以高频电流后，在感应圈的轴向上将产生交变的感应磁场。由于氩气分子既不是导体，又不是半导体，所以电磁场的能量很难与原子耦合，如果这时从外界引进一点火花（俗称**点火**），由于火花是由带电离子组成的，这些离子在磁场作用下产生高速旋转，它们与原子（或分子）碰撞，使之产生相同数目的电子和正离子，这些带电粒子在磁场作用下又与其他气体原子碰撞，产生更多的带电粒子。当带电粒子多到足以使气体有足够的导电率时，在气流垂直于磁场方向的截面上就会感应出一个闭合圆形路径的涡流。这个涡流瞬间使气体形成一个高达10000 K的稳定

① ppb是part per billion的缩写，表示10^{-9}，已弃用。

等离子体。等离子体在形成过程中吸收电磁能，使原子电离。同时，电子和离子又不断地复合变成原子，向外释放能量。工作气体用氩气时容易点火。

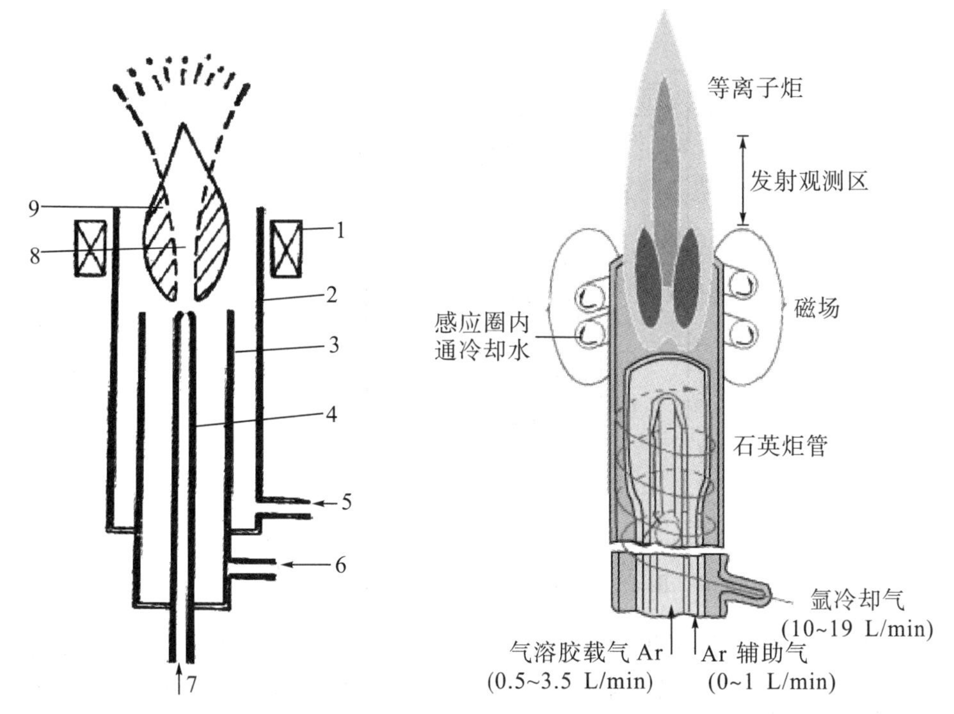

图 1－8　等离子炬管的构造

1—高频线圈；2—外管；3—中间管；4—内管；5—冷却气进口；6—等离子气进口
7—试样溶液进口；8—温度相对较低的轴部；9—温度相对较高的环状火焰

携带试样的氩气流通过内管 4 喷入等离子炬，在等离子炬内试样被环状高温等离子体加热到 6000～7000 K，并被原子化和激发。因此内管出口的直径和喷射速度对谱线的强度有较大的影响。内管出口的直径一般在 1.5 mm 左右，须经试验取得最佳值。在氩气流速不变的情况下，试样喷入等离子炬的速度与出口内径的平方成反比。如果喷射速度太慢，试样难以穿过等离子体；但喷射速度也不能太快，否则试样在等离子炬中停留时间太短，以致不能完全激发。

外管 2 是冷却管，置于高频线圈 1 中，使工作气体与高频发生器耦合起来。外管下端接一冷却气进口 5，大量冷却气体（氩或氮）沿外管内壁的切线方向自下而上绕行，带走了热量，防止高达几万开尔文的等离子体将石英炬管熔融。而且这种正切气流产生的旋涡使等离子体压缩集中，又提高了等离子体的强度和稳定性，并避免了受外壁的沾污。

3. 电感耦合等离子（ICP）炬的温度分布

ICP 炬外观上是十分明亮的火焰，可划分为三个区域（图 1－9）：一是温度很高的不透明的发光焰心，绝大部分位于电感线圈内，发出很强的连续光谱的氩光谱，对分析无太大用处；二是等离子体，延伸到感应圈上 1～3 cm 的区域，很亮，稍透明，其中上部分析元素谱线的信噪比最高，是分析中用处最大的部分；三是火焰的尾部，在没有金属蒸气时是透明的，当试样喷入时则呈现典型的焰色。

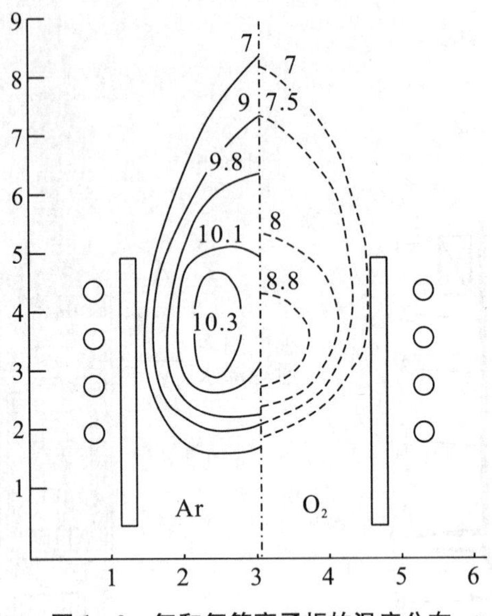

图 1－9　氩和氧等离子炬的温度分布

图 1－9 所示的氩和氧等离子炬的温度分布中，氩等离子炬的焰心温度超过 10000 K，这样高的温度足以消除分子和原子团引起的带光谱，以及待测原子参与形成难熔原子团而引起的化学干扰。但是，过高的温度会引起连续辐射的高背景。离开焰心，背景迅速下降，所以实际上往往将第二、三部分作为光谱分析的光源，既能很好地消除连续辐射，又能避免化学干扰和大部分带光谱的出现。

3.3　光谱仪

1. 光栅摄谱仪

利用色散元件和光学系统将光源发射的复合光按波长排列，并用适当的接收器接收不同波长的光辐射的仪器，叫光谱仪。光谱仪有看谱仪、摄谱仪、光电直读光谱仪三类。其中，摄谱仪的应用最广泛。

摄谱仪可分为棱镜摄谱仪、光栅摄谱仪。棱镜摄谱仪利用光的折射进行分光；光栅摄谱仪则利用光的衍射进行分光。棱镜摄谱仪主要由照明系统、准光系统、色散系统及投影系统等部分组成。

光栅摄谱仪在结构上不同于棱镜摄谱仪，主要在于用**衍射光栅**代替棱镜作色散元件进行分光，其光学系统如图 1－10 所示。

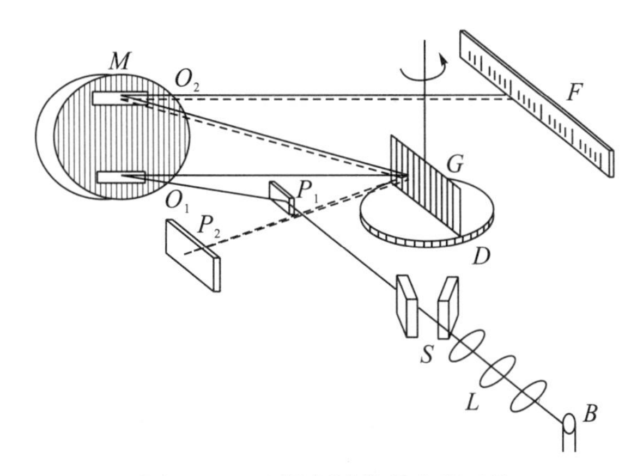

图 1－10　光栅摄谱仪的光学系统

光源 B 发射的辐射经三透镜照明系统 L 后，均匀地通过狭缝 S，经平面反射镜 P 反射至凹面反射镜 M 下方的准直镜 O_1 上，以平行光束照射光栅 G，由光栅色散成单色平行光束，再经凹面反射镜 M 上方的投影物镜 O_2 聚焦而形成按波长顺序排列的光谱，并记录在感光板 F 上。（P_2 是二次分光用的反射镜）

2. 分光系统

在原子发射光谱法中，一般根据元素的特征谱线进行分析。不过，激发光源不可能只发射一条或几条特征谱线，而是发射出连续光谱、带光谱或数目相当的线光谱，即平常所称的复色光。所以，在检测光谱信号之前需要进行分光，将复色光按照不同的波长顺序展开。由于不同波长的光具有不同的颜色，故此分光也被称为**色散**。用来获得光谱的装置称为分光系统。

最常见的色散部件是棱镜和光栅。

由大量等宽、等间距的平行狭缝构成的光学器件称为光栅。一般常用的光栅是由在玻璃片上刻出大量平行刻痕制成，刻痕为不透光部分，两刻痕之间的光滑部分可以透光，相当于一条狭缝。精制的光栅在1 cm宽度内刻有几千条乃至上万条刻痕。光栅每单位长度内的刻痕多少，主要依据所分光的波长范围（两刻痕距离应与该波长数量级相近），单位长度内的刻痕多，色散度越大。光栅的分辨本领取决于刻痕的多少。

单色平行光通过光栅每个缝的衍射和各缝间的干涉，形成暗条纹很宽、明条纹很细的图样，这些锐细而明亮的条纹称作谱线。谱线的位置随波长而异，当复色光通过光栅后，不同波长的谱线在不同的位置出现而形成光谱。光通过光栅形成光谱是单缝衍射和多缝干涉的共同结果。

一般的 CD、DVD 光盘，由于有规则细密的激光蚀坑道，完全可以当作光栅来使用。这种情况在本章第 7 节将作为本课程中期考核的推荐题材内容进行重点讲解。

第4节 分析测试

4.1 概述

由于各种元素的原子结构不同，在光源的激发作用下，样品中每种元素都发射出自己的特征光谱。另外，通过大量的实践证明：不同元素的线光谱都不相同，不存在有相同的线光谱的两种元素。不同元素的线光谱在谱线的多少、排列位置、强度等方面都不相同。这就是说，线光谱是元素的固有特征，每种元素各有其特有的、固定的线光谱。

发射光谱分析的基础就是各种元素的光谱区别。发射光谱分析方法就是根据每种元素特有的线光谱来进行识别的。

根据某种物质发射光谱中是否存在某种元素的特征谱线，就可判断这种物质中是否含有该种元素，这就是光谱定性分析。经过多年的实践和研究，各种元素的线光谱都已经进行了详细的研究和测定，并制成了详细的光谱图表，标出了绝大多数元素的几乎所有谱线的波长值。根据这些图表和数据，就可以很方便地进行各种元素的光谱定性分析工作了。

光谱定量分析则是测定某种物质中所含有的某些元素的含量（浓度）。由于元素的含量越多，在光谱中它的谱线强度就越大，所以只要能精确地测定、比较谱线的强度，就可判断出该元素的浓度了。

4.2 光谱定性分析

光谱定性分析较化学法简便、快速，它适合于各种形式的试样，对大多数元素有很高的灵敏度，因此，它被广泛地采用。

光谱定性分析是以试样光谱中是否检出元素的特征谱线为依据的。元素原子或离子的谱线反映了元素原子或离子的结构与能级，是其固有的特性。如式（1−7）所表明的，谱线的波长仅和产生该谱线的两个跃迁能级的能量差 ΔE 相联系，因此，只要在试样光谱中检出了元素的特征谱线，就可以确认该元素的存在。但是，如果没有检出某元素的特征谱线，也不能贸然做出某元素不存在的结论，因为检验不出某一元素的最后线，可以有两种可能：一种是试样中确实没有该元素；另一种是该元素的含量在所用实验条件所能达到的检测灵敏度以下。因此，此时只能说“未检出”某元素，而不能说某元素不存在。

在激发光源中，每一种元素都出现不止一条谱线，特别是周期表中的过渡元素，会出现许多谱线。随着元素含量的降低，谱线强度减弱，有些谱线甚至消失，谱线总条数逐渐减少，当元素含量降低到某一定程度时，连一些最强的谱线也将消失，人们把这些最后消失的谱线称为最后线。由式（1−8）知道，谱线强度是和激发电位、跃迁概率有关的，激发态能级越高，跃迁概率越小。激发电位低的第一共振线的谱线强度最大，是最灵敏的谱线。由于辐射通过周围较冷的原子蒸气时，会被其自身较冷的原子所吸收，从而使谱线中心强度减弱，这种现象就是**自吸**。谱线强度越大，自吸越严重；原子蒸气层越厚，自吸越严重。因此，最强的谱线不一定是最后线。实际上，在进行光谱定性分析时，并不需要检查所有的谱线，而只需检查元素的几条灵敏线就行了。一般光谱谱线表中都给出了各元素的灵敏线，由于碱金属的第一共振线的激发电位最低，其灵敏线分布在长波区（可见光区及近红外光区）；一些难激发的元素，如非金属及惰性气体，其第一共振线的激发电位高，它们的灵敏线分布在短波区（远紫外光区）；其他大多数金属元素及部分非金属元素具有中等的激发电位，故其灵敏线主要分布在近紫外光区及可见光区。

在光谱定性分析时，元素特征谱线的检出，是以辨识与测定谱线波长为基础的。识谱是在光谱投影仪上进行的，波长测定是在比长仪上进行的。确认谱线波长的方法有标准试样光谱比较法、铁光谱比较法与谱线波长测定法三种。

1. 标准试样光谱比较法

在光谱定性分析时，如果只检查少数几种指定的元素，同时这几种元素的纯物质又比较容易得到，那么采用标准试样光谱比较法来识谱是比较方便的。方法如下：

将待检查元素的纯物质、试样与铁并列摄谱于同一光谱感光板上，以这些元素纯物质光谱中的谱线与试样光谱中所出现的谱线进行比较，如果试样光谱中有谱线与这些元素纯物质光谱中的谱线出现在同一波长位置，则表明试样中存在这些元素。如果要检查多谱线元素基体中的其他元素时，可将纯基体元素、试样与铁并列摄谱。在识谱时，只需检查试样光谱中比纯基体元素光谱中多出来的谱线，便能确定被检元素是否存在，这样可以使识谱工作简化。

当被检查元素很多，或者需进行全分析时，使用标准试样光谱比较法是不方便的，使用铁光谱比较法则更合适一些。

2. 铁光谱比较法

将铁与试样并列摄谱于同一光谱感光板上，然后将摄取的试样光谱和铁光谱与标准铁光谱相对照。在标准铁光谱中，按波长标明有各元素的灵敏线，定性分析时，以铁谱线作为波长的标尺，逐个检查试样中拟检查元素的灵敏线，即可确定试样中是否含有某一元素。如果试样中未知元素的谱线与标准铁光谱中标明的某一元素谱线出现的波长位置相重合，则表明存在该元素。

每种元素的灵敏线或特征谱线组都可从有关书籍和手册上查到。例如，元素铜的特征谱线组是 Cu 324.754 nm 和 Cu 327.396 nm。如果要分析试样中是否有铜，只需要看看试样光谱中是否有这一特征谱线组就行了。然而，试样光谱中有许多谱线，怎样判断有没有这一特征谱线组呢？这就需要借助元素光谱图。所谓元素光谱图，是把几十种常见元素的谱线按波长顺序插在铁光谱的相应位置上而制成的，见图 1－11。图的上面是元素谱线；中间是铁谱线，这些谱线的准确波长都已标出；下面是波长标尺，便于迅速查找所需波长。这种光谱图是将实际光谱放大了20倍，为了使用方便分成若干张，每一张谱图只包括某一波长范围的光谱。

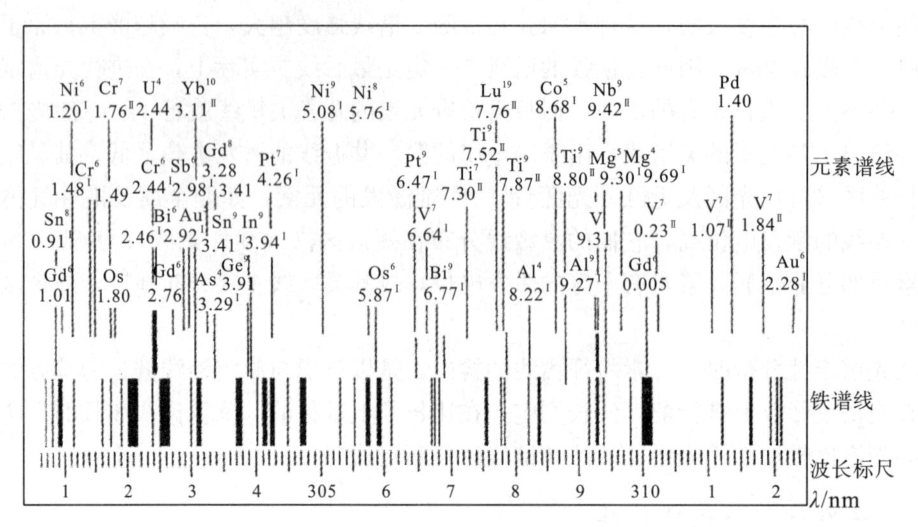

图1—11　元素光谱图

定性分析时，在试样光谱下面并列拍摄一条铁光谱，见图1—12，并将其置于光谱投影仪的谱片台上，在白色屏幕上得到放大20倍的光谱影像。再将包括Cu 324.754 nm和Cu 327.396 nm谱线组的元素光谱图置于光谱投影仪上，并使两张光谱中的铁光谱完全重合。看试样光谱中在Cu 324.754 nm和Cu 327.396 nm谱线位置处有没有谱线出现。若有，就表明试样中有铜的特征谱线组，则试样含铜；若无，则说明试样中不含铜或铜的含量低于它的检测限量。

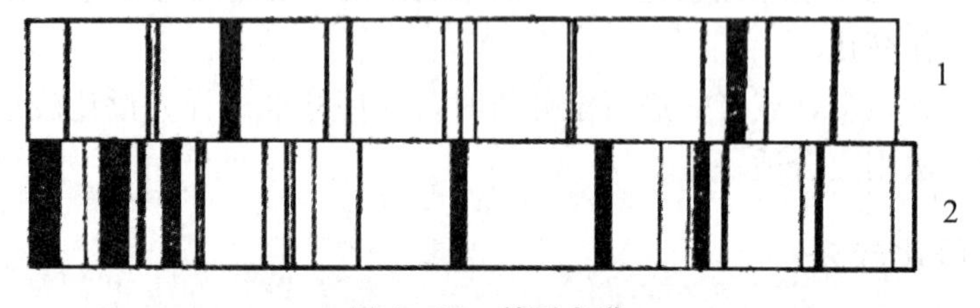

图1—12　并列光谱

1—试样光谱；2—铁光谱

上述方法仅适用于没有光谱干扰的情况，事实上，由于试样中有许多元素的谱线波长相近，而摄谱仪和光谱感光板的分辨率又是有限的，因此试样光谱中有些谱线能互相重叠产生干扰。在这种情况下，需根据仪器、光谱感光板的性能和试样的有关知识进行综合分析后，最终得出正确结论。

3. 谱线波长测定法

铁光谱有很多距离很近的谱线，而且每条谱线的波长都已精确地测定过，载于标准光谱图中，从而以铁光谱的谱线为波长标尺进行识谱有其优点。但有时会遇到这种情况：在试样光谱中出现的一些谱线在标准光谱图中并没有标明其属于哪种元素，这时使用铁光谱比较法就无能为力了。在这种情况下，可采用谱线波长测定法。

当未知波长谱线处于两条已知波长的铁谱线之间时，先在比长仪上测定两铁谱线之间的距离 a，再测定未知波长谱线与两铁谱线中任一铁谱线之间的距离 b，然后按下式：

$$\frac{\lambda_2-\lambda_1}{a}=\frac{\lambda_2-\lambda_x}{b}$$

$$\lambda_x=\lambda_2-\frac{\lambda_2-\lambda_1}{a}b \tag{1-9}$$

计算出未知谱线的波长 λ_x。计算未知谱线波长的示意图如图 1－13 所示。根据算出的谱线波长，比对谱线波长表，以确定该未知谱线属于哪种元素。为了慎重起见，还应在光谱中检查该元素的其他谱线，以作验证。

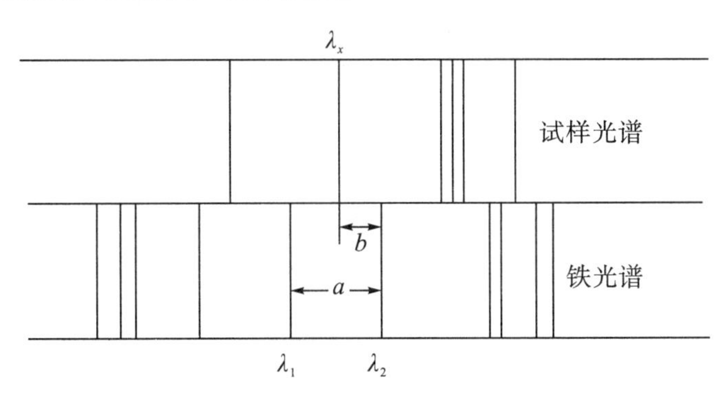

图 1－13　计算未知谱线波长示意图

当然，不管采用什么方法进行光谱定性分析，都应注意保持试样、试剂、电极的洁净，避免沾污。在激发光谱时，要使试样中全部元素都激发辐射光谱，以保证结果的正确性。

进行光谱定性分析时，要注意的另一个问题是谱线的相互干扰。当试样组分复杂时，谱线的相互干扰是经常发生的，因此，不能仅检查一条谱线就轻易地做出结论。一般说来，至少要有两条灵敏线出现，才可以确认被检元素的存在。如果怀疑某元素谱线干扰被检元素谱线，可以再检查某元素的其他灵敏线，如果其他灵敏线在光谱中出现，则不能排除干扰的可能性；如果某元素的其他灵敏线没有出现，则可以认为试样中不存在这种干扰元素。也可以采用这种方法来确认被检元素是否存在，即在被检元素谱线附近再找出一条某元素的干扰谱线，这一条干扰谱线与原来的干扰谱线强度相近或稍强一些，将所找的干扰谱线与被检元素灵敏线进行比较，如果被检元素灵敏线的黑度大于或等于新找出的干扰谱线的黑度，则可以认为被检元素是存在的。

在光谱分析时，光强越强，曝光时间越长，在感光板上记录的谱线就越黑，各个谱线变黑的程度用**黑度**表示，如图 1－14 所示。

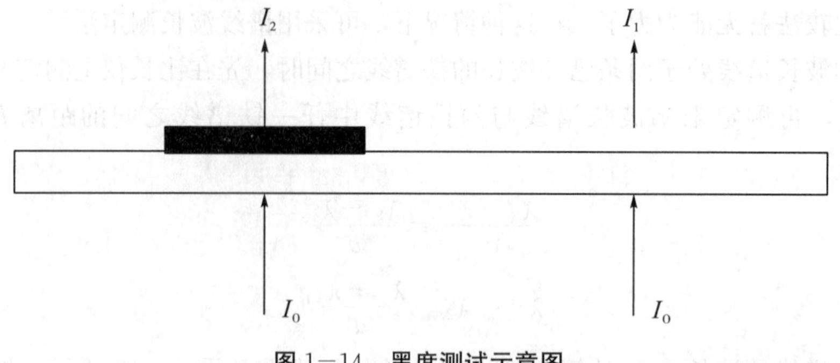

图 1－14　黑度测试示意图

测定谱线黑度的方法如下：设以一定强度的入射光投射到感光板的未曝光部分时，其透过光的强度为 I_1；投射到谱线上时，其透过光的强度为 I_2，则谱线的黑度 S 定义为 $S=\lg I_1/I_2$。显然，谱线越黑，则 I_2越小，S 就越大。

4.3　光谱半定量分析

如果在光谱定性分析的同时，能给出试样中被检元素的大致含量，则会更有意义。估测试样中组分的大致含量是光谱半定量分析的目的。光谱半定量分析常用的方法有比较光谱法、显线法等。

1. 比较光谱法

将试样与含量不同的标样在一定条件下摄谱于同一感光板上，然后在光谱投影仪上用目视法直接比较被测试样光谱与标样光谱中分析线的黑度，如果被测试样光谱中的分析线黑度与某一含量的标样光谱中的分析线黑度相等，则表明被测试样中被测元素含量等于标样中被测元素的含量。比较光谱法的准确度取决于被测试样与标样组成的相似程度，以及标样中被测元素含量间隔的大小。标样中被测元素含量间隔越小，得到的结果越准确，但相应要求配制的标样数目越多。

2. 显线法

前文已提到，谱线的数目随着被测元素含量的降低而减少，当含量足够低时，仅出现少数灵敏线；反之，随着被测元素含量逐渐增加，次灵敏线和其他弱线将相继出现，于是可以作一张谱线出现元素含量的关系表，从而根据某一谱线是否出现来估计试样中该元素的大致含量。此法的优点是简便快速，不需配制标准样品。但对于光谱简单的一些元素，要选一组合适的谱线也不是没有困难。此外，此法受试样组成变化的影响较大，要想获得好的结果，一定要设法保持分析条件的一致性。

4.4 光谱定量分析

1. 谱线强度与试样中被测元素浓度的关系

光谱定量分析是以光谱中分析谱线的强度为基础的，因此，在光谱定量分析中，最重要的是要确立谱线强度与试样中被测元素浓度之间的关系。谱线强度与等离子体中辐射该谱线的原子或离子的浓度成正比。然而在实际工作中，我们感兴趣的并不是等离子体中原子或离子的浓度，而是试样中被测元素的含量，因此，只有找到了等离子体中原子或离子的浓度与试样中被测元素含量之间的关系，才能进一步确立谱线强度与试样中被测元素含量之间的关系。

大家知道，试样中被测元素的原子或离子在其被激发辐射光谱之前，要经历由试样蒸发成为气相的蒸发过程、气相分子离解为原子的离解过程、原子电离为离子的电离过程等。每一过程中都有不少因素影响其进行，从而最终影响谱线强度。

在蒸发过程中，单位时间内所蒸发的试样中被测元素化合物的量 M 与蒸发的表面积 S 成正比，即

$$M = mS \tag{1-10}$$

式中，m 为比蒸发速度，表示单位时间内从单位表面上蒸发的物质的量；M 称为蒸发速度（mg/s）。很显然，蒸发速度会随时间而改变，物质的蒸发速度随蒸发时间而变化的曲线就称为蒸发曲线。蒸发过程中，在不断有试样物质蒸发进入等离子体的同时，也不断有试样物质从等离子体中逸出，其逸出速度 M' 将与等离子体内试样物质的浓度，即元素的总浓度 n_t 成正比，即

$$M' = \delta n_t \tag{1-11}$$

式中，δ 为逸出速度常数，与元素蒸气在等离子体内的平均停留时间有关，平均停留时间越长，δ 越小。当蒸发过程达到平衡时，则

$$n_t = M'/\delta \tag{1-12}$$

而 M 直接与试样中被测物质含量 C 有关，即

$$M = aC \tag{1-13}$$

于是有

$$n_t = aC/\delta \tag{1-14}$$

式中，a 是与蒸发过程有关的参数。

蒸发进入等离子体内的分子要离解为原子，离解的程度直接影响生成原子的数目。离解程度用离解度 β 来表示：

$$\beta = \frac{n_a}{n_a + n_m} \tag{1-15}$$

式中，n_m，n_a 分别为被测元素化合物未离解的分子浓度和离解生成的中性原子浓度。离解生成的中性原子在与等离子体内高速运动的粒子相互碰撞的过程中，一部分受到激发；当碰撞粒子能量大于中性原子电离电位时，还会使一部分中性原子电离为离子，电

离度的大小将影响原子谱线与离子谱线的强度。电离度 α 可以表示为

$$\alpha = \frac{n_i}{n_i + n_a} \tag{1-16}$$

式中，n_i 是一级离子的浓度。显然，等离子体内各种粒子的浓度之间有下列关系：

$$n_t = n_m + n_a + n_i \tag{1-17}$$

结合式（1−15）~式（1−17）可以得到

$$n_a = \frac{(1-\alpha)\beta n_t}{1-\alpha(1-\beta)} \tag{1-18}$$

$$n_i = \frac{\alpha\beta n_t}{1-\alpha(1-\beta)} \tag{1-19}$$

将式（1−14）、（1−18）、（1−19）代入式（1−8），就可以得到原子谱线和离子谱线强度与试样中被测元素浓度之间的关系，对于原子谱线的强度，有

$$I_{qp} = \left[A_{qp}\, h\nu_{qp}\, \frac{(1-\alpha)\beta}{1-\alpha(1-\beta)} - \frac{g_q}{g_0} e^{-\frac{E_q}{KT}} \cdot \frac{\alpha}{\delta}\right] \cdot C \tag{1-20}$$

对于离子谱线的强度，有

$$I^{+}{}_{qp} = \left[A^{+}{}_{qp}\, h\nu_{qp}\, \frac{\alpha\beta}{1-\alpha(1-\beta)} - \frac{g_q{}^{+}}{g_0{}^{+}} e^{-\frac{E_q}{KT}} \cdot \frac{\alpha}{\delta}\right] \cdot C \tag{1-21}$$

在实验条件固定时，式（1−20）和（1−21）中括弧内各项为常数。用一般通式表示有

$$I = AC \tag{1-22}$$

式中，A 代表括弧内各项，是和谱线性质、实验条件有关的常数。

式（1−22）并未考虑自吸的情况，当考虑谱线自吸时，由于自吸是随等离子体中该元素的原子浓度增加而增强的，因此，可以将（1−22）式写为

$$I = AC^b \tag{1-23}$$

式中，b 是自吸系数，它是浓度的函数。当无自吸时，$b=1$，式（1−23）变为式（1−22）。式（1−23）是光谱定量分析的基本关系式，对其取对数，则有

$$\lg I = b\lg C + \lg A \tag{1-24}$$

式（1−24）表明，$\lg I$ 与 $\lg C$ 之间具有线性关系。

2. 内标法

上面已经提到，只有在实验条件固定时，$\lg I$ 与 $\lg C$ 之间才具有线性关系。但是事实上，有些实验条件是很难严格控制的，例如激发条件的波动，因此，直接利用式（1−24）来进行光谱定量分析误差较大。为了提高分析准确度，在光谱定量分析中通常选用一条比较线，用分析线强度和比较线强度的比值进行光谱定量分析，这样可以使谱线强度由于实验条件波动而引起的变化得到补偿。这种方法称为内标法，所采用的比较线称为内标线，提供内标线的元素称为**内标元素**。内标法是盖纳赫在 1925 年提出来的，是光谱定量分析发展的一个重要成就。

内标法定量分析的原理如下：

设被测元素含量为C_1，对应的分析线强度为I_1，根据式（1－23）有

$$I_1 = A_1 C_1^{b1} \tag{1-25}$$

同样地，对于内标线也有

$$I_0 = A_0 C_0^{b0} \tag{1-26}$$

式中，C_0是内标元素含量，b_0是内标线自吸系数，均为常数。用式（1－25）除以式（1－26），则得分析线对的相对强度R：

$$R = \frac{I_1}{I_0} = AC^b \tag{1-27}$$

$$\lg R = \lg \frac{I_1}{I_0} = b\lg C + \lg A \tag{1-28}$$

式中，$A = \frac{A_1}{A_0}$，当激发条件变化时，A_1，A_0同时变化，而使A基本保持不变；R为分析线对的强度比。由式（1－28）可见，$\lg R$与$\lg C$之间也具有线性关系，而且外界条件变化对$\lg R$影响不大。

现在问题的关键是如何选择内标元素和内标线，以使谱线强度比不受实验条件波动的影响，而只依赖于被测定元素的含量。很显然，要满足这一要求，内标元素和内标线不能任意选择，它必须符合一定的条件。这些条件主要有以下几点：

（1）内标元素的含量必须固定。因此，要求原试样中不得含有内标元素，否则，式（1－27）中的A不可能为常数。同样地，内标元素的化合物中也不应含有被测定元素。

（2）内标元素和被测定元素在激发光源作用下应具有相近的蒸发性质，即有相似形状的蒸发曲线。

（3）内标线与分析线必须不受其他谱线的干扰，而且谱线没有自吸或自吸很小。

（4）若选择原子线组成分析线对，要求两线的激发电位相近；如果选择离子线组成分析线对，则不仅要求激发电位相近，而且还要求内标元素和被测元素的电离电位也相近。用一条原子线与一条离子线组成分析线对是不合适的。

（5）因为光谱感光板的性质依赖于波长，为了减少光谱感光板乳剂的影响，要求组成分析线对的两条谱线波长尽量靠近。

3. 三标准试样法

三标准试样法是光谱定量分析最基本的方法。所谓三标准试样法，就是按照确定的分析条件，用三个或三个以上的含有不同浓度的被测元素的标准样品摄谱，测定分析线对的强度比R，以$\lg R$对$\lg C$作图。未知样品也摄在同一光谱谱板上，根据测得的未知样品的$\lg R$值，由标准样品的$\lg R$—$\lg C$曲线上查得未知样品中被测元素含量的$\lg C_x$，从而求得C_x值。

如果分析线和内标线的黑度都落在感光板的乳剂特性曲线的直接部分，且分析线和内标线的波长很靠近，则分析线和内标线的黑度差ΔS对$\lg C$作图也是直线，因此，这时不必将测量的黑度S通过乳剂特性曲线换算为强度，直接用黑度差ΔS对被测定元素浓度的对数$\lg C$绘制校正曲线，则更为简便。

三标准试样法的优点是准确度较高，因为标准样品与分析样品的光谱摄于同一光谱

感光板上，保证了分析条件的基本一致性。缺点是消耗较多标准样品和感光板，费时长(因为制作校正曲线时，标准样品不得少于3个)，因此，三标准试样法不适合于快速分析。

第5节　知识链接

5.1　用氢检验原子结构模型

我们已经认识到，光谱中出现的亮线的波长大小及顺序位置无法用经典物理来合理解释。而普朗克解释了黑体辐射，爱因斯坦解释了（外）光电效应，玻尔解释了氢原子的明线光谱。

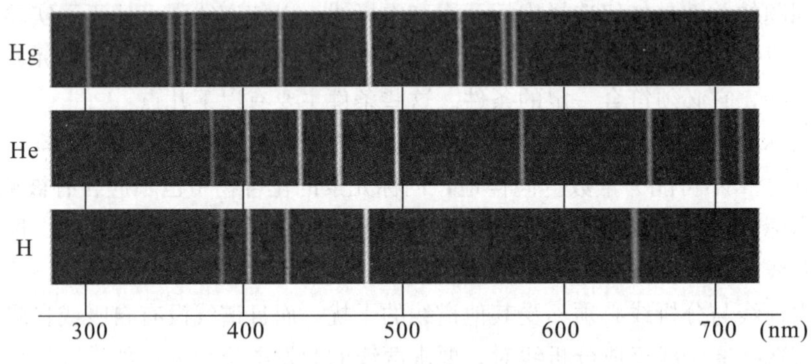

图1－15　明线光谱示意图

图1－15给出了明线光谱示意图，这些谱线揭示了原子内部的某些基本性质，但到底是怎么回事还需要进一步决定性的检验。为了把特征亮线和某种原子结构理论联系起来，物理学家选择氢光谱作为突破口是不足为奇的，因为氢是所有原子中最简单的。

氢原子的主要谱线有四条，都在可见光波段，且在1862年就被瑞典天文学家埃斯特罗姆精确测定。1885年，一位瑞士中学数学教师巴尔末发表了一项工作结果，这是关于氢的可见光谱中谱线频率的数值计算。他纯粹从数学出发，发现了一个涉及整数的公式，它可以精确算出所有四条可见光波段的谱线，以及其他紫外波段的谱线，其精确程度好得令人难以置信。

之后，玻尔通过引入量子化条件，提出了玻尔模型来解释氢原子光谱，并提出互补原理和哥本哈根诠释来解释量子力学。

1885年10月7日，玻尔生于哥本哈根，父亲克里斯丁·玻尔是哥本哈根大学的生理学教授，母亲出身于一个富有的犹太人家庭。玻尔从小受到良好的家庭教育，并爱好足球，曾经和弟弟哈那德·玻尔共同参加职业足球比赛。1903年，18岁的玻尔进入哥本哈根大学数学和自然科学系，主修物理学。1907年，玻尔以有关水的表面张力的论文获得丹麦皇家科学文学院的金质奖章，并先后于1909年和1911年分别以关于金属电子论的论文获得哥本哈根大学的科学硕士和哲学博士学位。随后，玻尔去英国学习，先留在剑桥 J. J. 汤姆孙主持的卡文迪什实验室，几个月后转赴曼彻斯特，参加了曼彻斯特大学以 E. 卢瑟福为首的科学集体，从此和卢瑟福建立了长期的密切关系。1912 年，玻尔考察了金属中的电子运动，并明确意识到经典理论在阐明微观现象方面的严重缺陷，赞赏普朗克和爱因斯坦在电磁理论方面引入的量子学说，创造性地把普朗克的量子说和卢瑟福的原子核概念结合了起来。1913 年初，玻尔任曼彻斯特大学物理学教师时，在朋友的建议下，开始研究原子结构，通过对光谱学资料的考察，写出了《论原子构造和分子构造》的长篇论著，提出了量子不连续性，成功地解释了氢原子和类氢原子的结构和性质。提出了原子结构的玻尔模型，按照这个模型，电子环绕原子核做轨道运动，外层轨道比内层轨道可以容纳更多的电子；较外层轨道的电子数决定了元素的化学性质；如果外层轨道的电子落入内层轨道，将释放出一个带固定能量的光子。1916 年，玻尔任哥本哈根大学物理学教授。1917 年，当选为丹麦皇家科学院院士。1920 年，创建哥本哈根理论物理研究所并任所长，在此后的四十年他一直担任这一职务。1921 年，玻尔发表了“各元素的原子结构及其物理性质和化学性质”的长篇演讲，阐述了光谱和原子结构理论的新发展，诠释了元素周期表的形成，对周期表中从氢开始的各种元素的原子结构做了说明，同时对周期表上的第 72 号元素的性质作了预言。1922 年，第 72 号元素铪的发现证明了玻尔的理论，玻尔因对原子结构理论的贡献获得诺贝尔物理学奖。他所在的理论物理研究所也在 20 世纪二三十年代成为物理学研究的中心。1923 年，玻尔接受英国曼彻斯特大学和剑桥大学名誉博士学位。20 世纪 30 年代中期，玻尔研究发现了许多中子诱发的核反应，提出了原子核的液滴模型，很好地解释了重核的裂变。

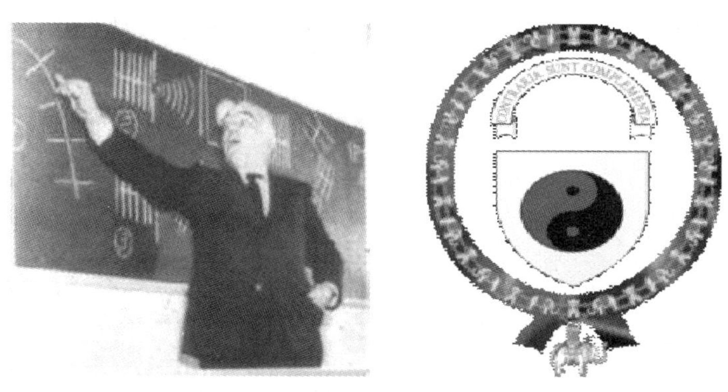

图 1－16　授课中的玻尔及其设计的族徽

玻尔认识到他的理论并不是一个完整的理论体系，还只是经典理论和量子理论的混合。他的目标是建立一个能够描述微观尺度的量子过程的基本力学。为此，玻尔提出了著名的“互补原理”，即宏观与微观理论，以及不同领域相似问题之间的对应关系。互补原理指出经典理论是量子理论的极限近似，而且按照互补原理指出的方向，可以由旧理论推导出新理论。这在后来量子力学的建立发展过程中得到了充分验证。玻尔的学生海森堡在互补原理的指导下，寻求与经典力学相对应的量子力学的各种具体对应关系和对应量，由此建立了矩阵力学。互补理论在狄拉克、薛定谔发展波动力学和量子力学的过程中起到了指导作用。

5.2 能级平均寿命

假定在 $t=0$ 时刻，有 n_0 个原子得到能量，离开基态跃迁到激发态 E_n，之后停止供应能量，这些原子由于内在原因或与其他粒子碰撞，纷纷迅速离开这一能级，返回到基态，使停留在 E_n 上的原子数目不断减少。

那么，该怎样表示能级的平均寿命呢？可以用什么方法来测量能级的平均寿命呢？

假设经过一段时间 t（s）后，还在 E_n 能级的原子数是 n 个。由统计物理可计算出 $n=n_0\exp(-t/\tau)$。其中，τ 就是能级平均寿命。由此可知，经过时间 t 后，大多数原子已跃迁回基态。

利用激光测量能级平均寿命的方法，主要有相位移法、脉冲激发、延迟符合技术等。前两种方法比较简单、直观。下面就介绍这两种方法的工作原理。

假定要测量 E_2 的平均寿命。已知从 E_2 跃迁回基态 E_1，发射的光波频率是 ν_{21}。使用频率为 ν_{21} 的激光束激发这些原子，原子受到激发后便发出频率为 ν_{21} 的荧光。如果激光停止照射原子，荧光也同时熄灭；如果照射的激光束是断断续续的，那么原子发射的荧光也是断断续续的信号；如果用超声光调制器把激光束调制成正弦光信号，得到原子发射的荧光信号也是正弦信号，但信号的幅度是随调制频率的增加而减小，并且相对于照射光的正弦信号有一定的相位移（图 1－17）。相位移的角度 φ 和原子的能级平均寿命 τ 有以下简单关系：

$$\tan\varphi = \Omega\tau \tag{1-29}$$

式中，Ω 是调制器调制入射光的频率。所以，只要从示波器上测出相位移的角度 φ，便可以算出能级平均寿命 τ。

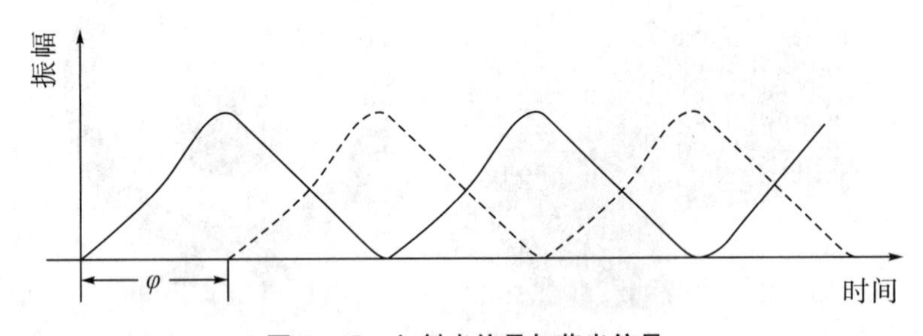

图 1－17　入射光信号与荧光信号

为了避免由感应辐射产生的光强度带来的干扰（我们要测量的是原子的自发辐射平均寿命），在进行实验测量时，应该在与入射光垂直的方向上接收荧光信号（根据感应辐射的特性，感应辐射和入射光是在一个相同方向上传播的，所以，在与入射光垂直的方向基本没有接收感应辐射）。

利用闪光时间很短的激光激发原子，观察原子发射出来的荧光强度随时间的变化规律，也能够直接地测量出能级平均寿命。前面已经讲过，光源发射某个频率的光波强度和发光原子数目成正比例关系。因此，测量原子发光强度随时间的衰减状况，也可以知道某一能级上原子数目的衰减状况。而知道了在某一能级上原子数目的衰减状况，找出原子数目减少到初始数值的 1/e 时所需要经历的时间，便是这一能级的平均寿命 τ。

要通过直接观察原子发光衰减的图像得出能级平均寿命，需要有功率足够高、闪光时间非常短（即脉冲宽度非常窄）的光源，脉冲宽度要比能级平均寿命短很多。而这样的光源，只有激光器才能胜任。

5.3　谱线的分裂

随着光谱仪的光谱分辨率越来越高，从光谱实验中观察到的新现象也越来越多。1896 年，荷兰物理学家塞曼在洛伦兹学说的启发下，做了很有意义的实验。他把发光原子放置在一个强度很高的非均匀磁场内，发现原子的光谱线比在没有加磁场时略加宽了一些。后来，他又与别人合作，用强度更高的磁场做实验，发现原先以为是单根的谱线，分裂成了 3 条或者更多的谱线群。比如，镉（Cd）原子光谱中波长等于 6439 Å 的谱线，在强度 10 万奥斯特的磁场作用下，分裂成 2 条谱线；类似地，钠（Na）原子的两根黄色谱线，分别分裂成 6 条和 4 条谱线。这个现象后来被称为**塞曼效应**。由于这一研究工作，洛伦兹和塞曼共同获得 1902 年诺贝尔物理学奖。

之后，德国物理学家斯塔克用电场代替磁场重复塞曼做的实验。结果也观察到谱线发生分裂的现象，并且分裂的数目比用磁场时还多，一条谱线可以分裂成几十条谱线。这个现象称为斯塔克效应。斯塔克因此获得 1919 年诺贝尔物理学奖。

后来，采用分辨率很高的光谱仪观察原子发射的光谱时，人们又进一步发现，即使没有外加磁场或者电场，谱线也会出现分裂。也就是说，原先用分辨率比较低的光谱仪得到的每根谱线，其实并不是单一根的谱线，而是一组彼此靠得很近的谱线群。

以上光谱实验结果告诉我们，原子内部的运动状态是很复杂的。根据谱线分裂的情况，已经探明原子内的电子除了围绕着原子核运动之外，本身还有自旋运动；原子核也不是静止不动的，也在不断地做着自旋运动。

第 6 节　技术应用

6.1　原子发射光谱法的特点

（1）相当高的灵敏度。直接采用原子发射光谱法进行光谱定量分析时，相对灵敏度可以达到 0.1～10 ppm[①]，绝对灵敏度可以达到 1×10^{-9}～1×10^{-8} g。如果用化学或物理方法对被测元素进行富集，相对灵敏度可以达到 ppb 级，绝对灵敏度可以达到 10^{-11} g。表达溶液浓度时，1 ppm 即为 1 μg/mL；表达固体成分含量时，1 ppm 即为 1 μg/g。1

① ppm 是 part per million 的缩写，表示 10^{-6}，已弃用。

ppb 为 1 ppm 的千分之一。

(2) 选择性好。每一种元素的原子被激发之后，都会产生一组特征光谱，根据特征光谱就可以准确无误地确定该元素的存在，所以光谱分析至今仍是进行元素定性分析的最好方法。例如，周期表上化学性质相似的同族元素，当它们共存时，用化学分析方法进行分别测定比较困难，而原子发射光谱法却能比较容易地实现对各元素的分别测定。

(3) 准确度较高。原子发射光谱分析的相对误差一般为 5%～20%。当被测元素含量大于 1%时，光谱分析的准确度较差；当含量为 0.1%～1%时，其准确度近似于化学分析法；当含量小于 0.1%时，其准确度优于化学分析法。化学分析法的误差随被测元素含量的减少而迅速增大，而原子发射光谱法的标准差与被测元素的含量无关。因此，原子发射光谱法特别适用于痕量元素的分析。

(4) 能同时测定许多元素，分析速度快。采用光电直读光谱仪，在几分钟内便可得出合金中 20 多个元素的分析结果。

(5) 用样量小。使用几毫克至几十毫克的试样，就可以完成光谱全分析。

原子发射光谱法的缺点：用其进行高含量元素的定量测定时，误差较大；用其进行超微量元素的定量测定时，灵敏度尚不能满足要求；对于一些非金属元素如 S、Se、Te、卤素的测定，灵敏度也很低。原子发射光谱法是一种相对分析方法，一般需要一套标准样品作对照，由于样品组成、结构的变化对测定结果有较大的影响，因此配制一套合用的标准样品并非一件容易的事，况且标准样品的标定本身需以化学分析作为基础。此外光谱仪器目前仍比较昂贵。

6.2 对样品的要求

试样的制备是将取得的样品制成适合于激发发光的形式，制备试样的方法要根据试样来源、形状、要求分析的元素和其他分析目的来确定。因为所取的极少量的试样一定要能代表全体的样品物质，即要求所取得样品一定要能**代表其母体的性状**。因此，一定要注意制备组成均匀的分析试样。

6.3 原子发射光谱法的应用

原子发射光谱法目前已经获得了十分广泛的应用。地质部门在地质普查、找矿过程中，用原子发射光谱法完成大量的分析任务；冶金部门用原子发射光谱法进行产品的成品分析和控制冶炼的炉前快速分析；机械制造部门用原子发射光谱法来检验原材料、零件和半成品；化工部门利用原子发射光谱法来检验产品的纯度；在原子能工业、半导体工业的超纯材料检验和分析中，原子发射光谱法也占有重要的地位。总之，原子发射光谱法目前已经成为国民经济各个部门、教学科研单位广泛采用的一种分析测试技术。

样品中含有什么元素，大致含量如何，都需要用定性或半定量分析来回答。光谱定性分析比化学分析法简便、快速、准确，适用于各种形式的试样，对大多数元素有很高的灵敏度，是目前元素定性分析的主要工具之一。光谱半定量分析在地质勘查、矿石品位的鉴定、钢材及合金的分类、产品质量控制等方面获得了广泛应用。

光谱定量分析过去在冶金和地质部门应用较多。近年来，由于等离子体光源的应用和发展，光谱定量分析焕然一新，现在它已深入各个分析领域之中。下面简要介绍几个方面的应用情况。

1. 冶金样品分析

金属与合金样品，一般采用块状或棒状试样用火花或交流电弧光源直接激发，样品能快速制备样品，操作方便。光电法及计算机的应用使 AES 成功地用于炉前快速分析。据统计，在日本的钢铁分析中，90%的任务是由 AES 和 XFS（X 射线荧光光谱分析）来完成的。

一些化学性质相似的元素很难分离，例如铌和钽、锆和铪以及稀土元素等。分析冶金样品中的这些元素，用化学分析法是比较困难的，而采用 AES 分析这些元素非常方便。

采用电弧或火花光源时，分析信号高度依赖于基体成分，因此试样与标样之间的正确区配非常重要。为克服这一缺点，电感耦合等离子体原子发射光谱分析（ICP－AES）在冶金分析上的应用日益增多。例如，日本岛津生产的 ICP 光谱仪有近半数用于冶金分析。

对高炉中钢水的直接光谱分析是引人注目的研究课题。以熔炉中的探头作阳极，钢水作阴极，产生弧光放电。用氩气将放电产生的样品气送入离高炉几十米处的 ICP 光谱仪进行分析，从而控制冶炼过程。

2. 地质样品分析

AES 是地质部门应用最广的分析手段，分析方法比较成熟。许多地质样品是不导电的，一般是将样品磨匀后装入炭电极小孔内用电弧光源激发。如果分析元素含量较高又难以激发，则可将样品粉末压片后用火花光源激发，分析结果的精密度比电弧光源激发有较大改善。对于微小矿物的鉴别，用激光光源进行**微区分析**，分析表面可控制在直径 10～300 μm 以内，绝对灵敏度可达 10^{-12}～10^{-10} g。

地质样品的成分复杂、含量多变、均匀性差，用电弧或火花光源激发进行分析会遇到许多困难，而 ICP－AES 分析技术的建立给地质样品的分析开辟了新的途径。例如，ICP－AES 分析技术已成功地应用于岩矿中主要、次要、痕量及稀土元素的测定。样品在密闭的聚四氟乙烯溶样器中用盐酸－氢氟酸溶解，加入硼酸后进行分析；或者样品经偏硼酸锂熔融，用稀硝酸浸取后进行测定。该法简单、快速，适用于多种岩矿分析。

3. 环境样品分析

环境质量对人的健康有重大影响，因此对于环境样品，特别是环境水及空气悬浮粒子中微量元素的测定应更加重视。

对环境样品中微量元素的分析，传统的方法是比色法和原子吸收法。这两种方法的主要缺点是单元素分析，有较大的基体干扰，定量分析的浓度范围窄。因此，人们在过去长时间中花精力去寻求各种监测环境的方法。通过对各种分析技术进行比较，发现 ICP－AES 是最有效的方法，它在分析速度和分析成本方面大大优于比色法和原子吸收法。

环境水分析是ICP-AES多元素分析技术应用的一个重要领域。海水、地面水、矿泉水、生活及工业用水等各种水样正是ICP-AES最适合的分析对象。一般可直接将水样引入ICP中进行测定，方法简便，分析速度快。

对于空气悬浮粒子中多种重金属元素的分析，常用硝酸-双氧水分解样品，制得的试样溶液直接用于ICP-AES分析。此法对于Be，Cr，V三种元素的测定结果可能偏低，建议用碱熔融法分析这些元素。

环境样品分析中，ICP-AES是目前最重要的方法。美国环保部门已推荐用ICP-AES测定水和废水中的痕量元素，并将ICP-AES作为测定空气悬浮粒子中铅的基准方法。

4. 临床医学样品分析

人体内含有30多种元素，除组成有机体的C，N，H，O主体元素及K，Na，Ca，P等大量元素外，还含有许多微量元素。例如，钴是一种有益的微量元素参与造血作用，但它又是一种致癌金属。人体内元素含量与健康状况、生活环境密切相关。其中头发内金属元素含量比其他器官组织高出约10倍，故有人把头发试样视为揭露疾病和中毒现象的指示剂。例如，汞中毒、铅中毒患者的头发中，汞、铅含量高于正常人。因此对于头发、血液等样品中微量元素的测定，在职业病防治，生理、病理研究及环境保护等方面都具有十分重要的意义。

头发样品可采用湿式分解或干式灰化处理，所得试液用ICP-AES进行多元素同时测定。但要注意，在干式灰化中，如果灰化温度过高，会使某些易挥发的As，Sn，Pb，Cd等元素的分析结果偏低。

血液易凝结、黏性大。可将血液用水稀释10倍后用ICP-AES直接分析，或者将血液进行与头发一样的处理，然后再进行测定。

对于人体尿液、指甲，以及动物组织等，也可采用类似的方法进行原子发射光谱分析。

上述各例仅是原子发射光谱法应用的一部分。另外，将原子发射光谱法用于植物、土壤分析，指导合理施肥，有利于提高农作物产量；在食品、饮料生产过程中，对原料、产品等采用原子发射光谱法进行质量控制；对润滑油中的微量金属进行原子发射光谱分析，从而可推知机器的磨损状况；等等。随着科学技术的不断更新与完善，原子发射光谱分析技术将会获得更大发展。

第7节 例题习题

7.1 期中考核要点内容

本书所阐述的内容是一门实践度较高的本科生课程。

教育教学改革的难点和关键，是打破传统的课堂教学评价体系。自2011年起，四川大学启动考试改革，倡导实施全过程—非标准答案考试。一大批老师积极参与，锐意改革，投入大量精力进行深度研究，力图改变传统的命题方式，通过提高试题的灵活性、开放性与探究性，激发学生学习的积极性、思维的创造性，提升学生理解并运用知识的能力、综合所学知识解决实际问题的能力。

2016 年，四川大学教务处向全校教师征集平时考核、期中考试、期末考试中的非标准答案试题及学生答案。本书主编黎兵（教授）有幸入选。图 1－18 是中期考核（非标准化考试）示意图。

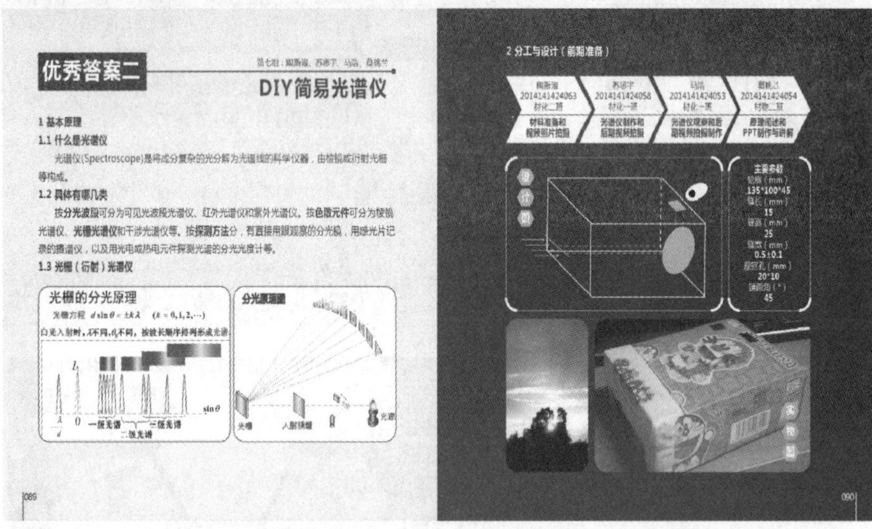

图 1-18　中期考核（非标准化考试）

本课程的最终成绩，建议由平时成绩+期中成绩+期末成绩构成。其中，期中成绩所占比重较大。期中考核就是将同学们分成若干小组，以每个小组为单位，完成命题：自制光谱仪。要求如下（图 1—19）：

（1）每组成员必须分担一定任务及职责。

（2）最终以 PPT 讲解+自制光谱仪的实物+实拍光谱的形式交卷。

（3）PPT 内容需有原理介绍、光谱仪的设计图纸、成员分工。

（4）必须附上使用自制光谱仪观测太阳光谱等的现场真实照片。

原理篇

所谓光谱指的就是复色光经过色散系统分光后，色散开的单色光按照波长的大小依次排列出的图案。举个简单的例子，我们看到太阳光（复色光）通过三棱镜（色散系统）后，会被分为由红到紫渐变的光，这实际上就是太阳光的光谱。了解了光谱的定义后，观测光谱的光谱仪核心很显然就是色散系统。如果我们能自制出色散系统，就可以自制出光谱仪。而用CD/DVD光盘代替色散系统就是一个不错的选择。因为CD/DVD光盘可以起到三棱镜的分光作用。CD/DVD光盘拥有相当致密的数据轨，可作为色散系统中的衍射光栅。而入射光射入CD/DVD光盘的盘基后，就会发生折射与反射，最后在衍射光栅上形成光谱。不过在普通环境中，入射到CD\DVD光盘上的光来自四面八方，经过CD/DVD光盘分光后各方向入射光的光谱混合在一起，我们是无法看到三棱镜的效果的。因此，只要我们能控制入射到CD\DVD光盘上的光的方向，就可以让CD\DVD光盘代替三棱镜自制出光谱仪。

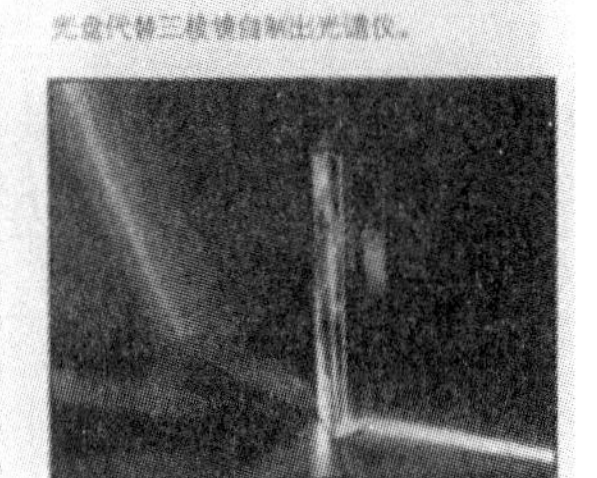

材料篇

虽然研究用的光谱仪属于高科技仪器，但是我们自制光谱仪时所须的材料却很容易搞到。只要一个纸盒、一张CD/DVD光盘与一张光盘罩而已。

首先找一个纸盒作光谱仪的主体，用来放置DVD光盘与隔离光线。因此，它的尺寸最好是比DVD光盘略大。比较理想的尺寸是120mm×120mm×40mm。要是找不到这样的盒子，你就去超级市场买一上盒亨氏营养米粉，吃掉米粉，剩下纸盒，既营养又实惠！

我们知道CD/DVD光盘上的数据轨会被作为衍射光栅，由于CD光盘的轨距为1.6微米，观测光谱时，即每毫米可观察到约625种颜色，而DVD光盘的轨距为0.74微米，观测光谱时理论上每毫米可观察到约1350种颜色。因此，选用DVD光盘制作光谱仪可获得更高的观测精度。

做光盘罩的纸板尺寸只要大于DVD光盘，小于纸盒就行，最理想的就是直接使用现成的纸质光盘袋。

图 1—19　“自制光谱仪”要求

7.2　光盘可做光栅的原理

光盘的结构如图 1—20 所示。

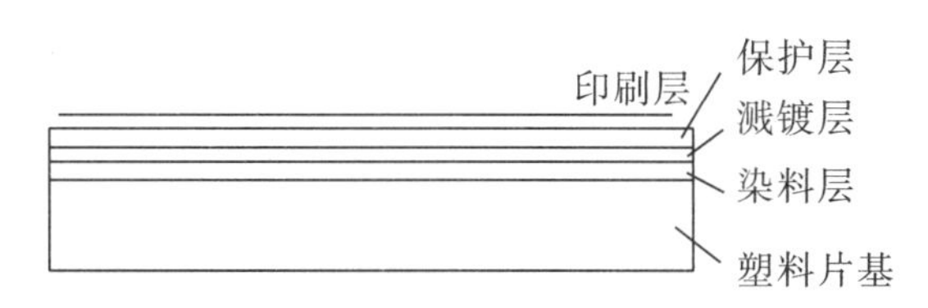

图 1—20　光盘剖面结构

光盘存储信息的原理，是利用激光在光盘染料层烧录出凹坑。光盘外部的同心圆环可以近似为一组平行线，得到光栅（图 1—21）。其中，CD 光盘的轨距是 1.6 μm，DVD 光盘的轨距是 0.74 μm。

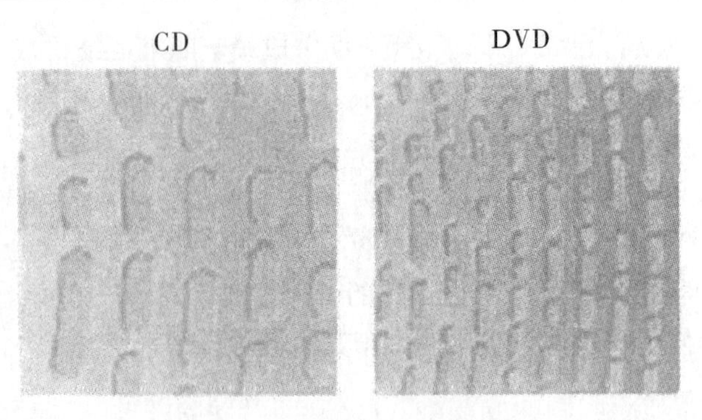

图 1-21　CD/DVD 光盘比较

光栅（光盘）分光都是利用光的衍射，不同波长的光通过光栅后产生的衍射图样的亮线位置分布不同，从而产生分光效果（图 1-22）。

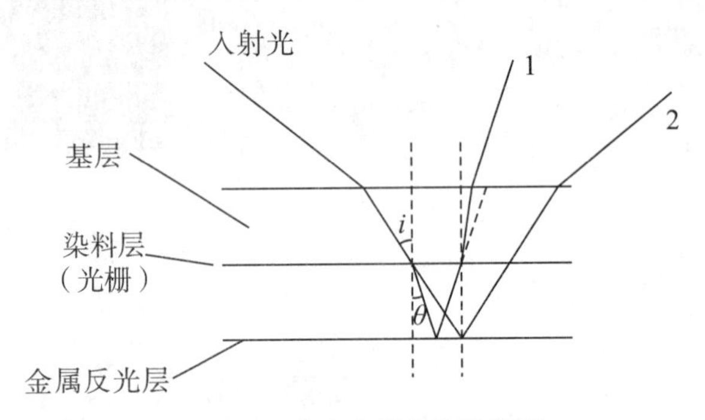

图 1-22　光盘光栅分光示意图

$$d(\sin\theta_k+\sin i)=k\lambda,\quad k=0,\pm 1,\pm 2,\cdots$$

式中，d 为光栅常数=磁道宽度+磁道距离；λ 为入射光波长；θ_k 为第 k 级主极强出现的角度。对于 λ 不同的光波，θ_k 不同，于是达到分光的目的。

由上式可知：

(1) d 越小，θ_k越大。

(2) 光盘的刻录密度越高，d 越小，光盘分光的分辨本领越高。

(3) 在光盘中，由于金属膜的反射作用，使入射光两次经过染料层（光栅），两次被分光后出射到接收器中，增加了其角分辨本领。

7.3　习题

1. 用硬白纸板给蜡烛火焰“照相”，了解蜡烛火焰的温场分布。

解答提示：火焰通常是分成几个温场层次。这个小实验就是要求学生用一张硬白纸板靠近燃烧的蜡烛火焰，调节高度，让火焰烟灰在白纸板上留下印记。印记通常是几个同心圆形，颜色有深有浅，表明了蜡烛火焰的温场分布，从而使学生直观了解火焰是有一定的温场分布的。

2. 钾原子共振线波长是 766.49 nm，求该共振线的激发能量（eV）、频率和波数（cm^{-1}）。

解答提示：$\Delta E = hc/\lambda = 1.62\ \text{eV}$。

3. 原子发射光谱是怎样产生的?
4. 原子发射光谱法的定性分析方法有哪几种?
5. 什么叫能级平均寿命?
6. 内标元素的选择标准是什么?
7. 三标准试样法中为什么至少要用三个标准样品?

第 2 章　原子吸收光谱法

第 1 节　历史背景

1.1　恒星连续光谱中的暗线

原子吸收光谱法是基于蒸气相中被测元素的基态原子对原子共振辐射吸收，来测定试样中该元素含量的一种方法。这是 20 世纪 50 年代以后才逐渐发展起来的一种新型仪器分析方法，特别是在最近十几年得到迅猛发展。

早在 1802 年，伍朗斯顿（W. H. Wollaston）在研究太阳连续光谱时，就发现了太阳连续光谱中出现的暗线。到 1814 年，德国科学家夫琅和费（J. Fraunhofer）在研究太阳连续光谱时，再次发现了这些暗线，由于当时不了解产生这些暗线的原因，就将这些暗线称为**夫琅和费线**。暗线中有几条特别黑，夫琅和费用大写英文字母 A、B、C、D 等 8 个字母来标记其中 8 条较黑的线。他还发现，彩色光带中黄色附近有两条相互靠近的暗线，按照他给暗线排列的顺序，应该用英文字母 D 标记。这就是我们在光谱分析实验中经常提到的**钠 D 线**。

图 2－1 给出了各种谱线的对比图。

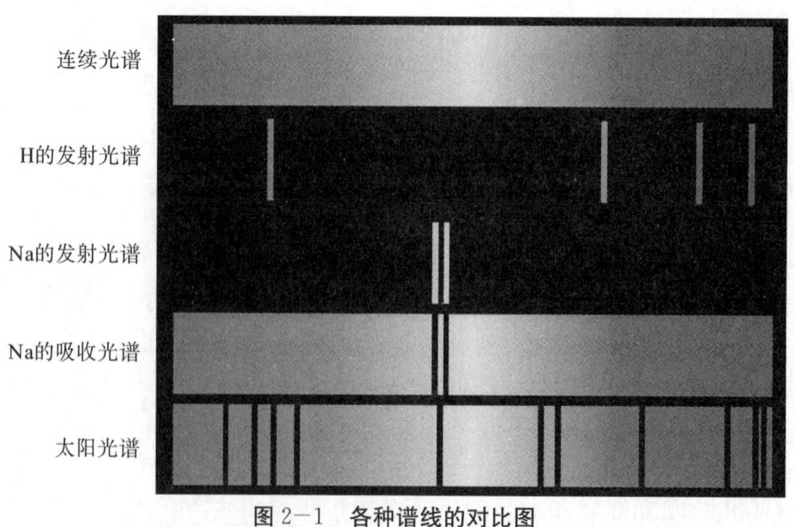

图 2－1　各种谱线的对比图

1860 年，本生（R. Bunson）和基尔霍夫（G. Kirchhoff）在研究碱金属和碱土金属的火焰光谱时，发现钠蒸气发出的光通过温度较低的钠蒸气时，会引起钠光的吸收，并且根据钠发射线与暗线在光谱中位置相同这一事实，证明太阳连续光谱中的暗线，正是太阳大气圈中的钠原子对太阳光谱中的钠辐射吸收的结果。

一天，本生在散步时向好友基尔霍夫谈到，他最近在用火焰颜色来鉴别各种金属，但有些金属灼烧时火焰的颜色很相近，他就透过有色玻璃片来进一步鉴别。基尔霍夫听了马上说："如果我是你，我就用棱镜来观察这些火焰的光谱。"第二天，基尔霍夫就带了棱镜和其他一些光学仪器来到本生的实验室。他们制作了分光镜，通过分光镜，金属灼烧时发出的各种光变成了明亮的谱线，每种金属对应一种特有的谱线。灼烧时都是红色火焰的锂和锶，在分光镜中就呈现出不同的谱线——锂是蓝线、红线、橙线和黄线，而锶是一条明亮的红线和一条较暗的橙线，它们毫不含糊地区分开了。这是 1859 年初秋的一天，一位化学家和一位物理学家共同发明了光谱分析法。当他们将少量氯化钠放在本生灯的火焰上时，分光镜中出现了两条黄色的谱线。基尔霍夫想起了夫琅和费线，他仔细观察，发现两条黄线的位置恰好落在太阳光谱中的钠 D 双线上。同一位置，一明一暗，是不是太阳上缺少钠呢？他们又让太阳光进入分光镜，看到了钠 D 双线，然后在分光镜前灼烧氯化钠，希望钠明亮的黄线能"抹平"太阳光谱中的 D 暗线。意外的是，D 暗线更黑了。如果把太阳光遮挡住，则钠明亮的黄线又出现了，而且准确地落在钠 D 双线的位置上。

对这一实验事实的解释，基尔霍夫认为，只能承认炽热的钠蒸气即能发射钠 D 双线，又能吸收钠 D 双线。于是，他们用氢氧焰煅烧生石灰，使它发出的连续光谱进入分光镜，在分光镜前放上本生灯灼烧氯化钠，果然看到了生石灰的连续光谱中出现了两条暗线，恰好落在钠 D 双线的位置上。这时，如果将其他盐类放入本生灯的火焰内，也会出现一些暗线，这些暗线的位置恰好与所灼烧金属盐的特征光谱相重合。他们明白了：太阳中不是没有钠，而是有钠。夫琅和费暗线和本生灯灼烧金属盐时发出的亮线一样，也能反映出太阳上存在的元素。

1859 年 10 月 20 日，基尔霍夫向柏林科学院提交报告：经过光谱分析，证明太阳上有氢、钠、铁、钙、镍等元素。他的见解和新发现立即轰动了欧洲科学界，在地球上居然检测出了相距一亿五千万公里的太阳上的化学元素组成。光谱分析法很快成了化学界、物理学界和天文学界开展科学研究的重要手段。

恒星发射光谱如图 2-2 所示。

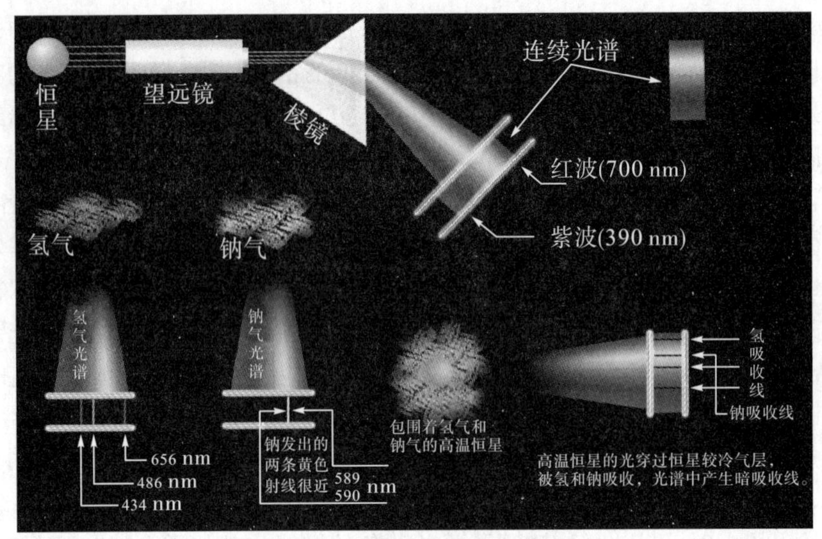

图 2-2　恒星发射光谱示意图

1.2　原子吸收光谱法

原子吸收光谱法（Atomic Absorption Spectroscopy，AAS）作为一种分析方法是从 1955 年真正开始的。这一年，澳大利亚的瓦尔西（A. Walsh）发表了著名论文《原子吸收光谱在化学分析中的应用》，奠定了原子吸收光谱法的理论基础。1961 年，里沃夫发表了非火焰原子吸收法的研究工作，其绝对灵敏度可达到 $10^{-14}\sim10^{-12}$ g，使原子吸收光谱法又向前发展了一步。1965 年，威尔斯（J. B. Willis）将氧化亚氮-乙炔火焰成功地用于火焰原子吸收光谱法中，大大地扩大了这一方法所能测定元素的范围，使能被测定的元素达到 70 种之多。近年来，激光的应用使原子吸收光谱法为微区和薄膜分析提供了新手段。塞曼效应的应用，使得其在很高的背景下也能顺利地实现测定。特别是高效分离技术气相和液相色谱的引入，实现了分离仪器和检测仪器的联用，使原子吸收光谱法发生重大改变。

原子吸收光谱法具有许多优点：灵敏度高，选择性好，抗干扰能力强，测定元素范围广，仪器简单，操作方便等。缺点是对某些元素的测定灵敏度还不太令人满意。此外，测定每一种元素都需要一个特定元素的空心阴极灯，这对同时测定试样中多种元素是不方便的。

第 2 节　方法原理

2.1　原子吸收光谱与原子发射光谱的关系

当辐射投射到原子蒸气上时，如果辐射波长相应的能量等于原子由基态跃迁到激发态所需的能量，则会引起原子对辐射的吸收，产生原子吸收光谱。

原子吸收和原子发射一样，决定于原子能级间的跃迁。当原子从低能级被激发到高能级时，必须吸收相当于两能级差 ΔE 的能量，而从高能级跃迁到低能级，则要放出相应的能量。原子发射或原子吸收对应的辐射波长为

$$\lambda = \frac{hc}{\Delta E} \tag{2-1}$$

式中，h 是普朗克常数。

图 2－3 表示原子吸收和原子发射之间的关系。原子吸收线的特点是由吸收线的波长、形状、强度来表征的。吸收线的波长决定于原子跃迁能级间的能量差。

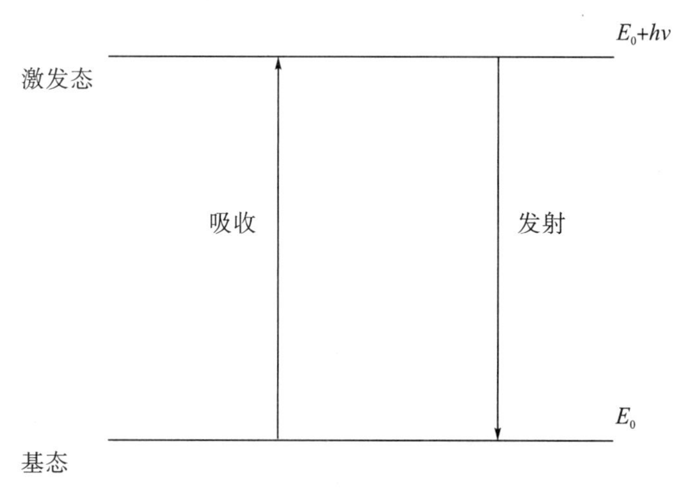

图 2－3　原子吸收与原子发射之间的关系

吸收线的形状（或轮廓）通常用吸收线的轮廓图表示（图 2－4），以吸收线的半宽度来表征。吸收线的半宽度（$\Delta\nu$）是指极大吸收系数一半处吸收线轮廓上两点之间的频率差。

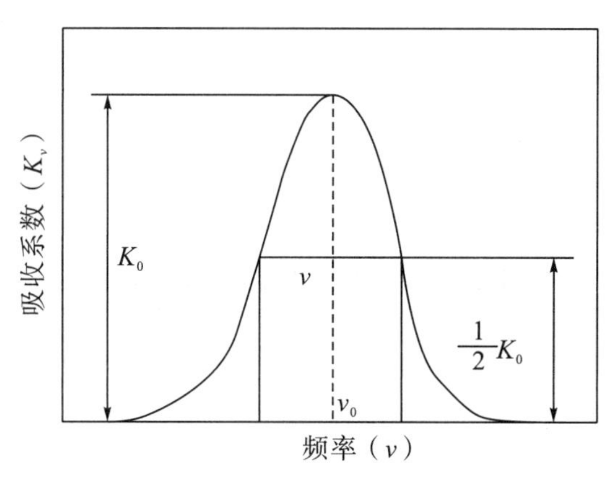

图 2－4　原子吸收线的轮廓图

吸收线的强度是由两能级之间的跃迁概率决定的。

原子吸收光谱法是通过测量气态原子对特征波长（或频率）的吸收强度来实现的。

这种吸收通常出现在可见光区和紫外区。

一般来说，原子吸收线与原子发射线的波长是相同的。但是，由于原子共振吸收线的强度分布与原子共振发射线的强度分布是不同的，因此，共振吸收线与共振发射线的中心波长位置有时并不是一致的。而且最灵敏的发射线未必一定是最灵敏的吸收线。例如在原子吸收光谱中，Ni 最灵敏的吸收线是 2320 Å；而在原子发射光谱中，常用的 Ni 灵敏线是 3415 Å。

一种元素的谱线数目，直接取决于该元素原子内能级的数目。如果原子内总能级数目为 n，从理论上讲，能级之间的可能跃迁数，即发射线的数目 N_{AES} 为

$$N_{AES}=\frac{n!}{(n-2)!2!}=\frac{n(n-1)}{2} \tag{2-2}$$

当 n 很大时，则

$$N_{AES}\approx\frac{n^2}{2} \tag{2-3}$$

在原子吸收光谱中，仅考虑由基态产生的跃迁，而由基态产生的跃迁数正比于原子能级数 n，因此，原子吸收线的数目 N_{AAS} 为

$$N_{AAS}=\sqrt{2\times N_{AES}} \tag{2-4}$$

由此可见，吸收线的数目比发射线的数目要少得多。很显然，谱线数目越多，谱线相互重叠的概率就越大。因此，在原子吸收光谱分析中，谱线相互重叠干扰一般可以不予考虑。

在原子发射光谱分析中，发射线的强度直接正比于激发态的原子数，对于给定的原子数，激发态的原子数是温度与激发能的函数。在热平衡条件下，共振发射线的强度由下式决定：

$$I_q=n_qA_qh\nu_q=A_qn_0\frac{g_q}{g_0}e^{-\frac{E_q}{KT}}h\nu_q \tag{2-5}$$

式中，I_q是共振发射线强度；n_q是处于激发态的原子数；A_q是激发态向基态跃迁的跃迁概率；ν_q是相应的跃迁频率；g_q和g_0分别为最低激发态和基态的统计权重；E_q是激发电位；K 是波尔兹曼常数；T 是绝对温度。在火焰条件下，谱线强度基本上受指数项控制，随温度变化很大。根据波尔兹曼分布函数，即使在激发电位低和温度高的有利条件下，激发态原子数与基态原子数相比，也是很少的。表 2－1 列出了某些共振激发态与基态原子数之比 n_q/n_0。

表 2－1　某些元素共振激发态与基态原子数之比 n_q/n_0

谱线	激发能（eV）	n_q/n_0		
		2000 K	2500 K	3000 K
Ca 4227	3.932	1.22×10^{-7}	3.65×10^{-6}	3.55×10^{-5}
Fe 3720	3.332	2.29×10^{-9}	1.04×10^{-7}	1.31×10^{-6}
Ag 3281	3.778	6.03×10^{-10}	4.84×10^{-8}	8.99×10^{-7}
Cu 3248	3.817	4.82×10^{-10}	4.04×10^{-8}	6.65×10^{-7}

续表2—1

谱线	激发能（eV）	n_q/n_0		
		2000 K	2500 K	3000 K
Mg 2852	4.346	3.35×10^{-11}	5.20×10^{-9}	1.50×10^{-7}
Zn 2130	5.795	7.45×10^{-15}	6.22×10^{-12}	5.50×10^{-10}

由表2—1可知，即使随着温度的大幅提升，元素的共振激发态与基态原子数之比n_q/n_0有所增加，但总体来看，基态原子数目还是远远大于激发态原子数目。这正是原子吸收光谱法优于原子发射光谱法，且灵敏度高、抗干扰能力强的一个重要原因。

2.2　原子吸收线的形状

如图2—4所示，原子吸收线并不是无限窄的，而是占据着有限的相当窄的频率范围，也就是说，吸收线并不是几何意义上的线，而是有一定的宽度。表示吸收线轮廓特征的值是吸收线的中心波长和半宽度，前者是由原子的能级分布特征决定的；后者则受到很多因素的影响，这些因素在不同程度上对其做出贡献。通常在原子吸收光谱法的测定条件下，分别由磁场与电场引起的塞曼（Zeeman）变宽效应与斯塔克（Stark）变宽效应可以不予考虑，吸收线的总宽度 $\Delta\nu_T$ 可用下式表示：

$$\Delta\nu_T = [\Delta\nu_D{}^2 + (\Delta\nu_L + \Delta\nu_H + \Delta\nu_N)^2]^{1/2} \tag{2-6}$$

式中，$\Delta\nu_D$是多普勒（Doppler）变宽；$\Delta\nu_L$是洛伦兹（Lorentz）变宽；$\Delta\nu_H$是赫尔兹马克（Holtsmark）变宽；$\Delta\nu_N$是自然宽度。吸收线的自然宽度和产生跃迁的激发态原子寿命有关。激发态原子寿命越长，则吸收线自然宽度越窄。激发态原子寿命约为10^{-8} s。

下面分别介绍几种变宽机制。

（1）多普勒变宽。从一个运动着的原子发出的光，如果运动方向离开观察者，在观察者看来，其发出光的频率较静止原子发出光的频率低；反之，如果原子向着观察者运动，则其发出光的频率较静止原子发出光的频率高，这就是**多普勒效应**。气相中的原子处于无序运动，对于观察谱线的方向，各原子有着不同的运动速度分量。这种运动着的发光原子的多普勒效应，则引起谱线的总体变宽。多普勒变宽由下式决定：

$$\Delta\nu_D = 1.67\frac{\lambda_0}{c}\sqrt{\frac{2RT}{M}} \tag{2-7}$$

式中，c 是光速；λ_0是极大吸收波长；R 是气体常数；M 是吸收原子的原子量。由式（2—7）可以看出，原子量小的元素，多普勒线宽较宽；温度越高，线宽越宽。

（2）赫尔兹马克变宽。又称共振变宽，是由于同种原子碰撞引起的发射或吸收光量子频率改变而导致的谱线变宽，它随试样原子蒸气浓度的增加而增加。随着谱线变宽，吸收值相应减小。通常在原子吸收光谱法的测定条件下，金属原子蒸气压若在0.01 mmHg以下，共振变宽可以忽略不计；当压力达到0.1 mmHg时，共振变宽效应则可以明显看出。

（3）洛伦兹变宽。是吸收原子与蒸气中局外原子或分子等相互碰撞而引起的谱线轮廓变宽（$\Delta\nu_L$）、谱峰频移（$\Delta\nu_s$）与不对称性变化。洛伦兹变宽随局外气体压力的增加而增大，也随局外气体性质的不同而不同。通常在原子吸收光谱法的测定条件下，它与多普勒变宽的数值具有相同的数量级。洛伦兹变宽效应对气体中所有原子是相同的，是均匀变宽，它是按一定比例引起吸收值减小的固定因素，只降低分析灵敏度，而不破坏吸收值与浓度之间的线性关系。

通常在原子吸收光谱法的测定条件下，吸收线线宽主要受多普勒变宽效应与洛伦兹变宽效应控制。

2.3 原子吸收值与原子浓度的关系

按照电动力学理论，原子可以看作是大小相等、符号相反的两个点电荷组成的电偶极振子，正电荷有一固定位置，负电荷是由原子中所有电子构成的，并在正电荷周围振动。在单位时间内谐振子所吸收的总能量为

$$E_{abs}=f\frac{\pi e^2}{m}Q_\nu \tag{2-8}$$

式中，e 是电子电荷；m 是电子质量，Q_ν 是频率为 ν 的辐射密度；f 是吸收振子强度，表示经典的自由电子振子的有效数目，在吸收的条件下，表示原子在指定跃迁时的吸收效应，正比于原子对能量为 $h\nu$ 的光量子的吸收概率，即能被入射辐射激发的每个原子的平均电子数，用来表征吸收线的强度。

当光通过原子蒸气时，自由原子的电子在光波电磁场的作用下产生振动，光波则提供能量来激励电子的振动，原子的吸收正好对应原子内电子固有的振动频率。当辐射密度为 Q_ν，则单位时间内通过单位体积的辐射能为 cQ_ν，这里 c 为光速。因此，通过能量 $h\nu$ 的光子数目为 $cQ_\nu/h\nu$。若令每个原子吸收光量子的有效截面为 S_ν，则被吸收的总光量子数为$\frac{cQ_\nu}{h\nu}S_\nu$，被吸收的总能量应等于被吸收的总光量子数乘以单个光量子的能量，即

$$E_{abs}=S_\nu\frac{cQ_\nu}{h\nu}h\nu=S_\nu\cdot cQ_\nu \tag{2-9}$$

结合式（2-8）与式（2-9），则有

$$S_\nu=\frac{\pi e^2}{mc}f_\nu \tag{2-10}$$

因为常用的是单位体积吸收系数 K_ν，则

$$K_\nu=nS_\nu \tag{2-11}$$

式中，n 是单位体积内吸收原子数。

对于占有一定频率范围的吸收线，在给定的频率范围内的积分吸收值为 $\int K_\nu \mathrm{d}\nu$，它应该等于单个原子对光量子的有效吸收截面乘以其吸收原子数 n，也就是

$$\int K_\nu \mathrm{d}\nu=\frac{\pi e^2}{mc}\cdot nf_\nu \tag{2-12}$$

由式（2—12）可以看出，积分吸收值与吸收介质中吸收的原子浓度成正比，而与蒸气的温度无关。因此，只要测定了积分吸收值，就可以确定蒸气中的原子浓度。

由于原子吸收线很窄，宽度只有约 0.02 Å，要准确测定积分吸收值，就要精确地对宽度仅有 0.02 Å 的吸收线轮廓进行扫描，为此需要使用分辨率很高的单色器，这是一般光谱仪所不能达到的。1955 年，瓦尔西从理论上解决了这个困难，提出用测定极大吸收系数 K_0 来代替积分吸收系数的测定，并且证明极大吸收系数 K_0 与基态原子浓度也成正比。而对 K_0 的测定，只需要使用锐线光源，而没有必要使用高分辨率的单色器。

通常在原子吸收光谱法的测定条件下，吸收线的形状完全取决于多普勒变宽效应，这时有

$$\int K_\nu \mathrm{d}\nu = \frac{1}{2}\sqrt{\frac{\pi}{\ln 2}} K_0 \Delta\nu_D \tag{2-13}$$

联合式（2—12）与式（2—13），得到

$$K_0 = \frac{2}{\Delta\nu_D}\sqrt{\frac{\ln 2}{\pi}} \cdot \frac{\pi e^2}{mc} n f_\nu \tag{2-14}$$

或者以波长表示，有

$$K_0 = \frac{2\lambda^2}{\Delta\lambda_D}\sqrt{\frac{\ln 2}{\pi}} \cdot \frac{\pi e^2}{mc^2} n f_\lambda \tag{2-15}$$

根据吸收定律有（推导见第三章）

$$I_\nu = I_0 \mathrm{e}^{-K_\nu l} \tag{2-16}$$

或者以吸光度表示，有

$$A = \log\frac{I_0}{I_\nu} = 0.4343 K_\nu l \tag{2-17}$$

当在特征频率测定时，将式（2—15）代入式（2—17），得到

$$A = 0.4343 \frac{2\lambda^2}{\Delta\lambda_D}\sqrt{\frac{\ln 2}{\pi}} \cdot \frac{\pi e^2}{mc^2} n f_\lambda l \tag{2-18}$$

由（2—18）式可以看出，原子吸光度与蒸气中基态原子浓度 n 呈线性关系。

在实际工作中，通常要求测定的并不是蒸气中的原子浓度，而是被测试样中的某组分含量。当试样中被测组分的含量 C 和蒸气中原子浓度 n 之间保持某种稳定的比例关系时，有

$$n = \alpha C \tag{2-19}$$

式中，α 是比例常数。

结合式（2—18）与式（2—19），则有

$$A = 0.4343 \frac{2\lambda^2}{\Delta\lambda_D}\sqrt{\frac{\ln 2}{\pi}} \cdot \frac{\pi e^2}{mc^2} f_\lambda \alpha C l$$

即

$$A = KCl \tag{2-20}$$

由式（2—20）可以看出，吸光度与试样中被测组分的含量呈线性关系。

第3节　技术原理

3.1　仪器装备

原子吸收光谱仪（原子吸收分光光度计）与普通的紫外-可见分光光度计的结构基本相同，只是用空心阴极灯锐线光源代替了普通分光光度计中的连续光源，用原子化器代替了普通的吸收池。原子吸收分光光度计由光源、原子化器、分光器、检测器和信号指示系统组成。如图2-5所示。

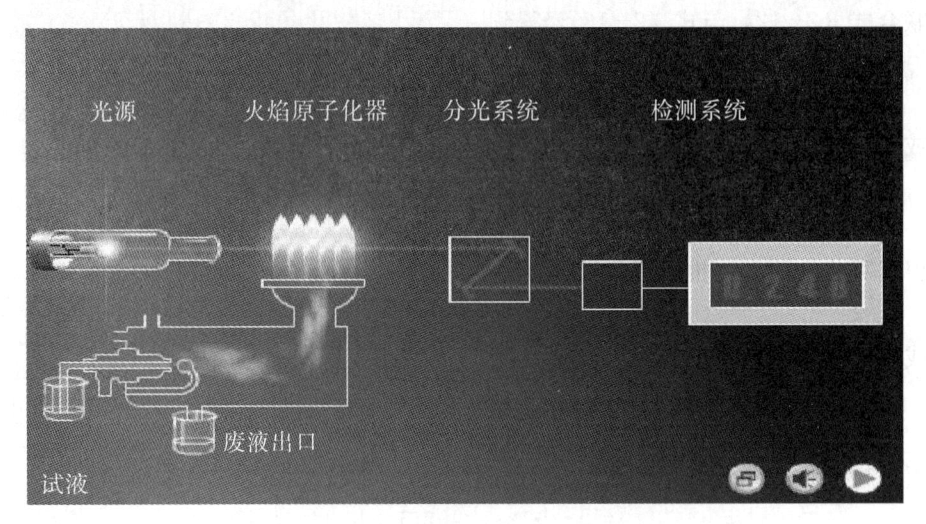

图2-5　原子吸收分光光度计设备框图

3.2　光源

光源的功能是发射被测元素基态原子所吸收的特征共振辐射。对光源的基本要求是：发射的辐射波长半宽度要明显小于吸收线的半宽度，辐射强度足够大，稳定性好，使用寿命长。空心阴极灯是能满足这些要求的理想的锐线光源，其应用最广。

空心阴极灯有一个由被测元素材料制成的空腔阴极和一个钨制阳极（图2-6），阴极内径约为2 mm。放电集中在较小的面积上，以便得到更高的辐射强度。阴极和阳极密封在带有光学窗口的玻璃管内，管内充有惰性气体，压力一般为3~6 mmHg，以利于将放电限制在阴极空腔内。光学窗口的材料根据所需要透过的辐射波长选择，在370 nm以下的用石英，在370 nm以上的用普通光学玻璃。

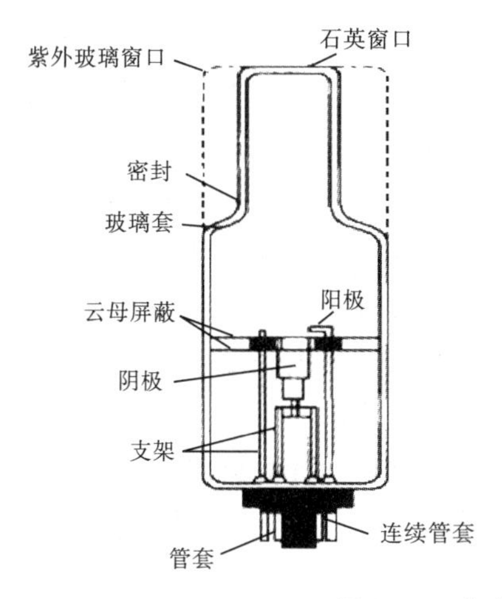

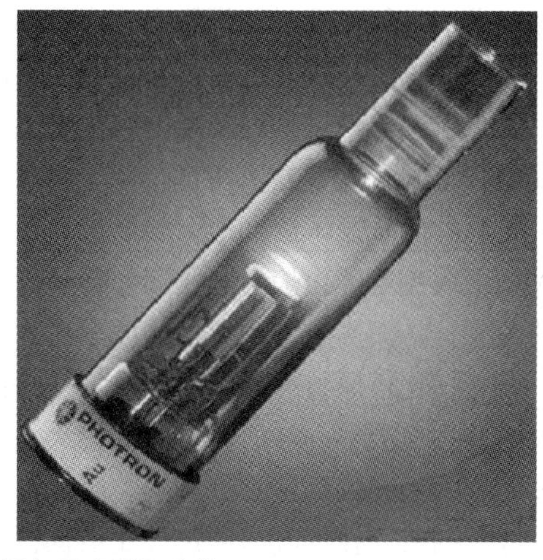

图 2－6　空心阴极灯示意图和实物

空心阴极灯放电是辉光放电的特殊形式，放电主要集中在阴极空腔内。当在两极上加上 300～500 V 电压时，便开始辉光放电。电子在离开阴极飞向阳极的过程中，与载气原子碰撞并使之电离。带正电的载气离子由电位差获得动能，如果正离子的动能足以克服金属阴极表面的晶格能，当其撞击在阴极表面上时，就可以将阴极原子从晶格中溅射出来。溅射出来的原子再与电子、原子、离子等碰撞而被激发，发出被测元素特征的共振线。在这个过程中，还有载气的谱线产生。空腔阴极放电的光谱特性主要取决于阴极材料的性质、载气的种类和压力、供电方式、放电电流等。阴极材料决定共振线的波长，载气的电离电位决定阴极材料发射共振线的效率与发射线的性质。氦的电离电位高，用氦作载气，阴极材料发射的谱线主要是离子线；而用 Ne，Ar 作载气时，阴极材料发射的谱线主要是原子线。放电电流直接影响放电特性，放电电流很小时，放电不稳定；若电流过大，溅射增强，灯内原子蒸气密度增加，谱线变宽，甚至产生自吸，引起测定灵敏度降低，且使灯寿命缩短。因此，在实际工作中应该选取一个最适宜的工作电流。

3.3　原子化器

原子化器的功能在于将试样转化为所需的基态原子。被测元素由试样中转入气相，并离解为基态原子的过程，称为**原子化过程**。

原子化是整个原子吸收光谱法中的关键所在。实现原子化的方法可以分为两大类：火焰原子化法和非火焰原子化法。

1. 火焰原子化法

用化学火焰实现原子化的优点是操作简便，提供的原子化条件比较稳定，适用范围广。缺点是易生成难离解氧化物的一些元素，如 Al，Si，V 等，原子化效率不高，而且在原子化过程中伴随着一系列化学反应的发生，使过程复杂化。

火焰温度明显地影响着原子化过程。一般来说，火焰温度高是有利的，但并不是在任何情况下都是如此。火焰温度提高之后，碱金属、碱土金属等低电离电位元素的电离度增加；火焰发射加强，背景增大；多普勒效应增强，吸收线变宽；气体膨胀，气相中基态原子浓度减小，所有这些效应都会导致测定灵敏度的降低。因此，对于特定的测定对象，应寻求一个最适宜的温度。因为火焰不同区域的温度是不同的，因此，基态原子的浓度也会不同，这就要求在进行原子吸收测定时必须调节光束通过火焰区的位置，以使来自光源的光从原子浓度最大的区域通过，从而获得最高的灵敏度。

火焰组成决定了火焰的氧化还原特性，直接影响被测元素化合物的分解与难离解化合物的形成，从而影响被测元素的原子化效率和基态原子在火焰区中的有效寿命。不同的火焰，其氧化还原特性自然不同，即使是同一类型火焰，由于燃气与助燃气的比例不同，火焰特性也会不一样。例如，富燃火焰的还原性比化学计量火焰要强，对于易生成难熔氧化物的元素的测定是有利的。因此，测定时必须调节燃气与助燃气的比例，并得到一个合适的值。在燃气与助燃气比值保持不变的情况下，燃气、助燃气流量增加，会导致火焰中原子浓度的降低和原子在火焰中有效停留时间的缩短，从而降低测定灵敏度；燃气、助燃气流量太小，试样进样量过小，测定灵敏度也会下降。为了获得最佳灵敏度，既要保持合适的燃气与助燃气比值，又要保持合适的燃气和助燃气的最小流量。有机溶剂的引入，作为附加的热源不仅提高了火焰温度，而且因有机溶剂中碳与氧的比例不同还会改变火焰的氧化还原特性。

火焰原子化器实际上就是一个喷雾燃烧器。最有效的原子化器就是在单位时间内能使喷入的试样尽可能产生最大数量的微细气溶胶，并将进入火焰的气溶胶最大限度地原子化。形成气溶胶的速率取决于喷雾试液的气体压力和温度、喷雾管和试液管的孔径大小与相对位置，也依赖于试液的黏度、表面张力等物理性质，当然也和喷雾器的结构有关。图 2−7 是火焰原子化器。

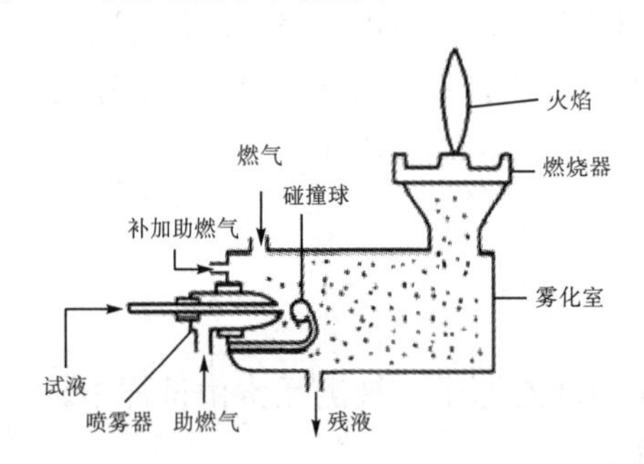

图 2−7　火焰原子化器

图 2−6 中，原子化器是用助燃气将试液喷入雾化室，在室内预先与燃气混合，之后进入火焰燃烧。它由喷雾器、雾化室和燃烧器三部分组成。雾化器将试液喷成雾珠，不过这时形成的雾珠大小分布范围广，大的雾珠碰撞雾化球（碰撞球），使之进一步细化，形成直径约为 10 μm 的气溶胶。未被细化的较大的雾珠在雾化室内凝结为液珠，沿泄漏管排走，使进入火焰的气溶胶直径大小较为均匀，同时在雾化室内使大部分溶剂蒸发。进入火焰的微粒在室内预先与燃气混合均匀，以减小它们进入火焰时引起的火焰扰动。燃烧器的功能是形成火焰，使进入火焰的微粒原子化。常用的燃烧器是单缝燃烧器，缝长有 5 cm 和 10 cm 两种。使用氧化亚氮−乙炔火焰，用缝长为 5 cm 的燃烧器。

由于进入火焰的微粒均匀且细微，在火焰中可瞬时原子化，吸收极大，因而通常出现在火焰的下部。这类火焰原子化器形成的火焰稳定性好，有效吸收光程长。缺点是试样利用效率较低，一般约为 10%，当试液浓度高时，易在雾化室壁上沉积。

2. 非火焰原子化法

在非火焰原子化法中应用最广的原子化器是管式石墨炉原子化器，其本质就是一个电加热器，它是利用电能加热盛放试样的石墨容器，使之达到高温，以实现试样的蒸发与原子化。图 2-8 为管式石墨炉原子化器。

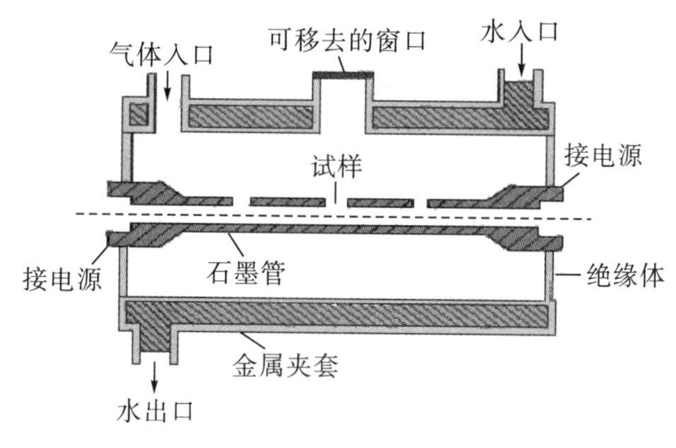

图 2-8　管式石墨炉原子化器

管式石墨炉原子化器中，石墨炉大多是外径为 6 mm，内径为 4 mm、长度为 53 mm的石墨管，管两端用铜电极夹住。样品用微量注射器直接由进样孔注入石墨管中，通过铜电极向石墨管供电。石墨管作为电阻发热体，通电后可达到 2000℃～3000℃的高温，以蒸发试样和使试样原子化。铜电极周围用水箱冷却。电极与水箱之间的弹簧牢固地将石墨管压在电极之间。盖板盖上之后，构成保护气室。设计更完善的管式石墨炉原子化器，其保护气室是密闭的。室内通惰性气体 Ar 或 N_2，以保护原子化了的原子不再被氧化，同时也可延长石墨管的使用寿命。

与火焰原子化法相比，非火焰原子化法中的石墨炉原子化的特点是，试样原子化是在充有惰性保护气 Ar 或 N_2的气室内，并位于强还原性石墨介质内进行的，有利于难熔氧化物的分解；取样量小，通常固体样品为 0.1～10 mg，液体样品为 1～50 μL，试样全部蒸发，原子在测定区的有效停留时间长，几乎全部样品参与光吸收，绝对灵敏度高；由于试样全部蒸发，大大地减小了局外组分的干扰影响，测定结果几乎与试样组成无关，这就为用纯标准试样来分析不同未知试样提供了可能性；排除了在化学火焰中常常产生的被测组分与火焰组分之间的相互作用，减小了化学干扰；固体试样与液体试样均可直接应用。其缺点是：由于取样量小，相对灵敏度不高，试样组成的不均匀性影响较大，测定精度不如火焰原子化法好；有强的背景，通常都需要考虑背景的影响。此外，管式石墨炉原子化器的设备比较复杂，费用较高。

3. 其他原子化法

低温原子化法，也称化学原子化法，是近年发展起来的一个非火焰原子化法，主要用来测定 Hg，Ge，Sn，Pb，As，Sb，Bi，Se 和 Te 等，该法主要是利用这些元素或其氢化物在低温下易挥发的特性，将其蒸气导入气体流动吸收池内进行原子吸收测定。化学原子化法一个优点就是形成元素或其氢化物蒸气的过程本身是一个分离过程。

此外，还有其他一些非火焰原子化法，如阴极溅射法、电极放电原子化法、激光原子化法、闪光原子化法、金属器皿原子化法等，但其都没有获得普遍应用。

4. 狭缝宽度

由于吸收线的数目比发射线的数目少得多，谱线重叠的概率大大减少，因此，在原子吸收光谱测定时，允许使用较宽的狭缝。使用较宽的狭缝可以增加光强，这样可以使用小的增益以降低检测器的噪声，从而提高信噪比与改善检出限。

当火焰的连续背景发射很强时，使用较窄的狭缝是有利的。因为对于连续光源，它照射在检测器上的光量与狭缝宽度平方成正比。当在吸收线附近有干扰谱线与非吸收光存在时，使用较宽的狭缝是不合适的，因为这样会导致灵敏度的降低。

合适的狭缝宽度可用实验方法确定。将试液喷入火焰中，调节狭缝宽度，测定在不同狭缝宽度时的吸光度，当达到某一宽度后，吸光度趋于稳定，进一步增宽狭缝，当其他谱线或非吸收光出现在光谱通带内时，吸光度将立即减小。不引起吸光度减小的最大狭缝宽度，就是理应选取的最合适的狭缝宽度。

原子化器的火焰出口狭缝如图 2－9 所示。

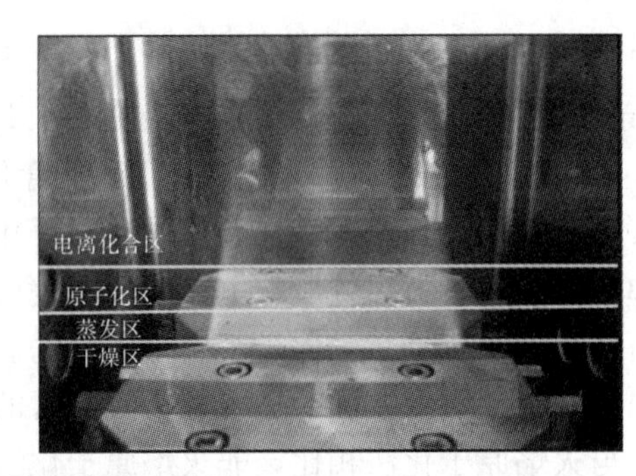

图 2－9 原子化器的火焰出口狭缝

3.4 分光器

分光器的作用是将所需共振吸收线分离出来。由于原子吸收分光光度计采用锐线光源，吸收值测量采用瓦尔西提出的极大吸收系数测定方法，吸收光谱本身也比较简单，因此，对分光器分辨率的要求并不是很高。分光器中的关键部件是色散元件，常用的色散元件有棱镜、光栅，现在商品仪器中多采用光栅作色散元件。原子吸收分光光度计中采用的光栅，刻痕数为 600～2800 条/毫米。在原子吸收分光光度计中，为了阻止来自原子吸收池的所有辐射都进入检测器，分光器通常配置在原子化器之后的光路中。

3.5　原子吸收光谱仪类型

原子吸收光谱仪（原子吸收分光光度计）大多是单光束原子吸收分光光度计，但近年来双光束型仪器甚至更多光束型仪器日益增多。在双光束型原子吸收分光光度计中，采用旋转扇形板将来自空心阴极灯的单色辐射分为两条光束，一条光束为试样光束，它通过火焰或石墨炉原子化器；另一条光束为参比光束，它不通过原子化器，而是通过半透明镜之后，两光束经由同一光路通过单色器，进入检测器，再在读数装置上显示两光束的强度比。多采用光栅分光器，装置方式有水平对称式光路与垂直对称式光路两种；辐射光源用空心阴极灯；检测器用光电倍增管。图 2－10 为单光束与双光束原子吸收分光光度计的结构。

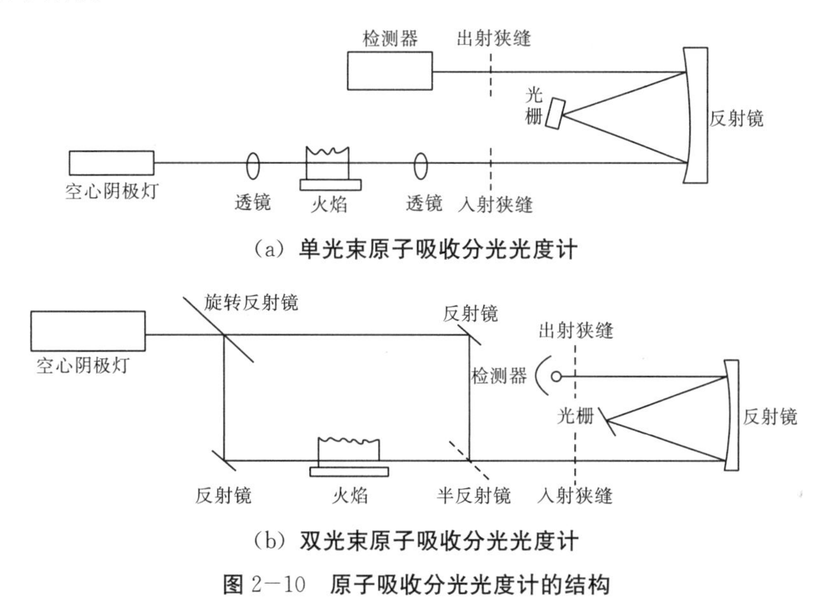

（a）**单光束原子吸收分光光度计**

（b）**双光束原子吸收分光光度计**

图 2－10　原子吸收分光光度计的结构

第 4 节　分析测试

4.1　试样处理

试样处理的第一步是取样。取样的原则是：一定要注意代表性，送检的样品一定要能代表母体的性状。

防止沾污是样品制备过程中的一个重要问题，因为沾污是限制灵敏度和检出限的重要原因之一。主要沾污来源是水、容器、试剂和大气，而大气污染是很难校正的。避免被测元素的损失是样品制备过程中的又一个重要问题。一般来说，浓度小于 1 ppm 的溶液不宜作为储备溶液。储备溶液应该是配制浓度较大（如 1000 ppm 以上）的溶液。

无机溶液宜放在聚乙烯容器内，并维持一定的酸度；有机溶液在储存过程中应避免与塑料、胶木瓶盖等直接接触。

由于溶液中总含盐量对喷雾过程和蒸发过程有重要影响，因此，当试样中总含盐量大于0.1%时，在标准试样中也应加入等量的同一盐类。对用来配制标准溶液的试剂纯度应有一个合理的要求，对于用量大的试剂，如用来溶解样品的酸碱、光谱缓冲剂、电离抑制剂、释放剂、萃取溶剂、配制标准的基体等，必须是高纯度的，尤其不能含有被测元素。对于被测定元素，由于它在标准溶液中的浓度很低，用量少，不需要特别高纯度的试剂，分析纯试剂已能满足实际工作的需要。

对于未知试样的处理，如果是无机溶液样品，在测定时不必做过多的预处理，要是浓度过高，可用水稀释到合适浓度。如果是有机样品，则用甲基异丁酮或石油溶剂稀释，使其接近水的黏度；如果浓度不是过高，稀释之后不便于测定，但又要避免干扰，也可以使用光谱缓冲剂，或者进行必要的化学分离和富集。固体试样的处理比较费事，无机固体试样要用合适的溶剂和方法溶解，要尽可能完全地将被测元素转入溶液中，并将溶液中总含盐量控制在合适的范围内；有机固体试样则要先用干法或湿法去除有机物，再将之后的残留物溶解在合适的溶剂中。若被测元素是易挥发性元素如 Hg、As、Cd、Pd、Sb、Se 等，则不宜采用干法灰化。如果使用石墨炉原子化器，则可以直接分析固体试样，采用程序升温可分别控制试样干燥、灰化和原子化过程，使易挥发或易热解的基体在原子化阶段之前除去。

4.2 测定条件的选择

1. 分析线

通常选择共振吸收线作为分析线，因为共振吸收线一般也是最灵敏的吸收线。但并不是在任何情况下都一定要选用共振吸收线作为分析线。例如，Hg、As、Se 等的共振吸收线位于远紫外区，火焰组分对来自光源的光有明显吸收，这时就不宜选择它们的共振吸收线作为分析线。当被测定元素的共振吸收线受到其他谱线干扰时，也不能选用共振吸收线作为分析线。即使共振吸收线不受干扰，在实际工作中也不一定都要选用共振吸收线，如分析高浓度试样时，为了改善校正曲线的线性范围，宁可选用其他灵敏度较低的谱线作为分析线。

最适宜的分析线视具体情况由实验决定。检验的方法是：首先扫描空心阴极灯的发射光谱，喷入空白液进入原子化器，了解有哪几条可供选用的谱线，然后再喷入试液，查看这些谱线的吸收情况，应该选用不受干扰而且吸收值适度的谱线作为分析线。最强的吸收线最适于痕量元素的测定。

2. 原子化条件的选择

在火焰原子化法中，火焰的选择和调节是很重要的，因为火焰类型与燃气混合物流量是影响原子化效率的主要因素。对于分析线在 200 nm 以下的短波区的元素（如 Se、

P 等），由于烃类火焰有明显吸收，不宜使用乙炔火焰，宜用氢火焰。对于易电离元素如碱金属和碱土金属，不宜采用高温火焰。反之，对于易形成难离解氧化物的元素（如 B、Be、Al、Zr、稀土元素等），则应采用高温火焰，最好使用富燃火焰。火焰的氧化—还原特性明显影响原子化效率和基态原子在火焰中的空间分布，因此，调节燃气与助燃气的流量以及燃烧器的高度，使来自光源的光通过基态原子浓度最大的火焰区，从而获得最高的测定灵敏度。

在石墨炉原子化法中，合理选择干燥、灰化和原子化温度十分重要。干燥是一个低温除去溶剂的过程，应在稍低于溶剂沸点的温度下进行。热解、灰化的目的是破坏和蒸发除去试样基体，在保证被测元素没有明显损失的前提下，应将试样加热到尽可能高的温度。在原子化阶段，应选择能达到最大吸收信号的最低温度作为原子化温度。各阶段的加热时间因不同的试样而不同，需由实验来确定。常用的保护气体为 Ar，气体流速在 1～5 L/min 的范围内，对原子吸收信号没有影响。此外，对于棒状和丝状原子化器，原子化器的位置影响较大，定位必须严格；对于管式原子化器，只要将它放在光度计的光路中即可。

3. 试样量

火焰原子化法中，在一定范围内，试样喷雾量增加，原子吸光度随之增大。但是，当试样喷雾量超过一定值之后，喷入的试样并不能有效地原子化，吸光度不再随之增大；相反，由于试液对火焰的冷却效应，吸光度反而有所下降。因此，应该在保持燃气和助燃气一定比例与一定的总气体流量的条件下，测定吸光度随试样喷雾量的变化，达到最大吸光度的试样喷雾量，就是应当选取的试样喷雾量。

使用管式石墨炉原子化器时，取样量取决于石墨管内容积大小，一般固体取样量为 0.1～10 mg，液体取样量为 1～50 μL。

4.3 分析方法

1. 标准曲线法

标准曲线法是最常用的分析方法。配制一组合适的标准溶液，由低浓度到高浓度依次喷入火焰，分别测定吸光度 A，以 A 为纵坐标，被测元素浓度或含量 C 为横坐标，绘制 A—C 标准曲线。在相同测定条件下，喷入被测试样，测定其吸光度，由标准曲线上内插法求得试样中被测元素的浓度或含量。

从测光误差的角度考虑，吸光度在 0.2～0.8 之间，测光误差较小。因此，应该选择校正曲线的浓度范围，使之产生的吸光度位于 0.2～0.8 之间。为了保证测定结果的准确度，标准试样的组成应尽可能接近实际试样的组成。

喷雾效率和火焰状态的些许变动、石墨炉原子化条件的变动、波长的漂移，会使标准曲线的斜率也随之发生变动。因此，每次测定试样之前最好用标准试样对标准曲线进行检查和校验。

2. 标准加入法

一般来说，被测试样的组成是不完全确知的，这就为配制标准试样带来困难。在这种情况下，如果未知试样量足够的话，使用标准加入法在一定程度上可以克服这一困难。具体做法：分取几份等量的被测试样，其中一份不加入被测元素，其余各份中分别加入不同已知量 C_1，C_2，C_3，…，C_n 的被测元素，如图 2-11 所示。

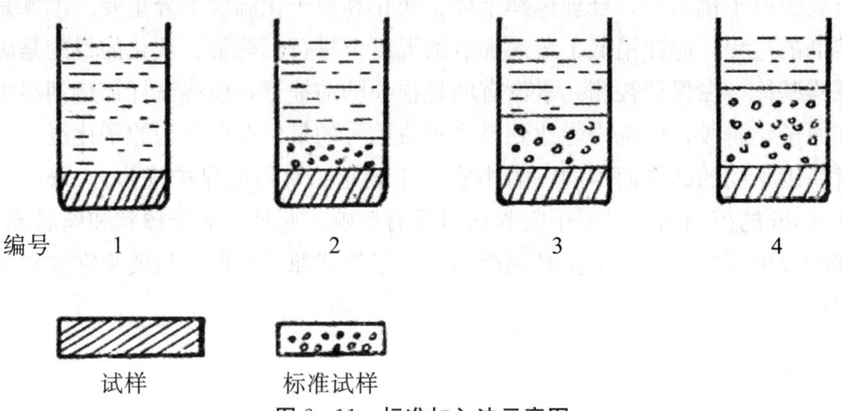

图 2-11　标准加入法示意图

然后分别测定它们的吸光度，绘制吸光度对于加入被测元素量的校正曲线，如图 2-12 所示。

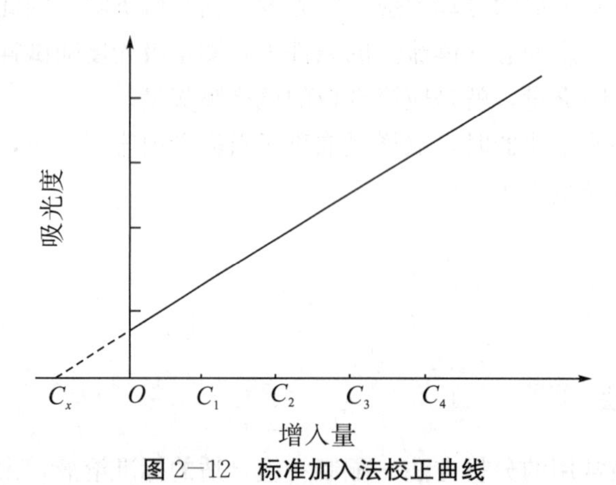

图 2-12　标准加入法校正曲线

由式（2-20）$A = KCl$ 可知，吸光度与被测元素的浓度成正比。

若令 $K' = Kl$，并设 C_0 为被测元素的浓度，则标准加入法的步骤可以写作

$$A_0 = K'C_0,\quad A_1 = K'(C_0 + C_1),\quad A_2 = K'(C_0 + C_2),\quad \cdots$$

即

$$A = K'(C_0 + C_x) = A_0 + K'C_x$$

式中，C_x 为增加量。

因此，当 $A = 0$ 时，$C_x = -A_0/K' = -C_0$。

如果试样中不含有被测元素，在正确地扣除背景之后，校正曲线应通过原点。如果校正曲线不通过原点，说明未知试样中含有被测元素。校正曲线在纵坐标轴上的截距所

对应的吸光度正是未知试样中被测元素所引起的效应。如果外延校正曲线与横坐标轴相交，由原点至交点的距离相对应的浓度或含量 C_x，即为所求被测元素的含量。

3. 内标法

在标准样品和未知样品中分别加入内标元素，测定分析线和内标线的强度比，并以吸光度的比值对被测元素含量绘制校正曲线。内标元素应与被测元素在原子化过程中具有相似的特性。内标法的优点是可以消除在原子化过程中由于实验条件（如气体流量、火焰状态、石墨炉温度等）变化而引起的误差，提高了测定的精度。但内标法的应用受到测量仪器的限制，需要使用双通道型原子吸收分光光度计。

第 5 节　知识链接

5.1　零多普勒宽度

为了满足科研等应用要求，光谱分辨率需要更上一层楼。那么怎样才可以提高光谱分辨率呢？我们知道，光谱线是有一定宽度的。显然，如果谱线的宽度比两条谱线相隔开的距离还大，那么，在光谱图上就没有办法辨别出是有一条谱线，还是有两条或者三条谱线了。当然，我们可以设想把两条光谱线在光谱图上的距离拉大，也就是说，采用色散率更大的光谱仪工作，但是这种办法是有限制的。因为光谱线的宽度也将随着光谱仪的色散率的增大而增大，作相同比例的展宽，波长相差数值比谱线宽度还小的两条谱线，依然辨别不出来。唯一有效的办法就是尽可能地减小谱线的宽度，使互相靠近的两条谱线能够暴露在谱线宽度之外。

为了获得宽度很窄的谱线，科学家们做了很多努力。过去的几十年里，在远红外波段和 γ 射线波段，的确已经取得了相当大的成就。比如，在微波波段内，利用分子束的方法产生了宽度极窄的谱线，得到 10^9 的光谱分辨率；在 γ 射线波段内，科学家穆斯堡尔在 1958 年发现嵌在晶格中的原子核，在它的某些能级之间跃迁产生的谱线宽度也极窄，光谱分辨率可以达到 10^{15}。但是，在可见光和近红外波段内，这项工作一直进展不大，光谱分辨率停留在 10^5 数量级，其困难就在于难以消除谱线的多普勒宽度。

多普勒宽度是正比于原子沿测量光波方向的速度分量，所以科学家曾设想，在垂直于原子运动的方向上接收原子的发光光谱，就可以排除多普勒效应的影响，获得没有多普勒宽度的光谱。为此，科学家们建立了原子束和分子束光谱。原子束是一群运动速度相等、运动方向相同的原子，如果这种理想的原子束在与其垂直的方向记录由它产生的发射光谱或吸收光谱，当然是没有多普勒宽度的。然而，实际的情况是得不到这种理想的原子束，其中总有一些原子散开朝其他方向传播，因而也就不可能完全消除多普勒效应的影响。目前用这种办法只能够把多普勒宽度降低到原来的 1/50～1/10。

21 世纪 60 年代，激光器被发明，一种崭新的光源给科学家获得零多普勒宽度的光谱线带来了希望，下面就介绍利用激光技术排除多普勒效应干扰，提高光谱分辨率的方法。

5.2　饱和吸收与饱和吸收光谱

利用激光在物质中产生的饱和吸收现象，可以获得没有多普勒宽度的光谱线，光谱分辨率一般可以达到 5×10^{10}，比以往的光谱技术提高了 100 万倍。若与其他技术结合，分辨率还有希望提高到 $10^{11}\sim10^{13}$。

1. 饱和吸收

我们知道，光波通过物质的时候，有一部分能量被物质吸收掉了，因此透射出来的光强度就减弱了。不同种类的物质，它们对光波能量吸收的程度不同，对光波能量吸收大的物质，称为光学非透明物质；对光波能量不吸收或者吸收很少的物质，称为光学透明物质。

物质是光学透明还是光学非透明的，与所用的入射光波波长有关系。比如，半导体材料锗、硅、砷化镓等，它们对可见光是不透明的，但对波长在 10 μm 左右的光波则是透明的。又如石英玻璃，它对紫外光和可见光是透明的，但对红外波段的光波则是不透明的。

除此之外，物质的透明程度还与光波强度有关吗？

这个问题很早就有人提出来了。他们设想了如图 2－13 所示的实验，其中（a）是入射光先经过吸收物质，然后通过光学衰减片，到达接收器；（b）是入射光先经过光学衰减片，然后通过吸收物质，到达接收器。

这两种实验安排，接收器接收到的光强度是否一样？

很显然，假如物质的透明程度和光波强度没有关系，接收到的光强度应该是相同的。因为实验中用的是同一块吸收物质，同一块光学衰减片，没有理由说明它们对换了位置，接收到的强度就不一样。

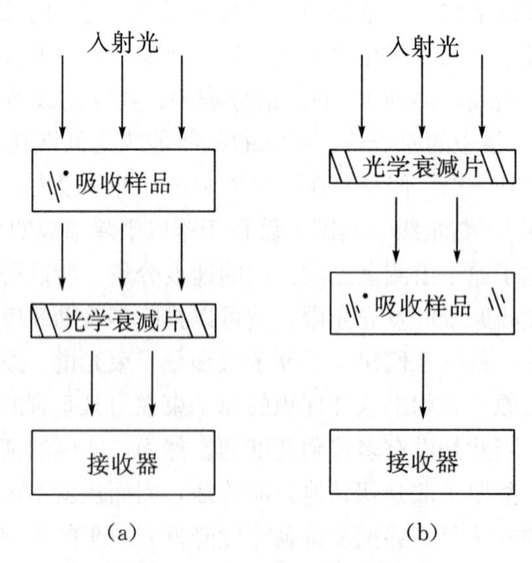

图 2－13　光的吸收实验

用普通光源发射出来的光波做实验时，两种实验安排会接收到同样的光强度。可是，当用强的激光束做实验时，就出现了变化，按图 2－13（a）的实验安排接收到的光强度比按图 2－13（b）的实验安排接收到的光强度高。两种实验安排会收到不同的强度，只能从物质的透明程度或者物质的吸收系数与光波强度有关系来找原因。两种实验安排中，光束虽然都是穿过同一块吸收物质和光学衰减片，但就通过吸收物质的光强度来说，在（a）的实验安排比（b）强。所以，如果物质的吸收系数随着光强度增加而减小，那么，按（a）的实验安排会接收到较强的光信号。

后来，人们采用不同功率的激光束测量了同一块物质的透明程度，结果证实物质的透明程度和光束功率有关系。当光束功率高到一定数值之后，物质会几乎一点不吸收光波能量，这一现象称为饱和吸收，它是强光与物质相互作用产生的非线性光学现象之一。

为什么用普通光源看不到饱和吸收现象，而用激光束之后就能见到呢？这需要了解物质对光波吸收的过程。从量子论的观点来看，吸收是原子从基态向激发态，或者是能量较低的能级向能量较高的能级跃迁的一种过程。入射的光波能量被物质吸收的数量与在基态的原子数目成正比例关系。入射光的功率增高，单位时间内离开基态的原子数目也随之增多，参与吸收的组元也就相应减少。因此，完全有理由想象，物质的透明程度是和光的强度有关系的。但是，在通常条件下，物质内绝大部分原子处于基态，而单位体积内的原子数目是十分巨大的，比如在室温条件下，1 cm^3 的气体中含有的气体原子就有 2.7×10^{19} 个。所以，要让基态原子数目出现较明显的变化，如出现千分之一的变化，就要求相当高的功率，而普通光源是远远不能办到的。

2. 设想

利用饱和吸收现象，我们便有希望得到没有多普勒宽度的光谱线。设想如图 2－14 所示的实验，从激光器输出的激光束，通过分束器分成两束，一束被反射镜 1 反射后进入样品盒，另外一束被反射镜 2 反射后进入样品盒。光束 1 叫作饱和光束，光束 2 叫作探测光束。它们的光频率相同，但传播方向相反，而且两者的光强度有较大差别。饱和光束强度很高，它通过样品盒的时候能够产生饱和吸收，即它通过样品后能量损失很少。探测光束的强度比较低，它通过样品的时候不会发生饱和吸收。又因为在一般条件下，饱和光束和探测光束是与样品内不相同的一群原子相互作用，所以探测光束在通过样品的时候，依然受到比较强烈的吸收，接收器接收到的探测光强度也就很弱。

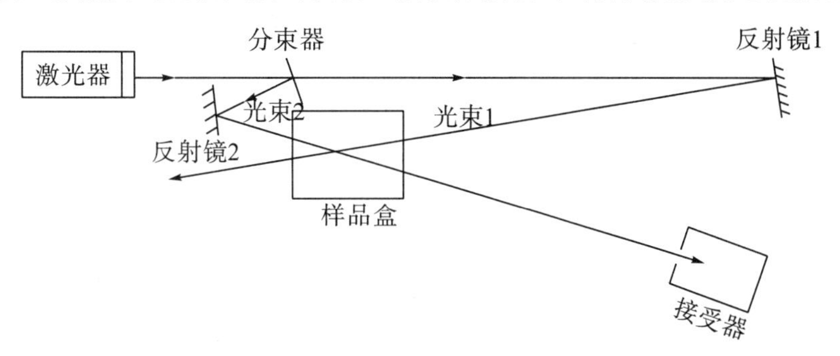

图 2－14　利用饱和吸收获得没有多普勒宽度的光谱线的实验示意图

探测光束和饱和光束是与样品内不相同的一群原子相互作用，可以从以下描述来说明其中的道理。我们说饱和光束和探测光束的频率相同，那是指测量光频率的仪器和光源同是固定在实验桌上的结果。对于样品内的原子来说，情况就不大相同了，因为原子总是不停地运动着。根据多普勒频率移动的原理，不同的原子所接收到的光波频率就不相同了。假如原子在静止的时候能够吸收的光波频率是 ν_0（也就是原子的谱线中心频率），当它以速度 v 迎着光波传播方向运动时，它实际吸收的将是频率为 $\nu_0+\Delta\nu_D$ 的光波，这里的 $\Delta\nu_D$ 是多普勒频率位移；而当这个原子以速度 v 沿着光波传播方向运动时，它吸收的将是频率为 $\nu_0-\Delta\nu_D$ 的光波。所以，如果入射的光波频率比 ν_0 低，那么，就只有那些迎着光束运动的原子才吸收光波的能量。现在，因为饱和光束和探测光束与传播方向相反，所以，这两束光也就刚好分别与运动方向相反的一群原子相互作用。如果入射光波的频率比 ν_0 高，则那些沿着光波传播方向的原子吸收光波。同样地，饱和光束和探测光束也分别与运动方向相反的一群原子相互作用。

但是，如果入射的光波频率刚好等于原子的谱线中心频率 ν_0，情况是特殊的。在这时候就唯有相对于光束是静止不动的，或者是与光束传播方向垂直的那些原子才能吸收光波的能量，并且饱和光束和探测光束和同一群原子相互作用。即饱和光束使样品中的这些原子产生饱和吸收之后，探测光束通过时就不再遭受吸收，于是在接收器上便接收到一个强度比较高的信号。即是说，只有当入射光的频率准确地等于原子的吸收谱线中心频率，我们才能够接收到一个强度比较高的光信号，对其他频率的入射光，接收器没有信号输出。这样一来，我们得到的吸收光谱线是完全属于原子吸收线中心频率的，它消除了多普勒效应的影响。

3. 实践与潜力

假如我们要研究的是原子能级 B 的超精细结构。如图 2－15 所示，能级 B 包含两个互相靠得很近的能级 B_1 和 B_2。从能级 B_1 跃迁到能级 A 和从能级 B_2 跃迁到能级 A 发射的光波频率分别是 ν_{01} 和 ν_{02}。因为能级 B_1 和能级 B_2 的能量相差很小，所以光波频率 ν_{01} 和 ν_{02} 相差的数值也就很小，比谱线的多普勒宽度还小。因而利用普通光谱仪得到的光谱图上，实际看到的是一条宽度比较宽的谱线，而不是两条谱线。至于能级 B_1 和 B_2 之间的裂距，当然也就没有办法确定。现在我们来看看，利用饱和吸收现象是怎样把两条谱线分辨开的。

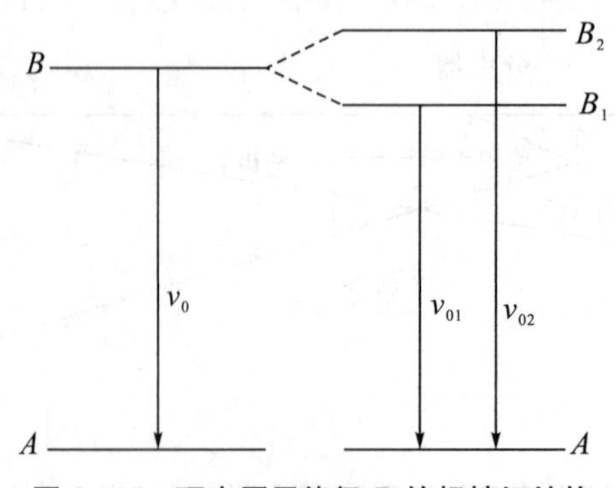

图 2－15　研究原子能级 B 的超精细结构

我们利用一台频率可以调谐的激光器作光源。根据前面叙述过的道理，当激光器输出的频率刚好等于从能级 B_1 跃迁到能级 A 的频率 ν_{01} 时，探测器便接收到一个强度比较高的信号；再调谐激光器输出的频率，当频率刚好等于从能级 B_2 跃迁到能级 A 的频率 ν_{02} 时，接收到的又是一个强的光信号。先后得到的这两个光信号，便是能级 B 跃迁到能级 A 的超精细结构。因为我们是在排除了多普勒效应的影响，在入射光频率准确等于两个跃迁的中心频率时才获得的，所以先后得到的两个光信号明显可辨，让我们确信其中有两条谱线。其次，激光器输出的波长数值也能够准确测定出来。所以，尽管频率为 ν_{01} 和 ν_{02} 这两条谱线是埋在了多普勒谱线宽度内，但我们依然可以把它们辨别出来，而且准确地测量出两者之间的距离。

举一个实际的例子，分子光谱中振—转跃迁形式的光谱线的超精细结构在以往是不清楚的，现在利用饱和吸收的办法就探明了不少分子的超精细结构。例如，人们利用氪离子激光器研究了碘分子光谱的超精细结构，在普通光谱仪上得到的是一条振—转跃迁光谱线，现在发现它是 20 多条波长相隔很小的谱线群。对于钠、氢等元素的光谱线，用脉冲染料激光器作光源，更进一步探明了其谱线的超精细结构。过去，我们已经知道钠 D 线是双线，它们是对应于基态能级发生分裂而产生的。同样地，跃迁的上能级也发生分裂，不过，它分裂的间隔距离比基态小得多，由它分裂所产生的谱线的超精细结构用普通光谱仪是鉴别不出的。因此，人们一直没有观察到上能级的分裂造成的光谱结构的变化。现在，利用氮分子激光器泵浦的染料激光器作光源，详细地测量了纳 D_1 和钠 D_2 线的超精细结构，发现每条谱线是由 4 条更细的谱线组成的，并不是 1 条谱线。

饱和吸收光谱能够达到的光谱分辨率，按理论估计，利用饱和吸收的办法，能够辨别开的波长间隔极限值是谱线的自然宽度。但由于还存在种种干扰因素，达到理想的限度还有相当大的距离。

第 6 节　应用前景

由于原子吸收光谱法具有一系列优点，已在地质、冶金、机械、半导体、化工、农业、环境保护、医学卫生和科学研究等领域中获得了广泛的应用，周期表中的大多数元素都可用原子吸收光谱法直接或间接地进行测定。

6.1　直接原子吸收光谱法

碱金属是用原子吸收光谱法测定的灵敏度很高的一类元素。碱金属盐沸点低，通过火焰区能立即蒸发，因此使用低温火焰是比较合适的，由于碱金属易电离，因此在测定某一碱金属时，通常加入另一种易电离的碱金属来抑制电离干扰。碱金属卤化物在 200～400 nm 有分子吸收带，在测定时应注意背景的扣除。

原子吸收光谱法测定碱土金属的优点是其特效性，镁（Mg）是用该法测定的最灵敏的元素之一。所有的碱土金属在火焰中易生成氧化物和极小量的 MOH、MOH^+ 基团，宜用富燃火焰。使用高温火焰，有利于自由原子的形成，可提高灵敏度，这时通常需要加入少量碱金属来抑制电离干扰。阳离子 Al^{3+}，Fe^{3+}，Ti^{4+}，Zr^{4+}，V^{5+} 及阴离子硫酸根、磷酸根、硅酸根等对测定碱土金属有干扰作用。

有色金属 Cu，Ag，Zn，Cd，Hg，Pb，Sb，Bi 等的化合物甚至在低温下都能迅速而容易地离解，而且不形成难挥发性化合物，原子吸收光谱法能有效地测定这些元素。这些元素的吸收线分布在短波区，火焰吸收的影响比较显著，在测定时应仔细地控制火焰的组成。

黑色金属 Fe，Co，Ni，Cr，Mo，W 等的特点是谱线复杂，而且这些元素经常共存。因此，在富燃火焰中用高强度空心阴极灯测定是特别合适的。测定 Fe，Co，Ni，没有发现特殊的干扰。测定 Mo，由于有非挥发性氧化物的形成，干扰较大。

稀有和分散金属在试样中含量低，用化学方法富集之后进行测定是比较适宜的，或者用石墨炉原子吸收光谱法测定。Ga，In 的化合物在火焰中很容易离解，易于测定。Se，Te 蒸发快，灯寿命短，宜在较低灯电流下进行测定。Ge，Se 用氢化物原子吸收光谱法测定是很有效的。贵金属 Au，Pd 容易进行测定。

难熔金属 Be，Al，Ti，Zr，Hf，V，Nb，Ta，Th，U，稀土元素等，由于容易形成难熔氧化物，使用强还原性高温火焰进行测定是比较合适的，或者用非火焰原子吸收光谱法测定。

6.2 间接原子吸收光谱法

间接原子吸收光谱法是指被测组分本身并不直接被测定，或者不能直接被测定，利用它与可方便测定的元素发生化学反应，然后测定反应产物中或未能反应的过量的可方便测定的元素，由此计算被测组分的含量。例如，氯化物和硝酸银反应生成沉淀，采用原子吸收光谱法测定银，从而间接定量测定氯。又如，磷酸盐，钛酸盐、钒酸盐、铌酸盐与钼酸盐生成杂多酸，在一定条件下选择性地进行萃取，然后用原子吸收光谱法测定萃取物中的钼，由此求得与钼酸盐反应生成杂多酸的磷、钛、钒、铌的含量。特别值得指出的是，利用杂多酸的化学反应，采用间接原子吸收光谱法测定钍，使测定钍的灵敏度达到 0.063 μg/mL。间接原子吸收光谱法大大地扩大了原子吸收光谱法的应用范围，目前已用间接原子吸收光谱法测定了许多有机化合物、药物等。

6.3 同位素分析

原子吸收光谱法测定同位素组成的优点是，不像用发射光谱分析那样需用大分辨率的光谱仪器，而只要测定共振线吸收就可以了。以测定氢同位素为例，将被分析的氢同位素混合物封入水冷式放电管中，由高频发生器供给能量使之放电激发。为了测定同位素组成，需分别测定 H_α 6562.7 Å 通过充有纯 H 与同位素混合物的吸收管的透射系数 t 和 T，由此可以确定同位素比。原子吸收光谱法还可用来测定锂、铀、汞等的同位素组成。

6.4　其他应用

原子吸收光谱法除了用于成分分析之外，还可以用来测定气相中中性原子的浓度、共振线的振子强度、气相中原子的扩散系数等。原子吸收光谱法的应用范围还在不断扩大，是一个很有发展前途的分析方法。

第 7 节　例题习题

1. 用 AAS 测定某溶液中 Cd 的含量时，测得吸光度为 0.141。在 50 mL 这种试液中加入 1 mL 浓度为 1×10^{-3} $mol\cdot L^{-1}$的 Cd 标准溶液后，测得吸光度为 0.235；而在同样条件下，测得溶剂（蒸馏水）的吸光度为 0.01。试求未知液中 Cd 的含量。

解答提示：使用吸光度公式作答。

$$A_1 = 0.141 - 0.01 = 0.131 = KC_x$$

$$A_2 = 0.235 - 0.01 = 0.225 = K(1\times1\times10^{-3} + 50C_x)/(50+1)$$

将上式联立求解。

2. 什么是标准加入法?
3. 原子谱线为什么有宽度?
4. 什么叫饱和吸收?
5. 试画出空心阴极灯的结构示意图，并简述其工作原理。

第 3 章　紫外-可见光谱法

第 1 节　历史背景

前两章所介绍的分析方法涉及的都是原子光谱。

如果用原子发射光谱法来分析分子化合物，特别是有机分子化合物，就会遇到一些麻烦，因为分子化合物在火焰、电弧、电火花中加热时，或者是在低气压放电时，都很容易发生分解或离解。同样地，原子吸收光谱法也不适宜用来分析分子化合物，因为原子吸收光谱法也是用火焰或者电加热的方法，把样品变成原子蒸气，然后再进行分析的。在分析分子化合物时，比较常用的是分子吸收光谱法，它的产生在原理上与原子吸收光谱相似，但实验方法各异。

由于分子的电子跃迁发射的光波是在紫外-可见波段，振动跃迁产生的辐射是在红外波段，所以，分子吸收光谱一般又划分为紫外-可见吸收光谱和红外吸收光谱两种。本章的紫外-可见光谱法和第 4 章的红外光谱法，都是涉及分子吸收光谱，这两章的关系十分密切。为了使读者对其有一个全面的了解，本章首先对分子光谱进行概述。

1.1　分子光谱概述

如第 1、2 章所述，原子光谱是由原子中电子能级跃迁所产生的，它是由一条条明锐的、彼此分立的谱线组成的线状光谱，每一条光谱线对应一定的波长。

分子光谱比原子光谱要复杂得多，这是因为在分子中除了有电子的运动以外，还有组成分子的各原子间的振动，以及以分子作为整体的转动。如不考虑这三种运动形式之间的相互作用，则分子的总能量可认为是这三种运动能量之和，即

$$E_{分子} = E_{电子} + E_{振动} + E_{转动} \tag{3-1}$$

分子中这三种不同的运动状态都对应一定的能级，即分子除了有电子能级之外，还有振动能级和转动能级，这三种能级都是量子化的。正如原子有原子能级图一样，分子也有其特征的分子能级图。图 3-1 是双原子分子的能级示意图。

如图所示，振动量子数用 $V=0$，1，2，3，…表示，转动量子数用 $J=0$，1，2，3，…表示。转动能级的间距最小，其次是振动能级，电子能级的间距最大。即 $\Delta E_{电} > \Delta E_{振} > \Delta E_{转}$。在每一电子能级上有许多间隔较小的振动能级，在每一振动能级上又有

许多间隔更小的转动能级。

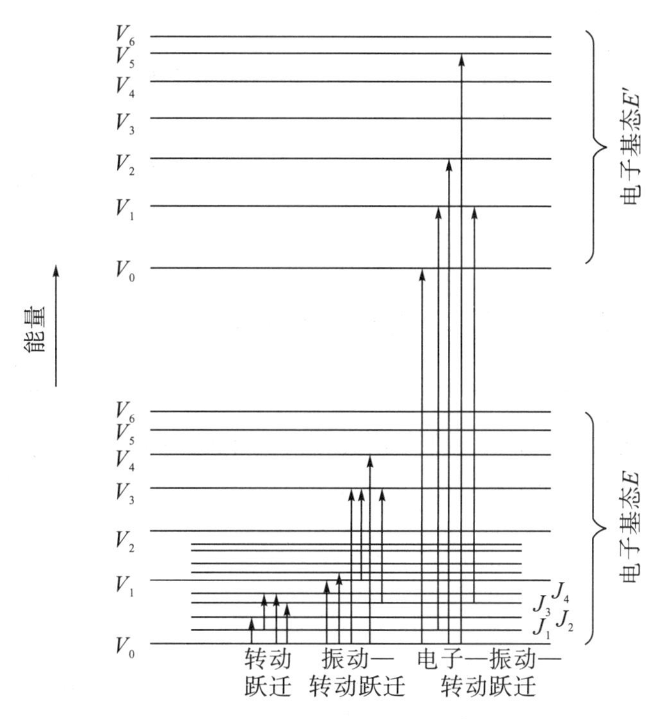

图 3—1　双原子分子能级示意图

当分子吸收一定能量的电磁辐射时，分子就由较低的能级 E 跃迁到较高的能级 E'，吸收辐射的能量与分子的这两个能级差相等，即

$$\Delta E = E' - E = h\nu$$

根据式（3—1），有

$$\Delta E = (E'_e - E_e) + (E'_V - E_V) + (E'_J - E_J) \tag{3-2}$$

用频率表示

$$\nu = \frac{(E' - E)}{h} = \frac{(E'_e - E_e)}{h} + \frac{(E'_V - E_V)}{h} + \frac{(E'_J - E_J)}{h} \tag{3-3}$$

$$\nu = \nu_e + \nu_V + \nu_J \tag{3-4}$$

即分子吸收辐射的频率由上述三者加合而成。

1.2　分子光谱的类型

电子能级的能量差一般为 1～20 eV，相当于紫外光和可见光的能量，因此由于电子能级的跃迁而产生的光谱叫紫外—可见光谱，又称**电子光谱**。

振动能级间的能量差一般比电子能级间的能量差要小 10 倍左右，在 0.05～1 eV 之间，相当于红外光的能量。因此，由于振动能级间的跃迁所产生的光谱叫振动光谱，又称红外光谱。

转动能级间的能量差一般为 0.005～0.05 eV，比振动能级间的能量差还要小 10 到

100 倍之多，相当于远红外光甚至微波的能量，因此，由于转动能级的跃迁而产生的光谱叫转动光谱或远红外光谱。分子光谱的类型和辐射区域见表 3－1。

表 3－1　分子光谱的类型和辐射区域

辐射区域	波长	光谱类型
真空紫外光	10～200 nm	电子光谱
紫外光	200～400 nm	电子光谱
可见光	400～750 nm	电子光谱
红外光	0.75～1000 μm	振动—转动光谱
微波	厘米数量级	转动光谱

实际上，只有用远红外光或微波照射分子时，才能得到纯粹的转动光谱。例如，分子从 $J=0$ 跃迁到 $J=1$ 的转动能级，其能量差为 0.005 eV，则分子吸收辐射的波数为

$$\bar{\nu}=\frac{0.005\times1.59\times10^{-12}}{6.6\times10^{-27}\times3\times10^{10}}\cong40\ \text{cm}^{-1}$$

或波长为 $\lambda\approx\frac{1}{40}=250\ \mu\text{m}$。即由一对转动能级跃迁所产生的光谱是对应一定波数的一条谱线。在一定温度下，分子处于各个不同能级的分子数服从波尔兹曼分布定律，即处于能量高的分子数目 n' 比处于能量低的分子数目 n 要少，波尔兹曼分布的表达式为

$$\frac{n'}{n}=\mathrm{e}^{-\frac{(E'-E)}{KT}}=\mathrm{e}^{-\frac{\Delta E}{KT}}$$

但是，因为分子的转动能级间距很小，即使在室温下，分子处于不同的转动能级的数目相差并不太大，因此，可以在许多不同的相邻能级间发生转动跃迁，这样就可以得到由一系列谱线组成的转动光谱。图 3－2 是 HCl 气体的转动光谱。

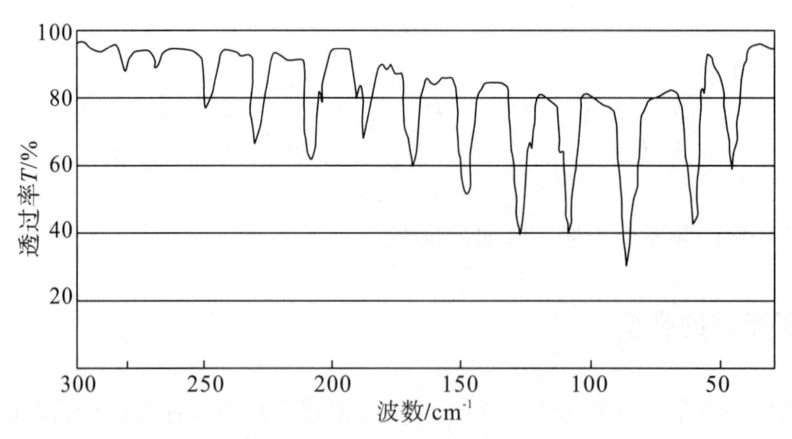

图 3－2　HCl 气体的转动光谱

转动光谱的分子数目决定于跃迁选律，即 $\Delta J=\pm1$。由上可知，转动光谱是振动光谱的精细结构。

第 2 节　方法原理

物质的吸收光谱，本质上就是物质中的分子、原子等吸收了入射光中某些特定波长的光能量，并相应地发生跃迁吸收的结果。而紫外－可见光谱就是物质中的分子或基团，吸收了入射的紫外－可见光能量，产生了具有特征性的带状光谱。

2.1　精细结构

当用能量较高的红外光照射分子时，就可引起振动能级间的跃迁。由于分子中在同一振动能级上还有许多间隔很小的转动能级，因此在振动能级发生变化时，又有转动能级的改变。所以，在一对振动能级发生跃迁时，不是产生对应于该能级差的一条谱线，而是由一组很密集的（其间隔与转动能级间距相当）谱线组成的光谱带。对于整个分子来说，就可以观察到相当于许多不同振动能级跃迁的若干个谱带。所以振动光谱实际上是振动—转动光谱。如果仪器的分辨率不高，则得到的就是很宽的连续谱带。液体和固体的红外光谱，由于分子间相互作用较强，转动能级一般分辨不清，一个谱带通常只显示一个振动峰。

同样的，因为在同一电子能级上还有许多间隔较小的振动能级和间隔更小的转动能级，当用紫外－可见光照射分子时，不但发生电子能级间的跃迁，同时又有许多不同振动能级间的跃迁和转动能级间的跃迁。因此，在一对电子能级间发生跃迁时，得到很多光谱带，这些光谱带都对应于同一个 ν_e 值，但是包含许多不同的 ν_V 和 ν_J 值，形成一个光谱带系。对于一种分子来说，可以观察到相当于许多不同电子能级跃迁的许多个光谱带系，所以说，电子光谱实际上是电子—振动—转动光谱，是复杂的带状光谱。如果用高分辨的仪器进行测定，则双原子以及某些比较简单的气态的多原子分子的分子光谱，常常可以观察到振动和转动的超精细结构。然而在一般分析测定中，很少得到其超精细结构。因为绝大多数的分子光谱分析都是用液体样品，由于分子间的相互作用，以及多普勒变宽和压力变宽等效应，光谱的超精细结构消失了。图 3－3 为四氮杂苯的紫外吸收光谱，其蒸气光谱呈现明显的超精细结构，在非极性溶剂中还可以观察到振动效应的谱带，而当在强极性溶剂时，则超精细结构完全消失，得到的是很宽的吸收峰，即呈现宽的谱带包封。

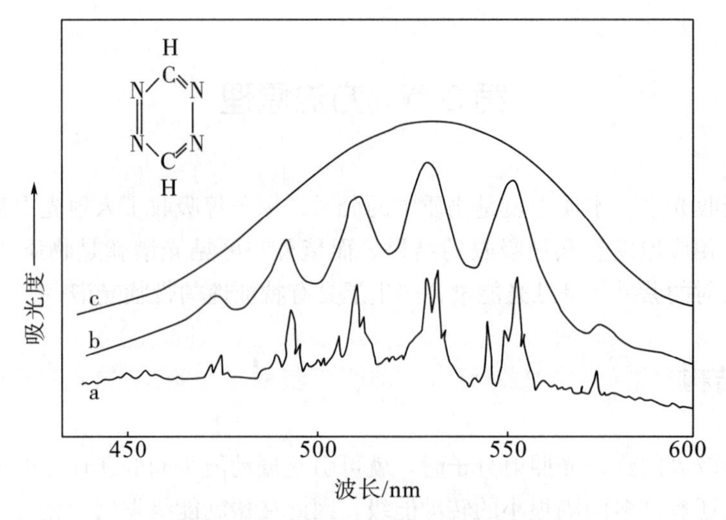

图 3-3　四氮杂苯的紫外吸收光谱

a—四氮杂苯蒸气；b—四氮杂苯溶于环己烷中；c—四氮杂苯溶于水中

2.2　紫外－可见吸收光谱的电子跃迁

一般所说的电子光谱是指分子的外层电子或价电子（即成键电子、非键电子和反键电子）的跃迁所得到的光谱。各类分子轨道的能量有很大差别，通常是非键电子的能级位于成键和反键轨道的能级之间。当分子吸收一定能量的辐射时，就发生相应的能级间的电子跃迁。在紫外－可见光区域内，有机物经常碰到的跃迁有 $\sigma \rightarrow \sigma^*$、$n \rightarrow \sigma^*$、$n \rightarrow \pi^*$ 和 $\pi \rightarrow \pi^*$ 四种类型。图 3-4 表示这类分子电子的能级和跃迁。

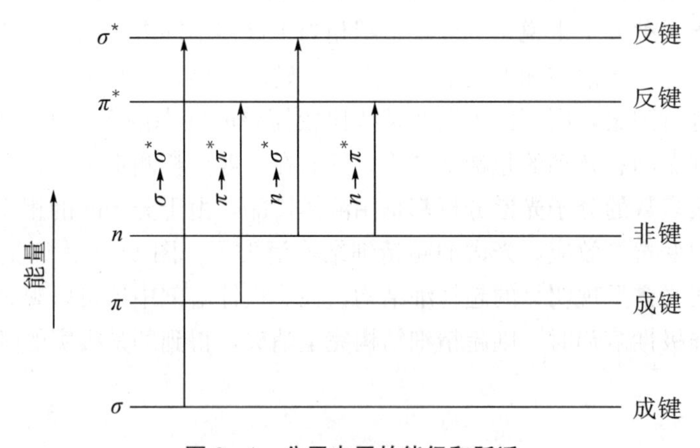

图 3-4　分子电子的能级和跃迁

（1）$\sigma \rightarrow \sigma^*$ 跃迁：这是分子中成键 σ 轨道上的电子吸收辐射后，被激发到相应的反键 σ^* 轨道上。和其他可能的跃迁相比，引起 $\sigma \rightarrow \sigma^*$ 跃迁所需要的能量很大，这类跃迁主要发生在真空紫外光区。饱和烃只有 $\sigma \rightarrow \sigma^*$ 跃迁，它们的吸收光谱一般在低于 200 nm区域内才能观察到。例如，甲烷的最大吸收峰在 125 nm 处，而乙烷则在135 nm 处有一个吸收峰。

（2）$n \to \sigma^*$ 跃迁：含有非键电子（即 n 电子）的杂原子的饱和烃衍生物都可发生 $n \to \sigma^*$ 跃迁。这类跃迁所需的能量通常要比 $\sigma \to \sigma^*$ 跃迁小。可由在 150～250 nm 区域内的辐射引起，并且大多数的吸收峰出现在低于 200 nm 区域内。因此，在紫外光区仍不易观察到这类跃迁。由表 3－2 可见，这类跃迁的摩尔吸收系数一般在 100～300 范围内。

表 3－2　由 $n \to \sigma^*$ 跃迁所产生的吸收

化合物	λ_{max}（nm）	ε_{max}	化合物	λ_{max}（nm）	ε_{max}
H_2O	167	1480	$(CH_3)_2S$	229	140
CH_3OH	184	150	$(CH_3)_2O$	184	2520
CH_3Cl	173	200	CH_3NH_2	215	600
CH_3Br	204	200	$(CH_3)_2NH$	220	100
CH_3I	258	365	$(CH_3)_3N$	227	900

（3）$n \to \pi^*$ 和 $\pi \to \pi^*$ 跃迁：有机物的最有用的吸收光谱是基于 $n \to \pi^*$ 和 $\pi \to \pi^*$ 跃迁所产生的。π 电子和 n 电子比较容易激发，这类跃迁所需的能量使产生的吸收峰都出现在波长大于 200 nm 的区域内。这两类跃迁都要求有机分子中含有不饱和官能团。这种含有 π 键的基团就称为生色基。

$n \to \pi^*$ 跃迁与 $\pi \to \pi^*$ 跃迁的差别，首先是吸收峰强度的不同。$n \to \pi^*$ 跃迁所产生的吸收峰，其摩尔吸收系数 ε 很低，仅在 10～100 范围内，这比 $n \to \sigma^*$ 跃迁的还要低。而 $\pi \to \pi^*$ 跃迁产生的吸收峰的摩尔吸收系数则很大，一般要比 $n \to \pi^*$ 大 100～1000 倍。对含单个不饱和基的化合物，ε 在 10^4 左右。其次是溶剂的极性对这两类跃迁所产生的吸收峰位置的影响不同。当溶剂的极性增加时，$n \to \pi^*$ 跃迁所产生的吸收峰通常向短波方向移动（称为紫移）；$\pi \to \pi^*$ 跃迁则常常观察到相反的趋势，即吸收峰向长波方向移动（称为红移）。

2.3　辐射吸收定律——朗伯－比尔定律

分子对辐射的吸收可以看作是分子或分子中某一部分对光子的俘获过程。那么，只有当光子和吸收辐射的物质分子相碰撞时，才有可能发生吸收。当光子的能量与分子由低能级（或基态能级）跃迁到更高能级（或激发态能级）所需的能量相等时，该分子就可能俘获具有这种能量的光子。由此可见，物质分子对辐射的吸收，既和分子对该频率辐射的吸收本领有关，又和分子同光子的碰撞概率有关。

图 3－5 是辐射吸收示意图。假设有一束平行单色辐射，通过厚度为 l，截面积为 S 的一块各向同性的均匀吸收介质。设进入吸收介质的最初辐射强度为 I_0，入射辐射经过吸收介质 x 厚度以后的辐射强度为 I_x。

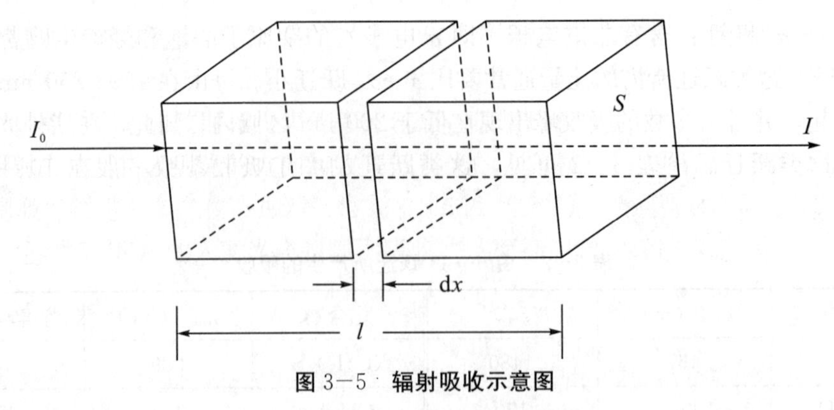

图 3-5 辐射吸收示意图

现讨论吸收介质中厚度为 dx 的无限小单元的吸收情况。

当 I_x 通过 dx 后，其辐射强度减弱了 dI_x，因此辐射强度减弱的程度为 $-dI_x/I_x$。当 dx 无限小，可认为分子对光子的俘获概率为 dS/S（dS 表示无限小单元中俘获光子的截面面积）。则

$$-\frac{dI_x}{I_x}=\frac{dS}{S} \tag{3-5}$$

如果介质中含有多种吸收辐射的组分，就都对 dS 有贡献。则

$$dS=\alpha_1 dn_1+\alpha_2 dn_2+\cdots+\alpha_i dn_i \tag{3-6}$$

式中，a_i 表示 1 个分子或 1 摩尔分子的第 i 种组分的俘获面积；dn_i 表示在 Sdx 体积单元中，第 i 种组分的分子数或摩尔数。将式（3-5）代入式（3-6），得到

$$-\frac{dI_x}{I_x}=\frac{1}{S}(\alpha_1 dn_1+\alpha_2 dn_2+\cdots+\alpha_i dn_i) \tag{3-7}$$

当辐射通过厚度为 l 的吸收介质时，对式（3-7）两边同时积分得

$$\int -\frac{dI_x}{I_x}=\frac{1}{S}\int(\alpha_1 dn_1+\alpha_2 dn_2+\cdots+\alpha_i dn_i)$$

$$\ln\frac{I_o}{I}=\frac{1}{S}(\alpha_1 n_1+\alpha_2 n_2+\cdots+\alpha_i n_i) \tag{3-8}$$

因为吸收介质的体积 $V=Sl$，其浓度 $C=\frac{n}{V}$，代入式（3-8），得

$$\ln\frac{I_o}{I}=\alpha_1 C_1 l+\alpha_2 C_2 l+\cdots+\alpha_i C_i l$$

即

$$\lg\frac{I_o}{I}=0.4343(\alpha_1 C_1 l+\alpha_2 C_2 l+\cdots+\alpha_i C_i l)$$

$$\lg\frac{I_o}{I}=K_1 C_1 l+K_2 C_2 l+\cdots+K_i C_i l$$

$$=l\sum_{i=1} K_i C_i \tag{3-9}$$

式中，$\lg\frac{I_o}{I}$称为吸光度，用 A 表示，因此有

$$A=l\sum_{i=1} K_i C_i \tag{3-10}$$

式中，K 表示物质分子对某频率的吸收本领，称为吸收系数。式（3－10）即辐射吸收定律的数学形式，它的物理意义是物质的吸光度与物质的吸收系数和浓度的乘积成正比。而物质的总吸光度则等于物质中各种组分的吸光度的加和，这就是光吸收的加和特性。如果物质中只有一种吸光组分，则式（3－10）简化为

$$A = KCl \tag{3-11}$$

这就是朗伯－比尔定律的数学表达式。吸收系数 K 和入射辐射的波长 λ 以及吸收物质的性质有关，K 的单位为 L/(g·cm)。若浓度的单位为 mol/L，则 K 的单位为 L/(mol·cm)，称为摩尔吸收系数，通常用符号 ε 表示。

朗伯－比耳定律是分光光度定量测定的基础。摩尔吸收系数表示物质对某一波长辐射的吸收特性。ε 越大，表示物质对某一波长辐射的吸收能力越强，因而分光光度测定的灵敏度就越高。

对于某一特定的物质，吸收不同波长的辐射时，其相应的摩尔吸收系数是不同的，即 $\varepsilon = f(\lambda)$。若固定物质的浓度和吸收池的厚度，以吸光度 A（或透射率 T）对辐射波长作图，就得到物质的吸收光谱曲线。吸收光谱曲线体现了物质的特性，不同的物质具有不同的特征吸收光谱曲线，因此，吸收光谱可用作物质的定性鉴定。

第 3 节　技术原理

3.1　紫外－可见光谱仪

虽然目前紫外－可见光谱仪类型很多，但就其结构原理来讲，都是由光源、分光系统（单色器）、吸收池、接收放大系统和测量信号显示系统（记录装置）五个基本部件组成的。紫外－可见光谱仪如图 3－6 所示。

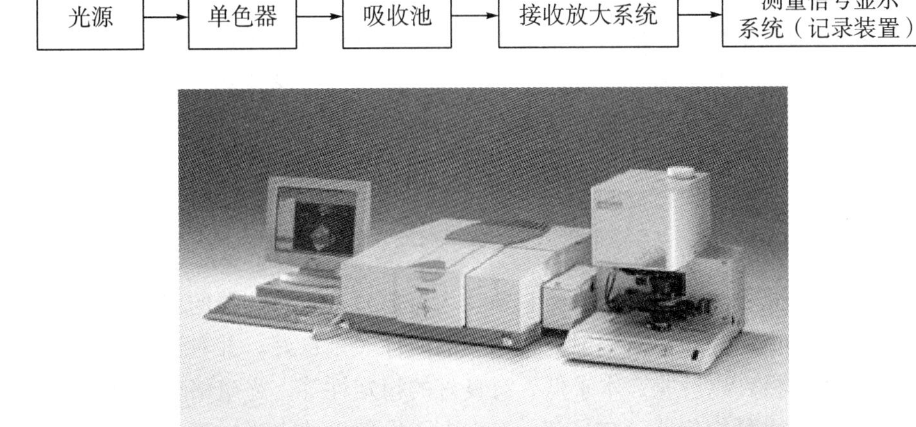

图 3－6　紫外－可见光谱仪

由光源产生的复合光通过单色器分解为单色光，当单色光通过吸收池时，一部分光被样品吸收；未被吸收的光到达接收放大系统，将光信号转变成电信号并加以放大，放大后的电信号再被显示或记录下来。

3.2 光源

对光源的基本要求是在广泛的光谱区域内发射连续光谱，有足够的辐射强度，光源有良好的稳定性，辐射能量随波长没有明显变化。但是，大多数光源由于发射特性及其在单色器内能量损失的不同，辐射能量实际上是随波长而变化的。为了尽可能使投射到吸收池上的能量在各个波长都保持一致，通常在分光光度计内装有能量补偿凸轮，该凸轮与狭缝联动，使得狭缝的开启大小随波长改变，以便补偿辐射能量随波长的变化。

在紫外-可见光谱仪上，常用的光源是钨丝灯和氢灯（或氘灯）。钨丝灯是常用于可见光区的连续光源（波长区域在 320～2500 nm 之间）。辐射能量随温度升高而增大，在 3000 K 时，约有总能量的 11%是在可见光区。钨丝灯的操作温度通常是 2870 K。灯的发射系数对电压变化非常敏感，能量输出在可见光区与工作电压的四次方成正比。因此，严格控制钨丝灯的端电压是很重要的，为此常常需要采用稳压装置。

氢灯、氘灯是常用于紫外光区（180～375 nm）的连续光源。氢灯是在石英制成的放电管内充入低压氢气（通常为 2～0.5 mmHg），当接上电源后，放电管内产生电弧，氢气分子受激发而产生氢光谱，氢光谱在紫外光区是连续光谱，可作为紫外光源。若用同位素氘来代替氢，则叫氘灯。在相同的操作条件下，氘灯的光强度比氢灯高 3～5 倍，寿命也更长，市售的光谱仪器多采用氘灯。由于在紫外光区玻璃对辐射有强烈的吸收，因此灯管上必须采用石英窗。

3.3 吸收池

吸收池按材料可分为两类，即石英吸收池和玻璃吸收池。石英吸收池适用于紫外-可见光区，对近红外光区（波长在约 3 μm 以内）也是透明的。玻璃吸收池只能用于可见光区。为了减少反射损失，吸收池的光学面必须完全垂直于光束方向。

就光路长短而言，吸收有 0.2 cm，1 cm，5 cm，10 cm 等多种，可供在测定不同浓度和不同试样时选用，但最常用的是 1 cm 光路的方形池。

3.4 检测器

检测器的功能是检测光信号，并将它转变为电信号。对检测器的基本要求是灵敏度要高，对辐射的响应时间短，对辐射能量响应的线性关系良好，并对不同波长的辐射具有相同的响应可靠性，以及噪声水平低、有良好的稳定性等。光电倍增管是目前分光光度计中应用最广的一种检测器，它是利用二次电子发射以放大光电流，放大倍数可高达 10^8 倍。光电倍增管的光谱灵敏度主要取决于涂在阴极上的光敏材料，通常用碱金属与锑、铋、银等制成合金作为涂料。在没有光照时，它仍有“暗电流”存在，这是由于阴极的热发射和残留在管内的气体被发射电子电离引起的。“暗电流”的波动形成了暗电流噪声，它限制了最小可检测信号。光电倍增管的疲劳效应也会降低它的检测灵敏度。

第 4 节　分析测试

4.1　试样的制备

紫外－可见光谱测定通常是在溶液中进行的，因此，需要选用合适的溶剂将各种试样转变为溶液。选择溶剂的一般原则是：对试样有良好的溶解能力和选择性，在测定波段溶剂本身无明显吸收（由于大多数溶剂在可见光区是透明的，所以应重点注意紫外光区的溶剂选择），被测组分在溶剂中具有良好的吸收峰形，溶剂挥发性小，不易燃、无毒性以及价格便宜，更重要的是所选择的溶剂必须是不与被测组分发生化学反应。

4.2　分析方法

1. 校正曲线法

配制一系列不同含量的标准试样溶液，以不含试样的空白溶液作参比，测定标准试液的吸光度，并绘制吸光度—浓度曲线，如图 3－7 所示。未知试样和标准试样要在相同的操作条件下进行测定，然后根据校正曲线求出未知试样的含量。

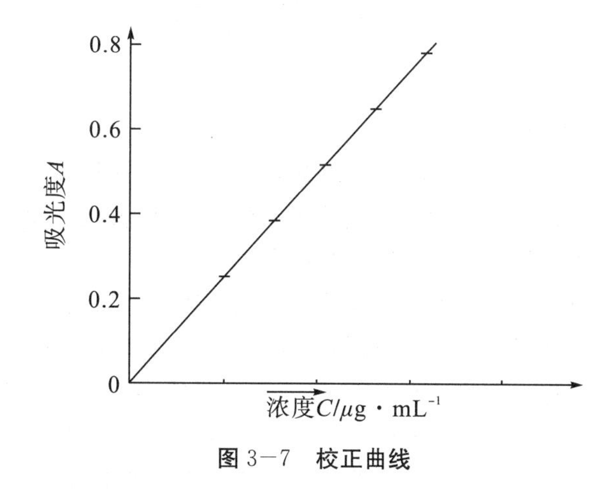

图 3－7　校正曲线

2. 增量法

用校正曲线法时，要求标准试样和未知试样的组成保持一致，这在实际工作中并不是总能做到的，采用增量法可以弥补这个缺陷。把未知试样溶液分成体积相同的若干份，除其中的一份不加入被测组分标准试样外，在其他几份中都分别加入不同量的标准试样。然后测定各份试样溶液的吸光度，并绘制吸光度对浓度的增量法校正曲线，如图3－8所示。

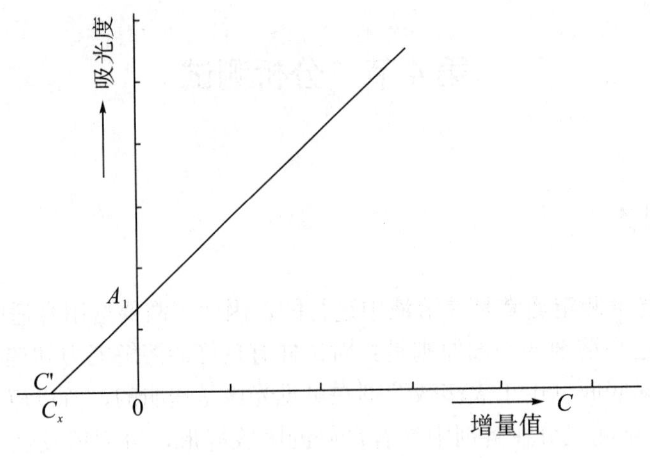

图 3－8　增量法校正曲线

根据朗伯－比尔定律，当未知试样中不含被测组分时，其吸光度应为零，校正曲线通过原点。当未知试样中含有被测组分时，由图 3－8 可见，校正曲线不通过原点。用直线外推法使校正曲线延长交于横坐标轴的O'点，则OO'长度所对应的浓度C_x，就是未知试样中被测组分的浓度。此法和原子吸收光谱法中的标准加入法类似。用增量法做定量分析，除被测组分的含量不同外，试样的其他成分都相同。因此，其他成分对测定的影响都能互相抵消，而不会干扰吸光度的测定。

第 5 节　知识链接

在紫外－可见光谱仪上，常用的光源是钨丝灯和氢灯（或氘灯）。钨丝灯是常用于可见光区的连续光源。但是钨丝灯的使用寿命较短，主要原因是钨丝受热后，在发光的同时会造成钨的蒸发损耗，这也就是老式的钨丝灯用的时间长了灯泡壁会变黑的原因。

那有什么办法可以尽量减少钨的蒸发损耗呢？

我们可以在钨丝灯中加入适量的卤素或卤化物（碘钨灯加入纯碘，溴钨灯加入溴化氢），构成卤钨灯。卤钨灯的灯泡是用石英做成的，所以又叫石英卤钨灯。

卤钨灯具有比普通钨丝灯更高的发光效率和更长的寿命，这是因为在适当的温度下，从灯丝蒸发出来的钨原子在灯泡壁区域内与卤素生成易挥发的卤化物，卤化物分子又向灯丝扩散，并在灯丝受热分解为钨原子和卤素，钨原子重新回到钨丝上，而卤素又扩散到灯泡壁附近再与钨原子生成卤化物。如此不断循环，结果是大大地减少了钨的蒸发，而提高了灯的寿命。卤钨灯如图 3－9 所示。

图 3－9　卤钨灯

第 6 节　应用前景

6.1　定性分析

用紫外－可见光谱鉴定一个化合物，就是把该化合物的光谱特征，如吸收峰的数目、位置、强度（摩尔吸收系数）以及吸收峰的形状（极大、极小和拐点），与纯化合物的标准紫外－可见光谱图作比较，如果两者非常一致，尤其是当未知物的光谱含有许多锐利而且很有特征性的吸收峰时，可以认为这两个化合物具有相同的生色基，以此推定未知物的组成，或认为就是同一个化合物。但是，由于在溶液中测定的大多数有机物的紫外－可见光谱，其谱带数目不多，且谱带宽而缺少超精细结构，特征性往往也不明显。因此，单靠紫外－可见光谱数据来鉴定未知物，一般是不可能的。然而，紫外－可见光谱是配合红外光谱、质谱和核磁共振波谱进行有机物结构研究的一种有用的工具，它常用于鉴定有机物中是否存在某种官能团。

例如，在 270～300 nm 区域内，存在一个随溶剂极性增加而向短波长方向移动的弱吸收带，就可能是羰基存在的一个证据。在大约 260 nm 处有一个具有振动超精细结构的弱吸收带，则是芳香环存在的标志。根据紫外－可见光谱还可以判断生色基之间是否存在共轭体系，若在 217～280 nm 区域内，k 吸收带很强，表示有共轭体系存在。如果化合物有颜色，则说明共轭链比较长。当然，实际工作中确定一个官能团，往往需要参考几种光谱互相验证。紫外－可见光谱常常被用来证实别的方法已经推断的结论。

6.2　定量测定

紫外－可见光谱是进行定量分析最有用的工具之一，它不仅可测定微量组分，而且可以测定超微量组分、常量组分，以及对多组分混合物同时进行测定。

1. 多组分混合物的同时测定

解决多组分混合物中各个组分测定的基础是吸光度的加和性。对于一个含有多种吸光组分的溶液，在某一测定波长下，其总吸光度应为各个组分的吸光度之和，即 $A_{总} = \sum A_i = l\sum \varepsilon_i C_i$ 。这样，即使各个组分的吸收光谱互相重叠，只要服从朗伯－比尔定律，就可根据上式测定混合物中各个组分的浓度。最简单的是二组分混合物分析，例如，在某一试液中含有浓度分别为 C_1 和 C_2 的两个组分，它们的吸收曲线如图 3－10 所示。

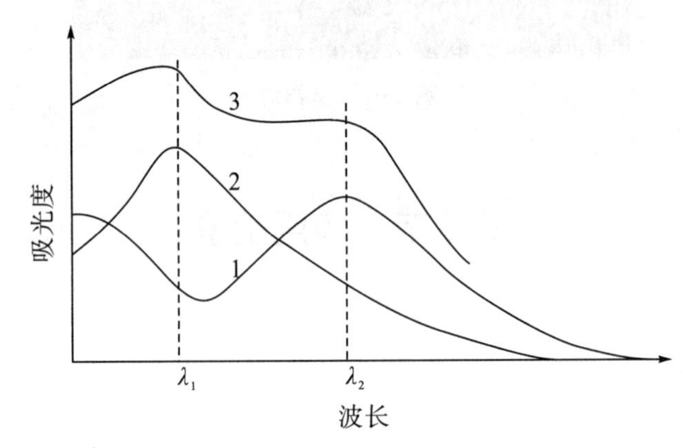

图 3－10　二组分混合物的吸收曲线

1－第 1 个组分的吸收曲线；2－第 2 个组分的吸收曲线；3－混合物的吸收曲线

设 $A_{\lambda1}$ 和 $A_{\lambda2}$ 分别为在 λ_1 和 λ_2 波长下所测得的试液的总吸光度，$\varepsilon'_{\lambda1}$ 和 $\varepsilon'_{\lambda2}$ 为第 1 个组分的摩尔吸收系数，$\varepsilon''_{\lambda1}$ 和 $\varepsilon''_{\lambda2}$ 为第 2 个组分的摩尔吸收系数。吸收池的光程为1 cm。根据朗伯－比尔定律和吸光度的加和性，可以得到以下两个方程式：

$$A_{\lambda1} = \varepsilon'_{\lambda1} C_1 + \varepsilon''_{\lambda1} C_2 \tag{3-12}$$

$$A_{\lambda2} = \varepsilon'_{\lambda2} C_1 + \varepsilon''_{\lambda2} C_2 \tag{3-13}$$

联立解方程就可求出 C_1 和 C_2。为了提高测量精度，在选择波长时，要求 $\varepsilon'_{\lambda2}$ 和 $\varepsilon'_{\lambda1}$ 尽可能大，而 $\varepsilon''_{\lambda1}$ 和 $\varepsilon''_{\lambda2}$ 则尽可能小。原则上，用这种方法也可分析含有两种以上吸光组分的混合物，但是测量组分增多，实验结果的误差会增大。

2. 示差分光光度法

分光光度法被广泛应用于微量分析。普通分光光度法测定的相对误差较大，约百分之几。若在很低或很高吸光度范围内进行定量分析，则相对误差都很大，因此，用空白溶液作参比的普通分光光度法，不适于高含量或痕量物质的分析。采用示差分光光度法可以解决这个问题。

示差分光光度法是用一个已知浓度的标准溶液作参比，与未知浓度的试样溶液比较，测量其吸光度，即

$$A_s - A_x = \varepsilon (C_s - C_x) l \tag{3-14}$$

式中，A_s 为用作参比的标准溶液的吸光度；A_x 为被测溶液的吸光度。

第 7 节　例题习题

1. 分子光谱与原子光谱有何不同?

2. 请描述其他节能灯的节能原理，并试举几例。

解答提示：节能灯，又称为省电灯泡、电子灯泡、紧凑型荧光灯及一体式荧光灯，是指将荧光灯与镇流器（安定器）组合成一个整体的照明设备。2008 年国家启动“绿色照明”工程，城乡居民和企业使用中标企业节能灯，享受一定比例的补助。节能灯的推广意义重大，然而，废旧节能灯对环境的危害也引起了人们关注。到 2012 年 10 月底，节能推广工程有上亿只节能灯报废，每只可污染 180 吨水及五六亩土壤，废旧节能灯的处理和回收问题引起社会关注。尽管如此，人们对于节能灯的需求仍然在不断增长。节能灯是采用稀土三基色荧光粉为原料研制而成的节能灯具，目前灯用稀土三基色荧光粉的应用已进入一个新的发展阶段，节能光源的发展趋势是光源几何尺寸越来越小，光效越来越高，以较少的电能，得到最高的光通量。一只 7 瓦的三基色节能灯亮度相当于一只 45 瓦的白炽灯，而寿命是普通白炽灯泡的 8 倍。

3. 什么叫发色团（生色团、生色基)?

4. 试推导辐射吸收定律。

5. 为什么分子光谱的超精细结构不容易观测到?

第4章　红外光谱法

第1节　历史背景

1800年，一位英国天文学家Hershel用一组涂黑的温度计，做测量太阳可见光谱区域的内、外温度差实验，发现在红色光以外肉眼看不见的部分，温度升高较可见光区域内更为明显，进而认识到在可见光谱的长波末端外还有一个能量区，称为红外光区。自从发现红外辐射后，陆续有人用这种红外辐射来观测物质的吸收光谱，红外光谱技术得以逐步发展起来。到1905年前后，科学家们已经系统地研究了几百种有机和无机化合物的红外吸收光谱，并且发现了一些吸收谱带与分子基团间的相互关系。例如，在1892年就发现凡是含甲基的物质在3.45 μm处都有吸收。

分子光谱现象和原子光谱一样只有应用量子理论才能阐明清楚。普朗克和爱因斯坦提出量子论以后，原子物理学和结构化学的进展又迫切要求对分子结构进行更深刻的认识，而分子光谱法对分子结构比经典的化学方法可以提供更为精确的图像。于是，在1918—1940年，人们对双原子分子进行了系统的研究，建立起了一套完整的理论，随后在量子力学的基础上又建立了多原子分子光谱的理论基础。但是，对于化学工作者遇到的大量复杂分子的红外光谱来说，理论分析还很困难。然而，化学家非常善于用经验的方法解决许多理论上一时悬而未决的实际问题，红外光谱定性分析就是其中之一。

长期以来，尽管人们还不能从理论上清楚地阐明红外光谱与分子结构间的相互关系，但是化学家们已经从大量的光谱资料中归纳出了许多实用的规律，可用于基团分析、分子结构鉴定等。红外光谱的这些应用引起了化学工作者的极大兴趣，到20世纪50年代，在化学领域已经开展了大量的光谱研究工作，积累了非常丰富的资料，收集了大量纯物质的标准红外光谱图。现在，红外光谱法已成为有机结构分析最成熟的分析手段之一。

随着光学技术、电子技术的迅速发展和应用，红外分光光度计也不断革新和日臻完善。从20世纪40年代中期到50年代末期，红外光谱的研究工作主要是采用以棱镜为色散元件的双光束记录式红外分光光度计；到60年代，由于复制光栅大量生产，光栅式红外分光光度计的应用越来越普遍。由于光栅的色散能力、分辨本领、波长范围都大大超过棱镜，致使红外光谱区域从近红外到远红外都可应用；到70年代初，又发展傅里叶变换红外光谱仪，这种仪器具有极高的分辨本领和极快的扫描速度，因而为红外光谱的应用开辟了许多新领域，特别适于对弱信号、微小样品的测定，以及跟踪化学反应过程等。傅里叶变换红外光谱仪配上多次内反射装置可以更有效地对表面吸附态分子构型、络合状态等表面化学性质进行研究。

近年来，电子计算机技术在红外光谱中发挥了越来越重要的作用。电子计算机可用于记录分析结果、自动数据处理、通过求解线性方程对多组分混合物进行定量分析。在定性及未知物结构鉴定中可用计算机进行谱图检索，辨认和确定未知物所包含的基团和结构。

红外吸收光谱最突出的特点是具有高度的特征性，除光学异构体外，每种化合物都有自己的红外吸收光谱。因此，红外光谱法特别适于鉴定有机物、高聚物以及其他复杂结构的天然及人工合成产物。在生物化学中还可用于快速鉴定细菌，甚至对细胞和其他活组织的结构进行研究。固态、液态、气态样品均可测定，测试过程不破坏样品，分析速度快，样品用量少，操作简便。由于红外光谱法具有这些优点，现已成为化学实验室常规的分析仪器。但红外光谱法在定量分析方面还不够灵敏，对复杂的未知物结构鉴定上，由于它主要的特点是提供关于官能团的结构信息，因此需要与其他仪器配合才能得到圆满的结构鉴定结果。

第 2 节　方法原理

2.1　双原子分子振动——谐振子和非谐振子

1. 谐振子

双原子分子可近似地当作谐振子模型来处理，把两个原子看成刚体小球，将连接两个原子的化学键设想为无质量的弹簧，如图 4－1 所示。

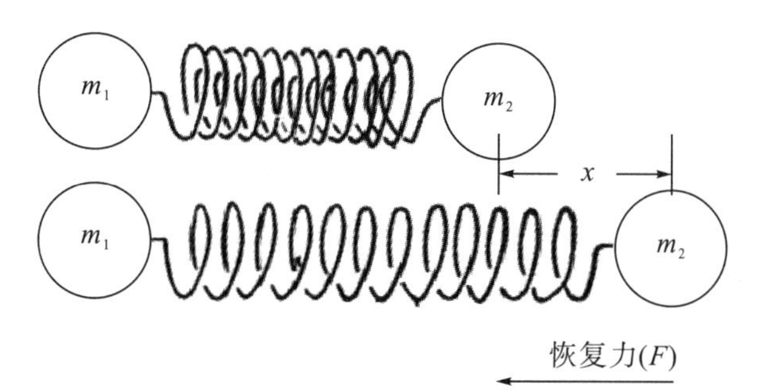

图 4－1　谐振子模型图

基于这样的模型，双原子分子的振动方式就是在两个原子的键轴方向上做简谐振动。

根据经典力学，简谐振动服从胡克定律，即振动时恢复到平衡位置的力 F 与位移 x（伸缩时核间距与平衡时核间距之差）成正比，力的方向与位移方向相反。用公式表示为

$$F = -Kx \quad (4-1)$$

式中，K 是弹簧力常数，对分子来说，就是化学键力常数。

根据牛顿第二定律 $F=ma=m\dfrac{d^2x}{dt^2}$，则

$$m\frac{d^2x}{dt^2}=-Kx \tag{4-2}$$

式（4-2）的解为

$$x=A\cos(2\pi\nu t+\varnothing) \tag{4-3}$$

式中，A 是振幅（即 x 的最大值）；ν 为振动频率；t 是时间；$\varnothing$是相位常数。

将式（4-3）对 t 求两次微商，再代入方程（4-2），化简即得

$$\nu=\frac{1}{2\pi}\sqrt{\frac{K}{m}} \tag{4-4}$$

用波数表示时，则

$$\bar{\nu}=\frac{1}{2\pi c}\sqrt{\frac{K}{m}} \tag{4-5}$$

对双原子分子来说，用折合质量 $\mu=\dfrac{m_1\cdot m_2}{m_1+m_2}$代替 m，则

$$\bar{\nu}=\frac{1}{2\pi c}\sqrt{\frac{K}{\mu}} \tag{4-6}$$

由于折合质量 μ 以原子质量单位为单位，而 m_1、m_2是摩尔（mol）质量，故要考虑到阿伏伽德罗常数 N_0，若力常数 K 以 N/cm 为单位，则式（4-6）可简化为

$$\bar{\nu}=1302\sqrt{\frac{K}{\mu}} \tag{4-7}$$

即双原子分子的振动行为若用上述模型描述，分子的振动频率可用方程式（4-7）计算，即分子的振动频率决定于化学键的强度和原子的质量。化学键越强，原子质量越小，振动频率越高。

例如，HCl 分子的键力常数为 5.1 N/cm，根据公式可算出 HCl 的振动频率为

$$\bar{\nu}_{振}=1302\times\sqrt{\frac{5.1}{\frac{35.5\times1.0}{35.5+1.0}}}=2981\ \text{cm}^{-1}$$

在红外光谱中观测的 HCl 的吸收频率为 2885.9 cm^{-1}，基本接近实验值。

此公式同样也适用于复杂分子中一些化学键的振动频率的计算。例如，分子中C—H键伸缩振动频率为

$$\mu=\frac{1\times12}{1+12}=0.92,\quad K_{C—H}=5\ \text{N/cm}$$

$$\bar{\nu}_{振}=1302\times\sqrt{\frac{5.0}{0.92}}=3035\ \text{cm}^{-1}$$

与实验值基本一致。例如，$CHCl_3$的 C—H 伸缩振动吸收位置是 2916 cm^{-1}。

把双原子分子看成谐振子，则双原子分子体系的热能为

$$W=\frac{1}{2}Kx^2 \tag{4-8}$$

势能曲线为抛物线形，如图 4-2（a）所示。根据量子力学，求解体系能量的薛定

谐方程为

$$\left(\frac{-h}{8\pi^2\mu}\cdot\frac{\mathrm{d}^2}{\mathrm{d}x^2}+\frac{1}{2}Kx^2\right)\psi=E\psi \tag{4-9}$$

解为

$$E=\left(V+\frac{1}{2}\right)hc\,\bar{\nu}_{振}=\left(V+\frac{1}{2}\right)\frac{h}{2\pi}\sqrt{\frac{K}{\mu}} \tag{4-10}$$

式中，V=0，1，2，3，…，称为振动量子数。

2. 非谐振子

实际上，双原子分子并非理想的谐振子，其势能曲线也不是数学的抛物线。分子的实际势能随着核间距离的增大而增大，当核间距增大到一定值后，核间引力不再存在，分子离解成原子，此时势能趋向于一常数。其势能曲线应如图 4-2（b）所示。

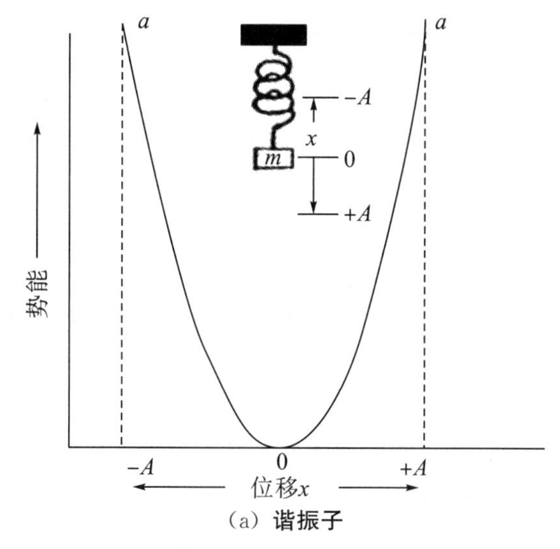

（a）谐振子

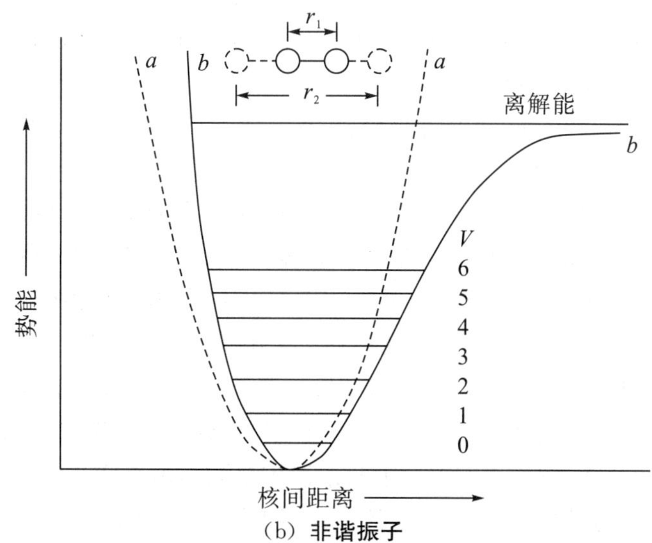

（b）非谐振子

图 4-2　势能曲线图

按照非谐振子的势能函数求解薛定谔方程，体系的振动能为

$$E(V)=\left(V+\frac{1}{2}\right)hc\bar{\nu}_{振}-\left(V+\frac{1}{2}\right)^{2}xhc\bar{\nu}_{振}+\cdots \qquad (4-11)$$

即非谐振子的振动能应对式（4−10）加校正项（通常只取到第二项）。式中，x 称为非谐性常数，其值远小于1，如HCl的 $x=0.0172$。

3. 基频和倍频

由式（4−10）和（4−11）可知，分子在任何情况下的振动能都不会等于零，即使在振动基态（$V=0$），仍有一定的振动能，对于非谐振子：

$$E(V)=E(0)=\frac{1}{2}hc\bar{\nu}_{振}-\frac{x}{4}hc\bar{\nu}_{振}$$

对于谐振子：

$$E(V)=E(0)=\frac{1}{2}hc\bar{\nu}_{振}$$

量子力学的这个结论是与实际是相符的，即使在0 K时，也存在零点振动能。

在常温下绝大部分分子处于 $V=0$ 的振动能级，如果分子能够吸收辐射跃迁到较高的能级，则吸收辐射 $\bar{\nu}_{吸收}$ 为

$$\bar{\nu}_{0\to1吸收}=\frac{E(1)-E(0)}{hc}=\bar{\nu}_{振}-2x\bar{\nu}_{振}=(1-2x)\bar{\nu}_{振} \qquad (4-12)$$

$$\bar{\nu}_{0\to2吸收}=\frac{E(2)-E(0)}{hc}=2\bar{\nu}_{振}-6x\bar{\nu}_{振}=2(1-3x)\bar{\nu}_{振} \qquad (4-13)$$

$$\bar{\nu}_{0\to3吸收}=\frac{E(3)-E(0)}{hc}=3\bar{\nu}_{振}-12x\bar{\nu}_{振}=3(1-4x)\bar{\nu}_{振} \qquad (4-14)$$

由 $V=0$ 跃迁到 $V=1$ 产生的吸收谱带叫作基本谱带或基频，由 $V=0$ 跃迁到 $V=2$，3，…产生的吸收谱带分别叫作第一、第二、…倍频谱带。

下面我们对由谐振子和非谐振子所得结果进行比较。

按照谐振子的振动能级计算，任意两个相邻能级之间的跃迁，其吸收波数是一定的，由式（4−10）可知，波数为

$$\bar{\nu}_{吸收}=\frac{\Delta E}{hc}=\frac{E(V+1)-E(V)}{hc}=\bar{\nu}_{振}=\frac{1}{2\pi c}\sqrt{\frac{K}{\mu}}$$

即当分子吸收辐射的频率与该分子的振动频率一致时，此时就发生共振吸收。而且任何相邻振动能级的间距都是相等的。如果按照谐振子只允许 $\Delta V=\pm1$ 的跃迁选律，则作为谐振子的双原子分子，只能产生一条振动谱线（不考虑转动能级产生的精细结构）。但是，实际上HCl分子在远红外区可观察到5条振动谱带，如图4−3所示。不过，只有 $\bar{\nu}=2885.9\ \mathrm{cm^{-1}}$ 处的基本谱带最强，其他谱带要弱得多。说明谐振子模型基本符合双原子分子的实际情况。但根据非谐振子模型的振动能级和跃迁选律（$\Delta\nu=\pm1$，±2，±3，…），由式（4−13）、式（4−14）则可以比较满意地解释HCl倍频的存在、振动能级随振动量子数增加其间距逐渐缩小、倍频并不正好是基频的整数倍等事实。通过下一节的计算推导，可以了解分子振动的超精细结构。

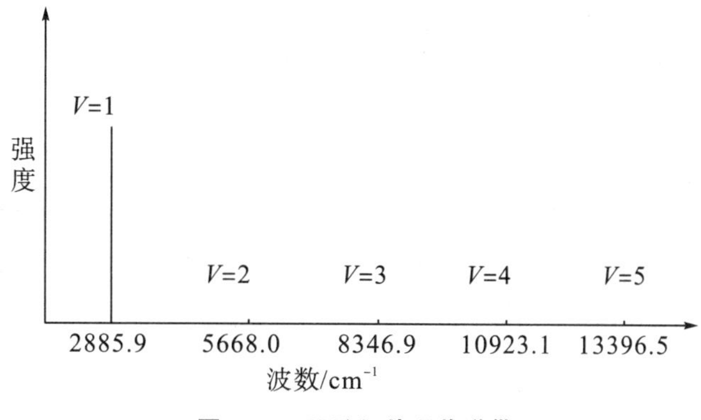

图 4－3　HCl 红外吸收谱带

2.2　双原子分子的振动—转动光谱

以双原子分子为例，分子振动能级发生变化时，一定伴随着转动能级的改变。分子振动—转动能级由振动量子数 V 和转动量子数 J 决定。如前所述，双原子分子的振动能级公式为

$$E(V)=\left(V+\frac{1}{2}\right)hc\bar{\nu}-\left(V+\frac{1}{2}\right)^2 hcx\bar{\nu}$$

双原子分子的转动能级为

$$E(J)=J(J+1)\frac{h^2}{8\pi^2 I} \tag{4-15}$$

式中，I 是转动惯量；h 是普朗克常数。

双原子分子的振动—转动能级为

$$E(V,J)=E(V)+E(J)=\left(V+\frac{1}{2}\right)hc\bar{\nu}-\left(V+\frac{1}{2}\right)^2 hcx\bar{\nu}+J(J+1)\frac{h^2}{8\pi^2 I} \tag{4-16}$$

若令 $B_V=\frac{h}{8\pi^2 Ic}$（B_V是振动量子数为 V 时的 B 值；V 较大时，转动惯量较大，B 就减小），则

$$E(V,J)=\left(V+\frac{1}{2}\right)hc\bar{\nu}-\left(V+\frac{1}{2}\right)^2 hcx\bar{\nu}+B_V hcJ(J+1) \tag{4-17}$$

令 J_0为 $V=0$ 时的转动量子数，J_1为 $V=1$ 时的转动量子数，则若由 $V=0$，$J=J$ 向 $V=1$，$J=J'$跃迁，则分子吸收的红外光的波数为

$$\bar{\nu}_{振转}=\frac{\Delta E_{振转}}{hc}=\bar{\nu}_{振}+B[J'(J'+1)-J(J+1)] \tag{4-18}$$

对多原子线型分子而言，若偶极变化平行于分子轴，其选律为 $\Delta J=\pm1$；若偶极变化垂直于分子轴，其选律为 $\Delta J=0$，±1。所以，当 $\Delta J=0$ 时，即 $J'=J$ 时，$\bar{\nu}_{振转}=\bar{\nu}_{振}$，这个与 J 无关的方程，给出了吸收峰的 Q 支；当 $\Delta J=1$ 时，即 $J'=J+1$ 时，$\bar{\nu}_{振转}=\bar{\nu}_{振}+2B(J+1)$，式中，$J=0$，1，2，3，…，这个方程给出了与 J 有关的吸收

峰的 R 支；当 $\Delta J=-1$ 时，即 $J'=J-1$ 时，$\bar{\nu}_{振转}=\bar{\nu}_{振}-2BJ$，式中，$J=1$，2，3，…，这个方程给出了与 J 有关的吸收峰的 P 支。如图 4－4 所示。

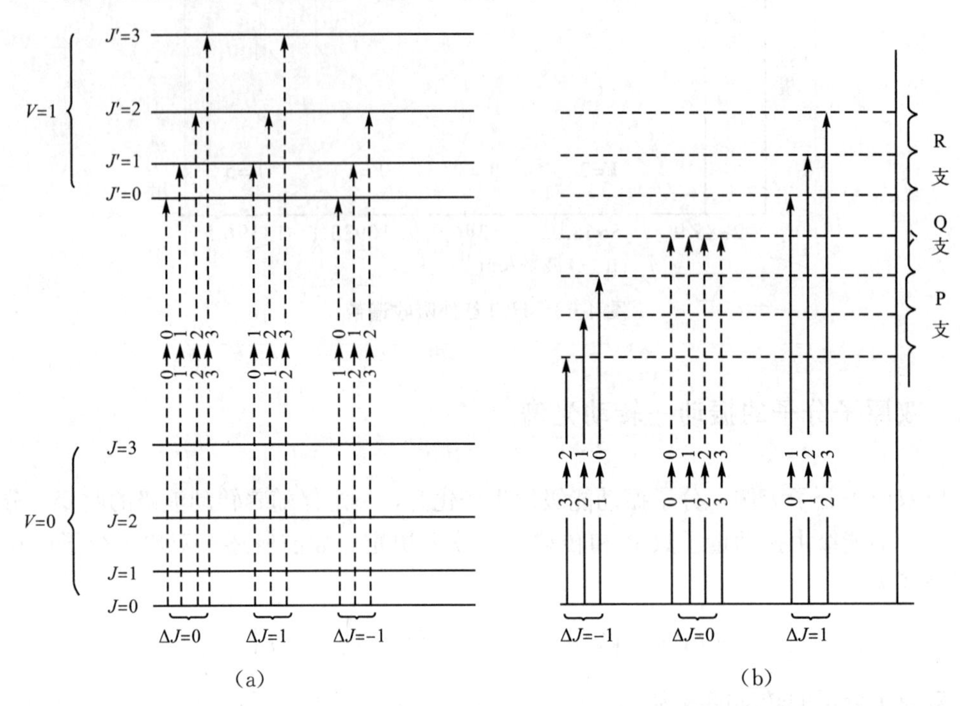

图 4－4　线型分子的振动—转动能级和偶极变化对应的振动—转动吸收光谱示意图

由图可知，线型分子在振动过程中，偶极变化无论是平行于分子轴，还是垂直于分子轴，都会出现 P 支和 R 支，其转动吸收线之间的距离为 $2B$。但是，Q 支只是在有垂直于分子轴的偶极变化时，才会发生。

对于异核双原子分子来说，在振动过程中，偶极变化只能平行于分子轴，按照选律 ΔJ 只能为 ± 1，不等于 0，所以只有 P 支和 R 支。失掉 Q 支是全部异核双原子分子的红外吸收的特征。注意，在 P 支中，$J\neq 0$。

图 4－5 是 HCl 的振动—转动光谱的基本谱带。其中，图 4－5（a）是用低分辨率红外光谱仪得到的 HCl 的基本谱带，R 支和 P 支表现为两个宽的吸收峰。图 4－5（b）是用高分辨红外光谱仪得到的精细结构，P 支和 R 支的每一条谱线的波数与上述用公式计算的数值基本是吻合的。我们通常进行结构分析时所得到的红外光谱就是这种吸收峰。

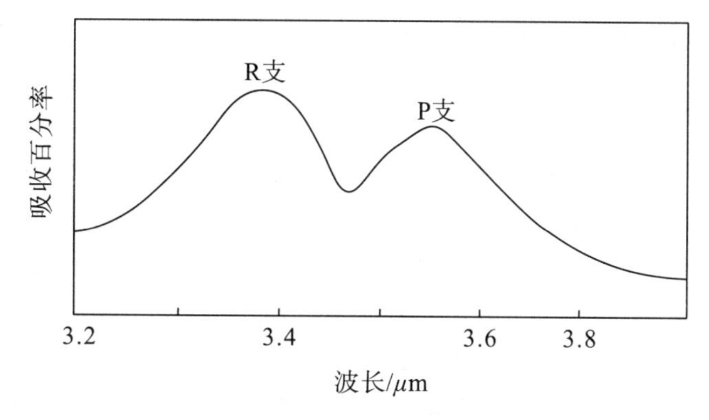

（a）低分辨率红外光谱仪得到的基本谱带

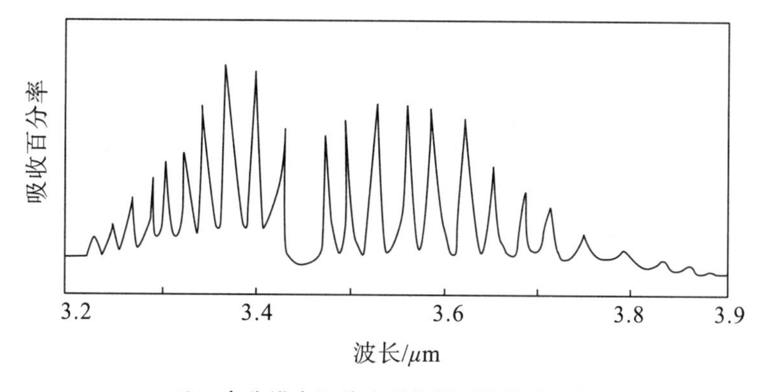

（b）高分辨率红外光谱仪得到的基本谱带

图 4—5　HCl 的振动—转动光谱的基本谱带

对于大多数的多原子分子来说，由于分子的转动惯量 I 较大，而由 $B_V=\frac{h}{8\pi^2 Ic}$ 可知，它们的转动能级的间距都比较小。因此，得到的只是不易分辨的谱线包封，正如图 4—5 所示。

另外，我们看到，各支的吸收强度最初随着波数的增加而增大，达到一个极大值后，又随着波数的增加而降低，这是由具有不同转动能级的分子分布引起的。P，Q，R 支中最强的吸收线，表示分配到该转动能级的分子数最多。按统计力学可知，J 转动能级的分子数为

$$N_J \propto (2J+1)\mathrm{e}^{-\frac{BhcJ(J+1)}{KT}} \tag{4-19}$$

由式（4—19）可知，不同转动能级所分配的分子数不同。起初，随着 J 的增大，N_J 也增加；当 N_J 达到一个极大值后，随着 J 的增大，N_J 减少，从而形成了 P，Q，R 各支吸收峰的强度分布。同时，N_J 还与温度 T 有关：当温度 T 升高时，吸收峰将变宽、变平。

2.3　多原子分子的简正振动

多原子分子振动比双原子分子要复杂得多。双原子分子只有一种振动方式，而多原

子分子随着原子数目的增加，其振动方式越复杂。

1. 简正振动

与双原子分子一样，多原子分子的振动也可看成是许多被弹簧连接起来的小球构成的体系的振动。如果把每个原子看作一个质点，则多原子分子的振动就是一个质点组的振动。要描述多原子分子的各种可能的振动方式，必须确定各原子的相对位置。要确定一个质点（原子）在空间的位置需要三个坐标（x，y，z），即每个原子在空间的运动有三个自由度。一个分子有 n 个原子，就需要 $3n$ 个坐标确定所有原子的位置，也就是说一共有 $3n$ 个自由度。但是，这些原子是由化学键构成的一个整体分子，因此，还必须从分子整体来考虑自由度，分子作为整体有三个平动自由度和三个转动自由度，剩下的 $3n-6$ 个自由度才是分子的振动自由度（直线型分子有 $3n-5$ 个振动自由度）。每个振动自由度对应一个基本振动，n 原子分子总共有 $3n-6$ 个基本振动，这些基本振动称为分子的**简正振动**。

简正振动的特点是，分子质心在振动过程中保持不变，整体不转动，所有原子都是同相运动，即都在同一瞬间通过各自的平衡位置，并在同一时间达到其最大值。每个简正振动代表一种振动方式，有其自己的特征振动频率。

例如，水分子由 3 个原子组成，共有 $3\times3-6=3$ 个简正振动，其振动方式如图 4－6所示。

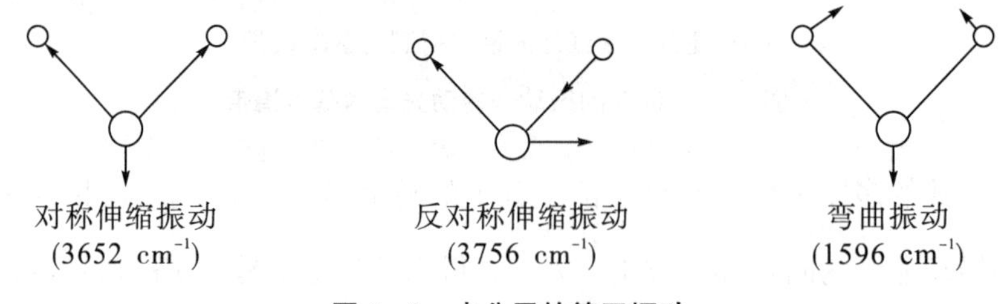

图 4－6　水分子的简正振动

图 4－6 中，水分子的第一种振动方式：两个氢原子沿键轴方向做对称伸缩振动，氧原子的振动恰与两个氢原子的振动方向的矢量和是大小相等、方向相反的，这种振动称为对称伸缩振动。

第二种振动方式：一个氢原子沿着键轴方向做收缩振动，另一个做伸展振动，同样，氧原子的振动方向和振幅也是两个氢原子的振动的矢量和，这种振动称为反对称伸缩振动。

第三种振动方式：两个氢原子在同一平面内彼此相向弯曲，这种振动方式叫作剪式振动或面内弯曲振动。

另外，CO_2是三原子直线型分子，它有 $3\times3-5=4$ 个简正振动，图 4－7 所示。

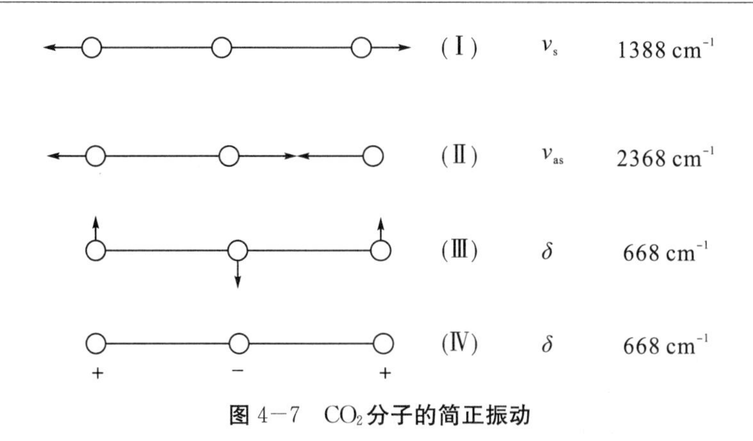

图 4－7　CO_2 分子的简正振动

图中的符号“＋”表示垂直于纸面向内的运动，符号“－”表示垂直于纸面向外的运动。Ⅲ，Ⅳ两种弯曲振动方式相同，只是方向互相垂直，两者的振动频率相同，称为简并振动。

2. 简正振动类型

复杂分子的简正振动方式虽然很复杂，但基本上可分为两大类，即伸缩振动和弯曲振动。如前所述，所谓伸缩振动，是指原子沿着键轴方向伸缩使键长发生变化的振动。伸缩振动按其对称性的不同，分为对称伸缩振动和反对称伸缩振动。前者在振动时，各键同时伸长或缩短；后者在振动时，某些键伸长，另外的键则缩短。

弯曲振动又叫变形振动，一般是指键角发生变化的振动。弯曲振动分为面内弯曲振动和面外弯曲振动。面内弯曲振动的振动方向位于分子的平面内；而面外弯曲振动则是在垂直于分子平面方向上的振动。

面内弯曲振动又分为剪式振动和平面摇摆振动。两个原子在同一平面内彼此相向弯曲，叫作剪式振动；若基团键角不发生变化，只是作为一个整体在分子的平面内左右摇摆，则叫作平面摇摆振动。

面外弯曲振动也分为两种：一种是扭曲振动，振动时基团离开纸面（图 4－8），方向相反地来回扭动；另一种是非平面摇摆振动，振动时基团作为整体在垂直于分子对称平面前后摇摆，基团键角不发生变化。

图 4－8 是以分子中的甲基、次甲基以及苯环为例表示各种振动方式。

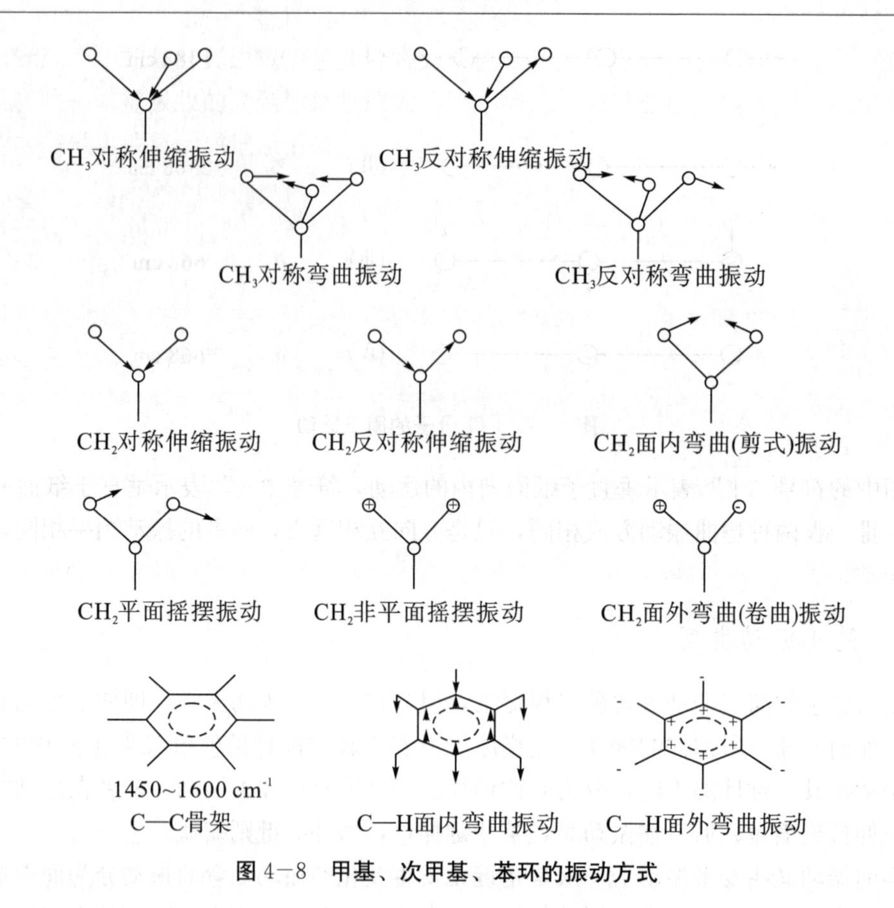

图 4－8　甲基、次甲基、苯环的振动方式

2.4　红外光谱的吸收和强度

1. 分子吸收红外辐射的条件

分子的每一种简正振动对应一定的振动频率，在红外光谱中就可能出现该频率的谱带。但是，并不是每一种振动都对应有一条吸收谱带。分子吸收红外辐射必须满足两个条件：

（1）只有在振动过程中，偶极矩发生变化的振动方式才能吸收红外辐射，从而在红外光谱中出现吸收谱带，这种振动方式称为是红外活性的。反之，在振动过程中偶极矩不发生改变的振动方式是红外非活性的，虽然有振动但不能吸收红外辐射。例如，CO_2分子的对称伸缩振动，在振动过程中，一个原子离开平衡位置的振动刚好被另一个原子在相反方向的振动所抵消，所以偶极矩没有变化，始终为零，因此它是红外非活性的。其反对称伸缩振动则不然，虽然 CO_2 的永久偶极矩等于零，但在振动时产生瞬变偶极矩，因此它可以吸收红外辐射，这种振动是红外活性的。

（2）振动光谱的跃迁选律是 $\Delta V=\pm1$，±2，…。因此，当吸收的红外辐射能量与能级间的跃迁能量相当时，才会产生吸收谱带。因而，除了由 $V=0\rightarrow V=1$，或由 $V=0\rightarrow V=2$ 跃迁以外，从 $V=1\rightarrow V=2$、$V=2\rightarrow V=3$ 等的跃迁也是可能的。但是在常温下，绝大多数分子处于 $V=0$ 的振动基态，因此，主要观察到的是由 $V=0 \rightarrow V=1$ 的吸收谱带。

2. 红外吸收谱带的强度

红外吸收谱带的强度决定于偶极矩变化的大小。振动时偶极矩变化越大，吸收强度越大。根据电磁理论，只有带电物体在平衡位置附近移动时才能吸收或辐射电磁波。移动越大，即偶极矩变化越大，吸收强度越大。一般极性比较强的分子或基团的吸收强度都比较大，极性比较弱的分子或基团的吸收强度都比较弱。例如，C═C，C═N，C—C，C—H 等化学键的振动，其吸收谱带的强度都比较弱；而 C═O，Si—O，C—Cl，C—F 等的振动，其吸收谱带的强度就很强。但是，即使是很强的极性基团，其红外吸收谱带比电子跃迁产生的紫外-可见光吸收谱带强度也要小 2～3 个数量级。在红外光谱定性分析中，通常把吸收谱带的强度分为五个级别：vS（很强，$\varepsilon^{\alpha}>200$），S（强，$\varepsilon^{\alpha}=75\sim200$），M（中强，$\varepsilon^{\alpha}=25\sim75$），W（弱，$\varepsilon^{\alpha}$ 为 $5\sim25$），vW（很弱，$\varepsilon^{\alpha}<5$）；或三个级别：S（$\varepsilon^{\alpha}>75$）；M（$\varepsilon^{\alpha}>25$）；W（$\varepsilon^{\alpha}<25$）。ε^{α} 是表现摩尔吸收系数。

2.5　多原子分子振动和吸收谱带

1. 倍频、组合频、耦合和费米共振

多原子分子的每一种简正振动都有如图 4-2 那样的势能曲线，当其从 $V=0$ 跃迁到 $V=1$ 时，所吸收的能量就是该振动的吸收频率，在红外光谱上就产生一条谱带，称为基本谱带。式（4-5）计算出的波数值就是该简正振动的基频。一般反对称伸缩振动比对称伸缩振动频率要高一些，弯曲振动的频率比伸缩振动要低得多。

分子除了有简正振动对应的基本谱带外，由于各种简正振动之间的相互作用，以及振动的非谐性质，还有倍频、组合频、耦合以及费米共振等吸收谱带。

（1）倍频：如前所述，倍频是从分子的振动基态（$V=0$）跃迁到 $V=2$，3，…能级吸收所产生的谱带。倍频强度很弱，一般只考虑第一倍频。例如，在 1715 cm^{-1} 处吸收的 CO_2 基频，在 3430 cm^{-1} 附近可观察到（第一）倍频吸收。

（2）组合频：它是由两个或多个简正振动组合而成的，其吸收谱带出现在两个或多个基频之和或差的附近。例如，基频为 $\bar{\nu}_1$ 和 $\bar{\nu}_2$，组合频为 $|\bar{\nu}_1 \pm \bar{\nu}_2|$，强度也很弱。

（3）耦合：当两个频率相同或相近的基团联结在一起时，会发生耦合作用，结果分裂成一个较高而另一个较低的双峰。

（4）费米共振：当倍频或组合频位于某基频附近（一般只差几个波数）时，则倍频峰或组合频峰的强度常被加强，而基频强度降低，这种现象叫费米共振。

2. 观测的红外吸收谱带

由上述可知，所观测的红外吸收谱带要比简正振动数目多。但是更常见的情况却是，吸收谱带的数目比按照公式 $3n-6$（或 $3n-5$）计算的要少，这是由下述几个原因

引起的：

（1）不是所有的简正振动都是红外活性的。

（2）有些对称性很高的分子，往往几个简正振动频率完全相同，即是能量简并的振动形式，所以就只有一个吸收谱带。

（3）有些吸收谱带特别弱，或彼此十分接近，仪器检测不出或分辨不开。

（4）有的吸收谱带落在仪器检测范围之外。

3. 化学键和基团的特征振动频率

由于多原子分子振动的复杂性，要确定其红外光谱各个吸收谱带的归宿是比较困难的。化学工作者根据大量的光谱数据发现，具有相同化学键或官能团的一系列化合物有近似共同的吸收频率，这种频率称为化学键或官能团的特征振动频率。例如各种醇，酚化合物在 3000~3700 cm^{-1} 处都有吸收谱带，此谱带就是—OH 的特征振动频率。

为什么会有特征振动频率呢？它与分子的简正振动频率有什么关系呢？

简正振动频率与化学键的振动频率不同，前者是属于整个分子的，然而在一定情况下，某种简正振动主要决定于某特殊化学键的振动。例如，含 X—H（X 指 O，N，C，S 等原子）化学键的分子，处于分子末端的氢原子质量最轻，振幅最大，因此对于整个分子的简正振动，可近似地看作是氢原子相对于分子其余部分的振动，整个分子的振动频率主要决定于 X—H 键的键力常数。当不考虑分子中其他键的相互作用时，分子中 X—H 键的特征振动频率就可以像双原子分子振动那样进行计算，即$\nu_{X-H}=\frac{1}{2\pi}\sqrt{\frac{K}{\mu}}$。例如，乙炔分子有 7 个简正振动，如图 4−9 所示。

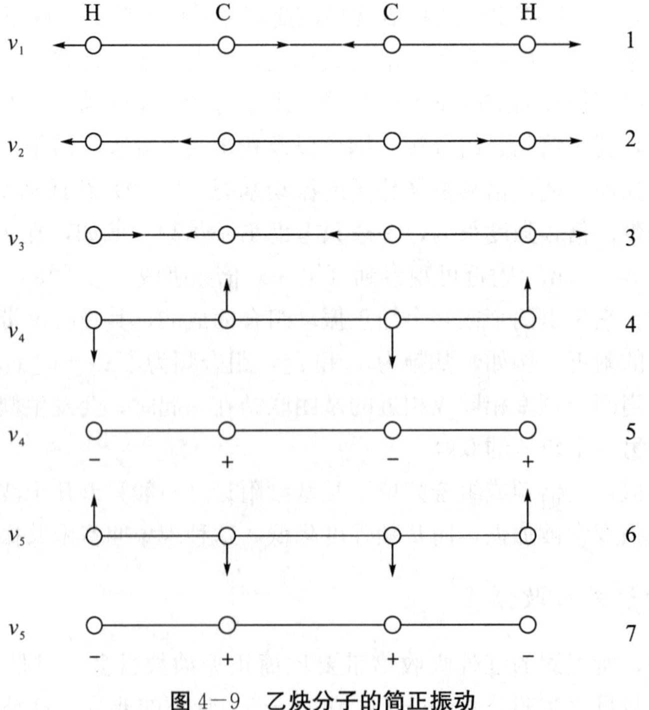

图 4−9　乙炔分子的简正振动

因为碳原子比氢原子质量大，振幅小，所以编号为 1，3，4，5，6 的振动可以认为是氢原子相对于 C≡C 部分的对称和反对称的伸缩振动和弯曲振动，频率大小决定于 C—H 键的伸缩和弯曲键力常数；编号为 2 的振动，可以看作是 C≡C 键的伸缩振动，因为在振动过程中 C 原子与 H 原子的相对位置变化很小。光谱中观测的频率与上述分析是一致的，两个 C—H 伸缩振动频率在 3375 cm^{-1}和 3301 cm^{-1}，两个 C—H 弯曲振动频率在 612 cm^{-1}和 878 cm^{-1}，一个 C≡C 伸缩振动频率在 1974 cm^{-1}。

第 3 节　技术原理

3.1　傅里叶变换红外光谱仪

傅里叶变换红外光谱仪（FT－IR）与普通色散型红外光谱仪的工作原理有很大不同，FT－IR 主要是由光源、迈克尔逊干涉仪、探测器和计算机等几部分所组成。其工作原理如图 4－10 所示。

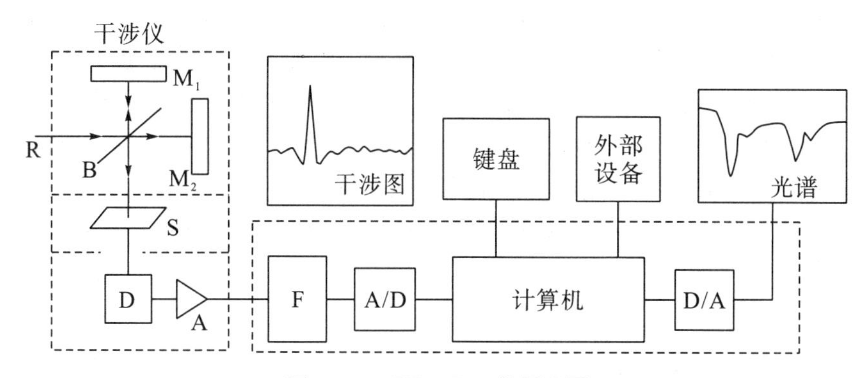

图 4－10　FT－IR **工作原理图**

R－红外光源；M_1－固定镜；M_2－动镜；B－光束分裂器；S－样品；D－探测器；A－放大器；F－滤光器；A/D－模拟—数字转换器；D/A－数字—模拟转换器

光源发出的红外辐射，通过迈克尔逊干涉仪变成干涉图，通过样品后即得到带有样品信息的干涉图，经放大器将信号放大，输入通用电子计算机处理或直接输入专用计算机的磁芯存储体系中。当干涉图经模拟—数字转换器（A/D）进行计算后，再经数字—模拟转换器（D/A），由波数分析器扫描，便可由 X—Y 记录器绘出通常的透过率对应波数关系的红外光谱。FT－IR 的核心部分是迈克尔逊干涉仪，图 4－11 是其结构和工作原理图。

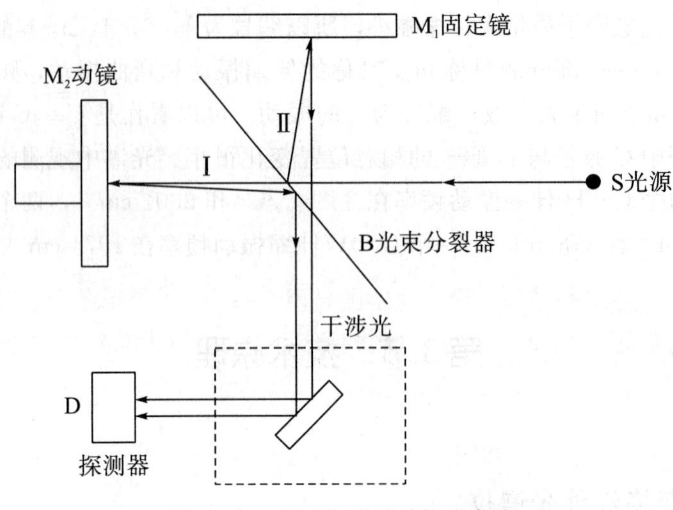

图 4－11　迈克尔逊干涉仪示意图

干涉仪主要由平面镜（固定镜 M_1 和动镜 M_2）、光束分裂器 B 和探测器 D 所组成。M_1 和 M_2 垂直放置，M_1 固定不动，M_2 可沿图示方向移动，故称动镜。在 M_1 和 M_2 之间放置一呈 45°角的半透膜光束分裂器 B。光束分裂器可使 50%的入射光透过，其余部分被反射。当 S 发出的入射光进入干涉仪后，就被半透膜光束分裂器分裂成透射光Ⅰ和反射光Ⅱ，其中透射光Ⅰ穿过半透膜被动镜 M_2 反射，沿原路回到半透膜上并被反射到达探测器 D；反射光Ⅱ则由固定镜 M_1 沿原路反射回来通过半透膜到达探测器 D（图 4－11 中的虚线，表示图 4－10 中干涉光经样品的光路）。这样，在探测器 D 上所得到的Ⅰ光和Ⅱ光是相干光。如果进入干涉仪的是波长为 λ 的单色光，开始时，因 M_1 和 M_2 离半透膜光束分裂器 B 距离相等（此时称 M_2 处于零位），Ⅰ光和Ⅱ光到达探测器时位相相同，发生相长干涉，亮度最大；当动镜 M_2 移动至入射光的 $\frac{1}{4}\lambda$ 距离时，则Ⅰ光的光程变化为 $\frac{1}{2}\lambda$，在探测器上两光位相差为 180°，则发生相消干涉，亮度最小（暗条）。当动镜 M_2 移动 $\frac{1}{4}\lambda$ 的奇数倍，即Ⅰ光和Ⅱ光的光程差 x 为 $\pm\frac{1}{2}\lambda$，$\pm\frac{3}{2}\lambda$，$\pm\frac{5}{2}\lambda$，…时（正负号表示动镜零位向两边的位移），都会发生这种相消干涉。同样，动镜 M_2 位移 $\frac{1}{4}\lambda$ 的偶数倍时，即两光的光程差 x 为波长 λ 的整数倍时，则都将发生相长干涉。而部分相消干涉则发生在上述两种位移之间。因此，当动镜 M_2 以匀速向 B 移动时，即连续改变两光束的光程差时，就会得到如图 4－12 所示的干涉图。其数学表达式为

$$I(x) = B(\nu)\cos 2\pi\nu x \tag{4－20}$$

式中，$I(x)$ 为干涉图强度；x 为Ⅰ光和Ⅱ光的光程差；$B(\nu)$ 为入射光的强度，它是频率的函数，当光源是单色光时，$B(\nu)$ 是一恒定值，ν 是频率。

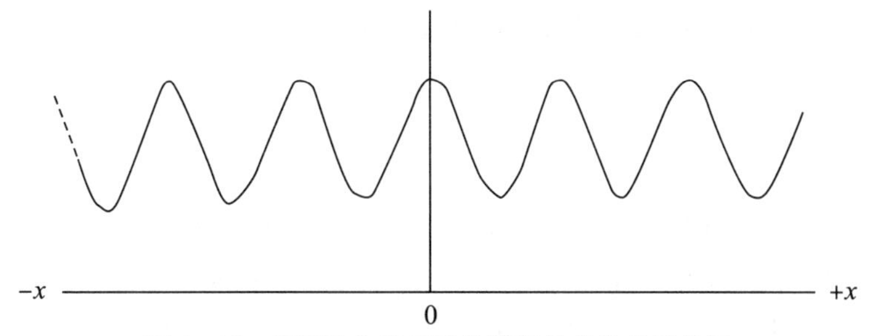

图 4−12　用迈克尔逊干涉仪获得的单色光干涉图

当入射光为连续波长的多色光时，得到的则是具有中心极大并向两边迅速衰减的对称干涉图，如图 4−13 所示。

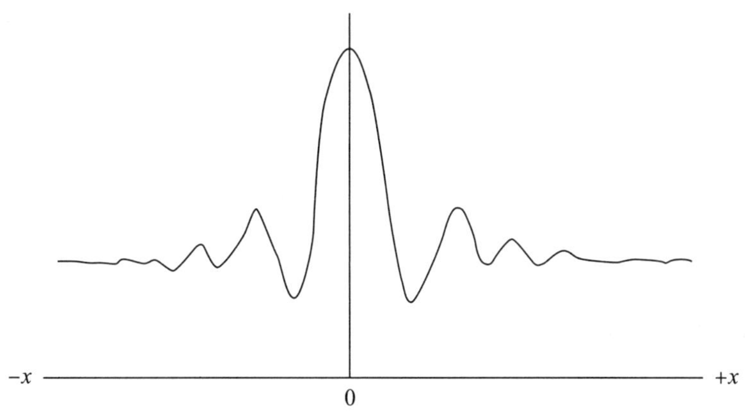

图 4−13　用迈克尔逊干涉仪获得的多色光干涉图

其数学表达式为

$$I(x)=\int_{-\infty}^{+\infty}B(\nu)\cos 2\pi x\nu \mathrm{d}\nu \qquad (4-21)$$

这种多色光的干涉图等于所有各单色光干涉图的加合。经过样品后，由于样品吸收了某些频率的能量，结果所得到的干涉图强度曲线就会发生变化，再把这种干涉图通过计算机进行快速傅里叶变换后，即得到我们所熟悉的透过率随波数$\bar{\nu}$变化的普通红外光谱图 $B(\nu)$，即

$$B(\nu)=\int_{-\infty}^{+\infty}I(x)\cos 2\pi x\nu \mathrm{d}x \qquad (4-22)$$

3.2　红外光谱仪的主要部件

1. 光源

色散型红外光谱仪和傅里叶变换红外光谱仪所使用的光源基本相同。但 FT−IR 对光源光束的发散情况要求更加严格，这是由于入射光束发散时，发散光束中的中心光线和它的外端光线之间就会产生光程差而发生干涉，这样，即使动镜有足够的移动距离也

得不到高分辨光谱，同时也会使计算出的光谱线发生位移。FT－IR 由于测定波长范围很宽，必须根据需要更换不同的光源。

2. 检测器

色散型红外光谱仪所用的检测器，如热电偶、测辐射热计等能将照射在其上面的红外光变成电信号。检测器的一般要求是热容量低、热灵敏度高、检测波长范围宽以及响应速度快等。对于 FT－IR，如中红外区干涉图频率范围在音频区，则要求检测器的响应时间非常短。

3. 单色器

单色器是色散型双光束红外光谱仪的核心部件，所使用的色散元件有光栅和棱镜两种，一般都采用反射型平面衍射光栅。

第4节　测试分析

4.1　红外光谱与分子结构

1. 基团振动和红外光谱区域的关系

红外光谱位于可见光区和微波区之间，波长范围为 0.7～300 μm。通常将红外光区分为三个部分，如表 4－1 所示。

表 4－1　红外光区

区域	能级跃迁类型	波长范围（μm）	波数范围（cm^{-1}）
近红外区	倍频	0.75 ～2.5	13300～4000
中红外区	振动	2.5～25	4000～400
远红外区	转动	25～300	400～33

红外光谱应用最广泛的是中红外区，即通常所说的振动光谱。

按照光谱与分子结构的特征可将整个红外光谱大致分为两个区域，即官能团区（1330～4000 cm^{-1}）和指纹区（400～1330 cm^{-1}）。

（1）官能团区，即前面讲到的化学键和基团的特征振动频率区，它的吸收光谱主要反映分子中的特征基团的振动，特征基团的鉴定工作主要在该区进行。

（2）指纹区，在该区域大多是单键的伸展振动和各种弯曲振动。此区域的振动类型复杂，且吸收谱带重叠，谱带位置变化范围大，特征性差。但在该区域的光谱对结构的变化十分敏感，分子结构的微小变化都会引起此区域光谱的改变。所以，人们称其为指纹区。常用来推测有机基团的周围环境及比较化合物的同一性，以及鉴定异构体。

利用红外光谱鉴定化合物的结构，需要熟悉重要的红外光谱区域基团和频率的关系。通常将中红外区分为四个区，如图 4－14 所示。

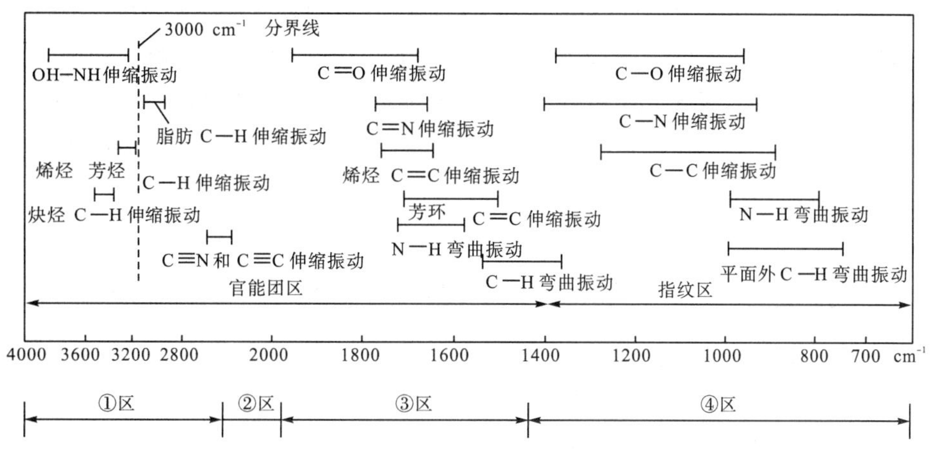

图 4－14　重要的基团振动和红外光谱区域

2. 基团振动分区

（1）X—H 伸缩振动区（X 代表 C，O，N，S 等原子），波数的范围为 2500～4000 cm^{-1}，该区主要包括 O—H，N—H，C—H 等的伸缩振动。O—H 伸缩振动在 3100～3700 cm^{-1}，氢键的存在使频率降低，谱峰变宽，它是判断有无醇、酚和有机酸的重要依据。C—H 伸缩振动分饱和烃与不饱和烃两种，饱和烃 C—H 伸缩振动在 3000 cm^{-1}以下，不饱和经 C—H 伸缩振动（包括烯烃，炔烃、芳烃的 C—H 伸缩振动）在 3000 cm^{-1}以上，因此 3000 cm^{-1}是区分饱和烃与不饱和烃的分界线。但三元环的—CH_2伸缩振动除外，它的吸收在 3000 cm^{-1}以上；N—H 伸缩振动在 3300～3500 cm^{-1}区域，它和 O—H 谱带重叠，但峰形比 O—H 尖锐。

（2）三键和累积双键区，波数范围在 2000～2500 cm^{-1}。该区红外谱带较少，主要包括—C≡C—，—C≡N 等三键的伸缩振动和—C=C=C，—C=C=O 等累积双键的反对称伸缩振动。

（3）双键伸缩振动区，波数范围在 1500～2000 cm^{-1}区域，该区主要包括 C=O，C=C，C=N，N=O 等的伸缩振动以及苯环的骨架振动、芳香族化合物的倍频谱带。羰基的伸缩振动在 1600～1900 cm^{-1}区域，所有羰基化合物如醛、酮、羧酸、酯、酰卤、酸酐等在该区均有非常强的吸收带，而且往往是谱图中的第一强峰，非常有特征性，因此 C=O 的伸缩振动吸收带是判断有无羰基化合物的主要依据。C=O 伸缩振动吸收带的位置还和邻接基团有密切关系，因此对判断羰基化合物的类型有重要价值。C=C伸缩振动出现在 1600～1660 cm^{-1}，一般情况下强度比较弱，当各邻接基团差别比较大时，例如正己烯

$$\begin{array}{ccc} H & & H \\ & C{=}C & \\ H & & (CH_2)_3CH_3 \end{array}$$

，C=C 吸收带就很强。单核芳烃的

C═C伸缩振动出现在 1480~1500 cm^{-1}和 1590~1600 cm^{-1}两个区域，这两个峰是鉴别有无芳核存在的重要标志之一，一般前者谱带比较强，后者比较弱。

苯的衍生物在 1667~2000 cm^{-1}区域，出现 C—H 面外弯曲振动的倍频或组合频峰，强度很弱，但该区吸收峰的数目和形状与芳核的取代类型有直接关系，在鉴定苯环取代类型上非常有用。因此常常采用加大样品浓度的方法给出该区的吸收峰。利用该区的吸收峰和 600~900 cm^{-1}区域苯环的 C—H 面外弯曲振动吸收峰共同确定苯环的取代类型是很可靠的。图 4－15 给出几种不同的苯环取代类型在 1667～2000 cm^{-1} 和 600～900 cm^{-1}区域的光谱图形。

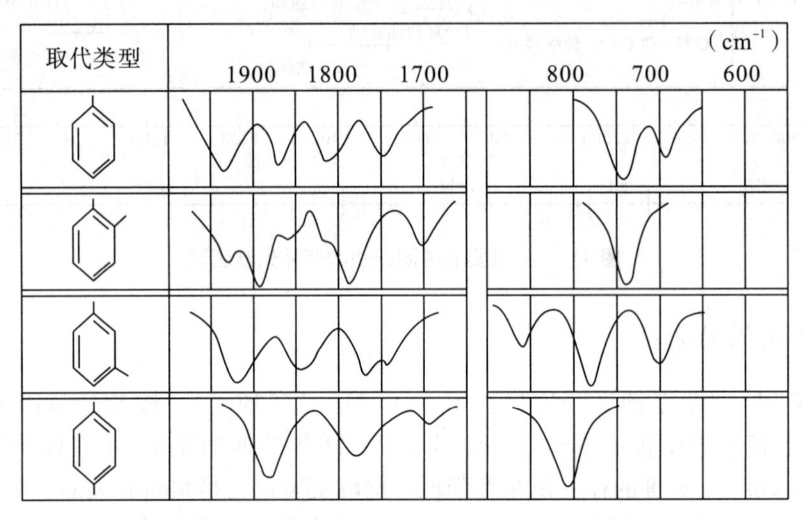

图 4－15　**苯环取代类型在** 1667～2000 cm^{-1} **和** 600～900 cm^{-1} **的光谱图形**

（4）部分单键振动及指纹区。如前所述，670~1500 cm^{-1}区域的光谱比较复杂，出现的振动形式很多，除了极少数较强的特征谱带外，一般难以找到它的归宿。对鉴定有用的特征谱带主要有 C—H，O—H 的变形振动以及 C—O，C—N 等的伸缩振动。

饱和的 C—H 弯曲振动包括甲基和次甲基两种。甲基的弯曲振动有对称、反对称弯曲振动和平面摇摆振动。其中以对称弯曲振动更具特征，吸收谱带在 1370～1380 cm^{-1}，受取代基的影响很小，可作为判断有无甲基存在的依据。次甲基的弯曲振动有四种方式，其中的平面摇摆振动在结构分析中很有用，当四个或四个以上的 CH_2 基呈直链相连时，CH_2基的平面摇摆振动出现在 722 cm^{-1}，随着 CH_2个数的减少，吸收谱带向高波数方向位移，由此可推断分子链的长短。

烯烃的 C—H 弯曲振动中，波数范围在 800~1000 cm^{-1}的非平面摇摆振动最为有用，可借助这些吸收峰鉴别各种取代类型的烯烃。

芳烃的 C—H 弯曲振动中，主要是在 650~900 cm^{-1}处的面外弯曲振动，对于确定苯环的取代类型是很有用的，甚至可以利用这些峰对苯环的邻、间、对位异构体混合物进行定量分析。

C—O 伸缩振动常常是该区中最强的峰，比较容易识别。一般醇的 C—O 伸缩振动在 1000~1200 cm^{-1}，酚的 C—O 伸缩振动在 1200~1300 cm^{-1}。在酯醚中有 C—O—C

的对称伸缩振动和反对称伸缩振动。反对称伸缩振动比较强。

C—Cl，C—F 伸缩振动都有强吸收，前者出现在 600～800 cm^{-1}，后者出现在 1000～1400 cm^{-1}。

上述 4 个重要基团振动光谱区域的分布，和用振动频率公式 $\bar{\nu}=\frac{1}{2\pi c}\sqrt{\frac{K}{\mu}}$ 计算出的结果是完全相符的。即键力常数大（如 C≡C）、折合质量小的（如 X—H）基团都在高波数区；反之，键力常数小（如单键）、折合质量大的（C—Cl）基团都在低波数区。

4.2　定量分析

紫外－可见分光光度法定量分析的基础，对于红外定量分析也是适用的。

如第 3 章所述，朗伯－比尔定律公式

$$A = \lg \frac{I_o}{I} = \varepsilon Cl$$

在红外光谱中，其纵坐标一般都用透过率 T，A 与 T 之间的关系是

$$A = \lg \frac{I_o}{I} = \lg \frac{1}{T}$$

红外定量分析中吸光度的测定主要有两种方法：一点法和基线法。

1. 一点法

当参比光路中插入的补偿槽正好补偿溶剂的吸收和槽窗的反射损失，同时溶液中又没有悬浮粒子造成的散射时，即当背景吸收可以不考虑时，就采用一点法。只要把样品槽和补偿槽放在光路中，慢慢扫描分析波数区，或把仪器固定在分析波数处，从光谱图的纵坐标上直接读出分析波数的透过率 T，按公式 $A=\lg \frac{1}{T}$ 就可算出分析波数的吸光度，如图 4－16 中的 A 曲线所示。

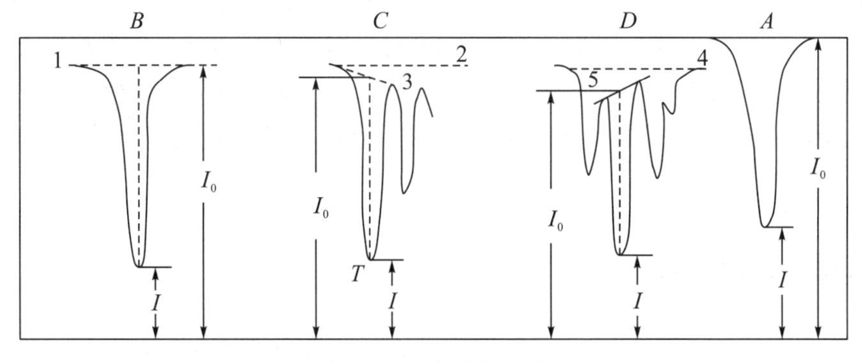

图 4－16　基线的画法

2. 基线法

应该指出，在实际测定中，背景吸收完全可以忽略的情况是很少见的，而且谱带的

形状往往是不对称的。在这种情况下就不能取 $T=100\%$作为 I_0，而是采用基线法，即用画出的基线表示该分析峰不存在时的背景吸收线，用它代替记录纸上的 100%透过率线，如图 4－16 所示。

基线的画法有以下几种：

(1) 如果分析峰不受其他峰干扰，如图 4－16 中的 B 曲线所示，即可用 1 线为基线。

(2) 如果分析峰受到附近旁峰的干扰，则可用单点水平切线为基线，如图 4－16 中的 C 曲线上的 2 线，也可用 3 线作基线。

(3) 如果干扰峰和分析峰紧靠在一起，但是它们的影响实际上是恒定的，也就是说，当浓度改变，干扰峰的峰肩位置变化不是太大时，则可采用图 4－16 中的 D 曲线上的 4 线或 5 线作基线。

如上所述，同一谱带的基线有时可有几种取法，究竟采用哪一种基线合适，需根据实际测定的结果和画出的定量曲线来判断。

第 5 节　知识链接

微波的能量在远红外范畴。水分子是极性分子，能吸收这种远红外辐射，产生强烈的振动，进而放出大量的热，并导致周围温度的急剧升高。这就是用微波炉加热食物的机制。

5.1　微波炉和巧克力的渊源

1939 年，英国科学家们正在积极从事军用雷达微波能源的研究工作，并设计出了一种能够高效产生大功率微波能的磁控管。当时英德处于决战阶段，因此这种新产品无法在国内生产，英国只好寻求与美国合作，当时的合作对象为专门制造电子管的雷声公司。由此，美国科学家斯宾塞进入了该公司并很快晋升为新型电子管生产技术负责人。一个偶然的机会，斯宾塞在测试磁控管时，发现口袋中的巧克力棒融化了！于是，“微波炉”这个词在他脑海中闪现。经过近 30 年的研制以及不断改进，微波炉逐渐走入千家万户。

5.2　在厨房里测光速

通常，我们认为光速是一个极其遥远的事物，只有像爱因斯坦这样的大科学家们才能测出它来。但是，看完以下的文字，你就可以对别人说：“我可以在自家的厨房里测出光速了！”

你需要的仅仅是一把尺子、一块巧克力棒以及一台微波炉。

把旋转托盘从微波炉中拿出来，再把一块巧克力放到托盘上。用最大的功率加热，直到巧克力上有两到三处出现融化——这仅仅只需 10～20 s 的时间。然后，从微波炉中拿出巧克力，测量两个融化处之间的距离（图 4－17），再将此距离乘以 2，再乘以 2.45×10^{9}（即 2450 MHz，如果微波炉是标准厂家生产的，那么它大概就是这个频率），如果巧克力融化点之间的距离是按厘米计算的，别忘了将计算结果除以 100。

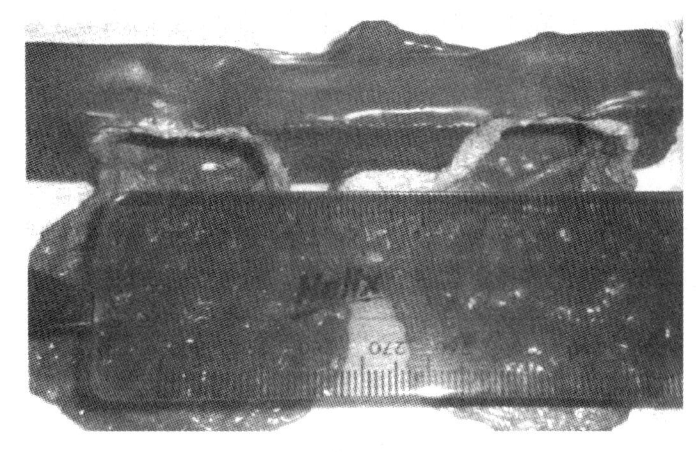

图 4－17　在厨房里测光速

接下来，你会惊奇地发现，算出的结果非常接近 299，792，458——若加上 m/s 的单位，即为光速。宇宙中的一个标准度量单位就这样算出来了。这是怎么一回事呢?

5.3　巧克力上测波长

我们知道，微波炉每秒产生 24 亿 5 千万次的超高频率，快速震荡炉中食物所含有的蛋白质、脂肪、水等成分的极性分子，使分子之间相互碰撞、挤压、摩擦，重新排列组合。简而言之，它是靠食物内部的摩擦生热原理来烹调的。

测光速，通常使用公式 $c=s/t$，然而这种方法显然不适合家庭实验。于是，我们改用公式 $c=\lambda\nu$。由于，频率 ν 是微波炉出厂就标定了的，所以，我们只需要再测定波长 λ。

由于巧克力棒静止不动地停留在微波炉里，微波持续地振荡相同的部位——迅速变热并融化的地方。而相邻两个融化点之间的距离即是波长的一半，因为微波穿过巧克力块时是上下波动的，如图 4－18 所示。

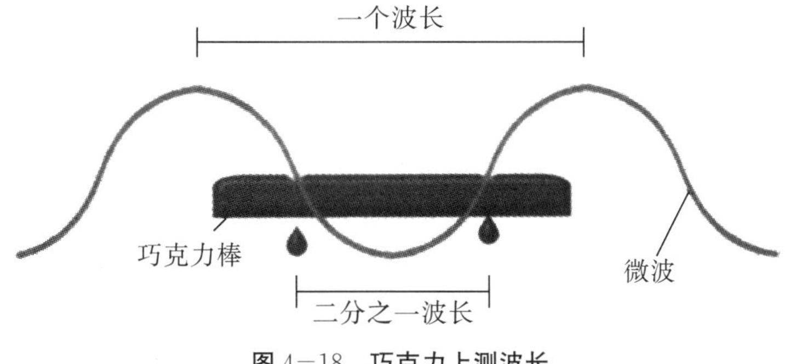

图 4－18　巧克力上测波长

将两个融化点之间的距离乘以 2，即为一个完整的波长。而微波和光波一样，它们都是以光速行驶的电磁波。在微波炉里，它们的频率为 2450 MHz。我们已经计算出它们的波长——经历完整的一轮波动所走过的距离。因此根据公式 $c=\lambda\nu$，我们的数据就够了：如果你发现巧克力的融化点之间的距离是 6 cm，那么用 $0.06\times2\times2.45\times10^9$ 将会得到 2.94×10^8 m/s。这个结果与物理学家们用了半个世纪测出的结果极其相似。

第 6 节　应用前景

红外光谱主要是作为一种定性工具使用的。当然，如果有大量的日常分析工作，比如，工业实践中常常必需的分析工作，它也可用于定量分析。

红外光谱法在定性分析中极有价值，因为吸收位置和吸收强度能提供大量数据。过去人们曾做了大量的工作，绘制了许多键和基的光吸收性质图，使得有可能利用这种数据迅速确定出新化合物的结构。

目前红外光谱（IR）是给出丰富的结构信息的重要方法之一，能在较宽的温度范围内快速记录固态、液态、溶液和蒸气相的图谱。红外光谱经历了棱镜红外、光栅红外，目前已进入傅里叶变换红外（FT－IR）时期，积累了十几万张标准物质的图谱。FT－IR 具有光通量大、信噪比高、分辨率好、波长范围宽、扫描速度快等特点。利用 IR 显微技术和基本分离技术（Matrixisolation，MI－IR）可对低达 ng 量和 pg 量级的试样进行记录。FT－IR 和色谱的结合，被称为鉴定有机结构的“指纹”，这些优点是其他方法难以比拟的。红外光谱近年来发展十分迅速，在生物化学高聚物、环境、染料、食品、医药等方面得到广泛应用。

红外光谱还常用来跟踪化学反应，研究反应的动力学。由于在化学反应过程中，总是伴随一些基团的消失和另一些基团的生成，用红外光谱进行实时跟踪，可以很快确定基团的消失和生成情况，从而对反应的历程有较清楚的了解，对反应机理的研究提供重要信息。

第 7 节　例题习题

7.1　例题

例 1　图 4－19 是最常见的正己烷的红外吸收谱，试简要分析红外图谱的特征。

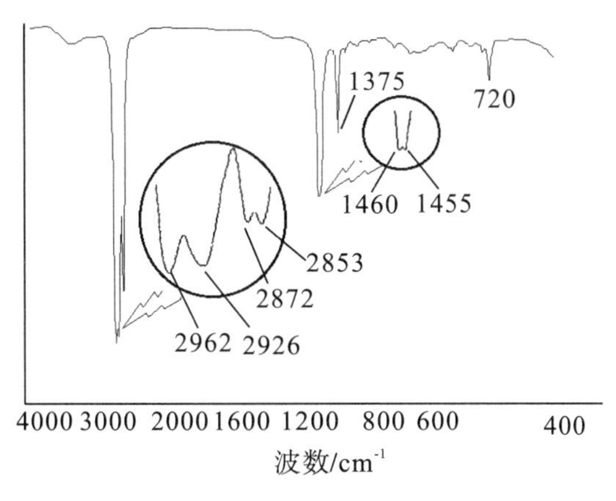

图 4－19　**正己烷的红外吸收谱**

解答：从谱图看，吸收峰比较宽，说明是饱和化合物，对于饱和化合物有很多低能量的构象，每一种构象所对应的吸收峰位置有一定差异，吸收峰峰宽变大是由于有邻近峰叠加而成。

对光谱的解读一般从高波数开始，3000 cm^{-1}以上无吸收峰，表明没有不饱和的C—H 伸缩振动。3000 cm^{-1}以下的是个峰对应饱和 C—H 伸缩振动峰。2962 cm^{-1}处对应 CH_3基团的反对称伸缩振动，有一定的范围分布在±10 cm^{-1}之间，事实上，存在两个简并的反对称伸缩振动。在 2929 cm^{-1}处，对应 CH_2不对称伸缩振动，分布在中心位置±10 cm^{-1}之间。2872 cm^{-1}处对应 CH_3对称伸缩振动，分布在中心位置±10 cm^{-1}之间。在 2853 cm^{-1}处，对应 CH_2对称伸缩振动，分布在中心位置±10 cm^{-1}之间。1375～1460 cm^{-1}之间对应 C—H 弯曲振动区域，把该区域 CH_2和 CH_3的弯曲振动峰叠加在一起，关于这一点，可以比较环己烷和 2，3－二甲基丁烷在该区间的吸收峰。在1460 cm^{-1}出现的宽峰实际上是两个峰叠加而成的，见图中插图。一般地，CH_3基团的反对称弯曲振动峰的位置在 1460 cm^{-1}附近，这是一个简并弯曲振动（仅显示一种），分布在中心位置±10 cm^{-1}之间。在 1455 cm^{-1}处，是 CH_2的弯曲振动峰吸收值（也叫剪刀振动），分布在中心位置±10 cm^{-1}之间。在 1375 cm^{-1}处，对应 CH_3对称弯曲振动（也叫“伞”弯曲振动）吸收峰位置，这个峰通常是很有用的，因为这个峰比较孤立，与环己烷的谱图比较，其最大的差异就是在环己烷谱图中没有 CH_3基团的对称弯曲振动峰，这个峰也是分布在中心位置±10 cm^{-1}之间。（720±10）cm^{-1}处对应四个或多个 CH_2基团在一根链上做摇摆振动。

例 2　化合物的分子式为 C_6H_{14}的 IR 光谱图如图 4－20 所示，试推断其可能的分子结构结构。

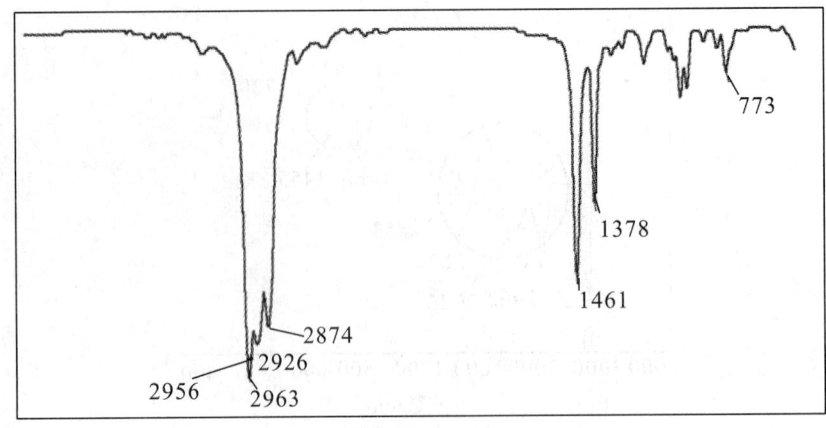

图 4－20　未知化合物 C_6H_{14} 的 IR 光谱图

解答：（按照第四节所述解谱步骤）①从谱图看，谱峰少，峰形尖锐，谱图相对简单，可能化合物为对称结构。②从分子式可看出该化合物为烃类，不饱和度的计算：$U=(6\times2+2-14)/2=0$，表明该化合物为饱和烃类。③由于 1378 cm^{-1} 的吸收峰为一单峰，表明无偕二甲基存在。773 cm^{-1} 的峰表明亚甲基基团是独立存在的。因此结构式应为 $CH_3—CH_2—\underset{}{\overset{CH_3}{\overset{|}{C}}}H—CH_2—CH_3$ ④吸收峰归属。2800～3000 cm^{-1} 属于饱和 C—H 的反对称和对称伸缩振动（甲基：2960 cm^{-1} 和 2872 cm^{-1}，亚甲基：2926 cm^{-1} 和 2953 cm^{-1}）。1461 cm^{-1} 对应亚甲基和甲基弯曲振动（分别为 1470 cm^{-1} 和 1460 cm^{-1}）。1380 cm^{-1} 对应甲基弯曲振动（1380 cm^{-1}）。775 cm^{-1} 对应乙基—CH_2—的平面摇摆振动（780 cm^{-1}）。

例 3　化合物的分子式为 C_8H_8O，它的 IR 光谱图如图 4－21 所示，试推断其可能的分子结构。

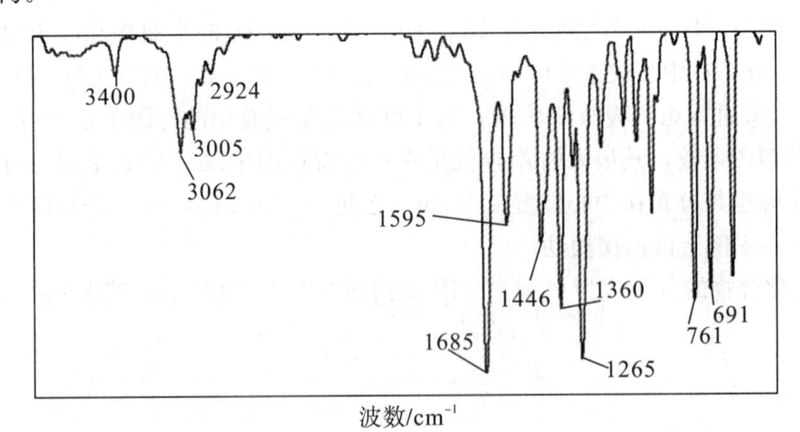

图 4－21　未知化合物 C_8H_8O 的 IR 光谱图

解答：①计算不饱和度，$U=1+8-(8-0)/2=5$，有苯环存在。②在 3300～3500 cm^{-1} 区间内无任何吸收（3400 cm^{-1} 附近吸收为水干扰峰），证明分子中无—OH。

2850 cm^{-1}与 2740 cm^{-1}没有明显的吸收峰，可否认醛的存在。1680 cm^{-1}说明是酮，且发生共轭。3000 cm^{-1}以上及 1600 cm^{-1}，1580 cm^{-1}，1450 cm^{-1}附近的峰的出现，以及泛频区弱的吸收证明为芳香族化合物，而 760 cm^{-1}及 690 cm^{-1}出现的吸收峰进一步提示为单取代苯。2960 cm^{-1}及 1360 cm^{-1}出现提示有—CH_3 存在。③综上所述，化合物应该是苯乙酮，结构式为 $C_6H_5-\overset{O}{\overset{\|}{C}}-CH_3$ 。

7.2　习题

1. 在图 4−1 中，两个原子小球的质量不等。为什么？

解答提示：这表明，这是一个异核双原子分子。因为，同核双原子分子，是非红外活性的。

2. 红外吸收光谱是怎么产生的？
3. 什么是 R，P，Q 支？同核双原子分子有无 IR 谱？
4. 什么叫倍频、费米共振？
5. 什么叫红外活性，判据是什么？
6. 什么是指纹区？它有什么用处？

第5章　激光拉曼光谱法

第1节　历史背景

1930年的诺贝尔物理学奖授予印度加尔各答大学的拉曼教授（S. V. Raman，1888—1970），以表彰他研究的光的散射和发现的以其名字命名的定律。在光的散射现象中有一特殊效应，和X射线散射的康普顿效应类似，光的频率在散射后会发生变化，频率的变化决定于散射物质的特性，这就是拉曼效应，是拉曼在研究光的散射过程中于1928年发现的。瑞利散射强度通常约为入射光强度的10^{-3}，而强拉曼带的强度一般为瑞利散射强度的10^{-3}。在拉曼和他的合作者宣布发现这一效应之后几个月，苏联的兰兹伯格（G. Landsberg）和曼德尔斯坦（L. Mandelstam）也独立地发现了这一效应，他们称之为联合散射。拉曼光谱是入射光子和分子相碰撞时，分子的振动能量或转动能量和光子能量叠加的结果，利用拉曼光谱可以把处于红外光区的分子能谱转移到可见光区来观测。因此，拉曼光谱作为红外光谱的补充，是研究分子结构的有力武器。

1921年夏天，航行在地中海的客轮“纳昆达”号（S. S. Narkunda）上，有一位印度学者正在甲板上用简便的光学仪器俯身对海面进行观测。他对海水的深蓝色着了迷，一心要追究海水颜色的来源。这位印度学者就是拉曼，他正在去英国的途中，是代表印度的最高学府——加尔各答大学到牛津参加英联邦的大学会议，还准备去英国皇家学会发表演讲，当时他才33岁。对拉曼来说，海水的蓝色并没有什么稀罕。他上学的马德拉斯大学，面对本加尔（Bengal）海湾，每天都可以看到海湾里变幻的海水色彩。事实上，他早在16岁（1904年）时，就已熟悉著名物理学家瑞利用分子散射中散射光强与波长四次方成反比的定律（也叫瑞利定律）对蔚蓝色天空所做的解释。不知道是由于从小就养成的对自然奥秘刨根问底的个性，还是由于研究光散射问题时查阅文献中的深入思考，他注意到瑞利的一段话值得商榷，瑞利说：“深海的蓝色并不是海水的颜色，只不过是天空蓝色被海水反射所致。”瑞利对海水蓝色的论述一直是拉曼关心的问题。他决心进行实地考察。于是，拉曼在启程去英国时，行装里准备了一套实验装置：几个尼科尔棱镜、小望远镜、狭缝，甚至还有一片光栅。望远镜两头装上尼科尔棱镜当起偏器和检偏器，随时都可以进行实验。他用尼科尔棱镜观察沿布儒斯特角从海面反射的光线，即可消去来自天空的蓝光，这样看到的光应该就是海水自身的颜色。结果证明，由此看到的是比天空更深的蓝色。他又用光栅分析海水的颜色，发现海水光谱的最大值比天空光谱的最大值更偏蓝。可见，海水的颜色并非由天空颜色引起的，而是海水本身的一种性质。拉曼认为这一定是起因于水分子对光的散射。他在回程的轮船上写了两篇论文，讨论这一现象，论文在中途停靠时先后寄往英国，发表在伦敦的两家杂志上。

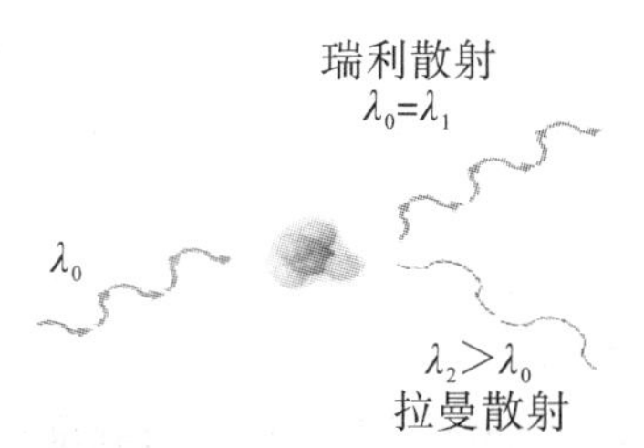

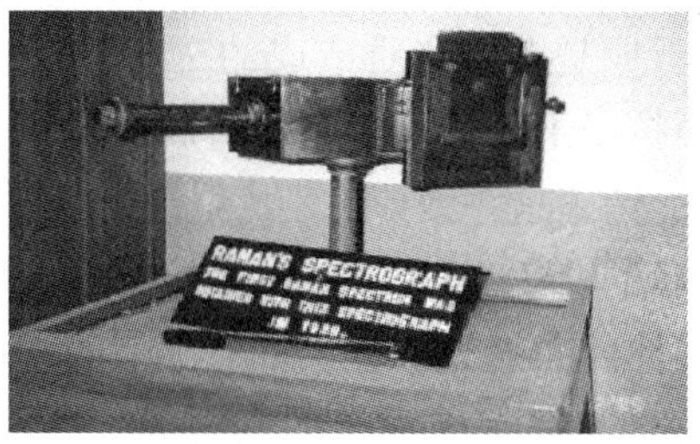

图 5－1　拉曼（Sir Chandrasekhara Venkata Raman，1888—1970）**与拉曼谱仪**

拉曼于 1888 年 11 月 7 日出生于印度南部的特里奇诺波利。父亲是一位大学数学、物理教授，自幼对他进行科学启蒙教育，培养他对音乐和乐器的爱好。他天资出众，16 岁大学毕业，以第一名获物理学金奖。19 岁又以优异成绩获硕士学位。1906 年，他仅 18 岁，就在英国著名科学杂志《自然》发表了关于光的衍射效应的论文。由于生病，拉曼失去了去英国某个著名大学作博士论文的机会。独立前的印度，如果没有取得英国的博士学位，就没有资格在科学文化界任职。但会计行业是唯一的例外，不需先到英国受训。于是拉曼就投考财政部以谋求职业，结果获得第一名，被授予总会计助理的职务。拉曼在财政部工作很出色，担负的责任也越来越重，但他并不想沉浸在官场之中。他念念不忘自己的科学目标，把业余时间全部用于继续研究声学和乐器理论。加尔各答有一所学术机构，叫印度科学教育协会，里面有实验室，拉曼就在这里开展他的声学和光学研究。经过十年的努力，拉曼在没有高级科研人员指导的条件下，靠自己的努力做出了一系列成果，也发表了许多论文。1917 年，加尔各答大学破例邀请他担任物理学教授，使他从此能专心致力于科学研究。他在加尔各答大学任教十六年期间，仍在印度科学教育协会进行实验，不断有学生、教师和访问学者到这里来向他学习，与他合作，逐渐形成了以他为核心的学术团体。许多人在他的榜样和成就的激励下，走上了科学研究的道路。其中有著名的物理学家沙哈（M. N. Saha）和玻色（S. N. Bose）。这时，加尔各答正在形成印度的科学研究中心，加尔各答大学和拉曼小组在这里面成了众望所归的核心。1921 年，由拉曼代表加尔各答大学去英国讲学，说明了他们的成果已经得到了国际上的认同。

拉曼返回印度后，立即在科学教育协会开展一系列的实验和理论研究，探索各种透明媒质中光散射的规律。许多人参加了这些研究，这些人大多是学校的教师，他们在休假日来到科学教育协会，和拉曼一起或在拉曼的指导下进行光散射或其他实验，对拉曼的研究发挥了积极作用。七年间他们共发表了五六十篇论文。他们先是考察各种媒质分子散射时所遵循的规律，选取不同的分子结构、不同的物态、不同的压强和温度，甚至在临界点发生相变时进行散射实验。1922 年，拉曼写了一本小册子总结了这项研究，题名《光的分子衍射》，书中系统地说明了自己的看法。在最后一章中，他提到用量子理论分析散射现象，认为进一步实验有可能鉴别经典电磁理论和光量子碰撞理论孰是孰非。

1923 年 4 月，他的学生之一拉玛纳桑（K. R. Ramanathan）第一次观察到了光散射中颜色改变的现象。实验是以太阳作光源，经紫色滤光片后照射盛有纯水或纯酒精的烧瓶，然后从侧面观察，却出乎意料地观察到了很弱的绿色成分。拉玛纳桑不理解这一现象，把它看成是由于杂质造成的二次辐射，和荧光类似，因此在论文中称之为“弱荧光”。然而拉曼不相信这是杂质造成的现象：如果真是杂质的荧光，在仔细提纯的样品中，应该能消除这一效应。

在以后的两年中，拉曼的另一名学生克利希南（K. S. Krishnan）观测了经过提纯的 65 种液体的散射光，证明都有类似的“弱荧光”，而且他还发现，颜色改变了的散射光是部分偏振的。众所周知，荧光是一种自然光，不具偏振性。由此证明，这种波长变化的现象不是荧光效应。

拉曼和他的学生想了许多办法研究这一现象。他们试图把散射光拍成照片，以便比较，可惜没有成功。他们用互补的滤光片，用大望远镜的目镜配短焦距透镜将太阳聚焦，试验样品由液体扩展到固体，坚持进行各种试验。与此同时，拉曼也在追寻理论上的解释。1924 年拉曼到美国访问，正值不久前 A. H. 康普顿发现 X 射线散射后波长变长的效应，而怀疑者正在挑起一场争论。拉曼显然从康普顿的发现得到了重要启示，后来他把自己的发现看成是“康普顿效应的光学对应”。拉曼也经历了和康普顿类似的曲折，经过六七年的探索，才在 1928 年初做出明确的结论。拉曼这时已经认识到颜色有所改变、比较弱又带偏振性的散射光是一种普遍存在的现象。他参照康普顿效应中的命名“变线”，把这种新辐射称为“变散射”（Modified scattering）。拉曼又进一步改进了滤光的方法，在蓝紫滤光片前再加一道特制玻璃，使入射的太阳光只能通过更窄的波段，再用目测分光镜观察散射光，竟发现展现的光谱在变散射和不变的入射光之间，隔有一道暗区。就在 1928 年 2 月 28 日下午，拉曼决定采用单色光作光源，做了一个非常漂亮的有判决意义的实验。他从目测分光镜看散射光，看到在蓝光和绿光的区域里，有两根以上的尖锐亮线，每一条入射谱线都有相应的变散射线。一般情况，变散射线的频率比入射线低，偶尔也观察到比入射线频率高的散射线，但强度更弱些。不久，人们开始把这一种新发现的现象称为拉曼效应。1930 年，美国光谱学家武德（R. W. Wood）对频率变低的变散射线取名为斯托克斯线，频率变高的称为反斯托克斯线。

拉曼发现反常散射的消息传遍世界，引起了强烈反响，许多实验室相继重复，证实并发展了他的结果。1928 年关于拉曼效应的论文就发表了 57 篇之多，科学界对他的发现给予很高的评价。拉曼是印度人民的骄傲，也为第三世界的科学家做出了榜样，他大半生处于独立前的印度，竟取得了如此突出的成就，实在令人钦佩。特别是拉曼是印度国内培养的科学家，他一直立足于印度国内，发愤图强，艰苦创业，建立了有特色的科学研究中心，走到了世界的前列。

1934 年，拉曼和其他学者一起创建了印度科学院，并亲任院长。1947 年，又创建拉曼研究所。他在发展印度的科学事业上立下了丰功伟绩。拉曼抓住分子散射这一课题是很有眼力的。在他持续多年的努力中，显然贯穿着一个思想，这就是：针对理论的薄弱环节，坚持不懈地进行基础研究。另外，拉曼还很重视发掘人才，从印度科学教育协会到拉曼研究所，在他的周围总是不断涌现着一批批富有才华的学生和合作者。就以光散射这一课题统计，在约 30 年中，就有 66 名学者从他的实验室先后发表了 377 篇论文。他对学生循循善诱，深受学生敬仰和爱戴。拉曼爱好音乐，也很爱鲜花异石。他研究金刚石的结构，耗去了他所得奖金的大部分。晚年致力于对花卉进行光谱分析。在他 80 寿辰时，他出版了专集《视觉生理学》。拉曼喜爱玫瑰胜于一切，他拥有一座玫瑰花园。拉曼 1970 年逝世，享年 82 岁，按照他生前的意愿火葬于他的花园里。

第 2 节　方法原理

2.1　拉曼光谱基本原理

用单色光照射透明样品时，光的绝大部分沿着入射光的方向透过，只有一小部分会被样品在各个方向上散射。用光谱仪测定散射光的光谱，发现有两种不同的散射现象，一种叫瑞利散射，另一种叫拉曼散射。

1. 瑞利散射

散射是光子与物质分子相互碰撞的结果。如果光子与样品分子发展弹性碰撞，即光子与分子之间没有能量交换，则光子的能量保持不变，散射光的频率与入射光频率相同，只是光子的方向发生改变，这种散射是弹性散射，称为瑞利散射。

2. 拉曼散射

当光子与分子发生非弹性碰撞时，光子与分子之间发生能量交换，光子就把一部分能量给予分子，或者从分子获得一部分能量，光子的能量就会减少或增加。在瑞利散射线的两侧可观察到一系列低于或高于入射光频率的散射线，这就是拉曼散射。图 5-2 给出产生拉曼散射和瑞利散射的示意图。

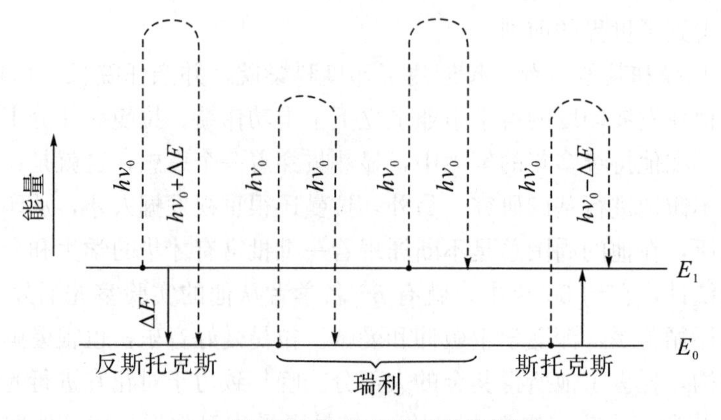

（a）瑞利散射和拉曼散射的能级图

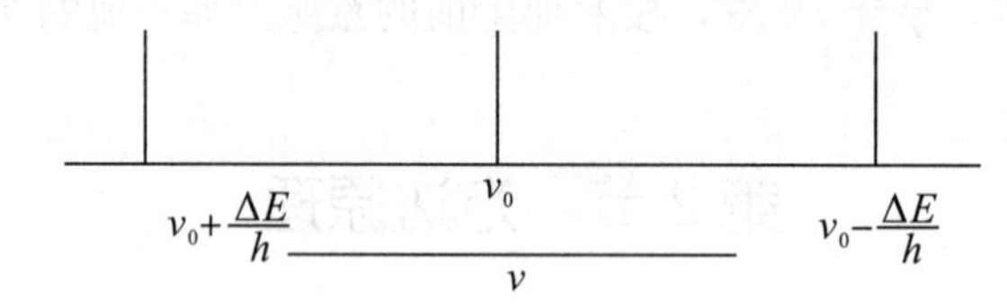

（b）散射谱线

图 5－2　散射效应示意图

图中的$h\nu_0$代表入射光子的能量，当入射光与处于稳定态的分子，比如图中的E_0或E_1态分子相互碰撞时，分子的能量就会在瞬间提高到$E_0+h\nu_0$或$E_1+h\nu_0$，如果这两种能态不是分子本身所允许的稳定能级，则分子就会立刻回到低能态，同时散射出相应的能量（假如$E_0+h\nu_0$或$E_1+h\nu_0$是分子允许的能级，则入射光就被分子吸收）。如果分子回到它原来的能级，则散射光的频率与入射光的频率相同，就得到瑞利线。

但是，如果分子不是回到原来的能级，而是到另一个能级，则得到的就是拉曼线。若分子原来是基态E_0，与光子碰撞后到达较高的能级E_1，则分子就获得E_1-E_0能量，而光子就损失这部分能量，散射光频率比入射光频率减小，在光谱上就出现红伴线，即斯托克斯线，其频率为

$$\nu_- = \nu_0 - \frac{E_1 - E_0}{h} \tag{5－1}$$

而当光子与处于激发态E_1的分子碰撞后回到基态E_0时，则分子就损失E_1-E_0能量，光子就获得这部分能量，结果是散射光的频率比入射光的频率大，就出现紫伴线，即反斯托克斯线，其频率为

$$\nu_+ = \nu_0 + \frac{E_1 - E_0}{h} \tag{5－2}$$

3. 拉曼位移

斯托克斯线或反斯托克斯线频率与入射光频率之差$\Delta\nu$，称为拉曼位移。对应的斯托克斯线和反斯托克斯线的拉曼位移相等：

$$\Delta\nu = \nu_0 - \nu_- = \nu_+ - \nu_0 = \frac{E_1 - E_0}{h} \tag{5－3}$$

$\nu_0 \pm \Delta\nu$ 谱线统称为拉曼谱线。

斯托克斯线和反斯托克斯线的跃迁概率是相等的。但是，在正常情况下，分子大多处于基态，所以斯托克斯线比反斯托克斯线强得多。拉曼光谱分析多采用斯托克斯线。

由式（5－3）可以看出，拉曼位移与入射光的频率无关，用不同频率的入射光都可观察到拉曼谱线。拉曼位移一般为 25～4000 cm^{-1}，分别相当于近红外和远红外光谱的频率，即拉曼效应对应于分子中转动能级或振动—转动能级的跃迁。但是，当直接用吸收光谱方法研究时，这种跃迁就出现在红外光区，得到的就是红外光谱。因此，拉曼散射要求入射光能量必须远远大于振动跃迁所需的能量，而小于电子跃迁需要的能量。拉曼散射光谱的入射光通常采用可见光。

2.2　经典理论解释拉曼散射

设一束频率为 ν_i 的单色光入射到一个分子上，频率为 ν_i 的光波具有的电场强度为

$$E_i = E_0 \cos 2\pi \nu_i t \tag{5-4}$$

在这种情况下，电子云将相对于原子核产生畸变，畸变后的电子云反过来推移核，使它偏离原先的平衡位置，这样分子产生了感应偶极矩，当电场强度不太大时，只考虑线性效应，那么感应偶极矩线性地依赖于 E_i：

$$P = \alpha E_i = \alpha E_0 \cos 2\pi \nu_i t \tag{5-5}$$

式中，P 是感应电矩；E_i 是入射光电场；α 为极化度，由于 P 和 E 是向量，则 α 是张量，极化度可以看作在电场作用下，电子通过位移而产生电偶极子的难易的量度。

若分子以频率 ν_k 振动，则核位移 q 可写为

$$q = q_0 \cos 2\pi \nu_k t \tag{5-6}$$

式中，q_0 为振动的振幅，对振幅很小的振动。

α 为 q 的线性函数，即

$$\alpha = \alpha_0 + \left(\frac{\partial \alpha}{\partial q}\right)_0 q \tag{5-7}$$

式中，α_0 为平衡位置的极化率；$\left(\frac{\partial \alpha}{\partial q}\right)_0$ 为平衡位置时，单位核位移引起的极化度变化。式（5－2）、（5－3）、（5－4）联合得

$$P = \alpha_0 E_0 \cos 2\pi \nu_i t + \frac{1}{2}\left(\frac{\partial \alpha}{\partial q}\right)_0 q_0 E_0 \cos 2\pi (\nu_i - \nu_k) t + \frac{1}{2}\left(\frac{\partial \alpha}{\partial q}\right)_0 q_0 E_0 \cos 2\pi (\nu_i + \nu_k) t \tag{5-8}$$

振荡的电矩将辐射电磁场，产生散射光。对散射光有贡献的有以下三项：

第一项 $\alpha_0 E_0 \cos 2\pi \nu_i t$，表明散射光的频率与入射光完全相同，称为瑞利散射。在这种情形下，入射光波与分子相互作用并不改变分子的状态，称为弹性散射。

第二项 $\frac{1}{2}\left(\frac{\partial \alpha}{\partial q}\right)_0 q_0 E_0 \cos 2\pi(\nu_i - \nu_k) t$ 和第三项 $\frac{1}{2}\left(\frac{\partial \alpha}{\partial q}\right)_0 q_0 E_0 \cos 2\pi(\nu_i + \nu_k) t$ 表明散射光频谱中在入射光波频率 ν_0 的两侧，相距 $\pm \nu_k$ 处出现新谱线，称为拉曼散射。$\nu_0 - \nu_k$ 线称为斯托克斯线（红伴线），$\nu_0 + \nu_k$ 线称为反斯托克斯线（紫伴线）。

斯托克斯线或反斯托克斯线与入射光频率之差 $\Delta\nu$，称为拉曼位移。

$$\begin{cases}\Delta\nu = \nu_i - (\nu_i - \nu_k) \\ \Delta\nu = (\nu_i + \nu_k) - \nu_i\end{cases} \tag{5-9}$$

拉曼位移与物质分子的振动和转动能级有关，不同物质有不同的振动和转动能级，因而有不同的拉曼位移。对于同一物质，若用不同频率的入射光照射，所产生的拉曼位移是一个确定值，因此，拉曼位移是表征物质分子振动、转动能级，晶格振动特性的一个物理量。

2.3　红外光谱与拉曼光谱的关系

1. 红外活性与拉曼活性

在红外光谱中，某种振动类型是否是红外活性的，取决于分子振动时偶极矩是否发生变化；而是否是拉曼活性的，则取决于分子振动时极化度是否发生变化。分子转动时，如果发生极化度改变，则是拉曼活性的。然而转动跃迁对拉曼光谱来说，目前在分析上的重要性不大。

所谓极化度，就是分子在电场（如光波这样的交变电磁场）的作用下，分子中电子云变形的难易程度，极化度 α、电场 E、诱导偶极矩 μ 三者之间的关系为

$$\mu = \alpha E \tag{5-10}$$

换句话说，拉曼散射与入射光电场 E 所引起的分子极化的诱导偶极矩有关。正如红外光谱的吸收强度与分子振动时偶极矩变化有关一样，在拉曼光谱中，拉曼谱线的强度正比于诱导跃迁偶极矩的变化。

因此，红外（IR）活性、拉曼（RS）活性的判据为：

IR 活性：
$$\frac{\partial P}{\partial q} \neq 0$$

RS 活性：
$$\frac{\partial \alpha}{\partial q} \neq 0$$

由以上判据可以得到几个规则，对任何分子来说，其是否为拉曼和红外活性，一般可用下面的规则判别：

（1）相互排斥规则。

凡具有对称中心的分子，若其是红外活性的（或者说跃迁是允许的），则其就是拉曼非活性的（或其跃迁是禁阻的）。反之，若该分子的振动对拉曼是活性的，则其就是红外非活性的。

例如，O_2分子仅有一个简正振动，即对称伸缩振动，它是红外非活性的。因为在振动时，不发生瞬间偶极矩的变化。而它对拉曼光谱来说，则是活性的，因为在振动过程中，极化度发生了改变。

相互排斥规则对于鉴定官能团是特别有用的，如烯烃的 C═C 伸缩振动，在红外光谱中通常是不存在或者很弱的，但是其拉曼线则是很强的。图 5−3 是 2−戊烯的红外和

拉曼光谱。由图可以看出，$>C=C<$ 的伸缩振动在 1675 cm^{-1}是很强的拉曼谱带，而在红外光谱中则没有它的吸收峰。

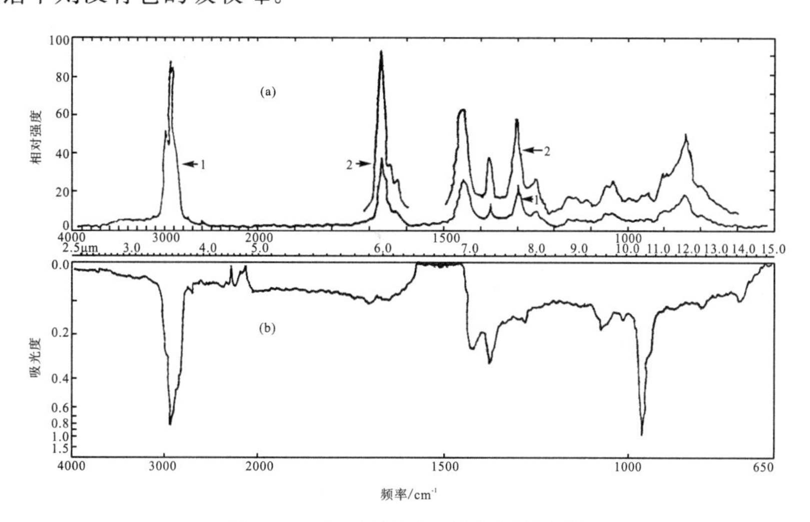

图 5－3　2－戊烯的红外和拉曼光谱

(2) 相互允许规则。

一般来说，没有对称中心的分子，其红外和拉曼光谱都是活性的。如图 5－3 中的 2－戊烯的 C—H 伸缩振动和弯曲振动，分别在 3000 cm^{-1}和 1400 cm^{-1}，拉曼和红外光谱都有峰出现。

(3) 相互禁阻规则。

前面讲的两条规则可以概括大多数分子的振动行为，但是仍有少数分子的振动其红外和拉曼都是非活性的。

乙烯分子的扭曲振动就是一个很好的例子，如图 5－4 所示。

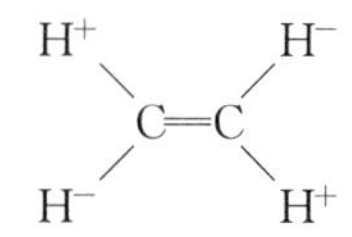

图 5－4　乙烯分子的扭曲振动

因为乙烯是平面对称分子，它没有永久偶极矩，在扭曲振动时也没有偶极矩的变化，所以它是红外非活性的。同样，在扭曲振动时，也没有极化度的改变，因为这样的振动不会产生电子云的变形，因此它也是拉曼非活性的。

下面再用几个具体例子进一步说明上述三个规则。

例 1　画出 CS_2的简正振动，并说明哪些振动对红外和拉曼是活性的。

因为 CS_2是线型分子，它应有 $3n-5=4$ 个简正振动，如图 5－5 所示。

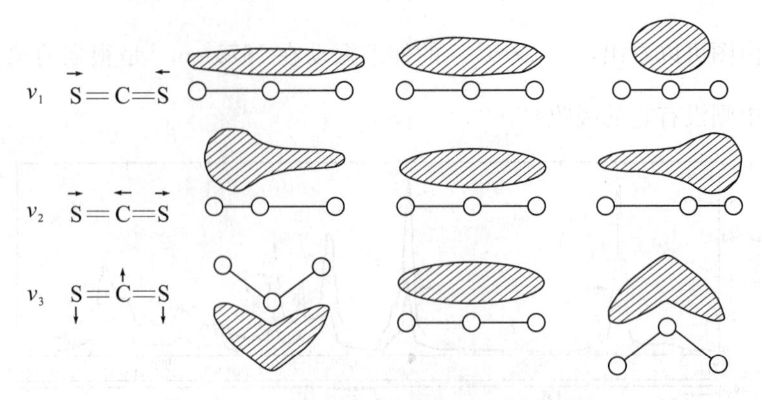

图 5－5　二硫化碳的振动及其极化度的变化

ν_1一对称伸缩振动；ν_2一反对称伸缩振动；ν_3一面内弯曲振动（ν_4面外弯曲振动与ν_3是简并的）

ν_1振动没有瞬间偶极矩的变化，是红外非活性的。但是ν_1振动有极化度的改变，因为振动时，价电子云很容易变形，所以其是拉曼活性的。在实际谱图中，ν_1的拉曼谱带是 1388 cm^{-1}。ν_2振动是红外活性的，因为振动时发生瞬间偶极矩的变化，但其是拉曼非活性的，因为尽管对每个原子来说，在振动时会产生极化度的变化，但是因为反对称的原子位移是在对称中心的两边进行的，极化度的变化互相抵消了，极化度的净效应等于零。也就是说，极化度的改变是针对整个周期而言的。因此，ν_2振动只在红外光谱上 2349 cm^{-1}处有吸收谱带。ν_3和ν_4是简并振动，其是红外活性的，是拉曼非活性的，谱带在红外光谱 667 cm^{-1}处。

例 2　画出乙炔的简正振动模型，说明哪些是红外和拉曼活性的。

乙炔是线型分子，有 $3n-5=7$ 个简正振动，如下所示：

$\overleftarrow{H}-\overrightarrow{C}\equiv\overleftarrow{C}-\overrightarrow{H}$　　ν_1　　C—H 对称伸缩振动

$\overleftarrow{H}-\overleftarrow{C}\equiv\overrightarrow{C}-\overrightarrow{H}$　　ν_2　　C≡C 伸缩振动

$\overrightarrow{H}-\overleftarrow{C}\equiv\overleftarrow{C}-\overrightarrow{H}$　　ν_3　　C—H 反对称伸缩振动

$\overset{\downarrow}{H}-\overset{\uparrow}{C}\equiv\overset{\downarrow}{C}-\overset{\uparrow}{H}$　　ν_4　　反式 C—H 弯曲振动（双重简并）

$\overset{\downarrow}{H}-\overset{\uparrow}{C}\equiv\overset{\uparrow}{C}-\overset{\downarrow}{H}$　　ν_5　　顺式 C—H 弯曲振动（双重简并）

ν_4，ν_5都是双重简并的，即每一个面内的弯曲振动都相应有一个面外弯曲振动，一共是 7 个振动。

因为乙炔有对称中心，根据规则（1），ν_1，ν_2，ν_4都是拉曼活性的，而ν_3和ν_5是红外活性的。ν_3，ν_5 分别出现在 3287 cm^{-1} 和 729 cm^{-1}；ν_1，ν_2，ν_4 在拉曼光谱的 3374 cm^{-1}，1974 cm^{-1}，612 cm^{-1}，根据红外和拉曼谱带的互相排斥现象也可证明乙炔是有对称中心的分子。

例 3　画出 N_2O_4的扭曲振动，说明它是否是红外和拉曼活性的。

N_2O_4是平面分子，如下所示：

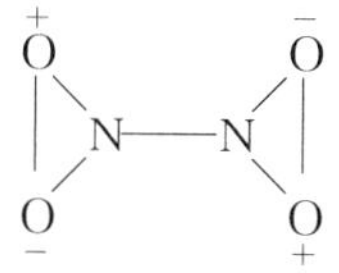

这种振动红外和拉曼都是非活性的。因为在振动时，既没有偶极矩的变化，也没有极化度的改变。这是第三条规则的例子。

2. 红外光谱与拉曼光谱的比较

前面已经谈到，虽然拉曼光谱与红外光谱产生的原理并不相同，但是它们的光谱所反映的分子能级跃迁类型则是相同的。因此，对于一个分子来说，如果它的振动方式对于红外吸收和拉曼散射都是活性的话，那么，在拉曼光谱中所观察到的拉曼位移与红外光谱中所观察到的吸收峰的频率是相同的，只是对应峰的相对强度不同而已。也就是说，拉曼光谱、红外光谱与基团频率的关系也基本上是一致的。因此，在第 4 章红外光谱中所讲的结构分析方法也适用于拉曼光谱，即根据谱带频率、形状、强度，利用基团频率表推断分子结构。表 5-1 表示了红外光谱与拉曼光谱的主要异同点。

表 5-1　IR 和 RS 的比较

异同点	红外（IR）光谱	拉曼（RS）光谱
谱线机制	吸收光谱	散射光谱
选择定则	$\frac{\partial P}{\partial q} \neq 0$	$\frac{\partial \alpha}{\partial q} \neq 0$
适宜测的分子类型	极性、非对称	非极性、对称
	异核双原子	同核双原子
	非对称伸缩的线性分子	对称伸缩的线性分子
	非线性分子	非线性分子
试样	不宜测水溶液样品	宜测水溶液样品
入射光能量	$=E_{振-转}$	$>E_{振-转}$；$<E_{电子}$
参数	A（I），ν，λ 等	相对强度、拉曼位移、λ、ρ 等

在表 5-1 中可以看到，对于无机物而言，研究拉曼光谱最大的优点是能够使用水溶液。原因在于水的拉曼散射很弱，干扰很小；而水的红外吸收却很强，容易产生干扰。所以，对于无机系统的研究，拉曼光谱比红外光谱优越。

另外，拉曼光谱还有一个特有的参数，即与偏振性质有关的退偏度 ρ，该参数与样品分子的对称性有很密切的关系。

2.4　退偏光的测定

1. 偏振光

光是一种电磁波，光波振动的方向和前进的方向相垂直，普通光线可以在垂直于前进方向的一切可能的平面上振动。

若将普通光通过一个特殊的晶体——尼克尔棱镜时，则透过棱镜的光只在一个平面上振动，这种光叫作偏振光，如图 5-6 所示。

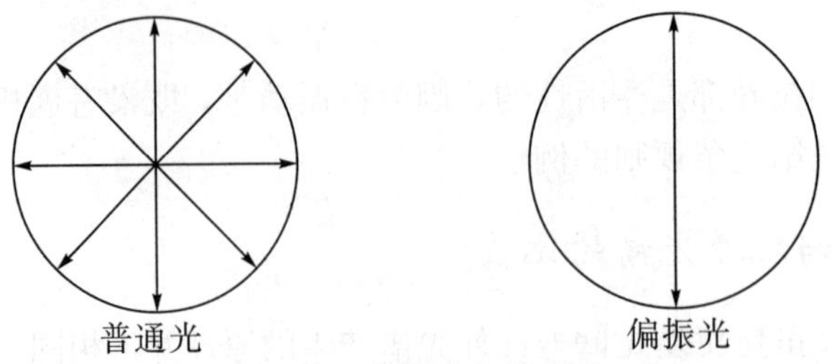

图 5-6　普通光与偏振光

如果将偏振光投射在另一个尼克尔棱镜上，只有当偏振光的振动方向与棱镜的轴平行时，偏振光才能通过；若两者互相垂直，则不能通过，如图 5-7 所示。

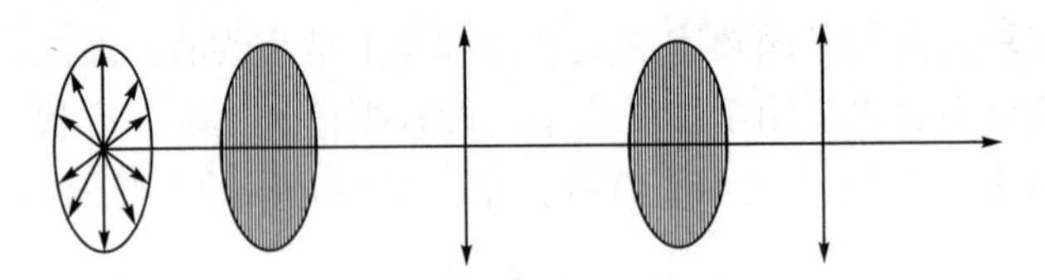

(a) 两个尼克尔棱镜互相平行

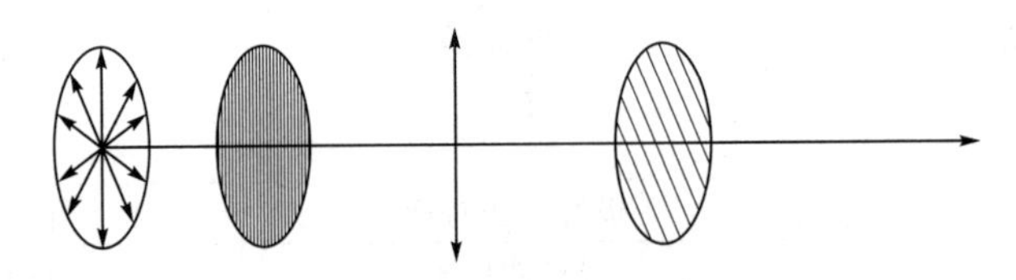

(b) 两个尼克尔棱镜互相垂直

图 5-7　起偏器与偏振光

2. 退偏度

绝大多数光谱只有两个基本参数，即频率和强度。但是拉曼光谱还有一个参数，即退偏度，又称为退偏比、去偏振度。

激光是偏振光。一般有机化合物都是各向异性的，当激光与样品分子碰撞时，可散射出各种不同方向的偏振光，如图 5-8 所示。

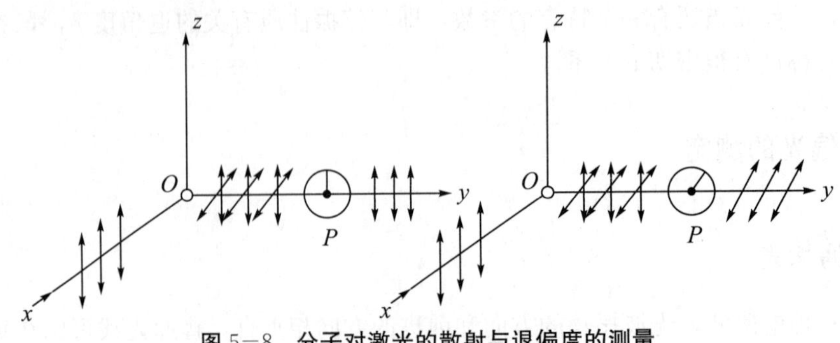

图 5-8　分子对激光的散射与退偏度的测量

P—偏振器；O—不对称分子

当入射激光沿着 x 轴方向与样品分子在 O 点相遇时，使分子激发，散射出不同方向的偏振光。若在 y 轴方向上置一个偏振器 P（如尼克尔棱镜），当偏振器与激光方向平行时，则 zy 面上的散射光就可透过；若偏振器垂直于激光方向，则 xy 面上的散射光就能透过。

设 $I_{\perp}$ 为偏振器在垂直方向时散射光的强度，$I_{/\!/}$ 为偏振器在平行方向上时散射光的强度，两者之比定义为退偏度。

$$\rho_P = \frac{I_{\perp}}{I_{/\!/}} \tag{5-11}$$

退偏度与分子的极化度有关。若分子是各向同性的，则分子在 x，y，z 三个空间取向的极化度都相等；若分子是各向异性的，则沿着三个轴的极化度互不相等。若令 $\bar{\alpha}$ 为极化度中的各向同性部分，$\bar{\beta}$ 为极化度中的各向异性部分，则：

当入射光是偏振光时，退偏度 ρ_P 为

$$\rho_P = \frac{3\bar{\beta}^2}{45\bar{\alpha}^2 + 4\bar{\beta}^2} \tag{5-12}$$

当入射光是自然光时，退偏度 ρ_n 为

$$\rho_n = \frac{6\bar{\beta}}{45\bar{\alpha}^2 + 7\bar{\beta}^2} \tag{5-13}$$

由于在现代拉曼光谱测试中是用激光作为光源，故主要采用式（5−12）。对球形对称振动来说，$\bar{\beta}=0$，因此退偏度 $\rho_P=0$，ρ_P 值越小，分子的对称性越高。若分子是各向异性的，则 $\bar{\alpha}=0$，$\rho_P=3/4$，即分子是不对称的。

由此可见，测定拉曼线的退偏度，可以确定分子的对称性。图 5−9 为 CCl_4 的拉曼偏振光谱。在 459 cm^{-1} 处的拉曼谱带，退偏度 $\rho_P=0.007$，而在 314 cm^{-1}，218 cm^{-1} 处的退偏度 $\rho_P \cong 0.75$。说明 459 cm^{-1} 的谱带对应的是 CCl_4 的完全对称的伸缩振动，而在 314 cm^{-1}，218 cm^{-1} 处则是非对称性的伸缩振动。

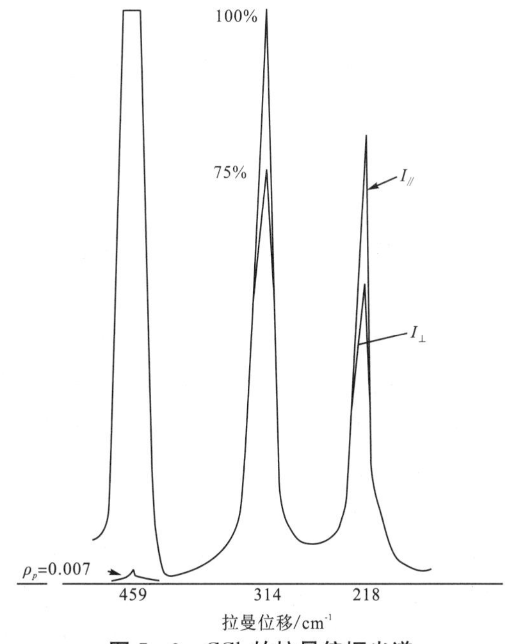

图 5−9　CCl_4 **的拉曼偏振光谱**

第3节 技术原理

现代激光拉曼光谱仪如图5－10（a）所示。图5－10（b）给出了仪器的主要结构，包括激光光源、前置单色器、样品装置、双联（或三联）单色仪、探测接收装置。激光光源产生的激光束射入前置单色器滤光，选出单频窄谱线的激光，照射样品，产生拉曼散射光，投射在双联单色仪的入口狭缝处，经过双联单色仪分光，然后经出口狭缝投射入探测接收装置的光电倍增管上，用光子计数器或直流放大器把微弱的信号放大，送入记录仪，便得到清晰的拉曼光谱图。

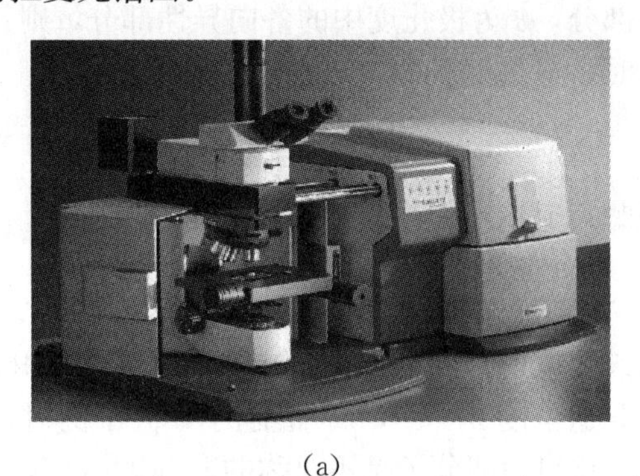

（a）

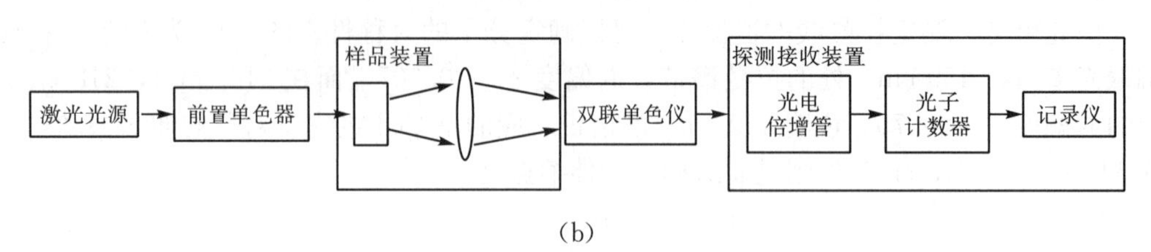

（b）

图5－10 激光拉曼光谱仪及其结构框图

现分述激光拉曼光谱仪的组成部分如下。

1. 激光光源和前置单色器

对光源最主要的要求是应当具有高的单色性，用这种单色光照射在样品上，使之产生具有足够强度的散射光。

在激光问世之前，使用最广泛的光源是汞弧灯。因拉曼散射线强度很弱，通常为入射光强的10^{-8}～10^{-6}，所以必须用强的入射光照射样品。汞弧光源对拉曼效应来说仍太弱，汞弧灯的发射角大，不能很好聚焦，无法进行微量分析和单晶光谱的测量；汞弧灯单色性很差，汞线较宽，无法进行高分辨光谱的测量。由于汞弧灯的这些缺点，使得拉曼光谱的使用和发展受到了很大限制。

激光光源单色性及方向性好、偏振性好，所以它是拉曼光谱的理想光源。这种高功率的激光光源可聚集成极细的光束进行微量分析，且由于激光器方向性好、偏振性好，所以可以很容易地进行退偏比测量，从而提供物质结构对称性和振动对称性的信息，激光单色性好，线宽很窄，有利于高分辨光谱的测量，而且由于激光易于聚焦，能方便地用于高温、低温、高压等条件下拉曼光谱的测定。

激光拉曼光谱仪主要使用 He－Ne 激光器、Ar^+ 离子激光器和 Kr^+ 离子激光器。He－Ne 激光器较稳定，使用寿命较长（约 1500 h），其输出波长为 6328 Å，输出功率在 100 mW 以下。Ar^+ 离子激光器具有多谱线输出、功率高、稳定性好等特点，其最强的输出波长为 4765 Å，4880 Å，4965 Å，5145 Å，它的缺点是使用寿命较短（约 1000 小时）。Kr^+ 离子激光器输出的最强谱线波长为 6471 Å。

染料激光器能提供波长在一定范围内连续可调的激光。用可调染料激光器，一方面可以选择避开激发出荧光的谱线激发样品；另一方面可以选择合适的波长作共振拉曼光谱。

气体激光器在输出激光谱线的同时，还伴随有由自发辐射产生的等离子线，它的强度虽比激光小几个数量级，但它比拉曼线强 1～2 个数量级，它们是单色器杂散光的来源之一，这将严重干扰拉曼散射的测量，所以需要使用激光滤光单色器即前置单色器。

2. 样品装置

对于样品装置，最重要的是如何能够以最有效的方式照射样品，以及如何会聚散射光进入单色器系统。

样品的照射方式有 90°，180°及 0°三种照射方式，如图 5－11 所示。90°照射方式是在入射光的垂直方向上收集散射光，如图 5－11（a）所示。90°照射方式可以提高拉曼散射和瑞利散射的比值，有利于低频区拉曼线的观测。这种照射适用于固体、液体、气体。

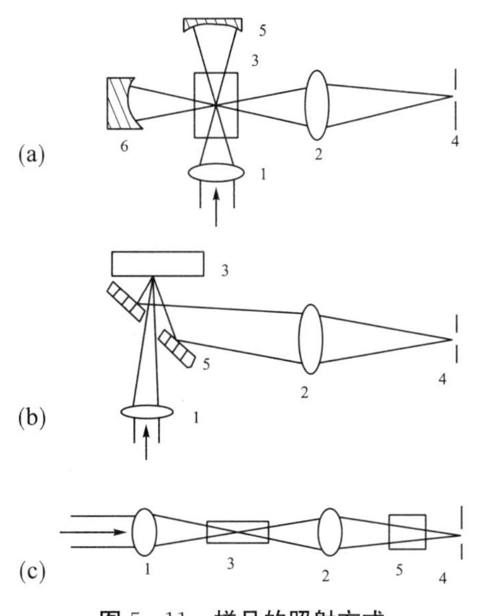

图 5－11　样品的照射方式

注：(a) 是 90°照射方式（1，2－透镜；3－样品；4－狭缝；5，6－反射镜）；(b) 是 180°照射方式（1，2－透镜；3－样品；4－狭缝；5－反射镜）；(c) 是 0°照射方式（1，2－透镜；3－样品；4－狭缝；5－碘蒸气盒）。

180°照射方式，如图 5-11（b）所示，这种照射方式关键是使瑞利线按原路返回，以抑制它对拉曼线的干扰。在样品有高反射率的情况下，如半导体，要采用 180°照射方式。180°照射方式的散射光收集效率比较高，信噪比较大。

0°照射方式是指入射光的方向与收集散射光的方向相同，如图 5-11（c）所示。关键是抑制激发线进入单色仪，如对于波长 5145 Å 的入射光，通常在收集镜后面装置碘蒸气盒，它对 5145 Å 的入射光产生强烈吸收，从而抑制激发线进入单色仪。

3. 单色器

拉曼光谱仪中单色器的作用是对散射光进行分光。由于拉曼散射光是十分微弱的，因此要求单色器具有成像质量好、分辨率高、杂散光小的特点。

4. 探测接收装置

拉曼信号是一种很弱的信号，从激发到接收都贯穿着提高增益、减少噪声、提高信噪比的问题。

拉曼光谱接收方式可采用单道接收和多道接收两种方式。光电倍增管是单道接收元件，单色器出射狭缝输出近似单色光，用光电倍增管接收得到时间分布光谱。如果将单色器的出射狭缝改为宽狭缝，同时输出一定光谱范围的光谱，使用多道探测器硅靶摄像管，不同空间位置对应不同波长射来的光，就得到空间分布光谱。多道接收是近年来发展起来的一种新方法。

这里简要介绍单道接收。由光电倍增管输出的电信号经过放大后，可以记录或送计算机处理。放大接受其输出信号的方法主要有三种：①直流放大，对于较强信号是行之有效的，但探测灵敏度较低；②交流放大，探测灵敏度比直流放大高 2～3 个数量级；③光子计数，它是探测弱信号的有效方法，这种方法探测灵敏度高。现代拉曼光谱仪上，直流放大和光子计数同时使用，分别用于检测强、弱信号。

由于激光技术的发展，以及制造出了高质量的单色器和高灵敏度的探测装置，再加上微处理器的应用，使激光拉曼光谱仪得到了很大发展。

第 4 节　分析测试

拉曼光谱测试对样品没有苛刻的要求，气体、液体、粉末、薄膜皆可以做测试。气体常用多路反射气槽测试；液体可以装在毛细管或多重反射槽内；粉末样品可以装在玻璃管内，也可配成溶液。对不稳定的样品，可以直接原瓶测试。在实际测试时，一般开机前需要预热 10～20 min，然后设备进行自检，检验仪器状态。放入样品在测试台，首先开启白光照明，利用显微镜调节光路，清晰地观察样品待测区表面，确定合适的测试位置；再将白光光路切换到激光光路，进行测试分析，采集谱线。

实际上，在之前的基本原理部分已经谈到了一些关于结果分析方面的内容。

在很多情况下，拉曼光谱用于定性分析和定量分析非常有效，分析时一般对样品并无任何损害。

在定性分析方面，拉曼光谱是红外光谱最好的补充。拉曼光谱适于测定分子的骨架，而红外光谱则适于测定分子的偏基。拉曼光谱对 S—S，C—S，C═S，C═C，C═N，C≡N，N═N 及无机原子团和络合物的检定有突出的优点，这些键的拉曼光谱峰比较强且具有特征性，特别是对无机阴离子团水溶液的检定，拉曼光谱的灵敏度极高，这些是其他光谱方法不能相比的，关于有机和无机化合物的特征频率已有详细的表可查。

拉曼光谱定量分析比其他光谱法简便，因为拉曼线的强度与样品的浓度呈线性关系，而不呈指数关系，而且它的谱带较窄，重叠现象较少，选择谱带较容易。但实际应用中，要得到拉曼线的强度和样品浓度之间的直线关系是比较困难的，最可行的方法是加入内标，即在被测样品中加入少量已知浓度的物质，在激光照射下，它也产生拉曼光谱，选它的一条拉曼谱线作为标准，将样品的拉曼线与内标拉曼线的强度进行比较来进行定量分析。Bradley 等首先用内标法测定了水中的 50 ppm 的苯，还有人测定了一些无机阴离子的浓度，其检定限达到了 5 ppm。拉曼光谱定量分析的灵敏度较低，一般检定限在 ppm 数量级。为了提高定量分析的灵敏度，除尽量克服激光功率波动和溶剂背景强度的影响外，最好用激光共振拉曼光谱法。

当激发拉曼散射的激光波长与样品分子的紫外－可见光吸收谱带的吸收极大值接近时，生色团的某些振动会给出非常强的拉曼线，称为共振拉曼散射。共振拉曼散射可测定的浓度范围很大，所以其应用很广。

图 5－12 是不同层数的石墨烯的拉曼光谱。由图可以看出，单层石墨烯的 G′峰强度大于 G 峰，并具有完美的单洛伦兹峰型，随着层数的增加，G′峰半峰宽增大且向高波数位移。G′峰产生于一个双声子双共振过程，与石墨烯的能带结构紧密相关。不同层数石墨烯的拉曼光谱除了 G′峰的差异，G 峰的强度也随着层数的增加而近似线性增加。因此，G 峰强度、G 峰与 G′峰的强度比以及 G′峰的峰型常被用来判断石墨烯层数。

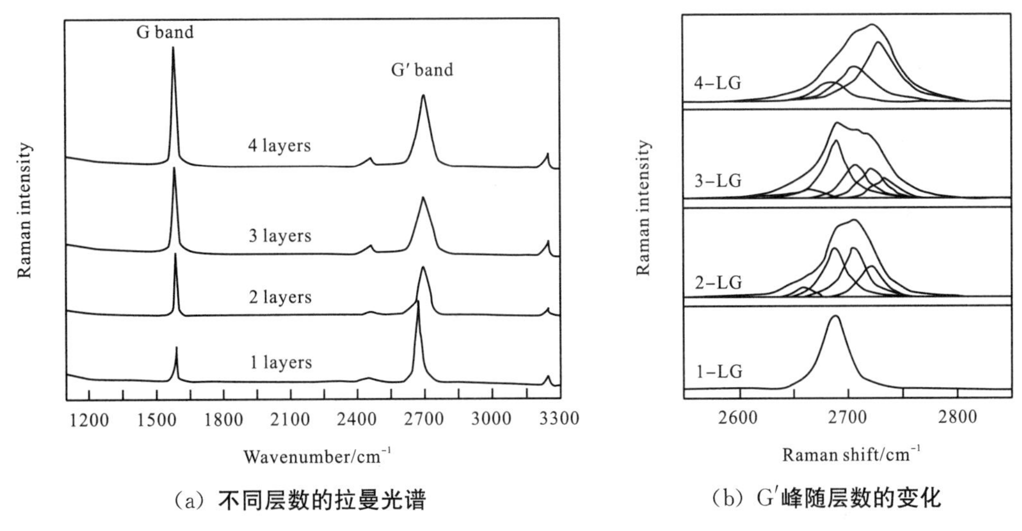

(a) 不同层数的拉曼光谱　　(b) G′峰随层数的变化

图 5－12　不同层数的石墨烯的拉曼光谱

采用拉曼光谱可以很好地对低维材料的结构、应力进行分析，以石墨烯为例，采用拉曼表面散射，除了得到石墨烯层数的信息外，还能得到石墨烯边缘缺陷类型与密度、手型判断等信息。拉曼光谱分析已经成为低维材料结构特性分析的重要手段。

一般而言，需要对测试所得的拉曼峰进行拟合分析，常采用高斯函数或者洛伦兹线性拟合，如图 5-13 所示。电磁场理论可以证明拉曼峰是一个洛伦兹形状。但是实际上得到的峰包含很多信息，比如拉曼峰本身的形状、仪器的传输函数和一些无序诱发的振荡分布之间的卷积积分（高斯函数）等。通常情况下，晶体的拉曼峰用洛伦兹线性拟合解析，非晶的用高斯函数拟合解析。

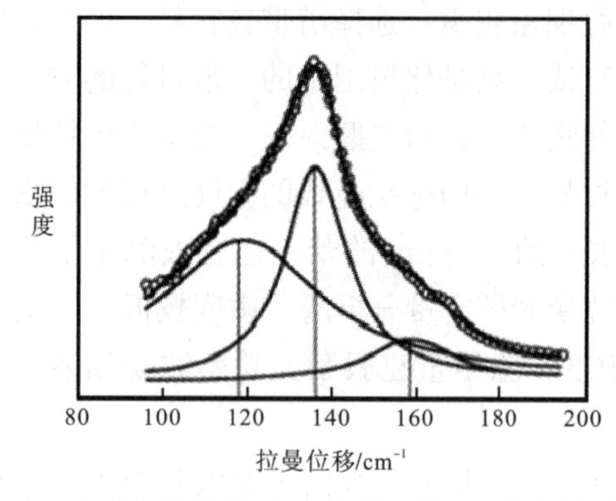

(a) **洛仑兹函数拟合单壁碳管得到三个拉曼峰**

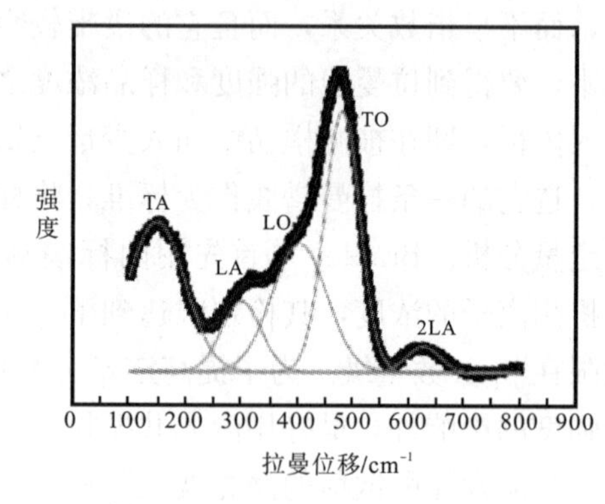

(b) **高斯函数拟合非晶硅得到四个拉曼峰**

图 5-13　拉曼图谱拟合分析

影响物质测试拉曼位移的因素比较多，需要对包括样品状态在内的情况加以具体分析，主要因素如下：

(1) 设备及测试状况。包括设备所用检测器类型及其响应特性，比如光电倍增管和 CCD 探测器具有不同的响应区间；所用分光光栅的种类，这将影响拉曼峰的强度；所用激发光波长与功率，样品照射方式（角度），聚焦斑点位置、大小与强度，扫描次数，外界光强，温度影响等。

(2) 样品的振动活性与含量、结晶度、对称性和取向、应力、浓度、键能与原子质量、表面粗糙度和微缺陷、尺寸效应等。

(3) 值得一提的是，有些样品产生的荧光会影响拉曼光谱。这是因为拉曼测定的是分子受激发后的反射光，有些材料如无定型的物质会在测定中产生强烈的荧光干扰，将拉曼信号掩盖。消除荧光一般采用变换不同的光源，通过改变波长避免荧光出现在测定的波数范围。

第 5 节　知识链接

5.1　尼克尔棱镜

尼克尔棱镜是利用光的全反射原理与晶体的双折射现象制成的一种偏振仪器。取一块长度约为宽度 3 倍的方解石晶体，将两端切去一部分，使主截面上的角度为 68°。将晶体沿着垂直于主截面及两端面的 *AN* 切开，再用加拿大树脂（从香脂冷杉的树皮和枝皮中提取，是制切片和精密仪器的胶接剂）粘合起来，如图 5－14 所示。自然光沿平行于棱边方向入射到第一块棱镜端面上，这时入射角为 22°，进入棱镜后分为寻常光和非常光，寻常光以 76°入射到加拿大树脂上，因入射角超过临界角度，所以发生全反射；而非常光射到树脂上，不发生全反射，从棱镜的另一端射出。前半个棱镜中的寻常光射到树胶层中产生全反射，非常光不产生全反射，能够透过树胶层，所以从尼克尔棱镜出来的偏振光的振动面在棱镜的主截面内。尼克尔棱镜可用作起偏器，也可用作检偏器。

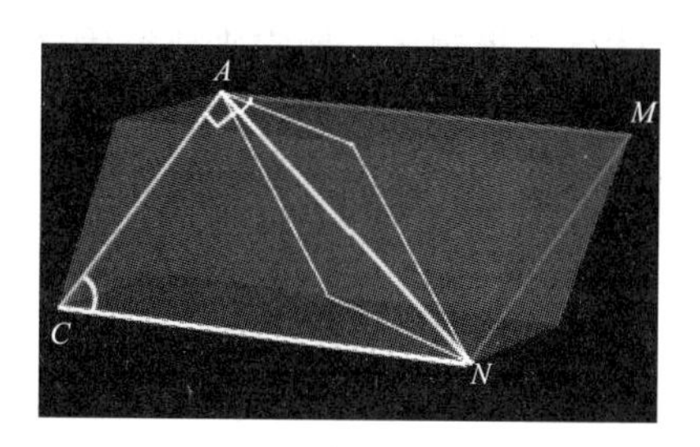

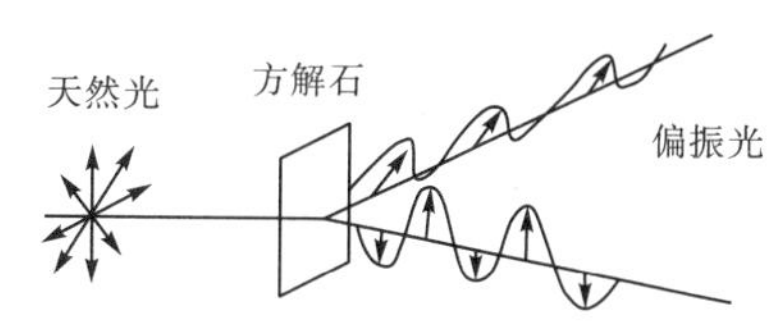

图 5－14　尼克尔棱镜

5.2　拉曼光谱技术的最新进展

拉曼光谱可单独或与红外光谱相配合对无机物系统进行研究，其主要用途为：在一种或一些特定的环境中进行离子或分子种类的鉴别和光谱表征，测定这类物质的空间构型。

早在 1934 年就用拉曼光谱来鉴别硝酸汞水溶液中汞是以 Hg^{+} 或 Hg^{2+} 存在，在拉曼谱中除了已知的硝酸根离子的特征线外，在 169 cm^{-1} 处有一条谱线，但此谱线在红外光谱中却未出现，这是什么原因？

结合红外光谱和拉曼光谱的异同，这只能说明这条谱线归因于双原子汞离子 $[Hg—Hg]^{2+}$ 的对称伸缩振动。

又如，用振动光谱法来确定 XeS_2 的空间构型有着特殊的价值。XeS_2 的拉曼光谱在 515 cm^{-1} 处有一条谱线，而这个频率位置处的峰在红外光谱中却没有出现。红外光谱在 213 cm^{-1}，575 cm^{-1} 处出现基频吸收。这就证实 XeS_2 分子为线性结构。

此外，在络合物中金属—配位体键的振动频率一般都在 100～700 cm^{-1} 范围，用红外光谱研究较为困难。而这些键的振动常是拉曼活性的，而且其拉曼谱带易于观测。因此，拉曼光谱适于对络合物的组成、结构和稳定性等方面进行研究。

另外，由于水的拉曼散射效应很弱，所以少量的水并不能观察到如海水般明显的拉曼散射效应。

1. 表面增强拉曼光谱技术

Fleischmann 等于 1974 年发现吸附在粗糙化的 Ag 电极表面的单分子层吡啶分子具

有高质量的拉曼散射现象（增加6个数量级），同时活性载体表面选择吸附分子对荧光发射具有抑制作用，使激光拉曼光谱分析的信噪比大大提高，这种表面增强效应称为表面增强拉曼散射（Surface−Enhanced Raman Spectroscopy，SERS）。SERS技术是一种新的表面测试技术，可以在分子水平上研究材料分子的结构信息。后来又发现了其他的表面增强光学效应（如表面增强红外、表面增强二次谐波和表面增强合频），人们发现表面增强光学效应实际上是一个家族，它们既有各自的特征，又有相似之处，这些技术之间的联合研究和系统分析将大大地促进表面增强光学效应的理论和应用的发展。

2. 高温拉曼光谱技术

高温拉曼光谱技术可用于冶金、玻璃、晶体生长等领域，用它来研究固体的高温相变过程、熔体的键合结构等非常方便。通过对谱峰频率、位移、峰高、峰宽、峰面积及其包络线的量化解析，可以获取极为丰富的微结构信息，从而为材料结构和相变研究以及热力学性质的计算提供可靠的实验依据。

3. 共振拉曼光谱技术

共振拉曼光谱技术以分析物的某个电子吸收峰的邻近波长作为激发波长，样品分子吸光后跃迁至高电子能级并立即回到基态的某一振动能级，产生共振拉曼散射，分子的某个或几个特征拉曼谱带强度可达到正常拉曼谱带的10^6倍，并观察到正常拉曼效应中难以出现的强度可与基频相比拟的泛音及组合振动光谱，结合表面增强技术，灵敏度已达到单分子检测水平，主要不足是有荧光干扰。

4. 共焦显微拉曼光谱技术

共焦显微拉曼光谱技术是将拉曼光谱分析技术与显微分析技术结合起来的一种应用技术。辅以高倍光学显微镜，具有微观、原位、多相态、稳定性好、空间分辨率高等特点，可实现逐点扫描，获得高分辨率的三维拉曼光谱图像。

5. 傅里叶变换拉曼光谱技术

傅里叶变换拉曼光谱技术是20世纪90年代发展起来的新技术。1987年，Perkin Elmer公司推出第一台近红外激发傅里叶变换拉曼光谱（NIR FT−IR）仪，采用傅里叶变换技术对信号进行收集，并经过多次累加来提高信噪比，大大减弱了荧光背景，广泛地应用在化学、生物和生物医学，以及络合生物体系与荧光化合物等非破坏结构分析中。

另外，拉曼光谱还可以与其他仪器联合进行原位测试，包括与扫描电镜、原子力显微镜/近场光学显微镜以及激光扫描共聚焦显微镜等联用，提高测试的可靠性和完整性，获得材料各种表面信息。

随着激光技术的不断发展，拉曼光谱仪性能越来越完善。例如，三级光栅拉曼系统具有极高的光谱分辨率。此外，大光谱测量范围的应用具有抑制杂散光的能力，以及宏观大光路和共焦显微镜等多种取样途径。随着光纤耦合拉曼光谱仪的研发成功，拉曼光谱仪可以进行工业在线和远距离原位在线分析。总之，拉曼光谱仪的发展可以提供更多的信息，对于各学科的发展提供了强有力的研究手段。

第 6 节　技术应用

早期拉曼光谱法所用的光源一般是高压汞弧灯，由于它强度不太高和单色性差，限制了拉曼光谱的应用范围。1966 年以后激光技术的发展，使拉曼光谱法出现了崭新的面貌，这是因为激光具有强度高、单色性好、方向性强等优点，它几乎完全克服了汞弧灯光源的缺点。近年来又制造出了各种极为稳定的激光器和波长可在一定范围内连续变化的染料激光器，加之高质量的单色器，高灵敏度的光电检测系统、微处理器，使激光拉曼光谱发展非常迅速，已成为和红外光谱并驾齐驱的重要的光谱研究工具。

拉曼光谱的应用范围很广泛，遍及化学、物理、生物、医学等学科，特别是现代激光拉曼光谱仪几乎对任何物理条件下各种类型的物质都能得出拉曼光谱。通过对所得拉曼光谱的研究，可知物质内部的各种信息。

6.1　晶体的声子谱

晶体中原子在平衡位置附近做微振动，这叫作晶格振动。晶格振动的能量是量子化的，其量子称为声子。

一阶拉曼散射光谱中只能获得布里渊区中心点附近，即波矢 $q\approx0$ 的声子频谱，只有极少数的声子才能参与作用。而二阶拉曼散射过程中所参加的声子可以很多，其波矢范围几乎可遍及整个布里渊区，所以它可以提供整个声子本征谱信息，但其强度比一阶过程弱，不易观察。

6.2　研究结构相变

拉曼散射是研究结构相变的主要方法之一。拉曼等在 1940 年发现在石英晶体的 $\alpha-\beta$ 相变中，有一条低频拉曼谱线（$\sim$220 cm^{-1}）逐渐向低频移动。1960 年，Cochran 等从晶格动力学讨论了晶体的失稳性，提出了软模理论。对铁电相变，其基本物理思想为：在离子晶体中，离子的振动受到短程排斥力和长程库仑力的作用，在某一温度下，短程力和长程力可能抵消，此振动模式的频率 W_T 趋向于零，晶格失稳，发生相变，那么测定晶体拉曼光谱的横光学声子频率随温度的变化，便可得到结构相变的宝贵信息。

6.3　研究固体缺陷、杂质态

拉曼光谱是研究固体缺陷、杂质态的一个有效工具，对于研究低密度（$\leqslant10^3$ cm^{-2}）的晶体缺陷，它比中子散射灵敏得多。

当晶体中存在杂质态和缺陷时，晶体中的平移对称性将受到破坏，因而波矢守恒被消除，原来由于对称性选择定则被禁止的一阶拉曼过程，现在可能变成可允许的了，从而观察到一阶拉曼谱。假如其缺陷与其所替换的基质原子很不相同，那么振动将会受到严重的干扰。当晶体中掺入大量的取代式杂质，晶体的对称性也不会改变，但可大大增大散射截面，使拉曼谱线的强度大为增加，同时因晶体的平移不变性被破坏，谱线加宽，从而给出声子态密度信息。拉曼光谱还可用来研究缺陷本身的固有振动性质。

6.4 物质鉴定

通过对拉曼光谱的分析可以知道物质的振动—转动能级情况，从而可以鉴别物质，分析物质的性质，比如毒品的鉴别、天然鸡血石和人造鸡血石的鉴别等。

常见毒品均有相当丰富的拉曼特征位移峰，且每个峰的信噪比较高，这表明用拉曼光谱法对毒品进行成分分析方法是可行的，得到的谱图质量较高。由于激光拉曼光谱具有微区分析功能，即使毒品和其他白色粉末状物质混合在一起，也可以通过显微分析技术对其进行识别，分别得到毒品和其他白色粉末的拉曼光谱图，如图 5－15 所示。

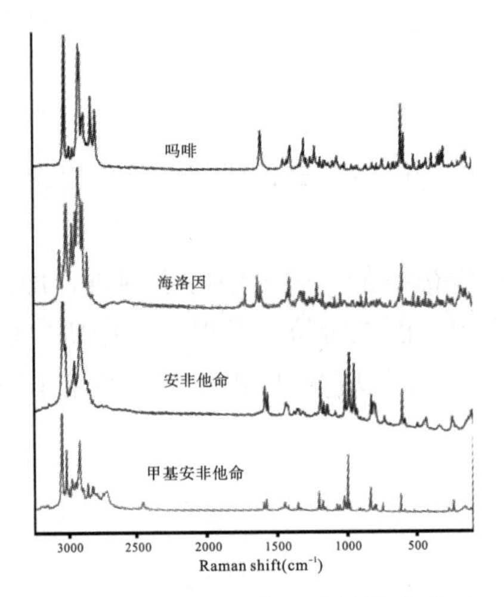

图 5－15　各种毒品的拉曼光谱

天然鸡血石和人造鸡血石的拉曼光谱有本质的区别，前者主要是地开石和辰砂的拉曼光谱，后者主要是有机物的拉曼光谱，利用拉曼光谱可以区别二者。地开石(Dickite) 的化学式为 $Al_4[Si_4O_{10}](OH)_8$，是一种含羟基的铝硅酸盐矿物，它与高岭石、珍珠石的成分相同，但晶体结构有所不同。对不同物质的拉曼光谱进行比对可以知道，天然鸡血石“地”的主要成分为地开石，天然鸡血石样品“血”既有辰砂又有地开石，实际上是辰砂与地开石的集合体。人造鸡血石“地”的主要成分是聚苯乙烯－丙烯腈，“血”与一种名为 Permanent Bordo 的红色有机染料的拉曼光谱基本吻合。

另外，拉曼光谱还可用于检测水果表面农药残留。从处理好的水果表面撕取一小片果皮，在水果表面分别滴上一滴不同的农药，农药就会浸润到果皮上。用吸水纸擦拭果皮上的农药液体，然后把残留有农药的果皮压入铝片的小槽中，保证使残留农药的果皮表面呈现在铝片小槽的外面，然后把压出来的汁液用吸水纸擦拭干净，经检测即可得到相关的拉曼散射谱。定量分析农药残留可以从农药特征谱线和水果特征谱线的相对强度比获得。

拉曼光谱分析技术是以拉曼效应为基础建立起来的分子结构表征技术，其信号来源是分子的振动和转动。拉曼光谱的分析方向有以下几个方面：

（1）定性分析：不同的物质具有不同的特征光谱，因此可以通过光谱进行定性分析。

（2）结构分析：对光谱谱带的分析，又是进行物质结构分析的基础。

（3）定量分析：根据物质对光谱的吸光度的特点，可以对物质的量有很好的分析能力。

拉曼光谱用于分析的不足主要来自于：①拉曼散射面积；②不同振动峰重叠和拉曼散射强度容易受光学系统参数等因素的影响；③荧光现象对傅里叶变换拉曼光谱分析的干扰；④在进行傅里叶变换光谱分析时，常出现曲线的非线性的问题；⑤任何一物质的引入都会对被测体体系带来某种程度的污染，这等于引入了一些误差的可能性，会对分析结果产生一定的影响。

第 7 节　例题习题

7.1　例题

拉曼光谱的分析常结合其他分析手段，比如红外光谱。

例 1　图 5－16 是聚酰亚胺－6 薄膜被拉伸后的光谱，图 5－16（a）是被拉伸 250％后的红外偏振光谱，图 5－16（b）是被拉伸 400％后的拉曼光谱。图 5－16（a）中1260 cm^{-1}和1201 cm^{-1}对应于 C—N 伸缩振动，平行于拉伸方向取向；2800～3000 cm^{-1}对应于 CH_2伸缩振动，垂直于拉伸方向；3300 cm^{-1}对应于 N—H 伸缩振动，垂直于拉伸方向。图 5－16（b）中 1081 cm^{-1}对应于 C—N 伸缩振动，平行于拉伸方向取向；1126 cm^{-1}对应于 C—C 伸缩振动，平行于拉伸方向取向。

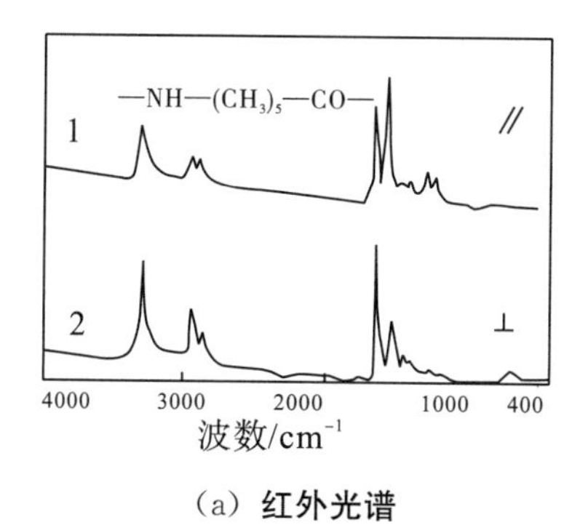

（a）红外光谱

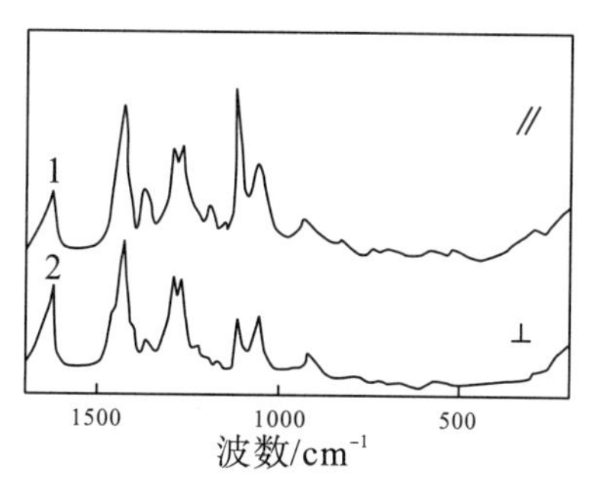

（b）拉曼光谱

图 5－16　聚酰亚胺－6 的红外和拉曼光谱

注：//表示偏正光矢量与拉伸方向平行，⊥表示偏正光矢量与拉伸方向垂直。

例 2　图 5－17 为不同温度及不同层数的 TiO_2 的拉曼光谱。图 5－17（a）中 145 cm^{-1}，404 cm^{-1}，516 cm^{-1}，635 cm^{-1}是锐钛矿的拉曼峰，228 cm^{-1}，294 cm^{-1}是金红石的拉曼峰，在超过 400℃时，有金红石的相析出。结合图 5－17（b），在 400℃下，1～2 层的薄膜结晶性差，3～4 层结晶完好，1～4 层的 TiO_2 薄膜均显示出锐钛矿的拉曼峰。由于拉曼峰的位移受颗粒或孔径大小会发生变化，肩峰（不对称性）会出现，峰强变弱。图 5－17中薄膜拉曼峰 145 cm^{-1}相对于体相锐钛矿拉曼峰红移 3 cm^{-1}，显示出粒径约为 10 nm。

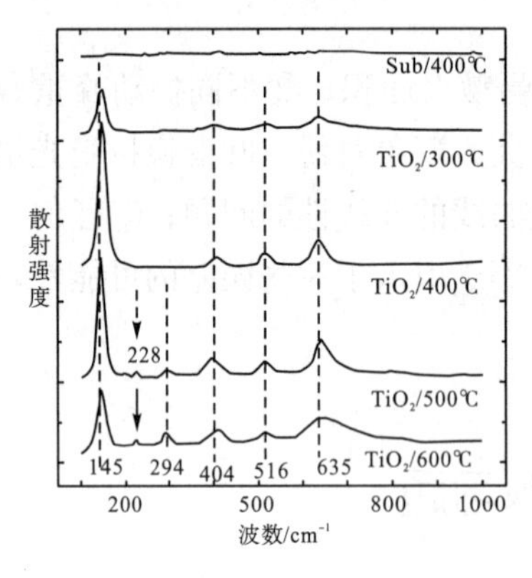

（a）不同温度下 TiO_2 的拉曼光谱

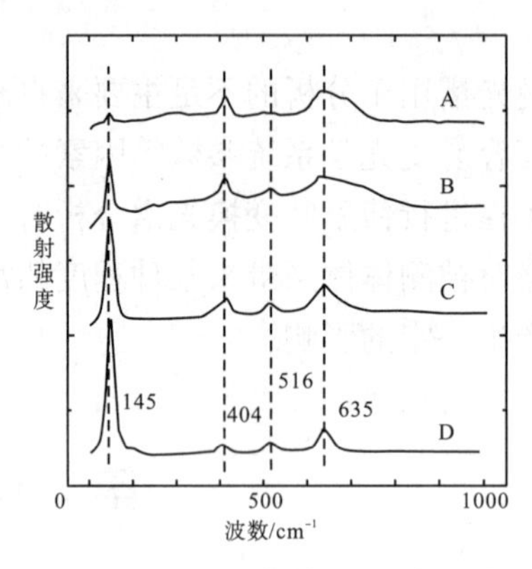

（b）400℃时不同层数的 TiO_2 的拉曼光谱

图 5－17　TiO_2 的拉曼光谱

注：A～D 分别表示 1～4 层

7.2　习题

1. 试用经典理论推导拉曼位移。
2. 简述拉曼光谱法和红外光谱法的区别。
3. 画出 SO_2 的简正振动，并说明它是否具有拉曼活性。
4. 拉曼光谱仪的仪器结构由哪几部分组成？每一个部分的作用是什么？
5. 拉曼光谱法是怎么进行定性、定量分析的？
6. 比较红外光谱、拉曼光谱的异同。
7. 试简述碳纳米管拉曼光谱中三个不同拉曼位移的物理含义。

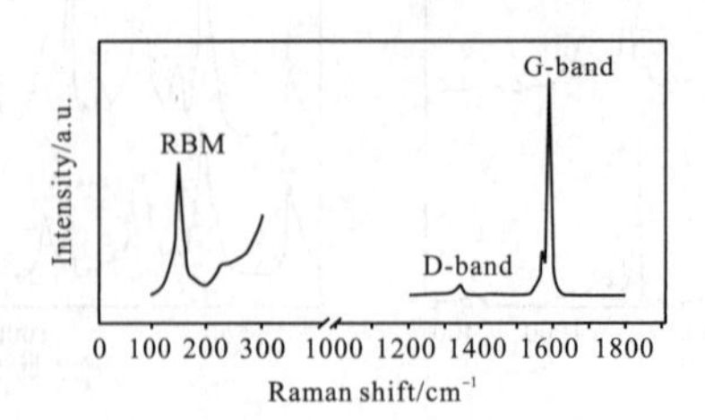

8. 试简述表面增强拉曼散射技术。

第6章　质谱法

第1节　历史背景

质谱法不仅在纯科学的几乎所有领域里，而且在应用科学例如技术、农业和医学领域都有极其广泛的应用。从 J. J. Thomson 制成第一台质谱仪，到现在已有近 90 年了。早期的质谱仪主要用来进行同位素的测定和无机元素的分析，20 世纪 40 年代以后开始用于有机物分析，60 年代出现了气相色谱—质谱联用仪，使质谱仪的应用领域大大扩展，开始成为有机物分析的重要仪器。计算机的应用使质谱分析法发生了飞跃变化，使其技术更加成熟，使用更加方便。80 年代以后又出现了一些新的质谱技术，如快原子轰击电离子源、基质辅助激光解吸电离源、电喷雾电离源、大气压化学电离源，以及随之而来的比较成熟的液相色谱—质谱联用仪、感应耦合等离子体质谱仪、傅里叶变换质谱仪等。这些新的电离技术和新的质谱仪使质谱分析取得了长足进展。目前，质谱分析已广泛地应用于化学、化工、材料、环境、地质、能源、药物、刑侦、生命科学、运动医学等各个领域。

质谱学起源于 20 世纪初期。著名的英国物理学家汤姆逊（J. J. Thomson）在 1913 年前后采用一台简陋的抛物线装置研究“正电”射线，并由此发现了氖同位素的存在，凭借他的敏锐直觉，他意识到这一方法对分析化学具有重要意义。因此，在并非有意中诞生了质谱法，这台抛物线装置也被后人认为是历史上第一台质谱仪器。从此开创了通过建造不同类型质谱仪研究元素的同位素组成及其原子质量精测的发展历程，也促进了质谱学的诞生和发展。自 19 世纪初开始的大约 20 多年间，质谱仪器主要是单聚焦的磁式分析器，并围绕提高质谱仪器的分辨本领而不断发展。之后，英国物理学家阿斯顿（Aston）设计了具有速度聚焦的磁分析器，分辨本领达到 130。他测量了数十种元素同位素的自然丰度。阿斯顿由于利用质谱法测量同位素丰度的杰出贡献，荣获了 1922 年诺贝尔化学奖。

第一台双聚焦仪器由加拿大的德姆颇斯特（Dempster）于 1935 年建造；一年后，Bainbridge&Jordan 建造了第二台。几乎在同一时期，Mattauch 研制了一台性能更加完善的双聚焦质谱仪，这台仪器具有特殊的离子光学系统，能够为分析管道内所有离子提供双聚焦，并把全部质谱同时记录在平面型的照相感光板上。Nier 在 1940 年采用 60°楔形磁铁，建造了具有 60°偏转方向的扇形磁质谱仪。

自 19 世纪 50 年代初开始，质谱仪中的质量分析器有了进一步改进，主要是为了适应有机化学分析任务的需求。1953—1955 年，由 W. Paul 和 H. Ssteinwedel 等开发的四极质谱仪的分析器采用了四极杆“滤质器”。这种质谱仪具有体积小、质量轻、快速扫描快、响应时间短等优点，不存在聚焦和色散等复杂问题，可进行快速质量扫描和成分分析。20 世纪 80 年代研制的辉光放电质谱仪（GDMS）和电感耦合等离子体质谱仪（ICP-MS）等无机固体质谱仪器也首选四极杆“滤质器”作为质量分析器，这些仪器的诞生和使用，为无机元素和无机成分的分析开辟了新的途径。

另一种能够用于固体成分分析的动态质量分析器是飞行时间分析器（TOF）。早期从事飞行时间分析器研究的是 W. R. Smythe 及其同事，他们建造的飞行时间质谱仪是历史上第一台动态质谱仪器。随着脉冲技术的改进和制作工艺的提高，Cameron 和 Eggers 实现了直线脉冲飞行时间实验，W. C. Wiley 等完成了现代商品飞行时间质谱仪的雏形。如今，飞行时间分析器的分辨本领已从最初的不足 100 上升到目前的几千乃至上万。飞行时间分析器和激光电离离子源相结合构成的飞行时间质谱仪（TOF），因结构简单、体积小、质量轻，机械调整相对比较容易。仪器的性能主要受电参数控制，具有干扰少、便于操作、能快速扫描等优点，可用于瞬间监控，能够在短时间内扫描全部质谱，适合于原子/分子反应过程研究和相应的分析工作。

20 世纪六七十年代，两级串列质谱仪作为高丰度灵敏度测量的主要工具，在欧美国家主要的同位素质谱实验室广为使用。近 20 年来，因有机分析工作的需要，特别是生物、药物和环境分析工作要求的特殊性，由两级或多级四极杆组合建造的四级式串列质谱仪及磁—电—四级或电—磁—四级等多种混合形式的串列质谱仪已经商品化了，这些设备既有双聚焦分析器的功能，又能发挥四极杆的快速扫描的功能，尤其适应有机物分析和原子—分子的离子反应研究工作的要求。

自 20 世纪初期，第一台质谱仪器诞生以来的 80 多年间，质谱仪器的离子源不下 10 余种。早期，Thomson 采用气体放电的形式产生正电离子，这种电离方式只能电离气体或具有一定正气压的固体物质。此后的 10 多年间，Aston 和 Thomson 围绕如何使固体物质蒸发、电离进行了大量工作。其中 Dempster 最早设计并制作了电子轰击型电离源，这也是质谱仪器最早、最原始的电离离子源。其后，Nier 改进了离子光学透镜系统的设计，研制了新的 Nier 型电子轰击电离离子源。从历史角度来看，气体进样的电子轰击型电离离子源在碳氢化合物的质谱分析中发挥了主导作用，为 20 世纪 40 年代初期兴起的化学工业和石油工业的发展起了催化剂的作用。至今，在单聚焦静态质谱仪器和多数动态质谱仪器中，电子轰击型电离离子源仍然广为使用。

几乎在电子轰击型离子源诞生的同时，Dempster 在探索其他电离方法的过程中，首先将热电离方式作为质谱技术使用，并成功地建造了热表面电离型离子源，即热电离源。1954 年，Hannay 经过多次尝试，把高频电火花型离子源与 Mattauch-Herzog 型质量分析器组合起来，创建了第一台高频火花源双聚焦质谱仪。而辉光放电电离离子源形成的离子束的能量范围比较宽，也得到了较广泛的应用。虽然 Thomson 早在质谱技术孕育的初期就注意到，当一次离子束轰击金属表面时，将会产生二次离子。然而，在相隔近 40 年以后，Herzog 和 Viehbock 才将二次离子技术引入质谱仪器，组成二次电离质谱仪（SIMS）。

第 2 节　方法原理

2.1　质谱法

质谱法是通过对样品离子的质量和强度的测定，来进行成分和结构分析的一种分析方法。被分析的样品首先要离子化，然后利用离子在电场或磁场中的运动性质，把离子按质荷比（m/e）分开，记录并分析离子按质荷比大小排列得到的谱（通常称为质谱），即可实现对样品成分和结构的测定。

1. 离子的监测

各种不同质荷比的离子束到达收集器产生信号，其强度和离子数成正比。质谱仪器中所用的收集方法有以下几种。

（1）直接电测法：离子流直接为金属电极所接受，配合直流放大器或动态电容式静电计放大器。

（2）二次效应法：使离子引起二次效应，产生二次电子或光子，然后用相应的倍增管和电学方法记录。

（3）照相记录法：大部分质谱图都用所谓的条图来表示。如图 6－1 所示，其中横坐标表示质荷比（m/e），纵坐标表示相对强度（或称相对丰度），即将最强的峰作为基峰（100%），而以对它的百分比来表示其他离子峰的强度。

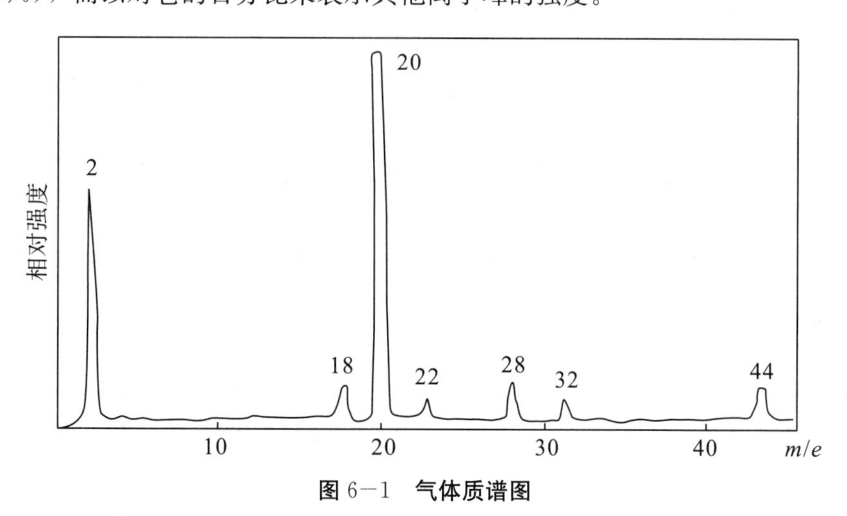

图 6－1　气体质谱图

2. 色谱—质谱联用技术

色谱法的特点是分离能力强，定量分析简便，但对复杂混合物的定性分析，如果没有纯标准样品，就很难对未知峰做出定性鉴定。质谱法的特点是鉴别能力强，灵敏度高，响应速度快，适于做单一组分的定性鉴定，对复杂有机混合物的定性分析则无能为力。

显然，若将色谱—质谱联用，则既可发挥色谱法的高分离能力，又可发挥质谱法的高鉴别能力。因此，这种技术已日益受到重视，现在大部分先进的质谱仪都带有进行联用的色谱仪，并配有电子计算机。

2.2 质谱分析中的名词术语

1. 质量数和质量范围

在质谱技术中，常用“质量数”表示离子质量大小。某原子的质量数是指该原子中质子和中子的总数，在质谱分析中，分子和原子都是以离子形式记录的，如果离子只带一个电荷，对于低分辨质谱仪，离子的质荷比在数值上就等于它的质量数，因此可以说，质量数是离子质荷比的名义值。例如，某离子的质荷比是 27.9949，则其质量数为 28。

质谱仪的质量范围是指仪器所能测量的离子质荷比范围，即 $m_{\min}/e \sim m_{\max}/e$ 的范围。如果离子只带一个电荷，可测的质荷比范围实际上就是可测的分子量或原子量范围。不同用途的质谱仪质量范围差别很大，气体分析用质谱仪所测对象分子量都很小，质量范围一般为 2～100，而有机质谱仪的质量范围一般从几十到几千。

2. 分子离子

当样品分子受到电子束撞击后，失去一个电子而成的离子叫分子离子。在谱图中得到的峰就叫分子离子峰。分子离子峰的正确判断是很重要的，因为它可以给出有机物的一个重要数据——分子量 M。一个分子离子峰必须满足下列三个条件，但满足这三个条件者，不一定能肯定它就是分子离子峰。

（1）谱图中应是最高质量数的离子（除了该分子的同位素离子外）。

（2）必须是一个奇电子离子。

（3）在高质量数区的离子，应符合逻辑地失去中性碎片而生成碎片离子。

3. 分辨率

分辨率表示仪器分开两个相邻质量数的离子的能力，通常用 R 表示。分辨率是这样规定的：如果仪器能刚刚分开质量数为 M 和 $M+\Delta M$ 的两个质谱峰，则仪器的分辨率为

$$R = \frac{M}{\Delta M} \tag{6-1}$$

例如，CO 和 N_2 所形成的离子，其质荷比分别为 27.9949 和 28.0061，若某仪器能够刚好分开这两种离子，则该仪器的分辨率应为

$$R=\frac{M}{\Delta M}=\frac{27.9949}{28.0061-27.9949}\approx 2500$$

在实际测量时，并不一定要求两个峰完全分开，而是可以有部分重叠的。一般规定，仪器的分辨率是在两峰间的峰谷高度为峰高的10%时的测量值，用$R_{10\%}$表示（图6－2）。不同用途的质谱仪分辨率差别可以很大，通常用作气体分析的质谱仪分辨率只有几十，而有机质谱仪分辨率可达数万或更高。

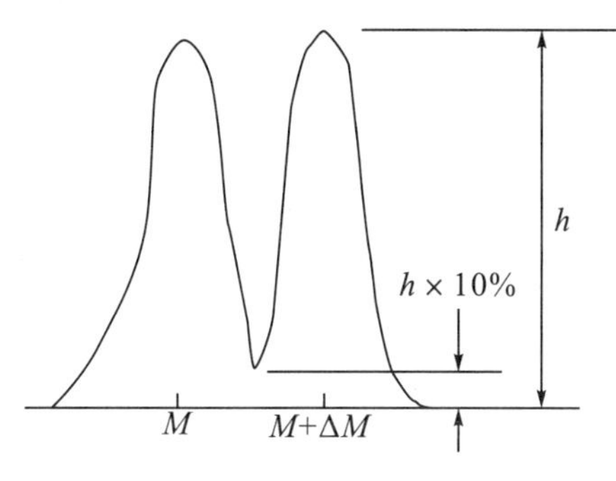

图6－2 分辨率示意图

4. 灵敏度

不同用途的质谱仪，灵敏度的表示方法不同。有机质谱仪常采用绝对灵敏度，它表示对于一定的样品，在一定分辨率情况下，产生具有一定信噪比的分子离子峰所需要的样品量。目前，有机质谱仪灵敏度可优于10^{-10}。

无机质谱仪常采用相对灵敏度，它表示仪器所能分析的样品中杂质的最低相对含量。例如，某仪器的灵敏度为10^{-9}，表示仪器可测定的样品中杂质含量最低可达样品质量的亿分之一。

气体质谱仪的灵敏度以单位压强样品所产生的离子流强度表示，它实际上是一种绝对灵敏度。

同位素分析用质谱仪常采用丰度灵敏度，它表示大丰度同位素峰的"拖尾"对相邻的小丰度同位素峰的影响。例如，大丰度同位素离子流强度为I_M，它对相邻的小丰度同位素峰的贡献为I_{M+1}，则

$$丰度灵敏度=\frac{I_M}{I_{M+1}} \tag{6－2}$$

丰度灵敏度实际上是一种相对灵敏度，一般同位素分析用质谱仪的丰度灵敏度为$10^5\sim10^6$。

第3节 技术原理

质谱法所使用的仪器叫作质谱仪。如图6－3（a）所示为电感耦合等离子体质谱仪（Inductively Coupled Plasma Mass Spectrometry，ICP－MS）和气相色谱—质谱仪

(GC−MS)，图 6−3（b）是质谱仪工作图。

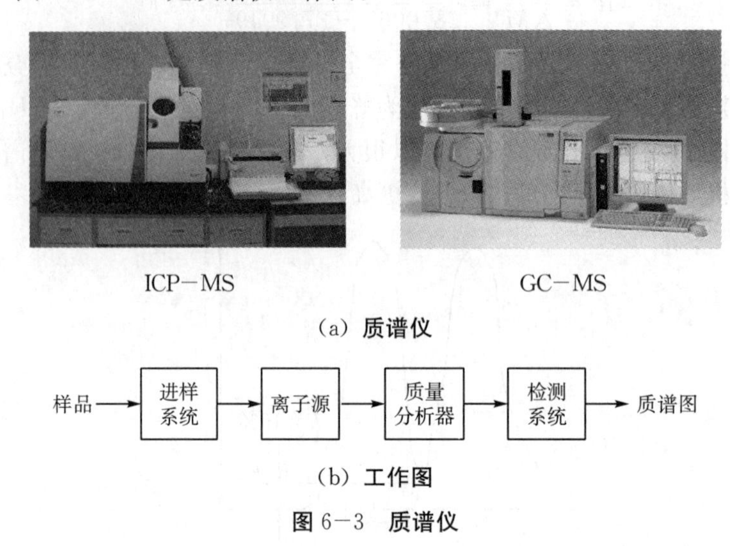

（a）质谱仪

（b）工作图

图 6−3　质谱仪

质谱仪中，把样品电离成离子的部分称为离子源；按质荷比把样品离子分开的部分称为质量分析器；检测离子的部分称为离子的检测系统。这是质谱仪的三个主要组成部分。

典型的质谱仪一般由进样系统、离子源、分析器、接收器和记录器组成。此外，还包括真空系统和电气系统等辅助设备。图 6−4 是一种有机质谱仪框图。

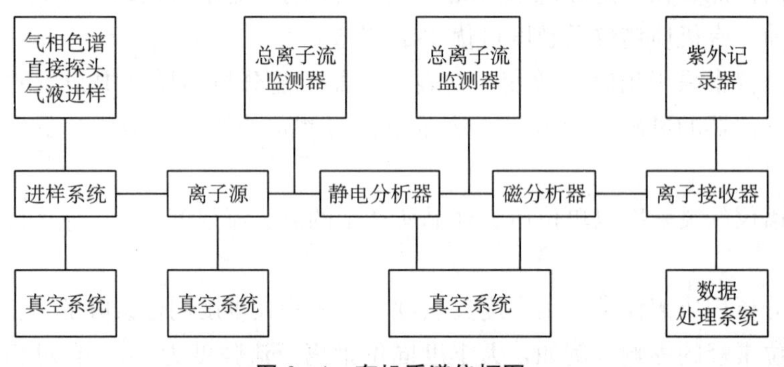

图 6−4　有机质谱仪框图

3.1　质量分析器

质量分析器是质谱仪中一个重要组成部分，由它将离子源产生的离子按 m/e 分开。质谱仪使用的分析器有几十种，应用比较广泛的有以下两种。

1. 单聚焦分析器

单聚焦分析器主要根据离子在磁场中的运动行为，将不同质量数的离子分开。图 6−5是一种单聚焦分析器的示意图，这种分析器实际上是一个处在磁场中的真空扁形容器，样品在离子源中被电离成离子，假定离子的初始能量为 0，在加速电压 V 的作用

下，离子具有的动能为

$$\frac{1}{2}mv^2 = eV \tag{6-3}$$

式中，m 为离子的质量；v 为离子的速度；e 为离子的电荷量；V 为离子的加速电压。

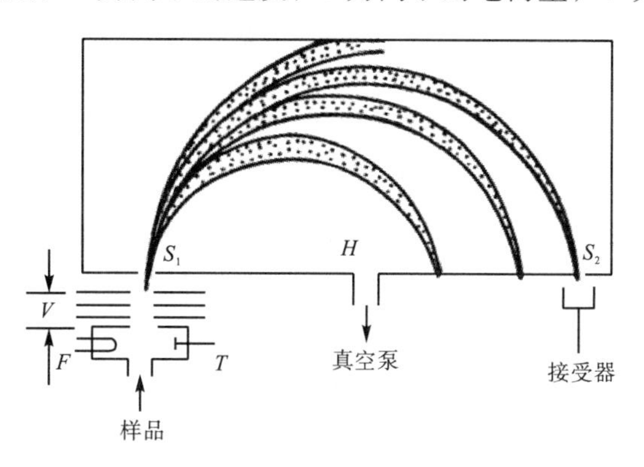

图 6-5　单焦聚分析器示意图

加速后的离子进入分析器，在分析器中，离子受磁场力的作用，其运动轨迹发生偏转，做圆周运动，圆周运动的离心力等于磁场力：

$$evH = \frac{mv^2}{\gamma_m} \tag{6-4}$$

式中，H 为磁场强度；γ_m 为离子偏转半径，由式（6-3）和（6-4）消去 v，经单位变换后得

$$\gamma_m = \frac{144}{H}\sqrt{\frac{m}{e} \cdot V} \tag{6-5}$$

式中，m 为原子质量，单位为 amu；e 以电子所带电荷为单位，对于单电荷离子，$e=1$；H 的单位为高斯；V 的单位为伏特；γ_m 的单位为厘米。

式（6-5）称为磁分析器质谱仪方程。从式中可以看出，离子在磁场中运动的轨道半径 γ_m 是由 V，H 和 m/e 三者决定的。假如仪器所用的加速电压和磁场强度是固定的，离子的轨道半径就仅仅与离子的质荷比有关。也就是说，不同质荷比的离子经过磁场后，由于偏转半径不同而彼此分开。在质谱仪中，离子接收器是固定的，即 r 值是固定的，当加速电压 V 和磁场强度 H 为某一固定值时，只有一定质荷比的离子可以满足式（6-5），能够通过狭缝到达接收器。改变加速电压或磁场强度，均可改变离子的轨道半径。如果使 H 保持不变，连续地改变 V，可以使不同 m/e 的离子有顺序地通过狭缝到达接收器，得到某个范围的质谱；同样，也可以使 V 保持不变，连续地改变 H，使不同 m/e 的离子被接收。前者称为电压扫描，后者称为磁场扫描。

由以上分析可知，由一点（离子源）发出的具有不同质量数的离子，经过磁场后，可以按照一定的 m/e 的顺序彼此分开，即磁场对不同质量数的离子有质量色散作用，正如棱镜对不同波长的光有色散作用一样（图 6-6）。

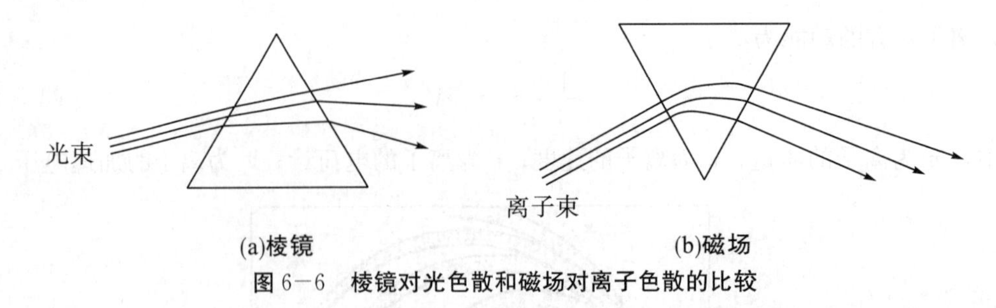

图 6－6　棱镜对光色散和磁场对离子色散的比较

由一点发出的、具有相同和不同发散角的离子束，以一定的速度进入磁场，经磁场偏转后，可以重新会聚在一起。因此，磁场对于有一定发散角的质量数相同的离子有会聚作用，就像透镜对光的作用一样（图 6－7），这种会聚作用称为方向聚焦作用。由于磁场对离子只有方向聚焦作用，因此，我们把只依靠磁场进行质量分离的分析器叫单聚焦分析器，使用这种分析器的质谱仪称为单聚焦质谱仪。单聚焦分析器所使用的磁场是扇形磁场，扇形的开度角 φ_m 有 60°，90°和 180°，本节讨论的是一种开度角为 180°的扇形磁场。

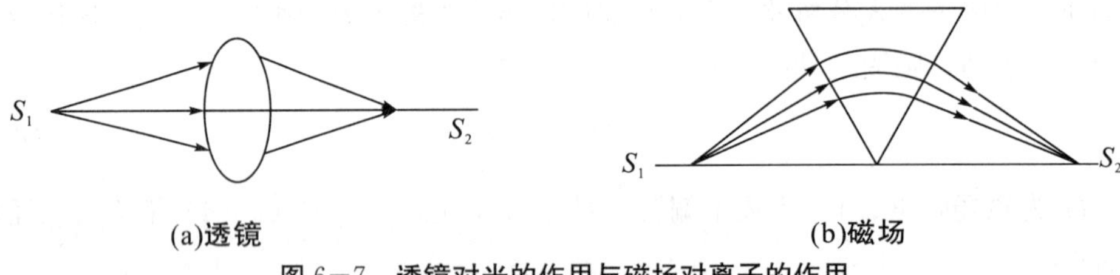

图 6－7　透镜对光的作用与磁场对离子的作用

单聚焦分析器的优点是结构简单，体积小，安装及操作方便，广泛应用于气体分析质谱仪和同位素分析质谱仪。这种分析器的最大缺点是分辨率低，它只适用于分辨率要求不高的质谱仪，如果分辨率要求高或离子的能量分散大，必须使用双聚焦分析器。

2. 双聚焦分析器

在讨论单聚焦分析器质量分离原理时，曾假定离子的初始能量为 0，离子动能只取决于加速电压。实际上，由离子源产生的离子，其初始能量并不为 0，而且其能量也各不相同，所以经加速后的离子，能量也就不同。因此，即使是质量相同的离子，由于能量（或速度）的不同，在磁场中的运动半径也不同，因而不能完全会聚在一起，这就大大降低了仪器的分辨率，使相邻两种质量 m_1 和 m_2 的离子很难分离（图 6－8）。

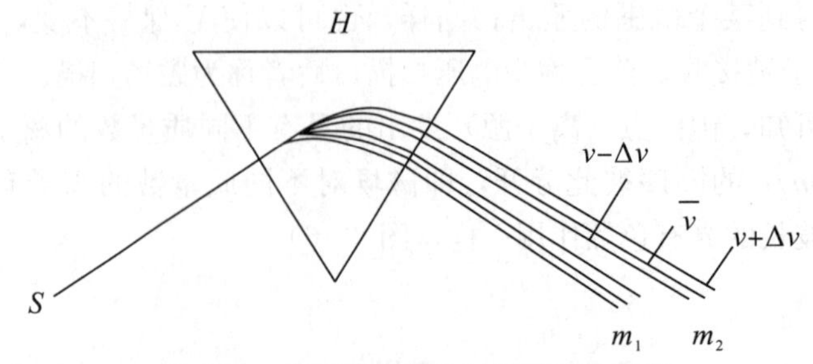

图 6－8　离子能量分散对分辨率的影响

为了消除离子能量分散对分辨率的影响，通常在扇形磁场前附加一个扇形电场，扇形电场是同心圆筒的一部分，进入电场的离子受到一个静电力的作用，做圆周运动，离子所受电场力与离子运动的离心力平衡，即

$$Ee = \frac{mv^2}{\gamma_e} \tag{6-6}$$

式中，E 为扇形电场强度；e 为离子电荷；m 为离子质量；v 为离子速度；γ_e 为离子在电场中的轨道半径。

联立式（6−6）和（6−3）得

$$\gamma_e = \frac{2V}{E} = \frac{mv^2}{eE} \tag{6-7}$$

由式（6−7）可以看出，如果电场强度 E 一定，离子轨道半径仅取决于离子的速度或能量，而与离子质量无关。所以扇形电场是一个能量分析器，不能起质量分离的作用。对于质量相同的离子，它是一个速度分离器（图 6−9）。这样，质量相同而能量不同的离子，经过静电场后将被分开，即静电场具有能量色散作用。如果设法使静电场和磁场对能量产生的色散作用相补偿，则可实现方向和能量的同时聚焦。

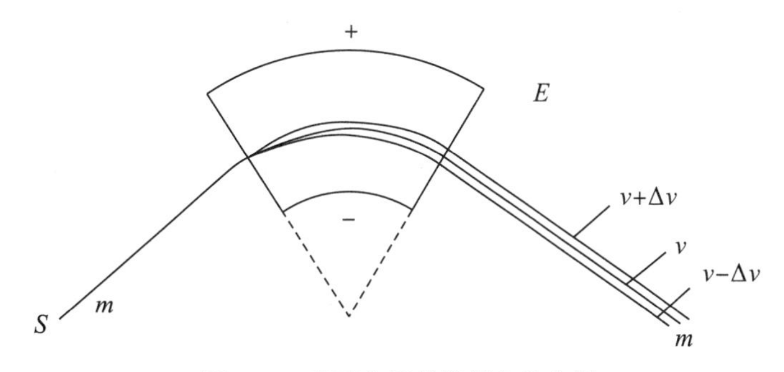

图 6−9　扇形电场的能量色散作用

与光学透镜对光的作用一样，磁场对离子的作用也具有可逆性。由某一方向进入磁场的质量相同而能量不同的离子，经磁场后会按一定的能量顺序分开；反之，从相反方向进入磁场的以一定能量顺序排列的质量相同的离子，经磁场后可以会聚在一起。因此，把电场和磁场配合使用，使电场产生的能量色散与磁场产生的能量色散数值相等而方向相反，就可实现能量聚焦，再加上磁场本身具有的方向聚焦作用，这样就实现了能量和方向双聚焦。这种把静电分析器和磁分析器配合使用，同时实现方向和能量聚焦的分析器，称为双聚焦分析器。

图 6−10 是一种双聚焦分析器的原理图。离子由离子源 S_1 进入电场 E，受电场力的作用，不同能量的离子按照能量大小顺序聚焦于 B_1B_2，处在这个聚焦面上的狭缝叫 β 狭缝，它可以调整所接收离子的能量范围。离子由电场进入磁场，在磁场进行质量分离。由于在电场和磁场中离子能量色散大小相等，方向相反，因此，质量相同而能量不同的离子，经过磁场后能够会聚一点。改变磁场强度可以实现质量扫描。

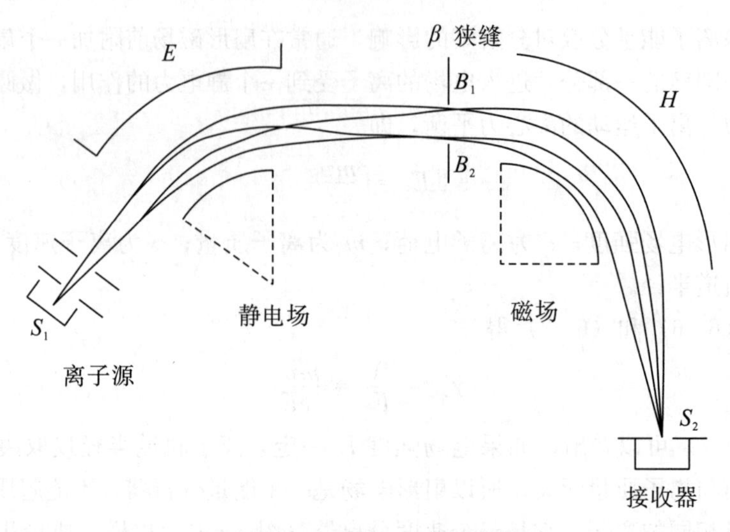

图 6-10　双聚焦分析器原理图

马陶奇（Mattauch）和赫佐格（Herzog）设计了另一种双聚焦质谱仪，它能对所有质量的离子实现双聚焦，并同时记录在装于磁场边缘的照相感板上，这种仪器称为马—赫型质谱仪（图 6-11）。

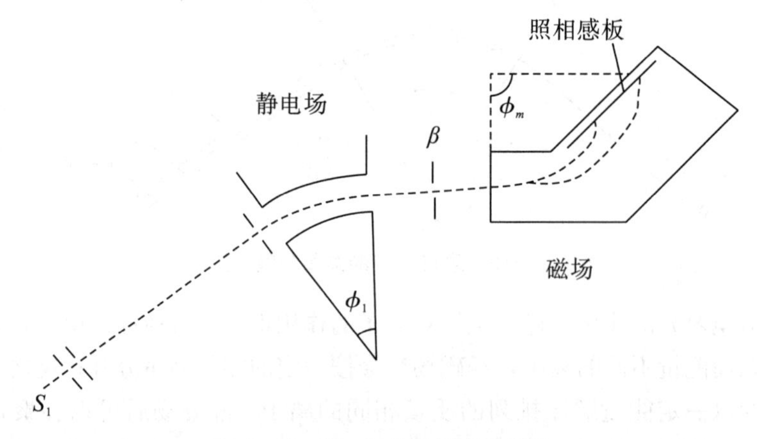

图 6-11　马—赫型双聚焦质谱仪

双聚焦分析器广泛地用于进行无机材料分析（火花源双聚焦质谱仪）和有机结构分析的质谱仪中，它的最大优点是分辨率高，一般可达几万或更高，其缺点是价格贵、操作调整比较困难。

3.2　离子源

质谱仪是把有机样品通过电离的办法变成各种离子而被检测，因此离子源就是质谱仪中最重要的组成部分。一个好的离子源，必须能够产生强度大、稳定性好、质量歧变小的离子。本书只简单介绍几种离子源。

1. 电子电离源（EI）

电子电离源的构造如图6－12所示，电子由灯丝F通过电流后发射出来，在典型条件下，F与收集极C间有一个70 V正电位，电子在电位场下加速，并具有70 eV的能量，由于该能量大于样品分子的电离电位（一般有机化合物在9～11 eV之间），故在电离室中与样品分子碰撞后会导致样品分子的电离：$ABCD+e \rightarrow ABCD^{+\cdot}+2e$。生成的离子，在多余的能量作用下还会进一步碎裂成一系列碎片离子，也可生成各种重排离子，例如，$ABCD^{+\cdot} \rightarrow ABC^{+}+D^{\cdot}$，$ABCD^{+\cdot} \rightarrow AB^{+}+CD^{\cdot}$，$ABCD^{+\cdot} \rightarrow CD^{+}+AB^{\cdot}$，$ABC^{+} \rightarrow AB^{+\cdot}+C^{\cdot}$，$ABC^{+} \rightarrow AC^{+\cdot}+B^{\cdot}$，…，生成的各种离子在电离室的电场作用下被排斥推出电离室，并通过G_1，G_2，G_3等栅板进行电子聚焦，送进质量分析器。

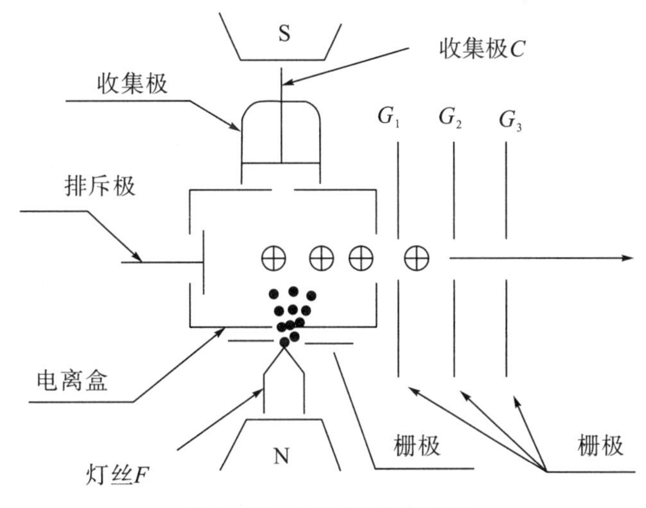

图6－12　电子电离源示意图

电子电离源可得到高的离子流，故灵敏度高、稳定性好。若条件相同，一般容易获得重复的图谱。它是应用最广的一种电离方式，也是有机质谱的基础。目前收集的质谱标准谱图库都是确定电子能量为70 eV时用电子电离的方式获取的，以利于比较、对照。但因电子电离源使用的电子能量较大，剩余能量容易使分子离子进一步断裂，从而使许多不太稳定或分子量较大的化合物得不到分子离子峰，或分子离子峰很微弱，给判断待测化合物的分子量造成困难，这时往往就要使用化学电离源或其他软电离方式来做。

2. 化学电离源（CI）

化学电离源的构造与电子电离源相似，只是电离室部分做成相对密闭状态，电子束入口与离子束出口处都比EI小得多，并通入一定压力的反应气体（一般在0.1～1 Torr①之间）进入电离室。不同的反应气体因有不同的电离电位，可得到不同的结果。常用的反应气体有甲烷、异丁烷、氨气、水等。样品的压力为10^{-4} Torr左右。这时，在电子电离条件下，因反应气的压强大于样品3～4个数量级，所以反应气体首先发生电离。

① 1 Torr≈133.322 Pa。

化学电离方式有很高的灵敏度与选择性。谱图较简单，易解释，对大多数有机物，均可得到准分子离子峰（而且常常以基峰的形式出现）。因此，化学电离是电子电离质谱的一个重要的辅助手段，但它所得到的结构信息的细节往往不如电子电离多，而且实验条件不同，会导致结果的差异，所以不易做成标准谱图。利用计算机对未知物进行检索时，目前的化学电离也会遇到困难。

3. 场致电离源（FI）

将数千伏至上万伏的正电压加在金属刀片、尖端或细丝等场离子发射体上作为阳极，使阴极处于与阳极很近（小于 1 nm）的距离内。这样就形成在极片周围高达 10^7～10^8 V/cm的场强。有机分子的蒸气在此高静电场作用下，会被拉去一个电子而形成正离子。其余部分与上述 EI 相同，即由电场推出离子源并通过透镜聚焦成离子束送进质量分析器。

4. 场解析离子源（FD）

场解析离子源是在 FI 的基础上，对进样方式做了一些技术性的改进，即把用作离子发射体的细丝在被分析的固体样品浓溶液或黏性样品上浸没一下，让少量样品液黏附在电极表面，在溶剂挥发后，样品分子就以较大的量吸附在电极发射体上。在电离过程中，对电极细丝通以适当的电流，或以电流扫射的方式对吸附的样品提供一定能量，有机分子就被解析出来，并扩散在附近高场强区内被离子化。

5. 二次离子质谱源（SIMS）

二次离子质谱源的工作原理与离子探针完全相同，即以一束高能量（通常为几千至一万电子伏）的一次离子束对样品表面进行轰击，使样品表面的分子被溅射出来，其中一部分带电荷的离子成为二次离子。这些二次离子被推出离子源并聚焦后送到质量分析器。

6. 快速原子轰击源（FAB）

采用中性原子来代替离子轰击样品，让具有 2000～10000 eV 的高能氩气通过一个充有氩气的反应室，使之经碰撞后进行能量交换。中性的氩原子获得能量并保持高速运动状态，以此来轰击样品表面。

第 4 节　分析测试

质谱测定有三个主要步骤：①把样品电离成离子；②按照离子的质荷比把样品离子分开；③检测离子。

4.1　制样

由于质谱仪往往是联动使用，比如气相色谱—质谱联用仪、液相色谱—质谱联用仪以及飞行时间质谱仪，因此在准备样品时，需要和测试人员提前交流沟通。以飞行时间质谱仪（Time of Flight Mass Spectrometer，TOF）的样品准备为例。

（1）样品要求。质谱分析对各种物理状态的样品都具有非常高的灵敏度，在一定程度上与待测物分子量的大小无关。TOF 可以测定生物大分子及一些相对分子量较小的有机物，特别适合测定多肽、蛋白质类，被测样品可以是单一组分也可以是多组分，但样品组分越多，谱图就越复杂，谱图分析的难度也越大。样品组分多时，应避免电离过程中组分之间的相互抑制作用，以确保每个组分都出峰。被测样品如果是固体，其必须能溶于一定的溶剂；如果是液体，则应提供相关溶剂、浓度或含量等信息。为取得高质量的质谱图，测试前多肽和蛋白质等样品应用透析法和高效液相色谱法进行纯化，以消除氯化钠、氯化钙、磷酸氢钾、三硝基甲苯、二甲亚砜、尿素、甘油、吐温、十二烷基硫酸钠等杂质的影响，水、碳酸氢铵、醋酸铵、甲酸铵、乙腈、三氟乙酸等都是用于纯化样品的合适试剂。蛋白质样品纯化后，应尽可能冻干。样品中的盐类则可通过离子交换法去除。

（2）样品导入。分析样品通过特定的方法和途径被引入到离子源，并被离子化，然后被引入质量分析器。样品引入的方式分为直接引入和间接引入。直接引入是将不易挥发的样品直接装在样品探针上，将探针在真空腔室内通电流加热，使样品受热小于 400 ℃后挥发形成蒸气，在真空腔内真空梯度的作用下，被直接引入到离子源中进行离子化。在一定气压下，温度对样品的挥发影响较大，须精确控制温度，这也使固体选择性进样成为可能。这种方法主要适合于较低挥发性、热稳定性好的样品，对于难挥发和热不稳定样品，主要采用解吸电离（DI）的办法。间接引入法又可细分为色谱引入、膜进样等。色谱法是质谱分析中常见的样品间接引入技术。气相色谱（Gas Chromatography，GC）的样品通过毛细管直接导入质谱的离子源，可采用在离子源前面加一级真空或者采用喷射式分离器来分流较大流量的 GC 载气；液相色谱（Liquid Chromatography，LC）采用电喷雾技术从色谱流出物中提取样品并同时引入样品，具有很高的灵敏度和极快的响应速度。

质谱的解析步骤大致如下（包括解析分子离子和解析碎片离子，以解析分子离子区为例）：

①寻峰。标出主要谱峰（相对强度较大的峰）的质荷比数和相对强度。

②识别分子离子峰。判断碎片离子峰和分子离子峰，在高质荷比区假定分子离子峰，判断该假定分子离子峰与相邻碎片离子峰的关系是否合理，然后利用氮规则进行判断（氮规则：含偶数氮或不含氮原子的分子离子为偶数质量数；含奇数氮原子的分子离子其质量数一定是奇数），进而识别出分子离子峰。

③判断元素与有无同位素。

④推导分子式，计算不饱和度。由质谱仪测得精确分子量或由同位素峰簇的相对强度计算分子式。若二者均难以实现，则由分子离子峰丢失的碎片及主要碎片离子推导，或与其他方法配合。

⑤确定结构。配合标准图谱或其他结构分析图谱（MR、UV、IR 等）确定结构。

4.2 定性分析

样品经过处理后固定在离子源电极夹上，电极间施加高频电压，样品即被电离，离子经分析器后使处在磁场边缘的感光板曝光。曝光后的感光板经显影、定影之后即得样品的质谱图（图 6−13）。通过对质谱的解释，可以得到定性分析结果。

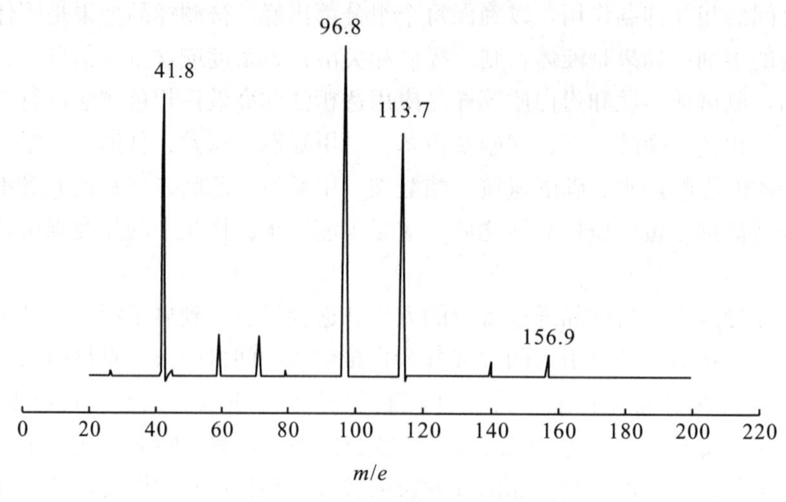

图 6−13　山药中尿囊素的质谱图

定性分析一般有两种：一是确定样品中是否含有某一种或某几种指定元素；二是对样品中的杂质进行全分析。对于指定元素的分析，因为其质量数已知，因此，只要在该质量数的位置检查有无谱线，即可确定该元素是否存在。确定一个元素是否存在，需要注意以下两点：①在仪器的灵敏度范围内，该元素的几个同位素是否都能看到，同位素比是否符合；②待测元素谱线如果受到其他元素谱线干扰时，应找其多价离子进行核对，即在$\frac{1}{2}$和$\frac{1}{3}$质量处，寻找强度递减的双电荷和三电荷离子谱线。

在进行杂质元素的全分析时，首先要识别所有谱线，然后根据未知谱线确定未知元素。在样品质谱中，存在以下各种类型的谱线。

（1）单电荷离子谱线。样品中各元素失掉一个外层电子形成单电荷离子谱线，这种谱线强度大，其中主元素单电荷离子谱线最强。如主元素为 Fe，则谱板上最强的谱线为 M=54，56，57，58 等 Fe 的同位素谱线，其中又以 $^{56}Fe^{+}$ 的谱线最强。

（2）多电荷离子谱线。原子电离过程中，除失掉一个外层电子外，还有可能失去两个电子、三个电子等而形成多电荷离子。多电荷离子谱线比单电荷离子谱线弱。对于一般元素，电荷每增加 1 个，其强度大约减小 5 倍。以 Fe 为例，其谱线除上述单电荷离子谱线外，在 m/e 为 27，28，28.5，29 和 m/e 为 18，18.7，19，19.3 等处分别有双电荷和三电荷离子谱线。

（3）复合离子谱线。在电离过程中，已经电离的离子可以与没有电离的原子复合，形成复合离子。复合的形式有两种：一种是元素自身复合形成多原子离子，例如，Fe

的四个同位素相互复合形成二原子离子，如 Fe_2^+；另一种是不同原子复合形成的复合离子，如 FeO^+，$Fe(OH)^+$ 等。复合离子谱线强度一般较低，其强度与样品中相应组分浓度有关，与所使用的火花电压有关。复合离子谱线的特点是，几乎没有多电荷的复合离子谱线。

（4）离子转换谱线。多电荷离子在运动过程中，与残余气体分子碰撞而损失一个或多个电荷，形成转换离子谱线：

$$X^{n+} + Y \rightarrow X^{m+} + Y^{(n-m)+} \quad (n > m)$$

式中，X^{n+} 为带有电荷数 n 的正离子；Y 为气体分子；X^{m+} 为 X^n 失去（$n-m$）个电荷后形成的离子。在离子运动路径的不同部位产生的谱线有所不同。

（5）残余气体谱线。主要是由 N_2^+，O_2^+，CO_2^+ 等形成的。

在进行元素全分析时，要由样品质谱中扣除各种类型的已知谱线，由剩余未知谱线逐一确定其所代表的元素。未知谱线的质量数通常由已知谱线来确定。如果已知谱线的质量数为 M_1，M_2，未知谱线的质量数为 M_x（图 6−14），则

$$P_1 = K\sqrt{M_1}, \quad P_2 = K\sqrt{M_2}, \quad P_x = K\sqrt{M_x}$$

$$\Delta P = P_2 - P_1 = K(\sqrt{M_2} - \sqrt{M_1})$$

$$\Delta P_x = P_x - P_1 = K(\sqrt{M_x} - \sqrt{M_1})$$

$$\frac{\Delta P}{\Delta P_x} = \frac{\sqrt{M_2} - \sqrt{M_1}}{\sqrt{M_x} - \sqrt{M_1}}$$

$$M_x = \left[\sqrt{M_2} + \frac{\Delta P_x}{\Delta P}(\sqrt{M_2} - \sqrt{M_1})\right]^2 \qquad (6-8)$$

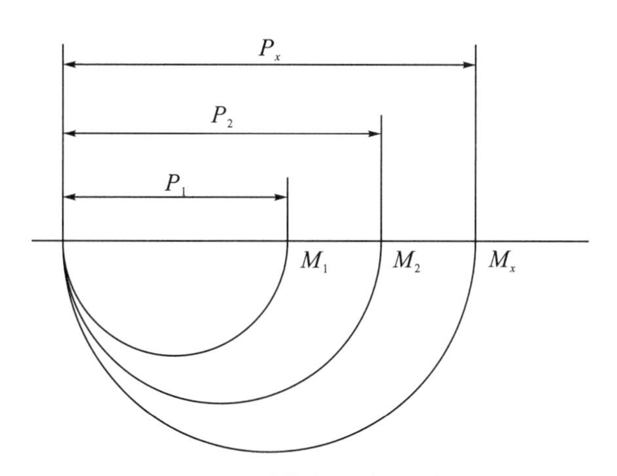

图 6−14　计算未知质量示意图

只要能测得 ΔP，ΔP_x，就可以利用式（6−8）求出未知谱线所代表的质量，从而可以确定样品中含有何种元素。ΔP，ΔP_x 可以由比长仪测定，质谱仪分辨率越高，质量数的确定越精确。

由未知谱线逐一测定进行全分析比较困难，为了方便起见，通常根据样品来源或其他情报，假定一些可能存在的元素，然后逐一查找谱图中是否有这种元素的谱线，从而

确定这些元素是否存在。

4.3 定量分析

火花源双聚焦质谱仪定量分析一般采用内标法，通过内标元素和待测元素的比较，求出待测元素含量。理想的内标元素必须满足下列条件：

（1）在所用火花条件下，应具有与待测元素相似的行为。

（2）最好有两种丰度比相差较大的同位素。

（3）同位素的质量数最好是奇数，这样它的多电荷离子谱线就不会干扰其他谱线。

（4）与待测元素浓度相近。

在实际测定中，内标元素可以是外加的，也可以是样品本身含有的。在利用照相法记录样品质谱时，一般利用多级曝光方式，得到不同黑度等级的质谱图。首先进行最大强度曝光，然后以 10∶3∶1∶0.3∶…递减的方式进行多级曝光，每次曝光量由总离子监测器（库仑表）指示，曝光完毕后，感光板经显影、定影，即得样品质谱图。定量分析步骤如下：

（1）检定谱线。找出作为分析线的待测元素谱线和内标元素谱线，如果元素含有多个同位素，则需找出各谱线中黑度合适者作为分析线。

（2）用黑度计测量作为分析线的内标元素和待测元素谱线的黑度值。

（3）作出待测元素和内标元素谱线黑度和曝光量之间的关系曲线（图 6－15），由曲线找出同一黑度下待测元素和内标元素的曝光量。

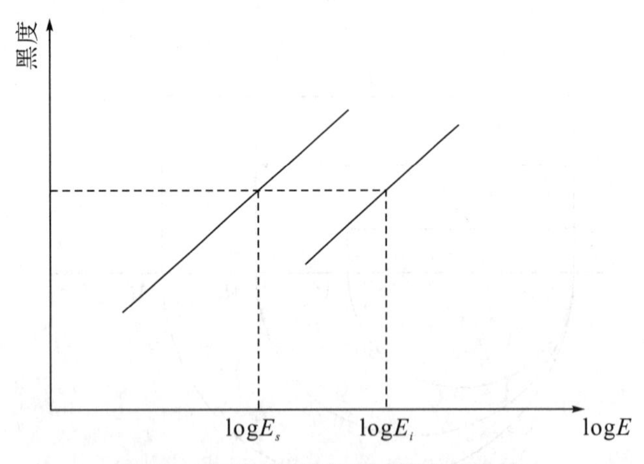

图 6－15　谱线黑度和曝光量关系曲线

（4）按下式进行计算。

$$C_i = C_s \cdot \frac{E_s}{E_i} \cdot \frac{I_s}{I_i} \cdot \frac{A_s}{A_i} \cdot \frac{S_{Rs}}{S_{Ri}} \cdot \frac{(M_i)^{\frac{1}{2}}}{(M_s)^{\frac{1}{2}}} \cdot \frac{W_i}{W_s} \tag{6－9}$$

式中，C_s，C_i 为内标元素和待测元素的浓度。E_s，E_i 为在相同黑度下，内标元素和待测元素的曝光量。I_s，I_i 为内标元素和待测元素的同位素丰度，如用 Si 作为内标元素，测量时用 ^{29}Si 谱线为内标线，则 I_s 为 ^{29}Si 的丰度。A_s，A_i 为内标元素和待测元素线的谱面积。因为质量色散不是常数，则在低质量数，谱线面积大，离子密度小，黑度低；在高质量数则相反。因此，即使是相同的离子质量数，得到的黑度也会不同，故需校正。S_{Rs}，S_{Ri}为内标元素和待测元素的相对灵敏度，在分析前利用标准样品事先测出。M_s，M_i为内标元素和待测元素的质量数，因为感光板对不同质量数的离子其灵敏度不同，故需要校正。

目前，新一代质谱仪已完全实现计算机采集、分析测试谱图，并能打印出相应的测试报告。

第 5 节　知识链接

在材料制备时，常在真空环境下进行合成，但是获得真空的真空系统、容器或器件的器壁因材料本身缺陷或焊缝、机械连接处存在孔洞、裂纹或间隙等缺陷，外部大气容易通过这些缺陷进入系统内部，致使系统、容器或器件达不到预期的真空度，这种现象称为漏气。漏气的危害是显而易见的，发生漏气时，需要对漏气情况进行检测，称为真空检漏技术。该技术就是用适当的方法判断真空系统、容器或器件是否漏气，确定漏孔位置及漏率大小的一门技术，以便采取措施将漏孔封闭，从而使系统、容器、器件中的真空状态得以维持，相应的仪器称为检漏仪。有两种方式可以检测出泄漏：

(1) 示踪气体 A 放在容器里，处于正压，然后用仪器去检测容器外围是否有气体 A，如果容器外有气体 A，则容器有漏。用这种方式能检测出漏点，并能大概判断泄漏的程度。这种检漏方式叫 Sniffer 检漏或正压检漏。

(2) 示踪气体 A 喷在容器外面，用仪器去检测容器里面是否有气体 A。这种方式能检测出漏点，并能测得漏率。这种检漏方式叫真空检漏。

示踪气体以氦和氢为佳，原因是这两种气体空气中的含量少、质量轻、运动速度快、同等条件下的直线运动距离长。实际使用中，相对比较容易获取，可以大量使用。但氢气在使用中有一定的安全问题，所以实际大部分检漏使用的是氦气，称为氦质谱检漏仪，它具有性能稳定、灵敏度高的特点，被广泛用于各种真空系统及零部件的检漏。图 6－16 是氦质谱检漏仪及其原理。

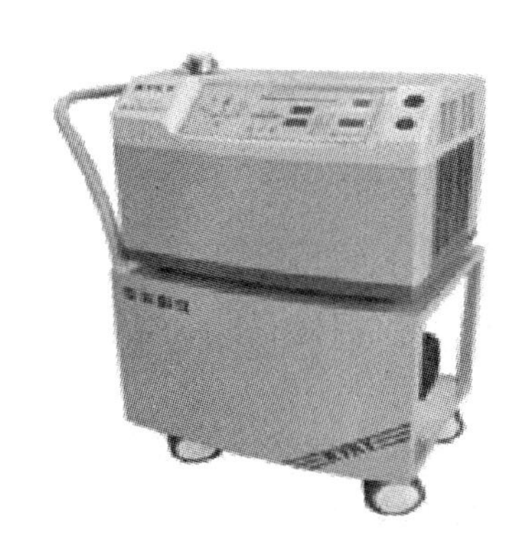

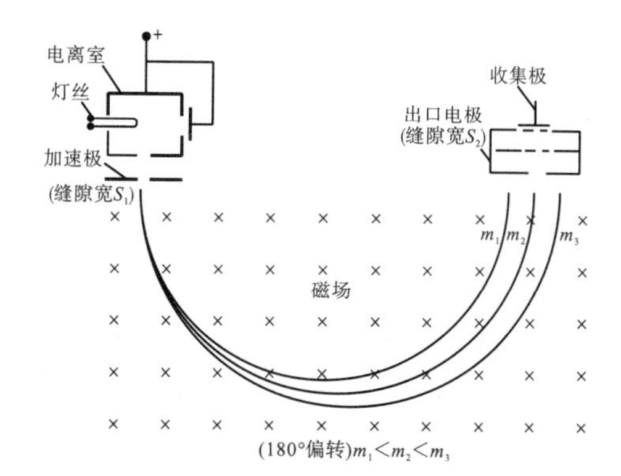

图 6－16　氦质谱检漏仪及其原理

氦质谱检漏仪是磁偏转型的质谱分析计，检漏仪是以氦气作为示漏气体，对真空设备及密封器件的微小漏隙进行定位、定量和定性检测的专用检漏仪器。单级磁偏转型仪器灵敏度为 10^{-12}～10^{-9} Pa·m^3/s；双级串联磁偏转型仪器与单级磁偏转型仪器相比较，本底噪声显著减小，其灵敏度可达 10^{-15}～10^{-14} Pa·m^3/s，适用于超高真空系统、零部件及元器件的检漏。逆流氦质谱检漏仪将被检件置于检漏仪主抽泵的前级部位，改变了常规型仪器的结构布局，因此具有可在高压力下检漏、不用液氮及质谱室污染小等特点，适用于大漏率、真空卫生较差的真空系统的检漏，其灵敏度可达 10^{-12} Pa·m^3/s。

下面以单级磁偏转型氦质谱检漏仪为例，介绍其工作原理与结构。

氦质谱检漏仪由离子源、分析器、收集器、冷阴极电离规组成的质谱室和抽气系统及电气部分等组成。由灯丝、离化室、离子加速极组成离子源；由外加均匀磁场、挡板及出口缝隙组成分析器；由抑制栅、收集极及高阻组成收集器。

在离化室内，气体电离成正离子，在电场作用下离子聚焦成束，并在加速电压作用下以一定的速度经过加速极的缝隙进入分析器。在均匀磁场的作用下，具有一定速度的离子将按圆形轨迹运动，其偏转半径可计算。当磁场和电压为定值时，不同质荷比 m/e 的离子束的偏转半径 R 不同。调节加速电压 V 使氦离子束恰好通过出口缝隙 S_2，到达收集器，形成离子流并由放大器放大。与氦质荷比不相同的离子束因其偏转半径与仪器的 R 值不同无法通过出口缝隙 S_2，所以被分离出来。

为了减少非氦离子到达收集器的概率，可采用两级串联磁偏转型氦质谱检漏仪，即在狭缝 S_2 处与邻近的挡板间设置加速电压，使离子在进入第二个分析器前再次被加速。与氦离子动量相同的非氦离子，虽然可以通过第一个分析器，但是经第二次加速进入第二个分析器后，由于其动量与氦离子的不同将被分离出来，使得仪器本底及本底噪声显著地减小，提高了仪器灵敏度。

工作真空度、极限真空度、仪器入口处抽速、灵敏度、反应时间与清除时间是评价氦质谱检漏仪的主要性能指标。

第 6 节　技术应用

6.1　质谱法的特点

（1）应用范围广。质谱仪种类很多，应用范围很广。它可以进行同位素分析，又可以进行化学分析。在化学分析中，既可做无机成分分析，又可做有机结构分析。被分析的样品既可以是气体和液体，又可以是固体。

（2）灵敏度高，样品用量少。目前有机质谱仪的绝对灵敏度可达 50 pg（1 pg 为 10^{-12} g）；无机质谱仪的绝对灵敏度可达 10^{-14} g，相对灵敏度可优于 10^{-9}。用微克量级的样品即可得到分析结果。

（3）分析速度快，可实现多组分同时检测。

（4）与其他仪器相比，仪器结构复杂，价格昂贵，使用及维修比较困难。

6.2　应用

质谱中出现的离子有分子离子、同位素离子、碎片离子、重排离子、多电荷离子、亚稳离子、负离子和离子—分子相互作用产生的离子。综合分析这些离子，可以获得化合物的分子量、化学结构、裂解规律和由单分子分解形成的某些离子间存在的某种相互关系等信息。质谱法特别是它与色谱仪及计算机联用的方法，已广泛应用在有机化学、生物化学、药物代谢、临床、毒物学、农药测定、环境保护、石油化学、地球化学、食品化学、植物化学、宇宙化学和国防化学等领域。在无机化学和核化学方面，许多挥发性低的物质可采用高频火花源由质谱法测定。该电离方式需要一根纯样品电极，如果待测样品呈粉末状，可与镍粉混合压成电极。此法对合金、矿物、原子能和半导体等工艺中高纯物质的分析尤其有价值，有可能检测出含量为亿分之一的杂质。

利用存在寿命较长的放射性同位素的衰变来确定物体存在的时间，在考古学和地理学上极有意义。例如，某种放射性矿物中有放射性铀及其衰变产物铅的存在，铀 238 和铀 235 的衰变速率是已知的，则由质谱测出铀和由于衰变产生的铅的同位素相对丰度，就可估计该矿物生成的年代。

质谱法经过了长时间发展，目前有有机分析质谱法、同位素质谱法、二次离子质谱法、激光辅助质谱法等。随着仪器的逐渐改进，无机质谱法是一个迅速向前发展的领域。质谱法具有丰富的历史和潜力。以电感耦合等离子体质谱（Inductively Coupled Plasma Mass Spectrometry，ICP—MS）为例，它目前逐渐取代电感耦合等离子体发射光谱，在元素分析中占据重要的作用，具有与原子发射光谱仪相同的感应耦合等离子体，产生接近 10000 K 高温的等离子炬，提供最低的检出限为$<$1 ppm，以及最宽的动态线性范围，干扰小，分析速度快（~5 min），精密度高，可同时进行多元素（超过 70 种元素，从 Li 到 U）的测定并提供精确的同位素信息，目前广泛用于环境分析、临床医学、药学、食品与化妆品、电子工业、同位素分析等方面。

专属性、准确度、灵敏度和速度是任何一种分析方法的关键特性指标。在分析化学的武器库中，尽管质谱仪器比较复杂，价格昂贵，但质谱法还是有竞争力的，它时常是能为科学技术中提出的问题提供所需回答的唯一方法。它的研究领域包括材料科学、半导体研究与开发、科学研究和工业中的多用途开发和质量控制。因此，质谱法的前景非常好，它的用途会越来越广泛。

第7节　例题习题

7.1　例题

如前文所述，未知质谱的解谱按照相应步骤进行，表6−1是常见碎片离子的组成。

表6−1　常见碎片离子的组成

离子M	失去的碎片	可能的结构
1	H	醛，某些醚及胺
15	CH_3	甲基
18	H_2O	醇类，包括糖类
28	C_2H_4，CO，$N_2C_2H_4$	麦氏重排，CO
29	CHO，C_2H_5	醛类，乙基
30	CH_2NH_2	伯胺
34	H_2S	硫醇
35	Cl	
36	HCl	氯化物
43	CH_3CO，C_3H_7	甲基酮，丙基
45	COOH	羧酸类
39，50，71		芳香化合物
29，34，57，71等	C_2H_5，C_3H_7	直链烷烃
60	CH_3COOH	醋酸类，羧酸类
91	$C_6H_5CH_2$	苄类
105	C_6H_5CO	苯甲酰基

例1　某化合物由C，H，O构成，其质谱图如图6−17所示，测得强度M∶$(M+1)$∶$(M+2)$为100∶8.9∶0.79，试确定其结构。

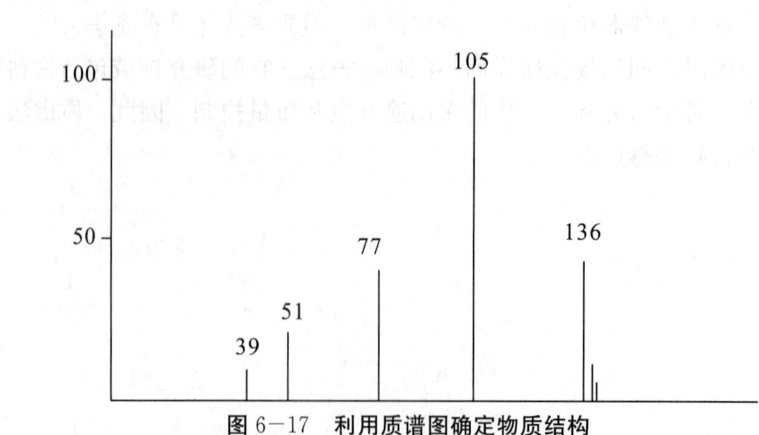

图6−17　利用质谱图确定物质结构

解析：①化合物分子质量数 M 为 136，根据 M，$M+1$，$M+2$ 强度比，得出该物质不含有 Cl，Br 及 S 等元素，从 $M+1/M$ 估计含有 8 个碳原子。查 Beynon 表，根据氮律确定可能的化学式为 $C_8H_8O_2$。

②计算不饱和度为 5，质量数为 77、51、39 的离子峰表明化合物中有单取代苯环（对应不饱和度为 4），还剩余一个不饱和度，可能是 C═O 基团。

③质量数为 105 的离子峰应该是质量数为 136 的分子离子丢失—C_2H_2OH 或—O—CH_3 产生的。质量数为 77 的离子峰为苯基碎片离子峰，由质量数为 105 的分子离子脱 CO 或 C_2H_4 所得。由于质谱图中没有质量数为 91 的离子峰，所以质量数为 105 的碎片离子不可能由烷基苯侧链断裂形成，只能是苯甲酰基离子。由此可见，该结构可能为

$$C_6H_5-\overset{O}{\overset{\|}{C}}-OCH_3 \quad 或 \quad C_6H_5-\overset{O}{\overset{\|}{C}}-CH_2OH$$

最后可以辅之以红外光谱进一步确定结构。

例 2　图 6－18 为某未知物的质谱图，试确定该物质的结构。

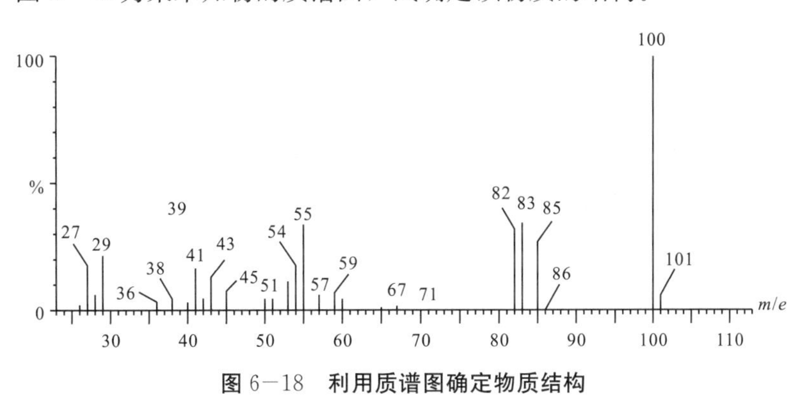

图 6－18　利用质谱图确定物质结构

解析：①确定分子离子峰为质量数 100 处，从分子离子断下来的最小碎片离子的质量数为 15。

②该物质的同位素峰很弱，可以判断体系内无 Cl，Br 及 S 等元素。

③M、$M+1$ 与 $M+2$ 峰的相对强度无法精确获得，只能判断体系中不含 N 或含有偶数个 N 原子；谱图中大部分离子的质量数为奇数，而且基于相对分子质量为偶数的判断，该体系内应该不含 N 原子，质量数为 82 与 54 的两个碎片离子是奇电子碎片离子，那么后者只能是 C_3H_2O 或者 C_4H_6。

④对应较大的碎片，质量数为 15，17，18，45 和 46，加上不含 N 原子，则前三个碎片为—CH_3，HO—和 H_2O；质量数为 45 的碎片由 17 和 28 组成，体系内含有 HO+CO，即羧基。

⑤低质量数 29，39，41，54 和 55 的碎片离子，因为不含 N 原子，故质量数为 39 的碎片离子为 $C_3H_3^+$，且质量数为 41 的碎片离子可能为 $C_3H_5^+$，由此，该物质内含有 1 个羧基和 1 个甲基，而分子的其余部分（质量数 100－45－15＝40）只能是 CO_2 或 C_3H_4，后者可能性更大。可以推断分子式为 $C_5H_8O_2$。

⑥该物质不饱和度为 2，除羧基外，还有一个双键。结合其他化学知识，未知物很可能是不饱和酸，结构可能是

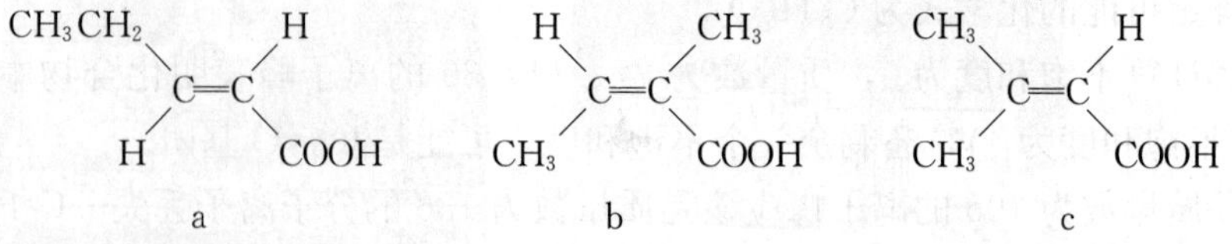

$$\begin{array}{ccc} \begin{matrix} CH_3CH_2 & & H \\ & C=C & \\ H & & COOH \end{matrix} & \begin{matrix} H & & CH_3 \\ & C=C & \\ CH_3 & & COOH \end{matrix} & \begin{matrix} CH_3 & & H \\ & C=C & \\ CH_3 & & COOH \end{matrix} \\ a & b & c \end{array}$$

⑦因为质谱图中无 $[M-29]^+$ 峰，因而不可能是 a 结构，其他 b，c 结构的判断就需要作核磁共振谱进一步确定。

7.2 习题

1. 简述质谱分析的原理。
2. 以单聚焦质谱仪为例，说明组成仪器各个主要部件的作用和原理。
3. 双聚焦质谱仪为什么能提高分辨率?
4. 某质谱仪的加速电压为 2.11 kV，试计算使 $C_4H_9^+$ 运动轨迹的偏转半径为 30.0 cm，所需多大磁通量密度?
5. 比较几种离子源的优缺点。
6. 简答样品分子为何要先离子化才能进行质谱分析。
7. 简述飞行时间质谱仪的工作原理及其特点。
8. 简述色谱—质谱互联技术。

第 7 章　核磁共振波谱法

第 1 节　历史背景

2003 年 10 月 6 日，瑞典 Karolinska Institutet 医学院宣布 74 岁的美国科学家 Paul Lauterbur 和 70 岁的英国科学家 Peter Mansfield 为诺贝尔医学奖的得主，这是表彰他们二人在核磁共振成像技术方面的突破性成就。有人把核磁共振（Nuclear Magnetic Resonance，NMR）的相关研究比喻为科学界的一棵常青树，不但研究的人多，而且硕果累累。从核磁共振现象的最初发现到最终发展为成熟的影像学检测手段，历经半个多世纪，期间竟 6 次被授予诺贝尔奖（分别涉及物理学、化学、生理学/医学等领域），堪称史上获奖次数最多的技术。

20 世纪早期，Pauli 就预测某些原子核具有自旋和磁矩的性质，它们在磁场中可以发生能级分裂。1922 年，德国物理学家 Otto Stem 和 W. Gerlach 合作，用分子束方法证明了空间量子化的真实性，并为进一步测定质子之类的亚原子粒子的磁矩奠定了基础，因此获得 1943 年诺贝尔物理学奖（第一次）。

20 世纪 30 年代，美国物理学家 Rabi 发明了研究气态原子核磁性的共振方法，发现在磁场中的原子核会沿磁场方向呈正向或反向有序平行排列，而施加无线电波之后，原子核的自旋方向发生翻转。这是人类关于原子核与磁场以及外加射频场相互作用的最早认识。由于这项研究，Rabi 于 1944 年获得了诺贝尔物理学奖（第二次）。

1946 年，哈佛大学的 Purcel（用吸收法）和斯坦福大学的 Bloch（用感应法）发现，将具有奇数个核子（包括质子和中子）的原子核置于磁场中，再施以特定频率的射频场，就会发生原子核吸收射频场能量的现象，这就是人们最初对核磁共振现象的认识。因此，他们两人获得了 1950 年度诺贝尔物理学奖（第三次）。

另外，瑞士科学家 Ernst 因对 NMR 波谱方法、傅里叶变换、二维谱技术的杰出贡献，获得 1991 年诺贝尔化学奖（第四次）。瑞士核磁共振波谱学家 Kurt Wüthrich 因用多维 NMR 技术在测定溶液中蛋白质结构的三维构象方面的开创性研究，从而获得 2002 年诺贝尔化学奖。同获此奖的还有一名美国科学家和一名日本科学家（第五次）。紧接着的 2003 年是第六次。

1973 年，Paul Lauterbur 在静磁场中使用梯度场，发现能够获得磁共振信号的位置，从而可以得到物体的二维图像。而 Peter Mansfield 在此基础上进一步发展了使用该梯度场的方法，并用数学方法对产生的磁共振信号进行精确的描述，从而使核磁共振成像技术成为可能，而他发展的快速成像方法则为医学磁共振成像临床诊断打下了基础。有意思的是，在1973年，Paul Lauterbur将关于核磁共振成像技术的结论投到*NATURE*杂志，当初*NATURE*完全没有将这一成果当一回事儿，幸好Paul Lauterbur花了很大的工夫说服编辑，才好不容易使他们同意将这一成果发表。当诺贝尔医学奖揭晓时，相信*NATURE*杂志要为30年前险些犯下的大错而捏一把汗。

核磁共振现象被发现后很快就产生了实际用途，化学家利用分子结构对氢原子周围磁场产生的影响，发展出了核磁共振谱，用于解析分子结构，世界上第一台商业化的核磁共振波谱仪于1953年出现。20世纪70年代以来，由于使用强磁场超导核磁共振仪能大大提高仪器灵敏度，核磁共振技术在生物学领域的应用迅速扩展。而脉冲傅里叶变换核磁共振仪使得C、N等的核磁共振得到了广泛应用。计算机解谱技术使复杂谱图的分析成为可能，随着研究的深入，核磁共振谱技术获得不断的发展，核磁共振技术解析分子结构的能力也越来越强。进入90年代以后，人们甚至发展出了依靠核磁共振信息确定蛋白质分子三维结构的技术，使得溶液相蛋白质分子结构的精确测定成为可能。通常也只有核磁共振技术能够获得本质上非结构化（Intrinsically Unstructured）的蛋白质的高分辨率信息，而在膜蛋白三维结构研究方面，固体核磁共振技术则具有独特的优势和良好的发展前景，对分子量大、结构复杂的蛋白质进行研究，一维核磁共振谱常显得重叠拥挤而无法进行解析，使用二维、三维甚至四维核磁共振谱，并采用^{13}C和^{15}N标记，可以简化解析过程。另外，NOESY（Nuclear Overhauser Effect Spectroscopy）是最重要的蛋白质结构解析方法之一，人们通过NOESY获得蛋白质分子内官能团间距，之后通过电脑模拟得到分子的三维结构。

医学家们发现水分子中的氢原子可以产生核磁共振现象，利用这一现象可以获取人体内水分子分布的信息，从而精确绘制人体内部结构，在这一理论基础上，纽约州立大学南部医学中心的医学博士达马迪安通过测核磁共振的弛豫时间成功地将小鼠的癌细胞与正常组织细胞区分开来。在达马迪安新技术的启发下，Paul Lauterbur于1973年开发出了基于核磁共振现象的成像技术，并且应用他的设备成功地绘制出了一个活体蛤蜊的内部结构图像。之后，核磁共振成像（MRI）技术日趋成熟，应用范围日益广泛，成为一项常规的医学检测手段，广泛应用于帕金森氏症、多发性硬化症等脑部与脊椎病变以及癌症的治疗和诊断。

核磁共振技术除了在医学上广为应用外，在现代材料分析中也越来越重要。NMR技术从材料结构的角度上进行研究，涉及诸如反应机理、分子间的相互作用等与结构有关的内容。例如，利用核磁谱研究蛋白质，已经成为结构生物学领域的一项重要技术手段。

第2节　方法原理

核磁共振波谱法是一种基于测量物质对电磁辐射吸收的分析方法，与紫外－可见光谱法和红外光谱法原理相似，都是基于物质对电磁辐射的吸收的测量方法。所使用的电磁辐射频率范围：4～900 MHz，射频区（Radio－Frequency）。核磁共振是指具有固定磁矩的原子核在恒定磁场与交变磁场的作用下，自旋核吸收特定频率的电磁波，从较低能级跃迁到较高能级（自旋能级），与交变磁场发生能量交换的现象；或者表述为核磁共振是磁矩不为零的原子核，在外磁场作用下自旋能级发生塞曼分裂，共振吸收某一特定频率的射频辐射的物理过程。磁场的强度和方向决定了原子核旋转的频率和方向，在磁场中旋转时，原子核可以吸收频率与其旋转频率相同的电磁波，使自身的能量增加，而一旦恢复原状，原子核又会把多余的能量以电磁波的形式释放出来。NMR 和红外光谱、紫外－可见光谱的相同之处都是微观粒子吸收电磁波后发生能级上的跃迁，但是能够引起核磁共振的电磁波能量是非常小的，不会引起振动或者转动能级的跃迁，更不会引起电子能级的跃迁。核磁共振波谱仪是解析有机物结构最强有力的工具。电磁波波长与相应能量跃迁的关系如图 7－1 所示。

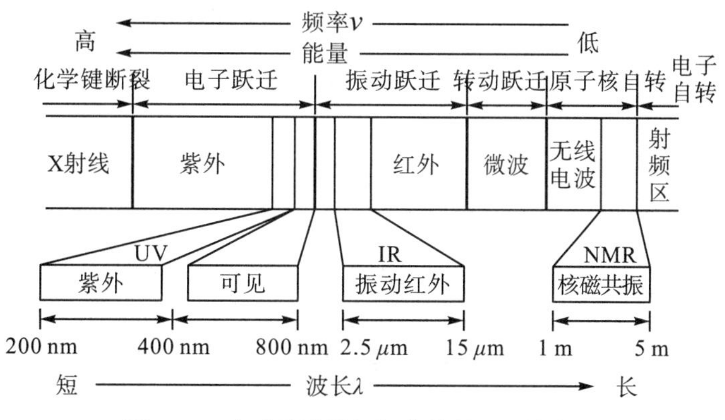

图 7－1　**电磁波波长与相应能量跃迁的关系**

2.1　核的自旋运动

除了原子核中质子数和中子数均为偶数的核以外，其他的核都有自旋性质，即核围绕某一个轴做旋转运动，进而具有相应的自旋角动量 ρ 和磁矩 μ，磁矩有大小、方向和方位等参数。这些含有奇数质子或中子的原子核自旋在其周围产生磁场，如同一个小磁体有南北极，如图 7－2 所示。产生的磁场，其方向可由右手螺旋法则确定，在磁体内部，磁场方向由 S 极指向 N 极；在磁体外部，磁场方向由 N 极指向 S 极。

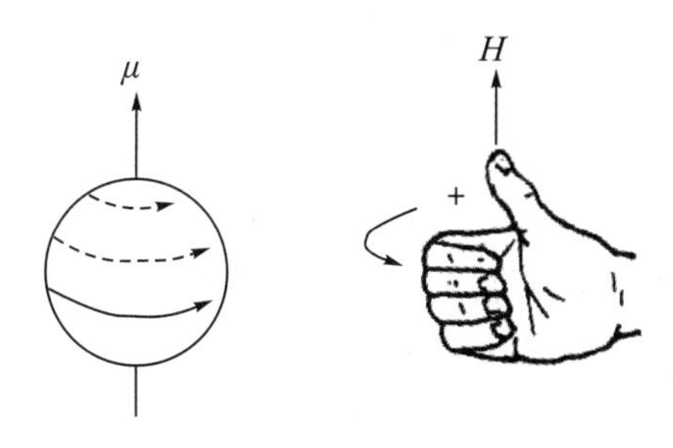

图 7－2　**原子核的自旋运动**

原子核的自旋角动量ρ是量子化的，可用自旋量子数I来描述。

$$\rho=\sqrt{I(I+1)}\,\frac{h}{2\pi} \tag{7-1}$$

式中，I可以为0，1/2，1等。表7－1给出了各种核的自旋量子数。$I=0$，为非自旋球体，没有磁矩，无核磁共振现象；$I=1$，2，3，3/2，5/2，…，为自旋椭球体，这类原子核的核电荷分布可以看作是一个椭圆体，电荷分布不均匀，共振吸收复杂，研究应用比较少；$I=1/2$，为自旋球体，原子核可以看作核电荷均匀分布的球体，并像陀螺一样自旋，有磁矩产生，这样的原子核不具有核电四极矩（Nuclear Electric Quadrupole Moment），核磁共振的谱线窄，是核磁共振研究的主要对象，经常为人们所利用的原子核有^{1}H，^{11}B，^{13}C，^{17}O，^{19}F，^{31}P。

表7－1　自旋量子数

质量数	质子数	中子数	自旋量子数I	典型核
偶数	偶数	偶数	0	^{12}C，^{16}O，^{32}S
偶数	奇数	奇数	$n/2$（$n=2$，4，…）	^{2}H，^{14}N
奇数	偶数	奇数	$n/2$（$n=1$，3，5，…）	^{13}C，^{17}O，^{1}H，^{19}F，^{15}N
	奇数	偶数		^{11}B，^{34}Cl，^{79}Br，^{81}Br

无外加磁场时，质子群中的各个质子任意方向自旋，其磁矩相互抵消，因而单位体积内生物组织的宏观磁矩$\mu=0$，如图7－3（a）所示。将自旋的原子放在一个大的外加磁场中（又称主磁场，用矢量$\boldsymbol{H}_0$表示，也可用$\boldsymbol{B}_0$表示），则质子磁矩方向发生变化，结果是较多的质子磁矩指向与主磁场$\boldsymbol{H}_0$相同的方向，而较少的质子磁矩与$\boldsymbol{H}_0$方向相反，这部分与$\boldsymbol{H}_0$方向相反的质子具有较高的位能，每一种取向都对应一个能量状态m_s，如以^{1}H核为例，与外磁场平行时，能量低，标记m_s为$+\frac{1}{2}$；与外磁场相反，能量高，标记m_s为$-\frac{1}{2}$，如图7－3（b）所示，其对应的能量如式（7－2）和式（7－3）。

$$m_s=+\frac{1}{2},\quad E_{+\frac{1}{2}}=-\frac{m\mu}{I}\beta\boldsymbol{H}_0=-\frac{\frac{1}{2}(\mu\beta\boldsymbol{H}_0)}{\frac{1}{2}}=-\mu\beta\boldsymbol{H}_0 \tag{7-2}$$

$$m_s=-\frac{1}{2},\quad E_{-\frac{1}{2}}=-\frac{m\mu}{I}\beta\boldsymbol{H}_0=-\frac{\left(-\frac{1}{2}\right)(\mu\beta\boldsymbol{H}_0)}{\frac{1}{2}}=+\mu\beta\boldsymbol{H}_0 \tag{7-3}$$

式中，$\boldsymbol{H}_0$是以T为单位的外加磁场强度；β是一个常数，称为核磁子，等于$5.049\times10^{-27}\ J\cdot T^{-1}$；$\mu$是磁矩，质子的磁矩为$2.7927\beta$。

此时，原子核在绕着自身轴旋转的同时，又沿主磁场方向$\boldsymbol{H}_0$做圆周运动，将质子磁矩的这种回转现象称为进动（Precession），如图7－3（c）所示，自旋轴与外磁场夹角为54°24′和125°36′。在主磁场中，宏观磁矩如单个质子磁矩那样做旋进运动，磁矩进动的频率符合拉莫尔（Larmor）方程。

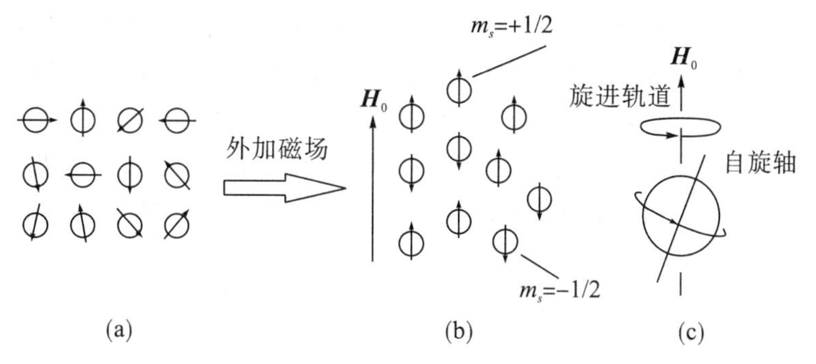

图 7－3　有无外加磁场时原子核运动

$$\nu = \boldsymbol{H}_0 \gamma / 2\pi \qquad (7-4)$$

式中，ν 是进动频率；$\boldsymbol{H}_0$是外加磁场强度；γ 是磁旋比。两种进动取向不同的原子核之间能级差 $\Delta E = E_{-1/2} - E_{+1/2} = 2\mu\beta\boldsymbol{H}_0$，一般来说，自旋量子数为 I 的核，其相邻两能级之差为

$$\Delta E = \mu\beta \frac{\boldsymbol{H}_0}{I} \qquad (7-5)$$

在主磁场 $\boldsymbol{H}_0$一定的情况下，原子核的旋进频率是一定的，而氢原子核在不同磁场中的共振频率是不同的，如主磁场为 1.0 T 时，氢原子核的旋进频率为 42.6 MHz，氢原子核在 1.4 T 的磁场中的共振频率为 69 MHz，在 2.3500 T 的磁场中的共振频率为 100 MHz。沿主磁场旋进着的质子的运动状态与在重力场作用下旋进着的陀螺相似。

2.2　核磁共振的产生

以氢原子核为例，当原子核放在一个大的静磁场中，顺主磁场方向的氢质子处于低能级，而逆主磁场方向者为高能级。在一定温度与磁场强度下，在低能级与高能级之间的质子势必要达到动态平衡，称为“热平衡”状态。另外，根据量子力学原理，原子核磁矩与外加磁场之间的夹角并不是连续分布的，而是由原子核的磁量子数决定的，原子核磁矩的方向只能在这些磁量子数之间跳跃，而不能平滑地变化，这样就形成了一系列的能级。这种热平衡状态中的氢质子，如果被施以频率与质子群的旋进频率相一致的射频脉冲时，$h\nu = \Delta E$，原来的热平衡状态将被破坏，即原子核磁矩与外加磁场的夹角会发生变化，进而发生核磁共振现象。

从微观上讲，将诱发不同能级间的质子产生能级跃迁，被激励的质子从低能级跃迁到高能级，出现核磁共振。从宏观上讲，受到外界射频脉冲激励的质子群偏离原来的平衡状态而发生变化，并取决于所施加射频脉冲的强度和时间。施加的射频脉冲越强，持续时间越长，当射频脉冲停止时，离开其平衡状态 $\boldsymbol{H}_0$越远。在核磁共振技术中常使用 90°，180°射频脉冲。施加 90°脉冲时，宏观磁化矢量 $\boldsymbol{M}$ 以螺旋运动的形式离开其原来的平衡状态，脉冲停止时，$\boldsymbol{M}$ 垂直于主磁场 $\boldsymbol{H}_0$。

由此可以看出，产生核磁共振波谱有以下的必要条件：

(1) 原子核必须具有核磁性质，即必须是磁性核（或称自旋核），有些原子核不具有核磁性质，它就不能产生核磁共振波谱，产生核磁共振的原子核具有限制性。

（2）需要有外加磁场，磁性核在外磁场作用下发生核自旋能级的分裂，产生不同能量的核自旋能级，才能吸收能量发生能级的跃迁。

（3）只有那些能量与核自旋能级能量差相同的电磁辐射才能被共振吸收，这就是核磁共振波谱的选择性。由于核磁能级的能量差很小，所以共振吸收的电磁辐射波长较长，处于射频辐射光区。

根据激励脉冲能量与共振吸收的关系 $h\nu=\Delta E$ 或 $\nu=\mu\beta\frac{\boldsymbol{H}_0}{Ih}$，可以看出：

（1）对量子数 $I=1/2$ 的同一核来说，因磁矩 μ 为一定值，β 和 h 又为常数，所以发生共振时，激励外场频率 ν 的大小取决于外磁场强度 $\boldsymbol{H}_0$ 的大小。在外磁场强度增加时，为使核发生共振，照射频率也应相应增加；反之，则减小。例如，若将 ^{1}H 核放在磁场强度为 1.4092 T 的磁场中，发生核磁共振时的照射频率必须为

$$\nu_{共振}=\frac{2.79\times 5.05\times 10^{-27}\times 1.4092}{\frac{1}{2}\times 6.6\times 10^{-34}}\approx 60\times 10^6\ \text{Hz}=60\ \text{MHz}$$

如果将 ^{1}H 放入磁场强度为 4.69 T 的磁场中，则可知共振频率 $\nu_{共振}$ 应为 200 MHz。

（2）对 $I=1/2$ 的不同核来说，若同时放入一固定磁场强度的磁场中，则共振频率 $\nu_{共振}$ 取决于核本身的磁矩的大小。μ 大的核，发生共振时所需的照射频率也大；反之，则小。例如，^{1}H，^{19}F 和 ^{13}C 核的磁矩分别为 2.79，2.63，0.70 核磁子，在场强为 1 T 的磁场中，其共振时的频率分别为 42.6 MHz，40.1 MHz，10.7 MHz。

（3）也可固定照射频率，通过改变磁场强度达到共振吸收。对不同的核来说，磁矩大的核，共振所需磁场强度将小于磁矩小的核。例如，$\mu_H>\mu_F$，则 $\boldsymbol{B}_H<\boldsymbol{B}_F$。表 7－2 列出了常见原子核的相关物理数据。

表 7－2　常见原子核的相关物理数据

核	自然界丰度（%）	4.69 T 磁场中 NMR 频率（MHz）	磁矩（核磁子）	自旋（I）	相对灵敏度
^{1}H	99.98	200.00	2.7927	1/2	1.000
^{13}C	1.11	50.30	0.7021	1/2	0.016
^{19}F	100	188.25	2.6273	1/2	0.830
^{31}P	100	81.05	1.1305	1/2	0.066

2.3　弛豫过程

如前所述，^{1}H 核在磁场作用下，被分裂为 $m_s=+1/2$ 和 $m_s=-1/2$ 两个能级，处在较稳定的 $+1/2$ 能级的核数比处在 $-1/2$ 能级的核数稍多。处于高、低能级的原子核数的比例服从波尔兹曼分布：

$$\frac{N_j}{N_0}=e^{-(\Delta E/kT)} \tag{7-6}$$

式中，N_j 和 N_0 分别代表处于高能级和低能级的氢核数；ΔE 是两种能级的能级差；k

是波尔兹曼常数；T 是绝对温度。若将一定数量的质子放入温度为 25℃（293 K），磁场强度为 4.69 T 的磁场中，则处于低能级的核与处于高能级的核的比为

$$\frac{N_j}{N_0}=e^{-\left[\frac{2\times 2.79\times(5.05\times 10^{-27})\times 4.69}{1.38\times 10^{-23}\times 293}\right]}=e^{-3.27\times 10^{-5}}=0.999967$$

以 10^7 个质子为例，处于低能级的核比处于高能级的核只多 100 个。

当用外加激励射频照射处于磁场的原子核产生共振吸收时，氢核的波尔兹曼分布被破坏。当数目稍多的低能级核跃迁至高能级后，从 $+1/2\to -1/2$ 的速率等于从 $-1/2\to +1/2$ 的速率时，吸收达到“饱和”，核磁共振信号消失。为了确保获得信号，被激发到高能级的核必须通过适当的途径将其获得的能量释放到周围环境中去，使核从高能级降回到原来的低能级，产生弛豫过程。也就是说，弛豫过程是核磁共振现象发生后得以保持的必要条件；否则，信号一旦产生，将很快达到饱和而消失。由于核外被电子云包围，所以它不可能通过核间的碰撞释放能力，而只能以电磁波的形式将自身多余的能量向周围环境传递。

以 90° 脉冲为例，当外激励脉冲停止后，$\boldsymbol{M}$ 仍围绕 $\boldsymbol{H}_0$ 轴旋转，$\boldsymbol{M}$ 末端螺旋上升接近 $\boldsymbol{H}_0$，如图 7－4（a）所示。在脉冲结束的一瞬间，$\boldsymbol{M}$ 在 XY 平面上的分量 $\boldsymbol{M}_{XY}$ 达最大值，在 Z 轴上的分量 $\boldsymbol{M}_Z$ 为零。当恢复到平衡时，纵向分量 $\boldsymbol{M}_Z$ 重新出现，而横向分量 $\boldsymbol{M}_{XY}$ 消失。由于在弛豫过程中磁化矢量 $\boldsymbol{M}$ 强度并不恒定，弛豫过程可从纵、横向两部分讨论，分别称为纵向弛豫和横向弛豫，也叫自旋—晶格弛豫和自旋—自旋弛豫。相应的弛豫过程用两个时间值描述，即纵向弛豫时间（T_1）和横向弛豫时间（T_2）。

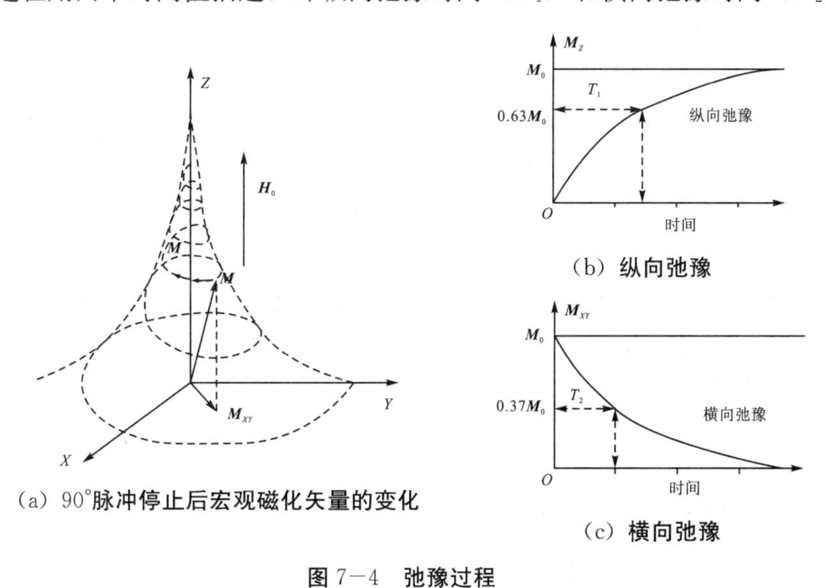

(a) 90°脉冲停止后宏观磁化矢量的变化

(b) 纵向弛豫

(c) 横向弛豫

图 7－4　弛豫过程

1. 纵向弛豫时间（T_1）

90°脉冲停止后，纵向磁化矢量要逐渐恢复到平衡状态，测量的时间距射频脉冲终止的时间越长，所测得磁化矢量信号幅度就越大。弛豫过程表现为一种指数曲线，T_1 的值规定为 $\boldsymbol{M}_Z$ 达到最终平衡状态 63％所用的时间，如图 7－4（b）所示。对 T_1 物理意

义的进一步理解只有从微观的角度分析：自旋的质子都是处在所谓晶格包围之中的。具有各种类型磁性质的粒子相对于共振核做不规则的热运动，形成具有一定频率范围分布且杂乱的波动磁场，其中必然存在着与共振频率相同的频率成分，高能级的核可通过电磁波的形式将自身能量传递到周围运动频率与其相等的磁性粒子（晶格），故又称为自旋—晶格弛豫。

2. 横向弛豫时间（T_2）

90°脉冲的一个作用是激励质子群在同一方位，同步旋进（相位一致），这时横向磁化矢量 $\boldsymbol{M}_{XY}$ 值最大，但射频脉冲停止后，质子同步旋进很快变为异步，旋转方位也出现差异，相位由聚合一致变为丧失聚合而各异，磁化矢量相互抵消，$\boldsymbol{M}_{XY}$ 很快由大变小，最后趋于零，称为去相位。横向磁化矢量衰减也表现为一种指数曲线，T_2 值规定为横向磁化矢量衰减到其原来值 37%所用的时间，如图 7−4（c）所示。发生横向弛豫的解释为：邻近的两个同类的磁等价核处在不同的能级时，它们之间可以通过电磁波进行能量交换，处于高能级的核将能量传递给低能级的核，使质子间的旋进方位和频率互异，但无能量交换的纵向弛豫，这时系统的总能量显然未发生改变，但处在某一固定能级的核寿命却变短了，这种弛豫也称为自旋—自旋弛豫。

2.4 核磁共振主要参数

1. 化学位移（Chemical shifts）

1950 年，W. G. Proctor 和当时旅美学者虞春福研究 NH_4NO_3 的 ^{14}N 核磁共振时发现两条共振谱线，分别对应于 NH_4^+ 和 NO_3^- 中的 N，即核磁共振信号可反映同一种原子的不同化学环境。由此，发现了化学位移现象。确定化学位移是进行核磁共振解谱、鉴定结构的基础。

同一种核在分子中因所处的化学环境不同，使共振频率有差异，即引起磁感应强度的移动，这种现象称为化学位移。化学位移产生的原因是分子中运动的电子在外磁场下对核产生的磁屏蔽。如图 7−5（a）所示。

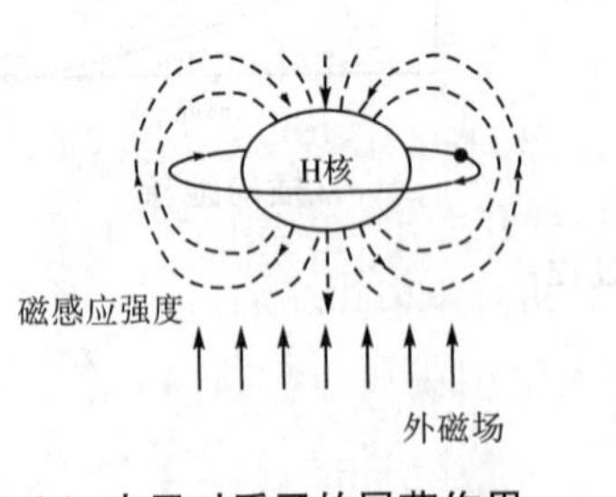

（a）电子对质子的屏蔽作用

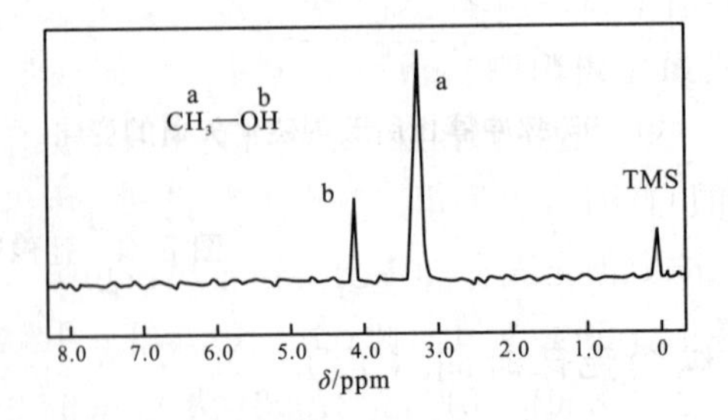

（b）甲醇的核磁共振氢谱

图 7−5 磁屏蔽与化学位移

屏蔽作用的大小可用屏蔽因子 σ 来表示，σ 总是远远小于 1。一般来说，屏蔽因子

σ 是一个二阶张量，只有在液体中由于分子的快速翻滚运动，化学位移的各向异性被平均，屏蔽因子才表现为一常量。原子核实际上感受到的磁场强度为

$$H_N = H_0(1-\sigma) \tag{7-7}$$

核磁共振的共振频率为

$$\nu = \frac{\gamma \cdot H_0(1-\sigma)}{2\pi} \tag{7-8}$$

由于屏蔽作用的存在，氢核产生共振需要更大的外磁场强度（相对于裸露的氢核），以便抵消屏蔽影响。当 H_0 一定时，σ 越大，对应的 ν 越小，共振峰出现在低频端（右端），反之则在左端；同理，当 ν_0 一定时，σ 越大，则需要在较高的 H_0 下发生共振，相应的共振峰出现在高场（右端），反之则出现在低场（左端）。图 7−5（b）是发生化学位移的甲醇的核磁共振氢谱。

常选用四甲基硅烷（Tetramethylsilane，TMS）作为测量化学位移的基准，主要有以下几方面原因：

（1）TMS 的 12 个氢处于完全相同的化学环境，只有一个峰（四个甲基结构对称分布）。

（2）甲基氢核的核外电子及甲基碳核的核外电子屏蔽作用很强，无论氢谱或碳谱，一般化合物的峰大都出现在 TMS 峰的左边，按“左正右负”的规定，一般化合物各个基团的 δ（位移）均为正值，δ 小，屏蔽强，发生共振吸收需要的磁感应强度大，在高场时出现，在图谱右侧；反之，在左侧。实际发生位移可由下式估算获得：

$$\delta = \left(\frac{B_{TMS} - B_{sample}}{B_{TMS}}\right) \times 10^6 \approx \left(\frac{\nu_{sample} - \nu_{TMS}}{\nu_{TMS}}\right) \times 10^6 (ppm) \tag{7-9}$$

例　某质子的吸收峰和 TMS 的峰相隔 134 Hz，若用 60 MHz 的核磁共振仪测量，试计算该质子的化学位移值。

解：利用式（7−9），代入相关参数，得到

$$\delta = 134\ Hz/60\ MHz \times 10^6 = 2.23(ppm)$$

（3）TMS 沸点仅 27℃，很容易从样品中除去，便于样品回收。

（4）TMS 与样品之间不会发生分子缔合。

影响化学位移的因素主要有以下几个方面：

（1）电负性。

与质子相连元素的电负性越强，吸收电子的能力越强，质子周围的电子云密度减弱，屏蔽作用降低，共振吸收信号峰在低场出现，如图 7−5（b）中—O—H 的 δ 大，信号峰出现在低场；而—C—H 的信号峰出现在高场。表 7−3 是常见的几种 ^{1}H 核磁共振化学位移与电负性。

表 7−3　^{1}H 核磁共振化学位移与电负性

化学式	CH_3F	CH_3Cl	CH_3Br	CH_3I	CH_4	$(CH_3)_4Si$
电负性	4.0	3.1	2.8	2.5	2.1	1.8
化学位移	4.26	3.05	2.68	2.16	0.23	0

(2) 磁各向异性效应。

在外磁场的激励下，分子中处于某一化学键（单键，双键，三键和大π键）的不同空间位置的氢核，会受到不同的屏蔽作用，从而影响质子的化学位移，这种效应为磁各向异性效应。造成这种效应的原因是化学键产生的附加磁场具有不对称性，有的地方与外加磁场方向一致，将增加外加磁场强度，使得该处氢核共振移向低磁场处（去屏蔽效应），由此造成化学位移增大；有的地方与外加磁场方向相反，将削弱外加激励磁场，使得该处氢核共振移向高磁场处（屏蔽效应），结果导致化学位移减少。图 7-6 给出了不同化学键氢核的化学位移。比如，Fe_2（高自旋态）、CO_2、Mn_2等顺磁离子及一些有机自由基（自旋标记化合物）中的不成对电子对周围核的化学位移及弛豫过程会有很大的影响，可以利用顺磁效应研究离子周围基团的状况。

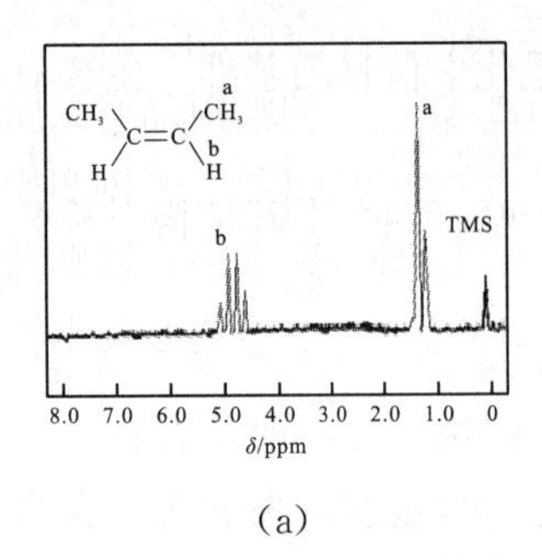

(a)

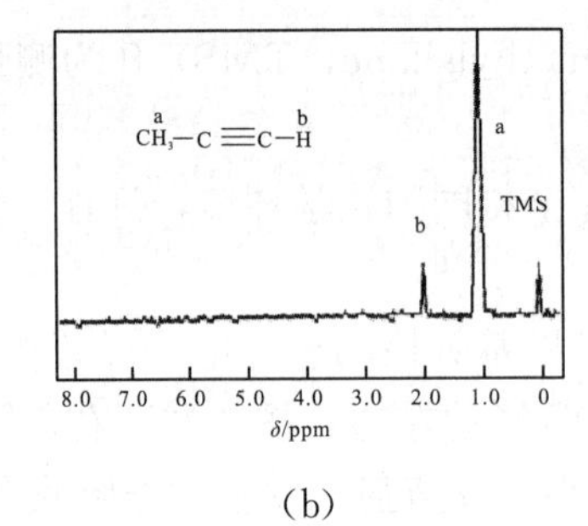

(b)

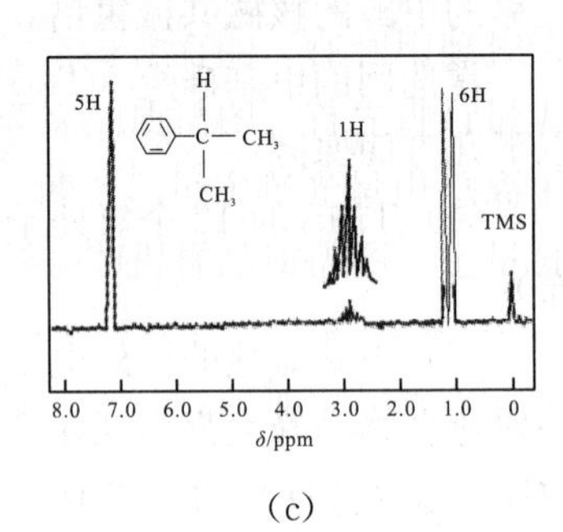

(c)

图 7-6　不同化学键氢核的化学位移

图 7-6 (a) 中氢核位于π键各向异性作用与外加磁场方向一致的地方，即位于去屏蔽区，信号出现在较低的磁场处，化学位移为 4.5～5.7 ppm。图 7-6 (b) 中炔烃三键上的π电子云围绕三键运行，形成π电子的环电子流，生成的磁场与三键之间两个氢核平行，正好与外加磁场相对抗，故屏蔽作用强，化学位移为 2.0～3.0 ppm。图 7-6 (c)中芳环大π键在外加磁场的作用下形成上、下两圈π电子环电流，苯环平面上下电子云密度大，形成屏蔽区，而苯环平面各侧电子云密度较低，形成去屏蔽区，苯环的氢核处于屏蔽区，共振吸收信号向低场移动，化学位移较大，为 7.27 ppm。

(3) 氢键效应。

当分子形成氢键时，氢键中质子的信号明显移向低磁场，对应的化学位移偏大，这是由于形成氢键时，质子周围的电子云密度降低所致。

(4) 溶剂效应。

氢核在不同的溶剂中，受溶剂的影响化学位移会发生变化。溶剂效应的产生主要是通过溶剂的极性、形成氢键、形成分子复合物及屏蔽效应而发生作用。一般在惰性溶剂的稀溶液中，如CCl_4，$CDCl_3$溶液浓度为 0.05～0.5 mol/L，化学位移变化不大。因此在核磁共振波谱分析中，一定要注明在使用某一溶剂下的化学位移。另外也可利用溶液 pH 滴定效应，即在不同 pH 条件下，各解离基团的解离状况不一，造成附近基团有不同的化学环境，从而使得化学位移随 pH 变化。

(5) 范德华力效应。

当两个原子互相靠近时，受范德华力的互相作用，电子云产生排斥，导致原子核周围的电子云密度降低，屏蔽减少，化学位移向低场移动。

产生化学位移的原因有很多，以上所列举的因素都可以加以利用，以获得原子核的核磁共振效应，从而进行分析研究。常见的各类有机化合物的化学位移见表 7−4。

表 7−4　有机化合物的化学位移（其他基团信息，请查阅专业手册）

类别	化学键	化学位移/ppm
饱和烃	$-CH_3$	$\delta_{CH_3}=0.79\sim1.10$
	$-CH_2$	$\delta_{CH_2}=0.98\sim1.54$
	$-CH$	$\delta_{CH}=\delta_{CH_3}+(0.5\sim0.6)$
	$-O-CH_3$	$\delta_H=3.2\sim4.0$
	$-N-CH_3$	$\delta_H=2.2\sim3.2$
	$C=C-CH_3$	$\delta_H=1.8$
	$-C(=O)-CH_3$	$\delta_H=2.1$
	$C_6H_5-CH_3$	$\delta_H=2\sim3$
烯烃	端烯质子	$\delta_H=4.8\sim5.0$
	丙烯质子	$\delta_H=5.1\sim5.7$
	与烯基，芳基共轭	$\delta_H=4\sim7$
芳香烃	芳烃质子	$\delta_H=6.5\sim8.0$
	供电子基团取代$-OR$，$-NR_2$时	$\delta_H=6.5\sim7.0$
	吸电子基团取代$-COCH_3$，$-NO_2$时	$\delta_H=7.2\sim8.0$
活泼氢	$-COOH$	$\delta_H=10\sim13$
	$-OH$	醇$\delta_H=1.0\sim6.0$
		酚$\delta_H=4\sim12$
	$-NH_2$	脂肪$\delta_H=0.4\sim3.5$
		芳香$\delta_H=2.9\sim4.8$
		酰胺$\delta_H=9.0\sim10.2$
	$-CHO$	$\delta_H=9\sim10$

2. 自旋—自旋耦合（Spin−spin coupling）

1951 年，Gutowsky 等发现 $POCl_2F$ 溶液的 ^{19}F 谱存在两条谱线，而 $POCl_2F$ 分子中只有一个 F 原子，由此发现了自旋—自旋耦合现象，即在外磁场作用下，相互邻近的质子自旋产生微磁场，再通过键的传递相互影响。

核与核之间以价电子为媒介相互耦合引起谱线分裂的现象称为自旋裂分。由于自旋裂分形成的多重峰中相邻两峰之间的距离称为自旋—自旋耦合常数，用 J 表示，如图 7−7 所示。

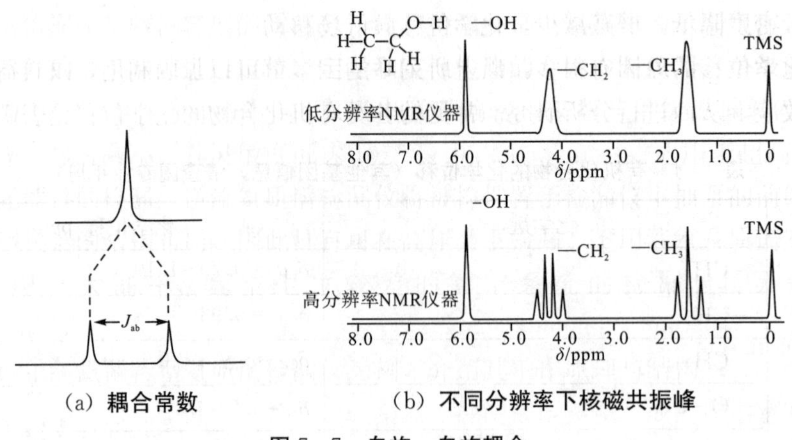

（a）耦合常数　　（b）不同分辨率下核磁共振峰

图 7－7　自旋—自旋耦合

耦合常数用来表征两核之间耦合作用的大小，与 H_0 无关，它取决于分子本身的性质，比如几何构型及周围电子环境，如图 7－8 所示，单位是赫兹（Hz）。常见的耦合类型有：①同碳（偕碳）耦合（^2J），通过两个键之间耦合；②邻碳耦合（^3J），通过三个键之间耦合；③远程耦合，超过三个键以上的耦合。

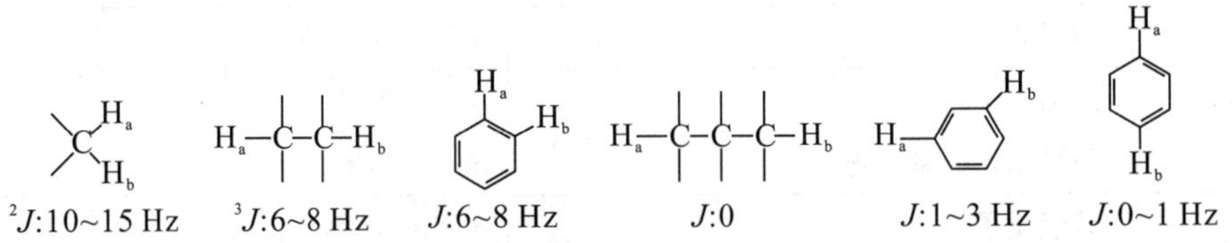

^2J:10~15 Hz　^3J:6~8 Hz　J:6~8 Hz　J:0　J:1~3 Hz　J:0~1 Hz

图 7－8　化学键数目对耦合常数的影响

例如，耦合常数与相互作用的原子核之间相对位置有关系，随着相隔键数目的增加，耦合常数会很快减弱。一般来讲，两个质子相隔少于或等于三个单键时可以发生耦合裂分；相隔三个以上单键时，耦合常数趋于零。例如在丁酮中，H_a 与 H_b 之间相隔三个单键，因此它们之间可以发生耦合裂分，而 H_a 与 H_b 或 H_b 与 H_c 之间相隔三个以上的单键，它们之间的耦合作用极弱，即耦合常数趋于零。中间插入双键或三键的两个质子，可以发生远程耦合。另外一种情况是，化学位移随外加磁场的改变而改变，但耦合常数不随外加磁场的改变而改变。因为自旋耦合产生于磁核之间的相互作用，是通过成键电子来传递的，并不涉及外加磁场。因此，当由化学位移形成的峰与耦合裂分峰不易区别时，可通过改变外加磁场的方法来予以区别。

一般来说，由于自旋耦合使高分辨核磁共振波谱变得十分复杂，但是当化学位移之差 $\Delta\gamma$ 远大于耦合常数时，耦合会遵从如下一般的规律：

（1）$(n+1)$ 规律。一组环境相同的氢核，与 n 个环境相同的氢核耦合，分裂成 $(n+1)$ 个峰，如图 7－9（a）所示；一组环境相同的氢核，分别与 n 个和 m 个环境不同的氢核耦合，或 $I=1/2$，分裂为 $(n+1)(m+1)$ 个峰，如图 7－9（b）所示。

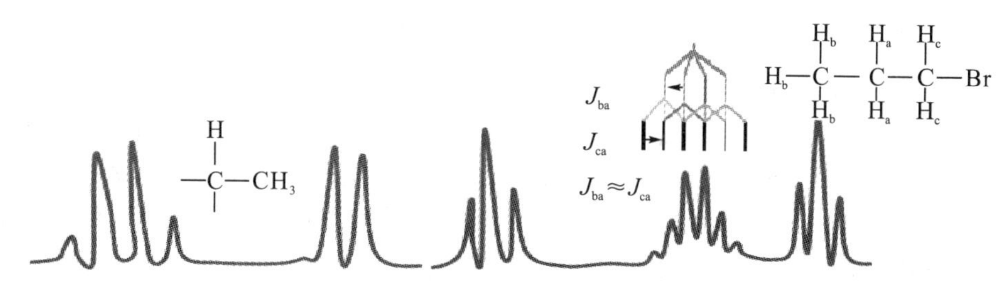

(a) 分裂为 $(n+1)$ 个峰

(b) 分裂为 $(n+1)(m+1)$ 个峰 [H_a裂分峰本应为 $(3+1)\times(2+1)=12$ 个，实际只有 6 个]

图 7－9　$(n+1)$ 规律

(2) 一组质子多重峰的位置，是以化学位移值为中心左右对称，相邻裂分峰之间距离相等。

(3) 谱线间强度比（面积）为 $(a+b)^n$ 展开式的各项系数，见表 7－5。

表 7－5　$(a+b)^n$ 展开式的各项系数及对应的峰形

n	二项式展开系数	峰形
0	1	单峰 singlet
1	1　1	二重峰 doublet
2	1　2　1	三重峰 triplet
3	1　3　3　1	四重峰 quartet
4	1　4　6　4　1	五重峰 quintet
5	1　5　10　10　5　1	六重峰 sextet

3. 谱峰强度与线宽

信号强度传递核磁共振谱的重要信息，处于相同化学环境的原子核在核磁共振谱中会显示为同一个信号峰，通过解析信号峰的强度可以获知这些原子核的数量，从而为分子结构的解析提供重要信息。通过信号峰积分曲线来表征信号峰强度，而信号峰积分曲线的高度与产生该信号峰基团的粒子数成正比。共振峰强度与样品浓度、信噪比、分子之间交换现象等有关。定义共振峰高度 1/2 处的峰宽为线宽 ΔH，线宽与核自旋的局域相互作用和弛豫时间 T_2 有关。通过线宽分析，可以得到一些基团的动态特性以及基团之间相互作用的部位等信息。这一信息对于 ^{1}H－NMR 谱尤为重要，而对于 ^{13}C－NMR 谱而言，由于峰强度和原子核数量的对应关系并不显著，故峰强度并不是非常重要。

4. 弛豫参数

从微观机制上说，弛豫是由局部涨落磁场所引起的。包括偶极—偶极相互作用、分子转动、化学位移各向异性、邻近存在核电四极矩等，都可以产生局部磁场。而固体中的晶格振动、液体中的布朗运动等，都能使局部磁场随时间涨落。此外，弛豫速率（即弛豫时间的倒数）具有可加和性。当存在多种弛豫机制时，总的弛豫速率是各种机制弛豫速率的总和。在核磁共振技术中，主要的弛豫参数分别是：①自旋—晶格弛豫时间

（纵向弛豫时间）T_1，单位是 s。②自旋—自旋弛豫时间（横向弛豫时间）T_2，以 s 为单位，它与谱线宽度有关。③核奥弗豪泽效应（Nuclear Overhauser Effect，NOE）。当一个强的射频场作用在一组核上时，使其中一个或多个跃迁饱和，这时在空间相邻近的另一组核的共振信号的积分强度就会因此而改变（一般增强），这一现象称为核奥弗豪泽效应，最早由 A. W. 奥弗豪泽发现。NOE 信号强度与两个氢核距离、分子内部运动和化学交换、核自旋体系内的交叉弛豫等因素有关。

5. 核的化学等价与磁等价

（1）化学等价（化学位移等价）。

若分子中两个相同原子（或基团）处于相同的化学环境时，则称它们是化学等价的。一般来说，若两个相同基团可通过二次旋转轴互换，则它们无论在何种溶剂中均是化学等价的；若两个相同基团是通过对称面互换的，则它们在非手性溶剂中是化学等价的，而在手性溶剂中则不是化学等价的；若不能通过以上两种对称操作互换的两个相同基团，一般都不是化学等价的。例如在 CH_3CH_2X 中，CH_3 基团的 3 个 H 是化学等价的，CH_2 中的 2 个 H 是化学等价的，但是甲基和亚甲基的 H 是化学不等价的。另外，固定在环上的 CH_2 的两个质子化学不等价；单键不能快速旋转，连在同一个原子上的两个相同基团化学不等价；与手性碳相连的 CH_2 的两个质子化学不等价；对映异构体在手性溶剂中是化学不等价的，在非手性溶剂中是化学等价的。

（2）磁等价。

若化合物中两个相同原子核所处的化学环境相同，且它们对任意的另外一个核的耦合常数也相同（数值和符号），则两原子为磁等价。基于定义，磁等价的核一定是化学等价的，例如，在二氟甲烷中，两个氢质子的化学位移相同，并且它们对氟质子的耦合常数也相同，因此，两个氢核称为磁等价核，如图 7－10 所示。应该指出，它们之间虽有自旋干扰，但耦合并不产生峰的分裂，而只有磁不等价的核之间发生耦合时，才会产生峰的分裂。化学等价的核不一定磁等价，化学不等价的核一定磁不等价。例如，在二氟乙烯中，两个 H 和两个 F 虽然环境相同，是化学等价的，但是由于 H_a 与 F_a 是顺式耦合，与 F_b 是反式耦合，同理 H_b 和 F_b 是顺式耦合，与 F_a 是反式耦合，所以 H_a 和 H_b 是磁不等价的。同一碳上面的氢核不一定磁等价，事实上，与手性碳原子相连的—CH_2—上的两个氢核，就是磁不等价的。在解析图谱时，必须首先弄清某组质子是化学等价还是磁等价，这样才能正确分析图谱。

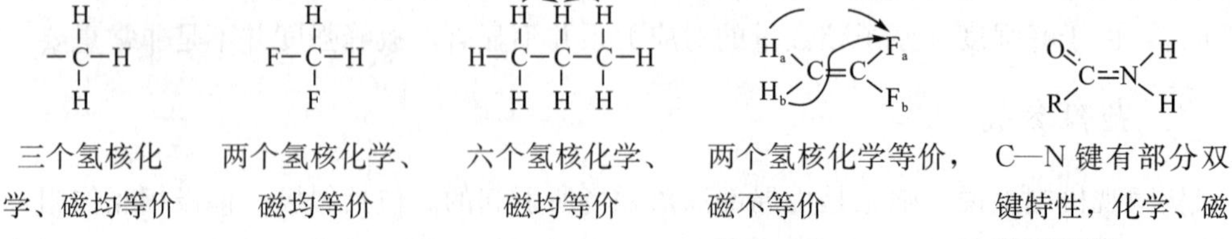

三个氢核化学、磁均等价

两个氢核化学、磁均等价

六个氢核化学、磁均等价

两个氢核化学等价，磁不等价 $J_{H_aF_a} \neq J_{H_bF_a}$ 两个氟核化学等价，磁不等价

C—N 键有部分双键特性，化学、磁均不等价

图 7－10 化学等价与磁等价

6. 自旋体系分类

在核磁共振中，存在着弱耦合 $\Delta\nu/J>10$ 和强耦合 $\Delta\nu/J<10$ 之分。弱耦合对应的是一级图谱，强耦合对应高级图谱。另外根据耦合的强弱，可以把核磁共振谱分为若干体系，并遵守如下命名规则：

（1）弱耦合的核以 AMX 等不相连的英文字母表示，并称为 AMX 多旋体系。

（2）强耦合的核以 ABC，KLM 或 XYZ 等相连的英文字母表示，并称为 ABC 多旋体系。

（3）磁等价的核可以用完全相同的字母表示，如 A_2、B_3 等；化学等价而不是磁等价的核则以 AA′、BB′等符号表示。

例如在邻二氯苯（Ⅰ）中，H_a，$H_{a'}$ 及 H_b，$H_{b'}$ 为两组化学等价的核，但它们不是磁等价核。因为 H_a 与 H_b 为邻位耦合，而 $H_{a'}$ 与 $H_{b'}$ 为间位耦合，不符合磁等价定义。同理，H_b 与 $H_{b'}$ 也为磁不等价。因此，邻二氯苯属于 AA′BB′四旋体系。表 7−6 列出了典型的自旋体系。AX，AX_2 属于一级图谱，这类图谱解析比较简单；ABC，AA′，BB′，AB 等自旋体系属于高级图谱，其化学位移值 δ 和耦合常数 J 不能从图谱上直接得到，须通过计算后才能求得。

表 7−6　常见的自旋体系

化合物	自旋体系	化合物	自旋体系
$CH_2{=}CCl_2$	A_2	$CH_2{=}CFCl$	ABX
	AB	CH_2FCl	AX_2
	AX		AA′BB′
	AB_2	$CH_2{=}CF_2$	AA′XX′

第 3 节　技术原理

核磁共振仪种类很多，包括核磁共振波谱仪、核磁共振磁场计、核磁共振测场仪、核磁共振分析仪、核磁共振探水仪、核磁共振表面探测仪、核磁共振测井仪、核磁共振成像仪等。核磁共振波谱仪可以按照磁场源分为永久磁铁、电磁铁、超导磁铁；也可按照交变频率分为 40 MHz，60 MHz，90 MHz，100 MHz，200 MHz，500 MHz，600 MHz，频率越高，分辨率越高，灵敏度越高，图谱简单易于分析；也可以分为液体核磁共振波谱仪和固体核磁共振波谱仪；还可以按照射频源和扫面方式分为连续波核磁共振波谱仪（CW−NMR）和脉冲傅里叶变换核磁共振波谱仪（FT−NMR）。前者将单一频率的射频脉冲连续加在原子核系统上，得到的是频率域上的吸收信号和色散信号；后者将短而强的等距脉冲所调制的射频信号加到原子核系统上，使不同共振频率的许多核同时得到激发，得到的是时间域上的自由感应衰减信号（Free Induction Decay，FID）的相干图，再经过计算机进行快速傅里叶变换后才得到频率域上的信号。

3.1 仪器结构

图 7−11（a）给出了核磁共振波谱仪的外观图，图 7−11（b）是内部构造图。

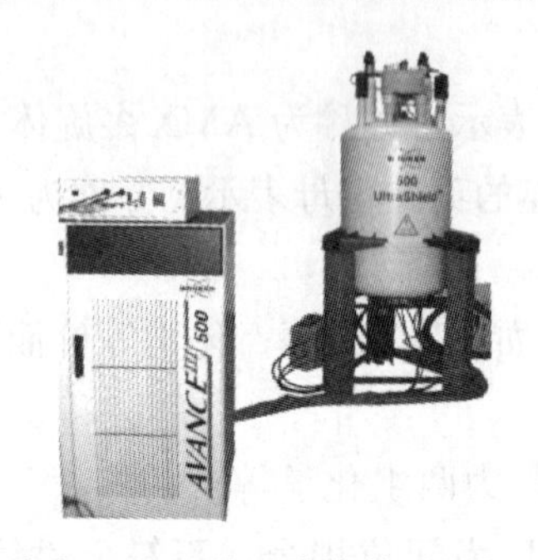

（a）瑞士 Bruker 公司生产的 AVANCE Ⅲ 500 MHz 固体核磁共振波谱仪

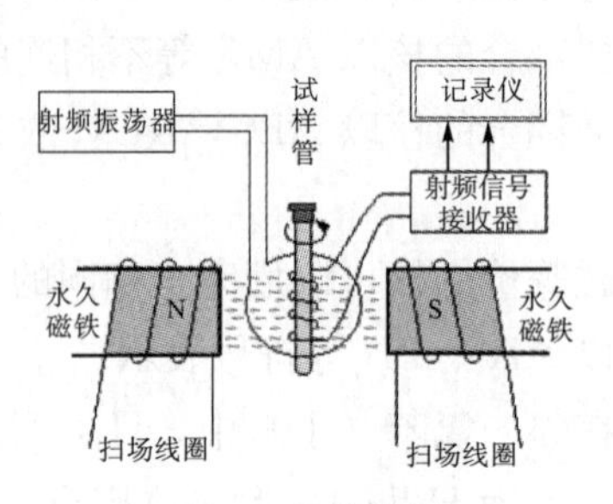

（b）内部构造图

图 7−11　核磁共振波谱仪（1）

以连续波核磁共振波谱仪为例，由图 7−11（b）可以看出，一般的核磁共振波谱仪主要由以下构件组成：

（1）永久磁铁。该部分提供外加磁场，要求稳定性好、磁场均匀。在 NMR 中要求测量的化学位移，其精度一般要达到 10^{-8} 数量级，这就要求磁场的稳定性至少要达到 10^{-9} 数量级，为了有效地消除温度等环境影响，在 NMR 中都采用了频率锁定系统，常用外锁定系统（以样品池外某一种核作参比）和内锁定系统（以样品池内某一种核作参比）来进行场频连锁，分别可以将磁场漂移控制在 10^{-10}～10^{-9} 数量级。永久磁铁一般可提供 0.7046 T 或 1.4092 T 的磁场，对应质子共振频率为 30 MHz 和 60 MHz。而超导磁铁可以提供更高的磁场，可达 100 kGs 以上，最高可达到 800 MHz 的共振频率。如果采用电磁铁，可提供对应 60 MHz，90 MHz，100 MHz 的共振频率。

（2）扫场线圈。安装在磁铁上的亥姆霍兹（Helmholtz）线圈，提供一个附加可变磁场（梯度磁场），用它来保证磁铁产生的磁场均匀，并能在一个较窄的范围内连续精确变化，用于扫描测量，扫场速度一般为 3～10 mGs/min。核磁共振仪的扫描方式有两种：一种是固定频率，线性地改变磁场，称为扫场；另一种是保持磁场恒定，线性地改变频率，称为扫频。

（3）射频振荡器。在垂直于主磁场方向发射一定频率的电磁辐射信号到样品上。常采用石英晶体振荡器产生基频，经过倍频、调谐及功率放大后馈入与磁场垂直的线圈中。为了获得高分辨率，频率的波动必须小于 10^{-8}，输出功率根据需要进行选择，在扫描时间内波动小于 1%。

（4）射频信号接收器（检测器）。当质子的进动频率与辐射频率相匹配时，发生能级跃迁，吸收外激励能量，相应地在感应线圈中产生毫伏级信号。此部分与射频振荡器、扫场线圈互相垂直。

（5）试样管。一般是外径 5 mm、长度 150 mm 的玻璃管，通过气动涡轮机保证试样管在测试过程中均匀旋转，使磁场作用均匀，消除不均匀带来的影响，提高测试灵敏度和分辨率。为了避免扫场线圈与接收线圈相互干扰，两线圈垂直放置并采取措施防止磁场的干扰。另外，试样管能够进行升降温及控温。由试样管、扫描发生器、接收线圈、预放大器等一起组成探头，构成仪器的心脏部分。

（6）记录仪。将共振信号绘制成共振图谱。

连续波核磁共振波谱仪有很多优点，适用于大磁矩，自旋 $I=1/2$ 和高天然丰度的核的波谱测定，诸如一些灵敏核素如 ^{1}H，^{19}F 以及 ^{31}P，但对于 ^{13}C 和 ^{15}N 则测试困难。另外，在某一时间段内，只能操作很窄的频率范围，信息量少。

图 7－12（a）是一台液体核磁共振波谱仪外观图，图 7－12（b）给出了傅里叶变换核磁共振波谱仪的工作框架图。连续波核磁共振谱波谱仪采用的是单频发射方式，在某一时刻内，只能记录谱图中的很窄一部分信号，即单位时间内获得的信息很少。在这种情况下，对那些核磁共振信号很弱的核，如 ^{13}C，^{15}N 等，即使采用累加技术，也不能得到良好的效果。为了提高单位时间的信息量，测试时可采用多道发射机同时发射多种频率，使处于不同化学环境的核能够同时产生共振吸收，再采用多道接收装置同时得到所有的共振信息。例如，在 100 MHz 共振仪中，若质子共振信号化学位移范围为 10，相当于 1000 Hz，若扫描速度为 2 Hz • s^{-1}，则连续波核磁共振波谱仪需要 500 s 才能扫完全谱；而在具有 1000 个频率间隔 1 Hz 的发射机和接收机同时工作时，只要 1 s 即可扫完全谱。显然，后者可大大提高分析速度和灵敏度。FT－NMR 就类似于一台多道仪，它不是通过扫场或者扫频来产生核共振信号的，而是在恒定磁场施加全频脉冲，当激励脉冲发射时，试样中所有原子核都对脉冲中单个频率产生共振吸收，采集产生的感应电流信号（该信号是很复杂的干涉波，产生于各个原子核激发态的不同弛豫过程），经过傅里叶变换获得一般核磁共振图谱。傅里叶变换核磁共振波谱仪是以适当宽度的激励射频作为多道发射机，使所选的核同时激发，得到核的多条谱线混合的自由感应衰减信号的叠加信息，该信息是时间域函数，包含了频率、相位、幅度等复杂信息，然后以快速傅里叶变换作为“多道接收机”得出各条谱线在频率中的分离位置与强度。这就是傅里叶变换核磁共振波谱仪的工作原理。

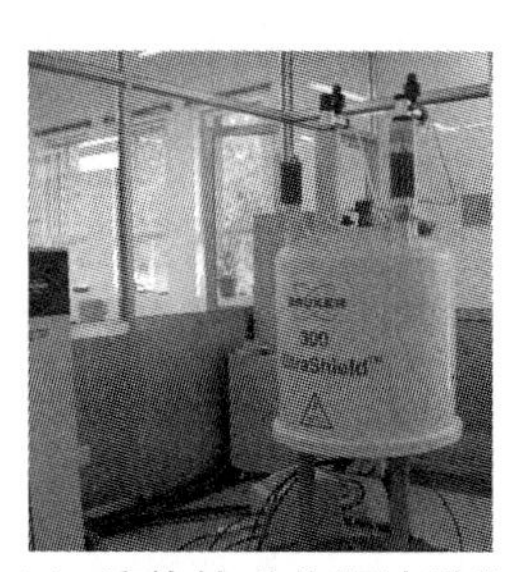

（a）液体核磁共振波谱仪

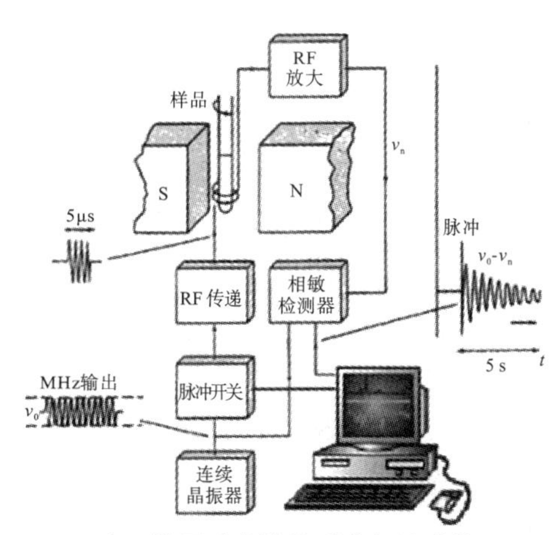

（b）傅里叶变换核磁共振波谱仪

图 7－12　核磁共振波谱仪（2）

傅里叶变换核磁共振波谱仪的测定速度快，除了可以进行核的动态过程、瞬间过程和反应动力学等方面的研究，还易于实现累加技术。

3.2 工作过程

将试样管（内装待测的样品）放置在磁铁两极间的狭缝中，并以一定的速度（如50～60 周/秒）旋转，确保试样处于均匀的磁场当中；通过射频振荡器向样品发射固定频率（如100 MHz、200 MHz）的电磁波。安装在探头中的射频信号接收线圈探测核磁共振时的吸收信号；由扫场线圈连续改变磁场强度，由低场至高场扫描，在扫描过程中，试样中不同化学环境的同类磁核，相继满足共振条件，产生共振吸收；接收器和记录系统采集吸收信号并经放大记录成核磁共振图谱。

第4节　分析测试

4.1 制样

（1）试样管。

根据仪器和实验的要求，可选择不同外径（Φ=5～10 mm）的试样管，微量操作还可使用微量试样管。为保持旋转均匀及良好的分辨率，管壁应均匀而平直。

（2）溶液的配制。

由于核磁共振测试的灵敏度较低，所以它需要比一般红外、紫外实验更大的样品量，这往往成为核磁共振技术在生物学应用中的一个重要问题。试样质量浓度一般为500～100 $g \cdot L^{-1}$，需纯样（>95%）15～30 mg，一般有机物须提供的样品量：^{1}H 谱>5 mg，^{13}C 谱>15 mg，对聚合物所需的样品量应适当增加。如果采用傅里叶核磁共振波谱仪测试，试样量可大大减少，^{1}H 谱一般只需 1 mg 左右，甚至可少至几微克，^{13}C 谱需要几到几十毫克。

（3）标准试样。

进行实验时，每张图谱都必须有一个参考峰，以此峰为标准，求得试样信号的相对化学位移，一般简称化学位移。在试样溶液中加入约 10 $g \cdot L^{-1}$ 的标准试样四甲基硅烷（TMS），TMS的所有氢核产生的参考信号只有一个峰，与绝大多数有机化合物相比，TMS的共振峰出现在高磁场区。值得注意的是，在高温操作时，需用六甲基二硅醚（HMDS）为标准试样，它的 δ=0.04。在水溶液中，一般采用 3－甲基硅丙烷磺酸钠［$(CH_3)_3SiCH_2CH_2CH_2SO_3Na$，DSS］作标准试样，它的三个等价甲基单峰的 δ=0.0，其余三个亚甲基淹没在噪声背景中。

（4）溶剂。

一般样品的溶剂量应该在 0.5 mL 左右，大概在核磁管中的长度为4 cm附近。溶剂量太小，样品与空气磁化率不同造成的界面磁化率突变会影响样品中磁场的均匀性，进而影响实验的速度和谱图的效果；溶剂量太大，将使部分溶液接受不到激励射频而造成浪费。选择溶剂的原则是：对样品有高溶解度，与样品不发生反应，溶剂峰和样品峰没有重叠，黏度低，价格便宜。^{1}H 谱的理想溶剂是四氯化碳和二硫化碳，此外，还常用四氯化碳、丙酮、二甲基亚砜（DMSO）、苯等含氢溶剂。为避免溶剂质子信号的干扰，可采用它们的氘代衍生物。氘代三氯甲烷（$CDCl_3$）的溶解性能良好，价格便宜，是最常用的溶剂，其残余氢峰非常尖锐，易于辨认。但不同性质的样品对这个共振峰有一定影响，在图谱中可分布在 δ7.4～δ7.0 之间，有时也会超过这个范围，如一些胺类可使它向低场移至 δ7.55。

氘代二甲基亚砜能溶解多种有机化合物，也是一种被广泛使用的溶剂。它是强氢键性溶剂，能和醇或糖中的羟基形成氢键而抑制羟基的交换，使羟基质子同碳质子耦合而产生多重裂分。它的主要缺点是黏度很大，往往会引起谱峰分辨率下降。有时在氘代氯仿中加 1～2 滴氘代二甲基亚砜，可以明显地增加样品的溶解度，又可避免单独使用二甲基亚砜所引起的上述问题。值得注意的是，此时杂质三氯甲烷的质子信号将从 δ7.3 移至 δ7.8～δ8.0，氘代芳香溶剂（如苯、吡啶）有各向异性效应，将会使溶质分子产生选择性化学位移，可达 0.5 ppm 以上，有时也可利用这一特性有意错开重叠峰，以获得测定化合物立体结构的信息。重水（D_2O）适用于水溶性的样品，如多羟基、多羧基类化合物。此时活泼氢易被 D_2O 交换掉，这些质子信号不再出现。值得注意的是，在氘代溶剂中，常常因残留^{1}H 而在 NMR 谱图上出现相应的共振峰。

（5）样品的处理。

离心：样品（特别是生物大分子）溶解后，应该离心除去可能的微小颗粒，以免影响匀场，降低分辨率。

除氧：在高分辨结构和弛豫研究中，除氧是极为重要的（特别是小分子），溶解在溶液中的分子氧具有顺磁性，它会极大地减少弛豫时间，因此必须将氧除去。除氧的方法通常有两种：一种是冰冻—抽真空—融化，即把样品放在 NMR 试样管内冰冻，然后抽真空，融化，重复上述过程四次，最后在真空中将管口封住；另一种是将一些惰性气体，如氮气、氦气或氩气单向通过整个样品，从而将氧稀释带走。

4.2　图谱解析

核磁共振谱中横坐标是化学位移，用 δ 或 τ 表示，利用专门的软件可以对吸收峰进行积分，由低磁场移向高磁场，积分线用阶梯式曲线标示在图谱上，积分曲线的起点到终点的总高度与引起该吸收峰的氢核数目呈正比，因此，可以根据分子中质子的总数确定每一组吸收峰对应的质子的绝对个数。

在核磁共振波谱的定量分析中，主要依据磁等价的质子数的积分高度（面积）与质子数成正比。相比其他定量分析，核磁共振波谱仪不需要引入任何校正因子，不需要采用工作曲线法，并能直接使用积分高度（面积）。常用的有内标法和外标法。

通过核磁共振获得的图谱（一级分裂图谱），一般可以从以下几方面获得物质的结构特征：①组峰的数目：可以判断出有多少类磁不等价质子；②峰的强度（面积）：每类质子的数目（相对）；③峰的化学位移：每类质子所处的化学环境；④峰的裂分数：相邻碳原子上质子数；⑤耦合常数（J）：确定化合物构型。

解析图谱一般应按照以下过程进行：

（1）分辨试样的各种信息和基本数据，分析并区别出非试样信息，如溶剂峰与杂质峰。

（2）由分子式计算出不饱和度。

（3）求出各组峰所对应的质子数，判断等价氢核的种类。

（4）获得每组峰的化学位移、耦合常数、积分面积，判断氢的数目。

（5）推导出若干结构单元（基团信息）进行组合优化，确定峰的归属。

（6）确定试样的结构，可通过其他测试手段进行联合分析，比如 IR，UV，MS 等。

在实际测试过程中，质子之间会发生强耦合，产生高级图谱，发生附加分裂，使得谱线裂分的数目不再像一级图谱那样符合规律，相应的吸收峰的强度（面积）比也不能用二项展开式系数来预测，而峰间距不一定等于耦合常数，有些多重峰的中心位置也不是真实的化学位移值，因此，一般无法从共振谱图上直接读取 J 和 δ 值，而需要复杂的解析，一般有以下几种方式：

（1）加大核磁共振仪的磁场强度。虽然耦合常数 J 不随外加磁场强度发生改变，但是共振频率的差值 $\Delta\nu$ 却随外加磁场强度的增大而逐渐变大。通过加大外加磁场强度，增加 $\Delta\nu/J$ 的值直至大于 10，即可获得一级图谱。这也是核磁共振仪需要尽可能大的磁场强度的原因。

（2）去偶法与核奥弗豪泽效应。若化学位移不同的质子 ^{1}H，^{2}H 之间存在耦合，在正常扫描的同时，可以采用另一束强的激励射频照射到 ^{2}H 原子核上，并且使照射的频率恰好等于 ^{2}H 核的共振频率，这样 ^{2}H 核便在 $-1/2$ 和 $+1/2$ 两个自旋态间迅速往返，如同一非磁性核，就不会对 ^{1}H 产生耦合作用，^{1}H 核的谱线将变为单峰。这种技术称为去偶法或双照射法。去偶法不仅可以简化图谱，而且可以确定哪些核与去偶质子有耦合关系。

核奥弗豪泽效应（Nuclear Overhauser Effect，NOE）与去偶法类似，也是一种双共振技术，不同的是在 NOE 中，如果用其中一个 H 的频率进行照射，使其不发生共振，则距离相近的 H 的信号会增强，NOE 随其距离增大迅速减小，所以利用 NOE 不仅可以简化图谱，还能根据效应强弱推测 H 原子的空间距离，判断出顺、反构型等。

（3）采用加入位移试剂等实验手段来简化图谱。在不增加外加磁场强度的情况下，加入位移试剂可以使试样中质子核外电子密度发生变化，从而改变化学位移，使原来重叠的共振吸收峰分开，便于分析。位移试剂主要是顺磁性镧系稀土金属离子的配位化合物，其中铕（Eu）和镨（Pr）的络合物能产生较大的化学位移，它们对谱线宽度的增加也不明显，是目前最常用的试剂。一般来说，铕、铒、铥、镱的配位化合物，使共振峰向低场移动；而铈、镨、钕、钐、铽的配位化合物，则使共振峰移向高场。

第 5 节　知识链接

核磁共振成像（Nuclear Magnetic Resonance Image，NMRI）为了避免人们对“核”的恐惧而产生误解，现在一般叫磁共振成像（Magnetic Resonance Image，MRI），是通过识别水分子中氢原子信号的分布来推测水分子在人体内的分布，进而探测出人体内部结构的技术。人体各种组织含有大量的水和碳氢化合物，氢核的核磁共振灵活度高、信号强，这是人们首选氢核作为人体成像元素的原因。MRI 信号强度与样品中氢核密度有关，人体中各种组织间含水比例不同，即含氢核数的多少不同，则 MRI 信号强度有差异，利用这种差异作为特征量，把各种组织分开，这就是氢核密度的核磁共振成像技术。MRI 通过对静磁场中的人体施加某种特定频率的射频脉冲，使人体中的氢质子受到激励而发生磁共振现象。停止脉冲后，质子在弛豫过程中产生 MR 信号。通过对 MR 信号的接收、空间编码和图像重建等处理过程，即产生 MR 信号。人体不同组织之间、正常组织与该组织中的病变组织之间的氢核密度（1%的异动），弛豫时间 T_1、T_2参数的差异是核磁共振技术用于临床诊断最主要的物理基础。MRI 所获得的图像非常精细清晰，大大提高了医生的诊断效率，避免了剖胸或剖腹探查诊断的手术。由于 MRI 不使用对人体有害的 X 射线和易引起过敏反应的造影剂，因此对人体没有损害。MRI 可对人体各部位多角度、多平面成像，各种参数都可以用来成像，多个成像参数能提供丰富的诊断信息，其分辨力高，能更客观、更具体地显示人体内的解剖组织及相邻关系，对病灶能更好地进行定位、定性。对全身各系统疾病的诊断，尤其是早期肿瘤的诊断有很大的价值。另外，能获得脑和脊髓的立体图像，能诊断心脏病变，对软组织有极好的分辨力。图 7－13 是常见的医用 MRI 设备及人体组织的核磁共振图谱。

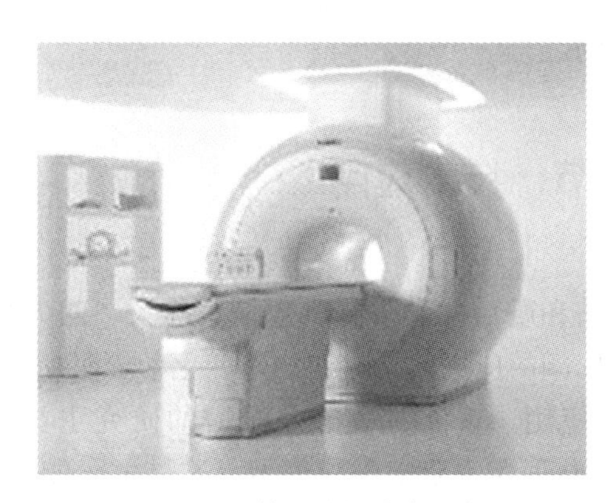

（a）医用核磁共振成像设备

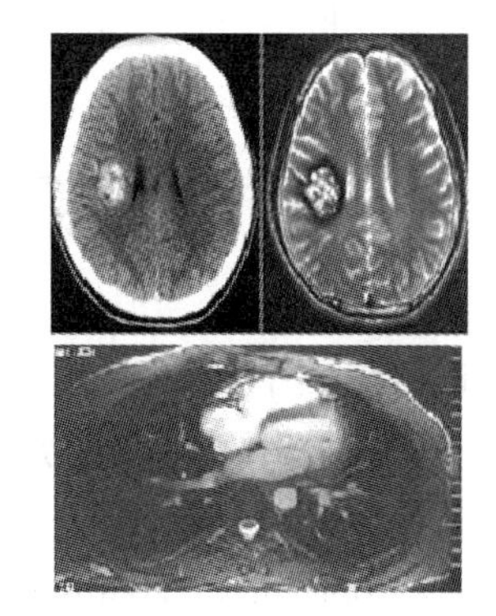

（b）人体脑组织和心脏的磁共振图谱

图 7－13　医用 MRI 设备及人体组织的核磁共振图谱

核磁共振底片灰阶具有以下特点：核磁共振的信号越强，则亮度越大；核磁共振的信号弱，则亮度也小，从白色、灰色到黑色。各种组织具有的磁共振影像灰阶特点：脂肪组织、松质骨呈白色；脑脊髓、骨髓呈白灰色；内脏、肌肉呈灰白色；骨皮质、气体、含气肺呈黑色。核磁共振的另一特点是流动液体不产生信号（流动效应或流动空白效应），因此血管是灰白色管状结构，而血液为无信号的黑色，血管很容易与软组织分开。正常脊髓周围有脑脊液包围，脑脊液为黑色的，并有白色的硬膜为脂肪所衬托，使脊髓显示为白色的强信号结构。

MRI已应用于全身各系统的成像诊断。效果最佳的是颅脑及脊髓、心脏大血管、关节骨骼、软组织及盆腔等。对心血管疾病不但可以观察各腔室、大血管及瓣膜的解剖变化，而且可作心室分析，进行定性及半定量的诊断，可作多个切面图，空间分辨率较高，能显示心脏及病变全貌及其与周围结构的关系，优于X射线成像、二维超声、核素及CT检查。在对脑脊髓病变进行诊断时，可作冠状、矢状及横断面像。

在医学上的应用，MRI具有以下优点：① MRI对人体没有损伤；② MRI能获得脑和脊髓的立体图像，不像CT那样一层一层地扫描而有可能漏掉病变部位；③ 能诊断心脏病变，而CT因扫描速度慢而难以胜任；④对膀胱、直肠、子宫、阴道、骨、关节、肌肉等部位的检查优于CT。

缺点在于：① 和CT一样，MRI也是影像诊断，很多病变单凭MRI仍难以确诊，不像内窥镜可同时获得影像和病理两方面的诊断；② 对肺部的检查不优于X射线或CT检查，对肝脏、胰腺、肾上腺、前列腺的检查不比CT优越，但费用要高昂得多；③对胃肠道的病变不如内窥镜检查；④ 体内留有金属物品者不宜接受MRI。

目前国内核磁共振应用于临床检查的机器大部分的磁场强度为0.35～3 T，少数科研机构已经使用7 T甚至更高的磁场强度的机器。1 T等于10000 Gs，而地球的磁场强度约0.5 Gs，也就是说，一台3 T核磁共振的磁场吸引力相当于地球吸引力的6万倍。例如，将一把铁质扳手靠近核磁共振机器，将产生226 kg的吸力；又如，办公室的转椅靠近机器，将产生600～800 kg的吸力，如果再换成医院常用的给病人坐的轮椅靠近机器，将产生一辆小型汽车的800 kg的吸力，而且速度相当于子弹的速度，因此把金属物品带入核磁共振室内是非常危险的。

第6节　技术应用

核磁共振谱与紫外光谱、红外光谱和质谱一起被有机化学家称为“四大名谱”，在分子结构测定上显示出巨大的优势和广阔的应用前景，在物理、化学、医疗、石油、化工、食品、农业等领域获得了广泛的应用。目前对核磁共振谱的研究主要集中在^{1}H和^{13}C两类原子核的图谱。早期的核磁共振谱主要集中在氢谱，这是由于能够产生核磁共振信号的^{1}H原子在自然界丰度极高，由其产生的核磁共振信号很强，容易检测。随着傅里叶变换技术的发展，核磁共振仪可以在很短的时间内同时发出不同频率的射频场，这样就可以对样品重复扫描，从而将微弱的核磁共振信号从背景噪音中区分出来，这使得人们可以收集^{13}C核磁共振信号。图7－14是采用核磁共振可以分析的原子核的分布情况。

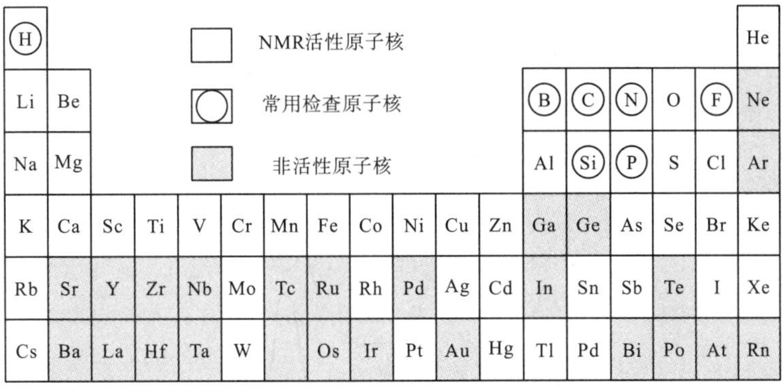

NMR活性原子核

常用检查原子核（○）

非活性原子核

(H)																	He
Li	Be											(B)	(C)	(N)	O	(F)	Ne
Na	Mg											Al	(Si)	(P)	S	Cl	Ar
K	Ca	Sc	Ti	V	Cr	Mn	Fe	Co	Ni	Cu	Zn	Ga	Ge	As	Se	Br	Ke
Rb	Sr	Y	Zr	Nb	Mo	Tc	Ru	Rh	Pd	Ag	Cd	In	Sn	Sb	Te	I	Xe
Cs	Ba	La	Hf	Ta	W		Os	Ir	Pt	Au	Hg	Tl	Pd	Bi	Po	At	Rn

图 7－14　核磁共振活性元素

近年来发展的二维核磁共振谱技术，使得人们能够获得更多关于分子结构的信息，目前二维核磁共振谱已经可以解析分子量较小的蛋白质分子的空间结构。

6.1　在材料分析中的应用

核磁共振波谱仪在有机物中的研究比较多见，可以用来鉴别聚合物材料、测定有机物组成、研究反应动力学等，另外一些核磁共振波谱仪也可用于有机—无机复合材料的研究。

1. 有机高分子材料方面的研究

（1）有机物组成的测定及相对分子量的获得方面。

利用 NMR 谱峰的强度与相应元素的对应关系，尤其是共振峰的积分面积正比于相应的质子数，可以通过直接测定质子数之比从而得到各基团的定量结果，不用依靠已知标样，就可以直接测定共聚物组成比，并获得平均相对分子量，如图 7－15（a）所示。

（2）集合物立构规整度及序列结构的测定方面。

NMR 可用于研究取代烯烃聚合时，由于所用引发剂类型和其他条件的不同带来的不同立构规整度的变化，图 7－15（b）给出了 PMMA 的链接顺序。

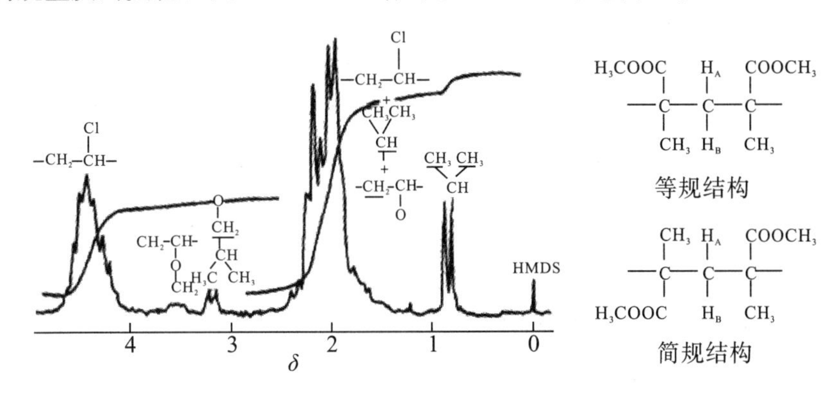

（a）**氯乙烯与乙烯基异丁醚共聚物**^{1}H－NMR **图谱**　　（b）PMMA **链接顺序**

图 7－15　有机高分子的核磁共振图谱

（3）定性测量方面。

高分子化合物主要由碳、氢组成，用^{1}H 谱和^{13}C 谱非常适合对聚合物的结构进行分析。例如，聚烯烃、聚丙酸乙烯酯和聚丙烯酸乙酯的鉴别及未知物的鉴别等。图 7－16给出了不同尼龙的 NMR 图谱。

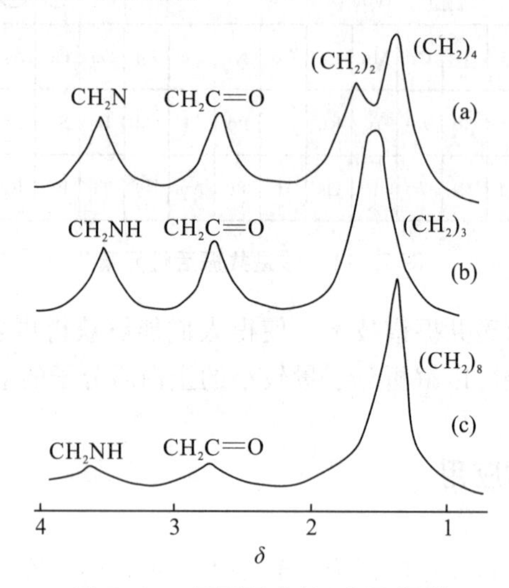

图 7－16　不同尼龙的 NMR 图谱

（a）尼龙 66 有两个（CH_2）$_2$和（CH_2）$_4$峰，峰形较宽；

（b）尼龙 6 的（CH_2）$_3$峰为很宽的单峰；（c）尼龙 11 的（CH_2）$_8$峰很尖锐

（4）固体高分子形态研究方面。

高分子链可以有序或无序地排列，呈现出结晶型或非晶型，它们在 NMR 图谱中的化学位移不同，可以很容易地加以区别。核磁共振技术不但能提供结晶区的信息，还能测量非晶区的结构。结晶型及非晶型的高分子形态可以通过共振峰的化学位移来研究。固体 NMR 得到的信息可与 XRD 图谱相互补充。此外，NMR 技术的各种弛豫参数也可用来鉴别多相体系的结构。尤其当各相共振峰的化学位移差别很小时，弛豫参数分析相结构就显得格外重要。

（5）石油化学研究方面。

核磁共振在石油和燃料工业中的应用开始于 20 世纪 50 年代，核磁共振技术能够提供原油和其精炼产品中化合物的化学组成及结构信息，包括烷基汽油中两种类型氢的鉴定、催化裂解中得到的环状物与沥青中各类型氢的分析、原油的馏分以及沥青芳香度、取代百分比和平均碳骨架的组成分析等。

（6）生命化学研究方面。

核磁共振技术能够研究生物大分子在溶液态的多变结构及其与生命活动的关联性。核磁共振技术的发展，特别是二维核磁共振技术的发展，对于解析高分子量蛋白质、核酸、糖类等生命物质提供了前所未有的便利条件。

2. 其他方面的研究

主要是高分辨固体核磁共振波谱仪（Solid State High Resolution Nuclear Magnetic

Resonance）的应用。固体 NMR 在研究固体状态下材料的结构和分子运动方面是非常有效的一种手段。它研究的是各种核周围的不同局域环境，即中短程相互作用，非常适用于研究固体材料的微观结构，既可对结晶度较高的固体物质进行结构分析，也可用于结晶度较低的固体物质及非晶质的结构分析，可以与 X 射线衍射、中子衍射、电子衍射等研究固体长程整体结构的方法互为补充。特别是研究非晶体或微晶时，由于其不存在长程有序，NMR 方法就更为重要。现在固体 NMR 已广泛用于研究无机材料（如分子筛、催化剂、陶瓷、玻璃等）和有机材料（如高分子聚合物、膜蛋白等）的微结构。该类核磁共振波谱仪特别适合于分析不能溶解的聚合物（一些交联集合物、固态聚合物等）、溶解后结构会发生变化而已不是原来的物质状态的聚合物以及某些材料在固态下的结构性能，比如高分子构象、晶体结构形态及特征、分子运动及相互作用等信息。目前，固体 NMR 的研究内容包括：聚合物/无机纳米复合材料形成机理的研究；固态聚合物链段降解时因断链与交联引起的活动性的变化；一些聚合物共混物的机械性能与相结构；多元混合材料组分研究；等等。

6.2 其他核磁共振应用——二维核磁共振谱

自 20 世纪 70 年代末，特别是 80 年代以来，二维核磁共振（2D−NMR）及核磁共振成像技术（NMRI）迅速发展，已在生物学、医学研究中发挥越来越大的作用。二维核磁共振的思想是 1971 年提出的，1976 年 R. R. Ernst 用密度矩阵方法对二维核磁共振实验进行了详细的理论阐述，自此二维核磁共振技术得到了非常迅猛的发展，它是 NMR 波谱学发展史上的一座重要的里程碑。1977 年，此方法开始用于生物高分子，包括氨基酸和牛胰蛋白酶抑制剂的研究，在此基础上发展出用二维核磁共振对蛋白质 ^{1}H−NMR 的单个谱峰全部识别的方法。

二维核磁共振谱有两个独立的时间变量，经两次傅里叶变换得到两个独立的频率变量图，一般把第二个时间变量 T_2表示为采样时间，第一个时间变量 T_1则是与 T_2无关的独立变量，是脉冲序列中的某一个变化的时间间隔。按物理意义把时间轴分割成四个区：①预备区。由较长的延迟时间和激发脉冲组成，目的是使自旋体系能恢复到平衡状态。②演化期。该区自旋体系处于非平衡状态，核自旋可以自由演化，可以改变 T_1对横向磁化矢量进行频率或相位标识，以便在检测期检测信号。③混合期。由一组固定长度的脉冲和延迟时间组成，在此区内通过相干或极化的传递，建立信号检测的条件。混合期视二维 NMR 谱的种类而定。④检测期。一维 NMR 谱的信号是一个频率的函数，共振峰分布在一条频率轴上；二维 NMR 谱的信号是两个独立频率变量的函数，其共振峰分布在两个频率轴组成的平面上，可以表现为堆积图或等高线（图 7−17），分为 J 分解谱、化学位移相关谱、多量子相干谱等。核磁共振谱由一维扩展到二维，大大降低了谱线的拥挤和重叠程度，并提供了核自旋之间相互关系的新信息，对分析诸如生物大分子等复杂体系特别有用。在研究更大分子体系时，NMR 技术所提供的结构信息的数量和复杂性呈几何级数增加，谱线重叠交叉程度加剧，需要对三维空间的构象和大分子与小分子（或小分子与小分子）之间的相互作用进行分析，这时二维核磁共振已显得无能为力，需要发展分子建模技术，利用NOE所提供的分子中质子间的距离信息来计算三维空间结构。为了解决这个问题，二维核磁共振谱已经推广到三维甚至更多维。图7－17分别给出了一维、二维、三维核磁共振图谱。

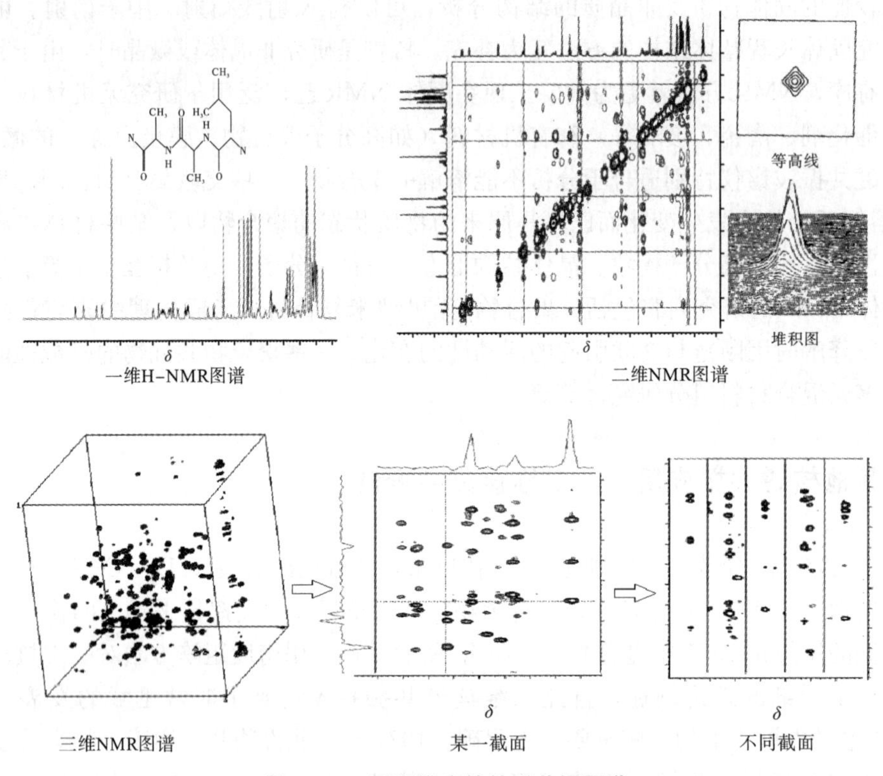

图7－17　不同维度的核磁共振图谱

第7节　例题习题

7.1　例题

例1　图7－18给出了$C_{10}H_{12}O_2$的核磁共振谱，试确定其结构。

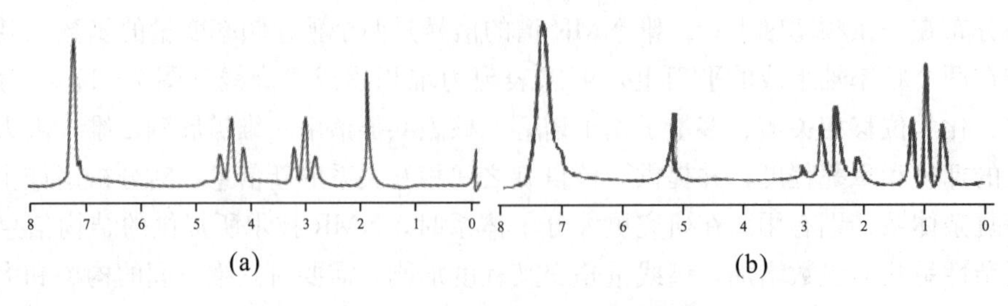

图7－18　$C_{10}H_{12}O_2$的核磁共振谱

解：计算不饱和度（前面章节有介绍）：$\Omega=1+10+(-12)\times1/2=5$。

对图 7－18（a）和（b）分别解析：

图 7－18（a），确定基团：$\delta=3.0$ 和 $\delta=4.3$ 为三重峰，判断为—O—CH_2CH_2—相互耦合峰；$\delta=2.1$ 为单峰，为—CH_3 峰，化学式中含有 O，可能为 $-\overset{\overset{\displaystyle O}{\|}}{C}-CH_3$；$\delta=7.3$ 为芳环上的氢，单峰烷基取代。由此可确定其结构为

$$C_6H_5-CH_2-CH_2-O-\overset{\overset{\displaystyle O}{\|}}{C}-CH_3$$

图 7－18（b），确定基团：$\delta=2.32$ 和 $\delta=1.2$ 为—CH_2CH_3 相互耦合峰；$\delta=7.3$ 为芳环上的氢核，单峰烷基取代；$\delta=5.21$ 为—CH_2 上的氢核，低场与电负性基团相连。最终确定其结构为

$$C_6H_5-CH_2-O-\overset{\overset{\displaystyle O}{\|}}{C}-CH_2-CH_3$$

例 2　化合物 $C_4H_{10}O$ 的核磁共振图谱如图 7－19 所示，测试数据列在图右，请解析其结构。

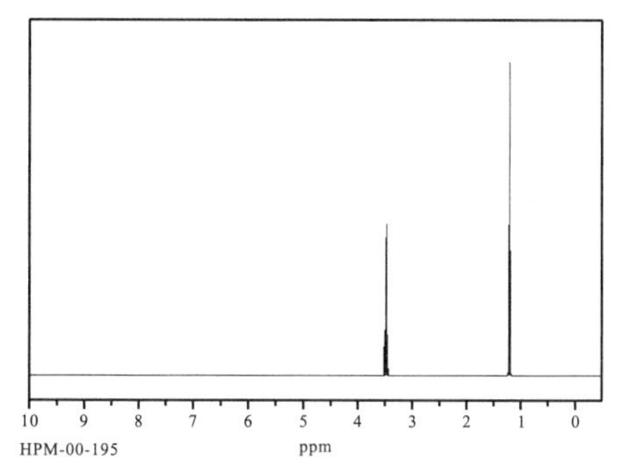

Hz	ppm	Int.
1052.16	3.507	161
1045.16	3.484	490
1038.17	3.461	501
1031.17	3.437	171
368.77	1.229	509
361.78	1.206	1000
354.78	1.183	487

图 7－19　化合物 $C_4H_{10}O$ 的核磁共振图谱及测试数据

解析：① 计算不饱和度：$\Omega=1+4+(-10)\times1/2=0$。② 判断磁不等价质子种类：核磁谱上有两组峰，故有两类质子。③ 确定每类质子的数目：根据积分面积进行计算。两类组峰积分面积比值为 2∶3（由左到右），由于分子中含有 10 个质子，故大化学位移峰处含有 4 个质子，小化学位移峰处含有 6 个质子。④ 确定基团连接情况：每组峰分裂数分别为 4 和 3，说明是—CH_2 和—CH_3 相连。⑤ 确定化合物结构：根据化学位移可以确定—CH_2 与 O 相邻，导致化学位移值向低场移动至 3.3 ppm。⑥确定该化合物结构为 $CH_3CH_2OCH_2CH_3$。

利用核磁共振图谱判断分子结构式时，往往会结合其他结构测试手段加以联合分析。

例 3　图 7－20 是 $C_8H_{14}O_4$ 的核磁共振图谱与红外光谱，试确定其结构。

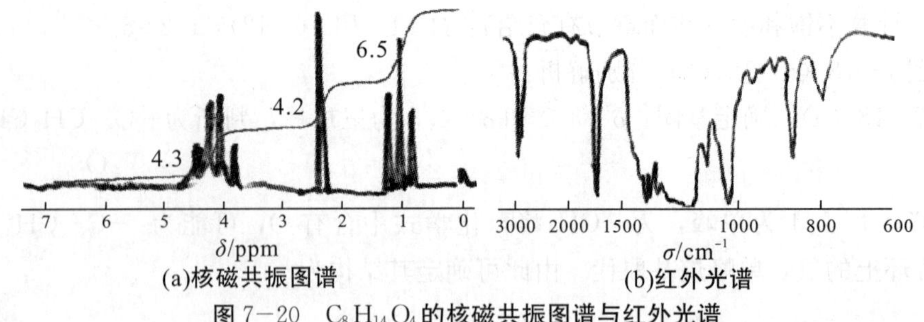

(a)核磁共振图谱　(b)红外光谱

图 7－20　$C_8H_{14}O_4$ 的核磁共振图谱与红外光谱

解析：① 计算不饱和度：$\Omega=1+8+(-14)\times1/2=2$，判断为脂肪族化合物。由红外光谱解析，存在强的C═O伸缩振动信号，在波数小于3000 cm^{-1}时，没有碳双键和碳三键存在。② 结合核磁共振图谱，组峰之间存在明显的化学位移，存在三组不等价氢核，再根据单组峰积分高度（图中拟合曲线位置）占比计算每组氢核的数目。

$$\delta=1.3,\quad [6.5/(4.3+4.2+6.5)]\times14=6$$

$$\delta=2.5,\quad [4.2/(4.3+4.2+6.5)]\times14=4$$

$$\delta=4.1,\quad [4.3/(4.3+4.2+6.5)]\times14=4$$

③ 根据自旋裂分推测各组氢核的关系：$\delta=1.3$，三重峰具有6个氢，与$\delta=4.1$时四重峰具有的4个氢相互耦合，说明具有两个磁等价的CH_3CH_2—；$\delta=2.5$为单峰，具有4个氢，说明可能存在两个磁等价的—CH_2—。因此可能的结构为

A　$CH_3CH_2—\overset{O}{\overset{\|}{C}}—O—CH_2CH_2—O—\overset{O}{\overset{\|}{C}}—CH_2CH_3$

B　$CH_3CH_2—O—\overset{O}{\overset{\|}{C}}—CH_2CH_2—\overset{O}{\overset{\|}{C}}—O—CH_2CH_3$

④ 进一步验证：单峰具有4个氢的化学位移为2.5，四重峰具有的4个氢的化学位移为4.1，说明A结构不合理，故该化合物结构为B。

7.2　习题

1. 试阐述纵向弛豫时间与横向弛豫时间的物理意义。
2. 请简述核磁共振信号产生的条件。
3. 什么是化学位移？影响H化学位移的主要因素有哪些？
4. 已知氢核^{1}H磁矩为2.79，磷核^{31}P磁矩为1.13，在相同外加磁场条件下，何种核发生跃迁时需要的能量较低？
5. 振荡器的射频为58 MHz时，使^{19}F和^{1}H产生共振信号，外加磁场强度分别应该是多少？
6. 在$CH_3—CH_2—COOH$的氢核磁共振图谱中可以观察到其中有四重峰及三重峰各一组，说明产生这些峰的原因，并指出哪一组峰处于较低的场。
7. 计算当质子处于磁场强度5 T时高能级和低能级的数目比，设定环境温度为26℃。
8. 为什么在核磁共振成像时需要采用梯度磁场？（课外拓展）

第 8 章　透射电子显微术

第 1 节　历史背景

人的眼睛不能直接观察到比 0.1 mm 更小的物体或物质结构细节，借助于光学显微镜，可以看到像细菌、细胞那样小的物体。但是，由于光波的衍射效应，光学显微镜的分辨极限大约是光波的半波长，可见光的短波长约为 0.4 μm，所以光学显微镜的极限分辨本领是 0.2 μm。为了观察更微小的物体，必须利用波长更短的波作为光源。

1924 年，德布罗意提出了微观粒子具有二象性的假设。后来这种假设得到了实验证实。从此，人们认识到高速运动的粒子与短波辐射相联系，例如，在 100 kV 电压下加速的电子，相应的德布罗意波的波长为 0.037 Å，比可见光的波长小几十万倍。此后，物理学家利用电子在磁场中的运动与光线在介质中的传播相似的性质，成功研究了电子透镜。1932—1933 年，德国的 Knoll 和 Ruska 等在柏林制成了第一台电子显微镜。虽然这台电子显微镜的放大率只有 12 倍，但它表明，电子波可以用于显微镜，从而为显微镜的发展开辟了一个新的方向。1939 年，德国的西门子公司生产了分辨本领优于 100 Å 的商品电子显微镜。近半个世纪以来，十几个国家已经生产了上万台各种类型的电子显微镜。我国从 1958 年开始制造电子显微镜，现在已经能生产性能较好的透射电子显微镜和扫描电子显微镜。现代高性能的透射电子显微镜，点分辨本领优于3 Å，晶格分辨本领达到 1～2 Å，自动化程度相当高，而且具备多方面的综合分析功能。

在自然科学的一些领域中，电子显微镜作为观察世界的“科学之眼”，已经成为一种不可缺少的仪器。在物理，化学，生物学，医学，金属、高分子、陶瓷、半导体等材料科学中，在矿物、地质等部门中，电子显微分析都发挥着重要的作用。电子显微镜使人们进入了以“埃”为单位的世界。现代电子显微镜的分辨本领已经达到原子大小的水平，人们渴望直接看到原子的理想已经开始实现了。科学工作者已经用电子显微镜直接看到某些特殊的大分子结构，还看到了某些物质的原子像。电子显微术的进一步发展，可能使我们今后对物质结构的认识有新的重大进展。

第2节　方法原理

电子光学是电子显微镜的理论基础，它主要研究电子在电磁场中的运动规律。本节只讲述与电子显微有关的电子透镜的基本知识。

2.1　电子的波动性及电子波的波长

根据德布罗意假设，运动微粒和一个平面单色波联系。以速度 v、质量 m 的微粒相联系的德布罗意波的波长为

$$\lambda = \frac{h}{mv} \tag{8-1}$$

式中，h 为普朗克常数。

初速度为 0 的电子，受到电位差为 V 的电场的加速，根据能量守恒原理，电子获得的动能为

$$\frac{1}{2}mv^2 = eV \tag{8-2}$$

式中，e 为电子的荷电量。从式（8−2）得到

$$v = \sqrt{\frac{2eV}{m}} \tag{8-3}$$

将式（8−3）代入式（8−1），得到

$$\lambda = \frac{h}{\sqrt{2meV}} \tag{8-4}$$

电子显微镜中所用的电压在几十千伏以上，必须考虑相对论效应。经相对论修正后，电子波长与加速电压之间的关系为

$$\lambda = \frac{h}{\sqrt{2m_0eV\left(1 + \frac{eV}{2m_0c^2}\right)}} \tag{8-5}$$

式中，m_0为电子的静止质量；c 为光速。

表 8−1 列出了一些加速电压和电子波长的关系。透射电镜的加速电压一般在 50～100 kV，电子波长在 0.0370～0.0536 Å，比可见光的波长小十几万倍，比结构分析常用的 X 射线的波长也小 1～2 个数量级。

运动电子具有波粒二象性。在电子显微镜中，讨论电子在电、磁场中的运动轨迹，讨论试样对电子的散射等问题是从电子的粒子性来考虑的，而讨论电子的衍射以及衍射成像问题时，是从电子的波动性出发的。

表 8－1　加速电压与电子波长的关系

加速电压（kV）	电子波长（Å）	相对论修正后的电子波长（Å）
1	0.3878	0.3876
10	0.1226	0.122
50	0.0548	0.0536
100	0.0388	0.037
1000	0.0123	0.0087

2.2　静电透镜

1. 电子光学折射定律

根据电磁学原理，电子在静电场中受到的洛伦兹力 $\vec{F}$ 为

$$\vec{F}=-e\vec{E} \tag{8-6}$$

式中，$\vec{E}$ 为电场强度矢量。

如果电子不是沿着电场的方向运动，电场将使运动的电子发生折射。对于理想的情况，电子从电位为 V_1 的区域Ⅰ进入电位为 V_2 的区域Ⅱ（图 8－1），这两个区域的界面是 AB。在界面处，电子运动的速度将由 $\vec{v_1}$ 变为 $\vec{v_2}$，v_1' 与 v_2' 是它们相应的切向分量，由于在平行于界面的方向没有电场力作用，因此

$$v_1'=v_2'$$

即
$$v_1\sin\alpha_1=v_2\sin\alpha_2 \tag{8-7}$$

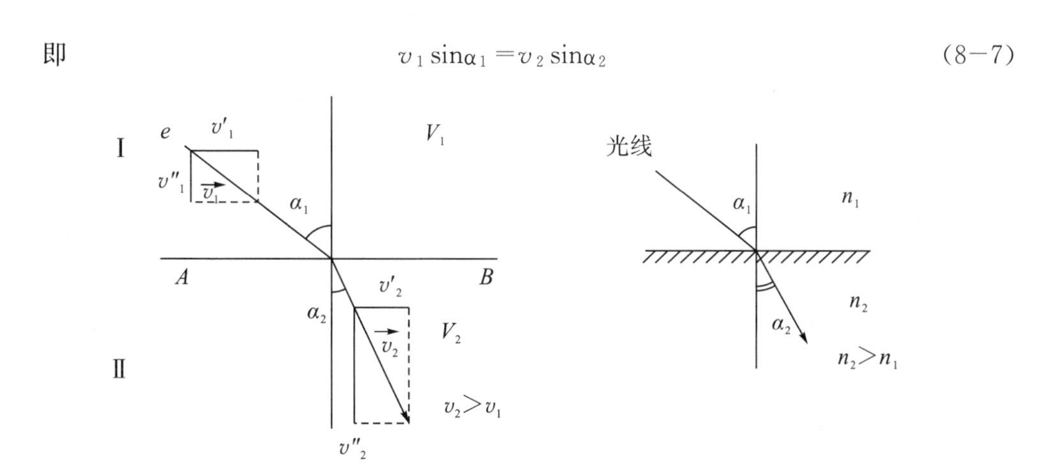

（a）电子在静电场中的折射　　（b）光线在介质界面处的折射

图 8－1　电子光学中的折射

α_1 及 α_2 为电子运动方向与电场等位面的法线间的夹角。将式（8－3）代入式（8－7），得到

$$\frac{\sin\alpha_1}{\sin\alpha_2}=\sqrt{\frac{V_2}{V_1}} \tag{8-8}$$

与几何光学中的折射定律$\frac{\sin\alpha_1}{\sin\alpha_2}=\frac{n_2}{n_1}$（$n$ 为介质的折射率）相比校，我们将式(8−8)写成

$$\frac{\sin\alpha_1}{\sin\alpha_2}=\sqrt{\frac{V_2}{V_1}}=\frac{n_{e2}}{n_{e1}} \tag{8-9}$$

式中，n_e为电子光学折射率，n_{e1}为在电位是V_1的电场中的电子光学折射率，n_{e2}为在电位是V_2的电场中的电子光学折射率。由式（8−9）可见，$\sqrt{V}$起着电子光学折射率作用。式（8−9）就是静电场中电子光学折射定律的数学表达式。当$V_2>V_1$时，$\alpha_2<\alpha_1$，这时电子向等位面法线折射；当$V_2<V_1$时，$\alpha_2>\alpha_1$，电子远离法线折射。静电场中的电子光学折射定律反映了电子在电场中的运动规律，与光线在光学介质中的传播规律相似，但是在电子光学中，电子运动的介质是电场，折射面是电场的等位面。

2. 静电浸没物镜

利用电子在电场中的运动特性，制成各种电子光学透镜。带电的旋转对称的电极在空间形成旋转对称的静电场，轴对称的弯曲对电子束有会聚成像的性质，这种旋转对称的电场空间系统被称为静电电子透镜（简称静电透镜）。阴极处于透镜电场中的静电透镜称为静电浸没物镜。只有静电场才可能使自由电子增加动能，从而得到由调整运动电子构成的电子束，所以各种电子显微镜的电子枪都必须用静电透镜，一般用静电浸没物镜。

图 8−2 是静电浸没物镜的原理图。它由阴极、控制极（也称栅极）和阳极组成，阴极处于零电位，阳极接正电位，控制极一般接负电位。在空间所形成的电场分布示意图中。阴极尖端附近的自由电子在阳极作用下获得加速度；控制极附近的电场对电子起会聚作用；阳极附近的电场有发散作用，电子接近阳极时，运动速度已经相当大，阳极孔的直径又比较大，因此发散作用较小。先看图中靠近控制极附近的 A 点。电场强度矢量 $\vec{E}$ 垂直于电场等位面，指向电位低的方向。由式（8−6）可知，电子受到的作用力 $\vec{F}$ 与 $\vec{E}$ 的方向相反，将 $\vec{F}$ 分解为平行于对称轴的分量$\vec{F_z}$及垂直于对称轴的分量$\vec{F_r}$，$\vec{F_z}$使电子得到沿轴的加速度，而$\vec{F_r}$的方向指向对称轴，它使电子向轴靠近。因为电场是旋转对称的，各个方向的电子都向轴靠近，形成向轴会聚的电子束。在阳极附近，例如在 B 点，电场的径向分量$\vec{F_r}$背离对称轴的方向，电子束受到发散作用，但是电子的速度已经增大，故发散作用小于前一部分电场的会聚作用，其作用的结果是使会聚角度较大的电子束变成会聚角稍小的电子束。

图 8−2（b）表示了与该系统类似的光学透镜系统。静电浸没物镜系统用在电镜中称作电子枪。从电子枪出来的电子束具有的能量取决于阴极与阳极之间的电位差，在图中，电子束中电子的能量为 eV。控制极对电子束除有会聚作用外，还能控制电子束的强度。当控制极的负电压数值增大时，阴极发射电子的区域减小，形成的电子束强度变

小；从电子枪出来的电子束形成一个最小交叉斑 cd，这就是电镜中的电子光源斑点。

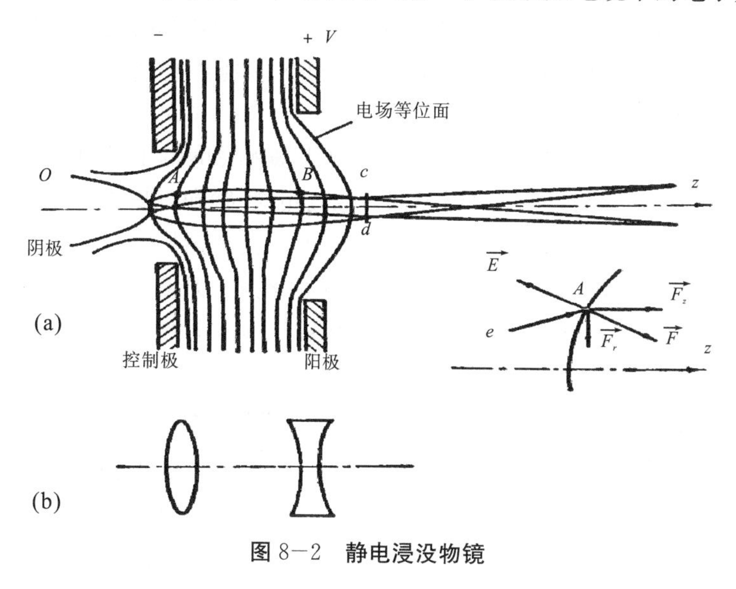

图 8-2 静电浸没物镜

3. 磁透镜

运动的电子在磁场中受到的洛伦兹力 $\vec{F}_m$ 为

$$\vec{F}_m = -\frac{e}{c}[\vec{v} \times \vec{H}] \tag{8-10}$$

式中，$\vec{v}$ 是电子运动的速度矢量；$\vec{H}$ 是磁场强度矢量。洛伦兹力的大小为 $F_m = \frac{e}{c}vH\sin(\vec{v}\times\vec{H})$，其方向始终垂直于电子的速度矢量与磁场强度矢量所组成的平面。因为作用力与速度方向垂直，这种力不改变速度大小，电子在磁场中运动时，动能保持不变。磁透镜并不改变电子束的能量，但是却不断改变着电子束的方向。

（1）磁透镜的光学性质。

通电流的圆柱形线圈产生旋转对称（即轴对称）的磁场空间，这种旋转对称磁场对电子束有会聚成像的性质，在电子光学中称之为磁电子透镜（简称磁透镜）。图 8-3 是磁透镜示意图，图中表示了在磁透镜中磁力线的分布和磁透镜的会聚作用。

电子以速度 v 平行于对称轴 z 进入透镜磁场。在磁场左半部（比如 A 点），磁场强度分解为轴向分量 H_z 及径向分量 H_r。根据式（8-10），用右手定则可知，v 与 H_r 作用的结果是使电子受指向读者的作用力 F_θ [见图 8-3（a）中（Ⅰ）]，在 F_θ 的作用下，产生了电子绕轴旋转的速度 v_θ。由于 v_θ 与 H_z 的作用，电子受到指向轴的聚焦力 F_r [见图 8-3（a）中（Ⅱ）]，产生了指向轴的运动分量 v_r。因此，电子在磁场中运动时将产生三个运动分量：轴向运动（速度为 v_z）、绕轴旋转（速度为 v_θ）和指向轴的运动（速度为 v_r）。总的结果是电子以螺旋方式不断地靠近轴向前运动着。当电子运动到磁场的右半部时，由于磁力线的方向改变，使得 H_r 的方向与在左半部时相反，因此 F_θ 的方向也相反。在 F_θ 的作用下，使 v_θ 减小，但是并不改变 v_θ 的方向，结果 F_r 的方向也不改变，电子的运动仍然是向轴会聚。在这部分磁场中，电子绕轴旋转的速度逐渐减慢，但是电子的运动仍然存在着三个运动分量。在这类轴对称弯曲磁场中，电子运动轨迹是一条空间曲线，离开磁场区域时，电子的旋转速度减为零，电子做偏向轴的运动，并近面与轴相交。

图 8−3（b）是电子运动轨迹示意图。平行于轴入射的电子经过电子透镜后，其运动轨迹与轴相交于 O 点，该点即为透镜的焦点。电子透镜中焦距的含意与几何光学中相同。

从以上分析可以看到，轴对称的磁场中的运动电子总是起会聚作用，磁透镜都是会聚透镜，与图 8−3（c）所示的光学会聚透镜类似。

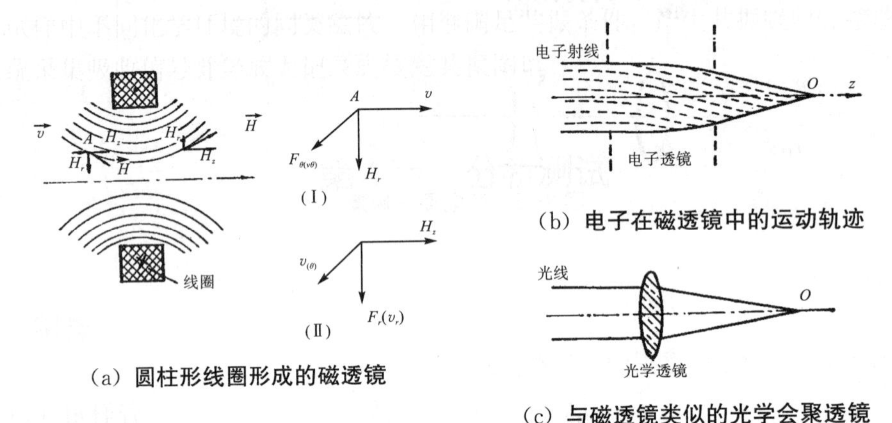

（a）圆柱形线圈形成的磁透镜

（b）电子在磁透镜中的运动轨迹

（c）与磁透镜类似的光学会聚透镜

图 8−3　磁透镜示意图

根据式（8—10）可以知道，电子在磁场中的运动方程为

$$m\frac{\mathrm{d}\vec{v}}{\mathrm{d}t}=-\frac{e}{c}[\vec{v}\times\vec{E}] \tag{8-11}$$

在旋转对称磁场中，整个磁场空间的磁场强度可以用对称轴上的磁场强度 $H(z)$ 来表示，利用式（8−3），在旁轴条件下，从式（8−11）可以得到电子运动轨迹的微分方程式是

$$r''(z)+\left[\frac{e}{8mc^2V}H^2(z)\right]r(z)=0 \tag{8-12}$$

$$\theta'(z)-\sqrt{\frac{e}{8mc^2V}}H(z)=0 \tag{8-13}$$

式中，V 是电子的加速电压，对于磁透镜，V 是常数。上式讨论轴对称场中的运动，采用了柱坐标系统。所谓旁轴条件的意义是：①电子束在紧靠光轴的很小范围内；②电子束与光轴的倾斜角很小。

式（8−12）为二阶线性齐次常微分方程，它的一般解为任意两个无关特解的线性组合。选满足下列初始条件的两个特解（图 8−4）：

（1）特解 $r_1(z)$，满足

$$r_1(z_a)=0;\quad r_1'(z_a)=1 \tag{8-14}$$

（2）特解 $r_2(z)$，满足

$$r_2(z_a) = 1; \quad r'_2(z_a) = 0 \tag{8-15}$$

于是式（8－12）的一般解为

$$r(z) = Ar_1(z) + Br_2(z) \tag{8-16}$$

式中，A，B 为取决于边界条件的常数。

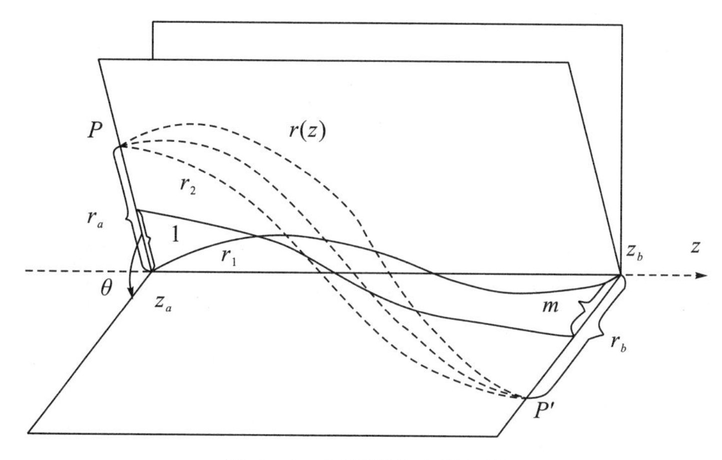

图 8－4　磁透镜的光学性质

现在考虑在 $z = z_a$ 的平面上某一点 P 的成像问题。图 8－4 中，$r = r(z_a)$ 是从 P 点出发的满足旁轴条件的某一任意轨迹。在 $z = z_a$ 处，由式（8－16）得到

$$r(z_a) = r_a = Ar_1(z_a) + Br_2(z_a) \tag{8-17}$$

$$r'(z_a) = r'_a = Ar'_1(z_a) + Br'_2(z_a) \tag{8-18}$$

考虑到特解的初始条件，将式（8－14）、式（8－15）代入式（8－17）及式（8－18），得到

$$A = r'_a$$

$$B = r_a$$

将 A，B 代入式（8－16），得到

$$r(z) = r'_a r_1(z) + r_a r_2(z) \tag{8-19}$$

这就是电子运动的旁轴轨迹方程。

根据式（8－19）可以证明磁透镜的成像性质。因为磁透镜有会聚作用，从物平面的轴上点 $z = z_a$ 处出发的电子轨迹 $r_1(z)$ 一定再与轴相交，假设交点在 $z = z_b$ 处，即

$$r_1(z_a) = r_1(z_b) = 0$$

对于任意旁轴轨迹，在 $z = z_b$ 处，式（8－18）变为

$$rz_b(z_b) = r_b = r'_a r_1(z_b) + r_a r_2(z_b)$$

因为

$$r_1(z_b) = 0$$

则

$$r_b = r_a r_2(z_b) \tag{8-20}$$

在确定的透镜下，并且给定了初始条件，这时 $r_2(z_b)$ 是常数。对于一定的 P 点，因为 r_a 是定值，所以 r_b 也是固定值。式（8－20）表明，从物平面上 $z = z_a$ 处与轴的距

离为r_a的P点出发的电子，在旁轴范围内，无论其运动轨迹的初始斜率r'_a如何（即无论电子运动的初始方向如何），都在$z=z_b$处，会聚于和轴相距为r_b的P'点上，称P'点为P点的像。从式（8−20）可以得到

$$\frac{r_b}{r_a}=r_2(z_b)=M(\text{常数}) \tag{8-21}$$

M称为像的横向放大倍数（通称放大倍数）。式（8−21）表明，同一物平面上各不同点成像的横向放大倍数恒为一常数，因此像与物是几何相似的。

在磁场中，运动电子将绕轴旋转。对式（8−13）积分，得到

$$\theta=\theta(z_b)-\theta(z_a)=\sqrt{\frac{e}{8mc_2V}}\int_{z_a}^{z_b}H(z)\mathrm{d}z \tag{8-22}$$

从式（8−22）可见，转角θ与电子在z_a平面上出发的初始位置及初始方向都没有关系，只由透镜本身的磁场决定。因此，像转角并不影响各点的成像性质和像与物的几何相似性，只是像平面整个地相对于物平面旋转了一个角度θ（图8−4）。

以上结果表明，在旁轴条件下，从物平面上一点P出发的电子，通过磁场后，都会聚于像平面上的同一点P'，像平面上各点的横向放大倍数是相同的。证明了磁透镜能够将物转换成清晰的几何相似的电子图像。

无论是磁透镜还是静电透镜，都有成像性质，但磁透镜成像时图像有旋转问题。电子透镜与光学透镜有相似性，可以将电子的运动看成电子射线，对电子光学中也要应用与几何光学类似的作图法。但是注意，玻璃不能制成电子透镜，电子透镜是一些特殊的电磁场空间系统。

（2）磁透镜的分类。

在电子显微镜中，用磁透镜作会聚透镜和各种成像透镜。下面简单介绍几种磁透镜。

①短磁透镜。

磁场沿轴延伸的范围远小于焦距的透镜称为短磁透镜。通电流的短线圈及带有壳的线圈都可以形成短磁透镜。图8−5表示了带铁壳的短磁透镜及透镜中磁力线的分布。

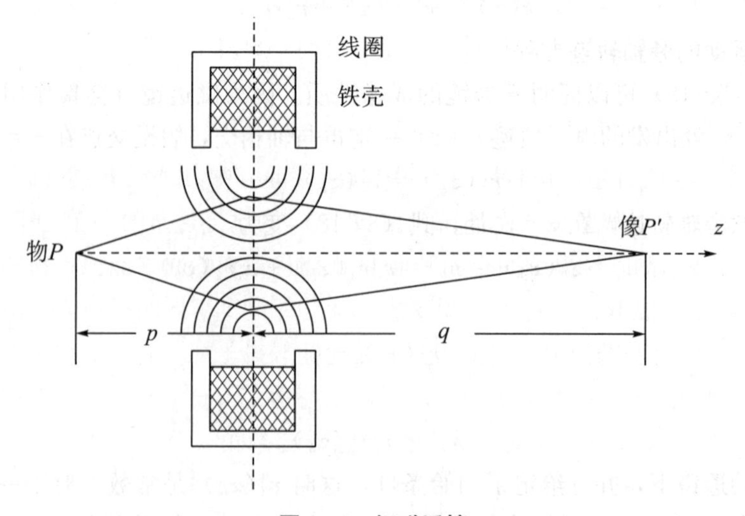

图8−5 短磁透镜

对于短磁透镜，有以下两个基本关系式：

$$\frac{1}{f}=\frac{e}{\sqrt{8mV}}\int_{-\infty}^{+\infty}H^2(z)\mathrm{d}z \tag{8-23}$$

$$\frac{1}{p}+\frac{1}{q}=\frac{1}{f} \tag{8-24}$$

式中，f 为透镜的焦距；p 为物距；q 为像距。将短磁透镜有关的结构参量代入式(8−23)，得到

$$f=A\cdot\frac{V}{(NI)^2}R \tag{8-25}$$

式中，V 是加速电压；NI 为透镜线包的安匝数；R 是线包的半径；A 是与透镜结构条件有关的常数（$A>0$）。

从式（8−23）和（8−25）可以看出：（i）$f>0$，表明磁透镜总是会聚透镜。（ii）$f\propto\frac{1}{I^2}$，表明当励磁电流稍有变化时，就会引起透镜焦距大幅度的改变。因此，可以用调节电流的办法来改变磁透镜的焦距。在电子显微镜中，通过改变励磁电流来改变放大倍数及调节图像的聚焦和亮度。（iii）焦距 f 与加速电压 V 有关，加速电压不稳定将使图像不清晰。

②带极靴的磁透镜。

在磁透镜的铁壳上加上特殊形状的极靴，如图 8−6 所示，可以使透镜的焦距变得更短。磁透镜的铁壳用软铁等导磁性材料制成，极靴用饱和磁通密度高的铁磁性材料制造，一般采用铁钴合金或铁钴镍合金。图 8−6 还表示了这种透镜在透镜轴上磁场的分布，以及带铁壳和不带铁壳的透镜在透镜轴上的磁场分布。将这三种情况进行比较可知，加极靴后，使得磁场更强而且更集中，其磁场强度可达到 $10^3\sim10^4$ Oe，透镜焦距可减小到几毫米。这种强磁透镜在定量计算上与短磁透镜不同，需要在计算公式中加一些与极靴有关的修正项。

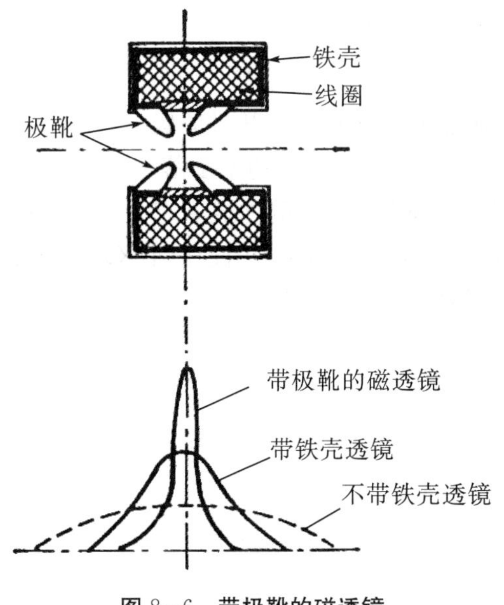

图 8−6　带极靴的磁透镜

③特殊磁透镜。为了适应不同需要，尤其是为了提高透镜的分辨本领，发展了多种形式的磁透镜。下面介绍两种在电镜中经常采用的特殊透镜。

a. 不对称磁透镜。

上、下极靴孔径不相同的磁透镜称为不对称磁透镜。例如，用于透射电镜，上极靴孔径要大一些，使试样能放在透镜的焦点位置附近，并便于工作时试样的倾斜和移动；扫描电镜中物镜的下极靴孔比上极靴孔大，以便于在其附近安装某些附件。

b. 单场磁透镜。

有的电镜是将试样放在透镜的上、下极靴的中间位置，上极靴附近的磁场起会聚电子束的作用，下极靴附近的磁场起物镜作用，这种透镜称为单场磁透镜。单场磁透镜的焦距很短，约等于透镜磁场的半宽度，而且它的球差可以比普遍磁透镜小 1 个数量级，有利于提高磁透镜的分辨本领。

4. 电子透镜的像差

前面所讨论的电子透镜的会聚成像问题是有条件的，即假定：①电子运动的轨迹满足旁轴条件；②电子运动的速度（决定了电子的波长）是完全相同的；③形成透镜的电磁场具有理想的轴对称性。但是，实际的电子透镜在成像时，并不能完全满足这些条件，这种实际情况与理想条件的偏离，造成了电子透镜的各种像差。像差的存在，影响图像的清晰度和真实性，决定了透镜只具有一定的分辨本领，从而限制了电子显微镜的分辨本领。下面介绍电子透镜主要的几种像差。

在旁轴条件下电子运动的轨迹称为高斯轨迹，所形成的像称为高斯像。电子运动的实际轨迹与高斯轨迹的偏离，造成几何像差。几何像差包括球面像差、场曲、像散、畸变和各种旋转像差等。在电子显微镜中，球面像差（简称球差）是影响透镜分辨本领最主要的几何像差。

图 8−7 表示了球差圆斑的形成。轴上有一物点 P，旁轴电子形成的高斯像是 P' 点。通过高斯像点垂直于光轴的平面称高斯平面。由于透镜、光阑有一定大小，电子束就有一定的孔径角 α，使得有非旁轴的电子参与成像。在电子透镜中，离轴远的场区对电子束的会聚作用比离轴近的区域大，所以同是从 P 点发出的电子，当张角不同时，落在高斯平面的不同点上。假设张角最大的电子落在 P''点，在高斯平面上，所得到的像是以 $P'P''$为半径的圆斑。轴上一物点的像成了有一定大小的圆斑，这种像差称为球面像差。电镜中的物镜，实际上只利用光轴附近很小区域的物成像，这时轴外物点成像的其他像差可以不考虑，但球差是不可避免的。

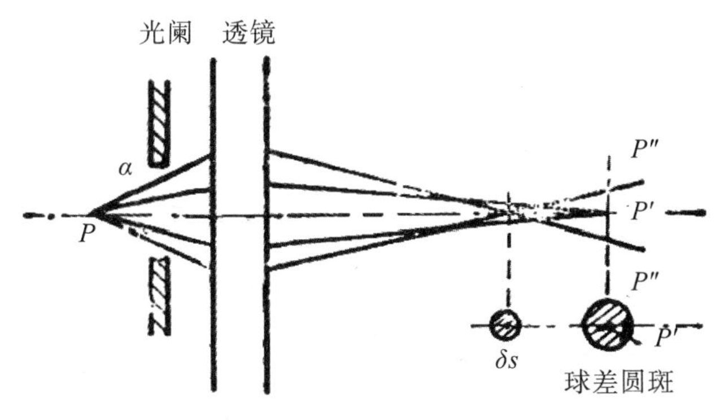

图 8−7　球差圆斑的形成

轴外物点成像时，还产生慧形像差、场曲、像散和畸变等像差。图 8−8 为各种几何像差的示意图。只有高斯像是最逼真和清晰的图像。各种像差都会使图像不够清晰，使透镜分辨本领下降。畸变使图像失真，图 8−8（e）中的实线表示枕形畸变，虚线表示桶形畸变。对磁透镜，像差还使图像扭曲。

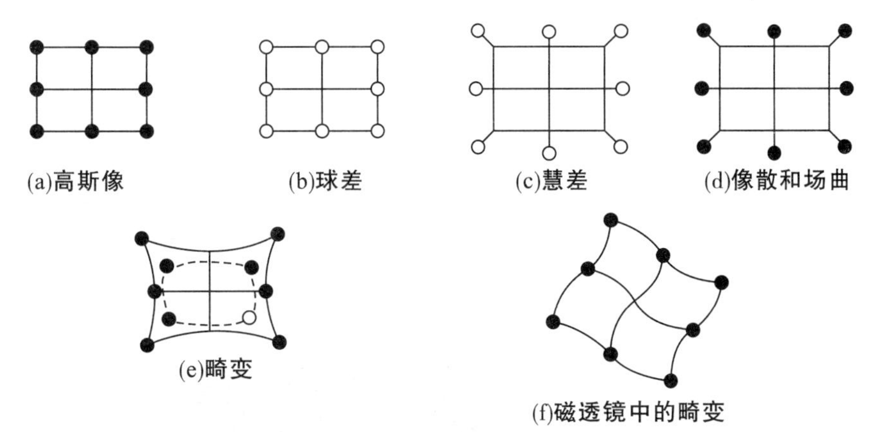

图 8−8　各种几何像差的示意图

在光学中，由于光的颜色（具有不同波长）的差异产生的像差称为色差。在电子光学中，电子透镜成像也有色差。加速电压的波动以及阴极逸出电子能量的起伏，使得成像电子的波长不完全相同，而电子透镜的集中和像转角都与电子的波长有关，磁透镜电流不稳定会使透镜的焦距发生变化。这些情况千百万的像差都称为色差。色差使得一个物点变成某种散射图形，于是影响了图像的清晰度，如图 8−9（a）所示。

由于透镜场的某些缺陷，例如极靴圆孔加工不够精确、极靴材料不均匀、透镜场中各圆孔上的污染，以及静电透镜电极的极化等，使得实际的透镜磁场或电场不是理想的旋转对称场，于是透镜不能形成理想的高斯像。这时，即使是轴上物点，也有像散，这种像差称为轴上像散。

图 8−9（b）表示透镜轴上像散的形成。各种非轴对称微扰使得透镜在不同方向上的焦距不相同。物点 P 在 xz 平面上成像于 P_x 点，在 yz 平面上成像于 P_y 点，使得一个物点所成的像是圆斑或椭圆斑，因而图像变得不够清晰。

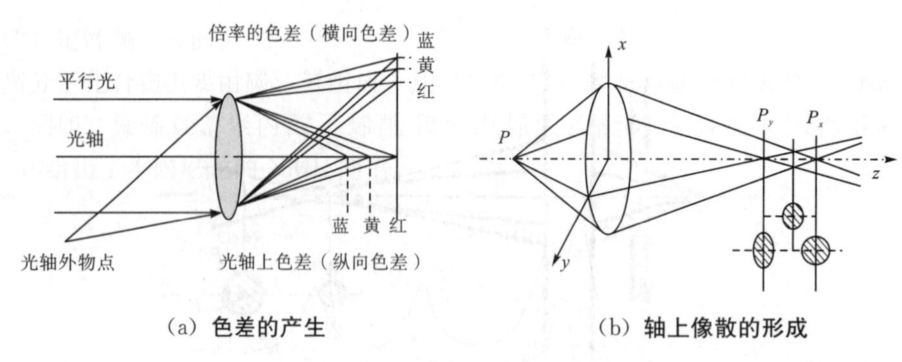

（a）色差的产生　　（b）轴上像散的形成

图 8-9　透镜轴上像散的形成

轴上像散是不能完全避免的，特别是透镜系统中的污染问题，是一个不可避免而且经常变化的因素。因此，轴上像散是影响电镜分辨本领的主要像差之一。为了尽量减小轴上像散，各种电镜都配置有消除像散的设备。

第 3 节　技术原理

电子显微镜包括透射电子显微镜、扫描电子显微镜、发射电子显微镜及反射电子显微镜等。透射电子显微镜（TEM，简称透射电镜）是最早发展起来的一种电子显微镜，由于它的分辨本领高，并且具备能够进行电子衍射等特点，至今仍然是应用得最广泛的一种电镜。现代高性能透射电镜可兼有扫描电镜、扫描透射电镜和微区成分分析等功能，更扩大了它的适用范围。图 8-10 为常见的透射电子显微镜。

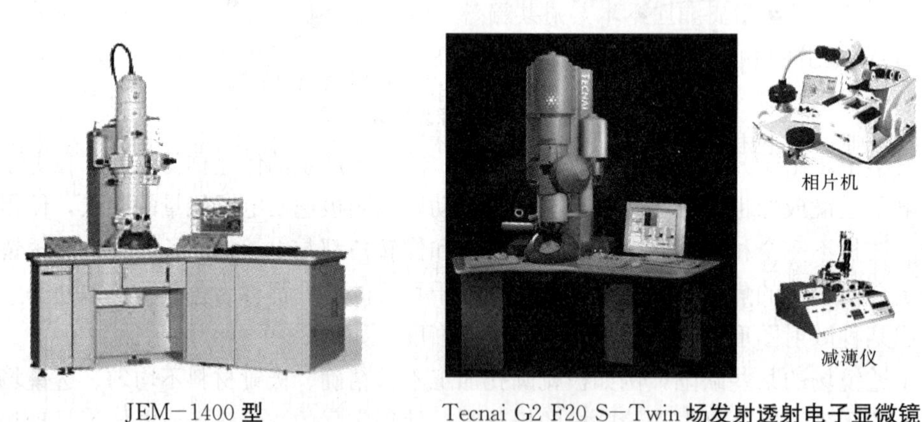

JEM-1400 型　　Tecnai G2 F20 S-Twin 场发射透射电子显微镜

图 8-10　透射电子显微镜

3.1　电子显微镜的结构

电子显微镜是一种大型电子光学仪器。它与普通的光学显微镜的对比如图 8-11 所示。

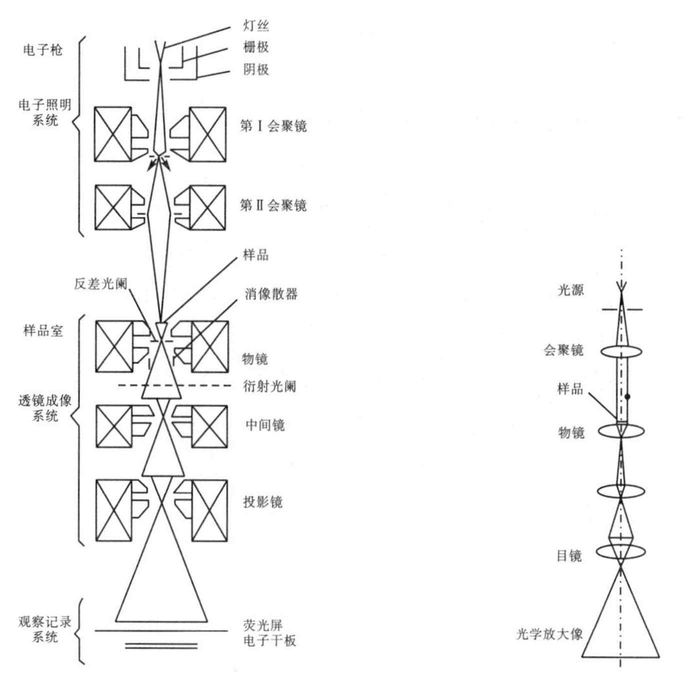

（a）电子显微镜镜筒的电子光学结构　　　（b）相应的光学显微镜的结构

图 8－11　电子显微镜与光学显微镜对比图

3.2　性能指标

1. 分辨本领（分辨率）

在电子图像上能分辨开的相两点在试样上的距离称为电子显微镜的分辨本领（点分辨率）。一般用重金属蒸发粒子法测定点分辨率，图 8－12 是测量点分辨率的照片。图上标出了选定测量分辨率的一组粒子的图像，量出两个斑点中心之间的距离，除以图像的放大倍数，就得到点分辨率的数值。

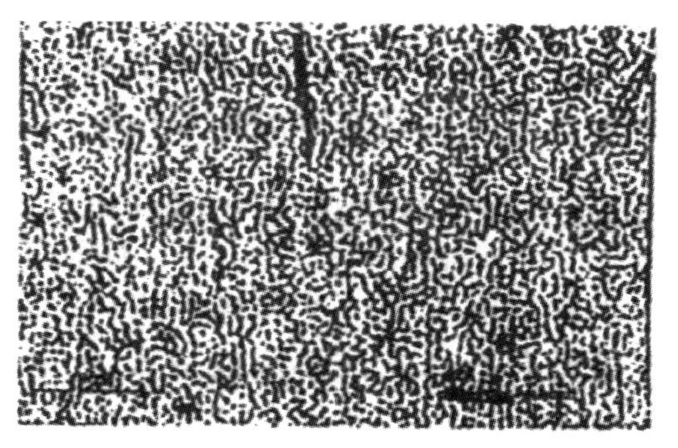

图 8－12　测量点分辨率的照片

在电镜中的线分辨率是指电子图像上能分辨出的最小晶面间距，这种分辨率也称为晶格分辨率。例如，已知金（200）晶面的间距是 2.04 Å，（220）晶面的间距是 1.44

Å，在电镜中如能拍摄出金（200）的晶格条纹象，该电镜的线分辨率就是2.04 Å，若能拍摄出金（220）的晶格条纹象，线分辨率就是1.44 Å。图8−13是测量线分辨率的照片，该照片表明拍这张照片的电镜的线分辨率达到1.4 Å。

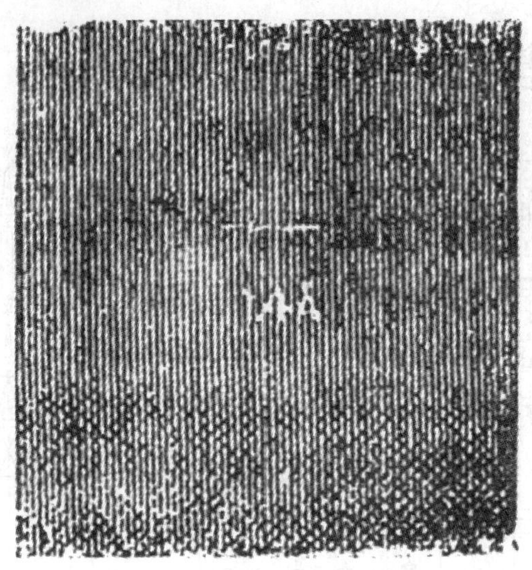

图8−13　测量线分辨率的照片

电镜的分辨本领表征电镜观察物质微观细节的能力，这是标志电镜水平的首要指标，也是电镜性能的主要综合性指标。近代高分辨电镜的点分辨率可达3 Å，线分辨率可达1.44 Å。

2. 放大率

电镜的放大率是指电子图像相对于试样的线性放大倍数。将最小可分辨距离放大到人眼可以分辨的大小所需要的放大率称为有效放大率，有效放大率是与仪器的分辨率相匹配的。当人眼的分辨距离是D，电镜的点分辨率为r时，有效放大率$M=\frac{D}{r}$。仪器的最高放大率要大于有效放大率，才能反映出仪器可能的分辨本领，但放大率过高是没有意义的，再高的放大率也不可能在电子图像上得到比分辨本领更小的结构细节。例如，$D=0.1$ mm，$r=3$ Å，这时的有效放大率$M=\frac{0.1\ \text{mm}}{3\times10^{-7}\ \text{mm}}\approx330000$（倍）。一台点分辨率是3 Å的电镜应具有的最高放大率必须是330000倍（记作×330000）以上，一般最高放大率在×(600000～800000）是适宜的。电镜的低倍放大率需要与光学显微镜相衔接［×(1000～2000)］。另外，需要有×(50～100）的倍率，用以普查试样，选择视场。电镜的放大率是可调的，以便在不同倍率下观察不同尺度的微观结构。

3. 加速电压

电镜的加速电压是指电子枪中的阳极相对于灯丝的电压，它决定电子束的能量。加速电压高时，电子束对试样的穿透能力强，能直接观察较厚的试样。为了观察金属薄膜样品，加速电压至少要在100 kV以上，最好用超高压电镜。电压高时，有利于获得高分辨本领，但对试样造成的电子辐照损伤也比较重，观察复型试样常用 100 kV 左右的加速电压。一般电镜的加速电压在 50～200 kV。加速电压在 1000 kV 以上的电镜称为超高压电镜。电镜的加速电压在一定范围内可调，通常所说电镜的加速电压（或高压）是指可达到的最高加速电压。

4. 相机长度

相机长度是指电镜进行电子衍射时的一个常数（其含义以后讲到）。用电镜进行电子衍射时，衍射图谱经过透镜系统放大了，因此电镜的相机长度比电子衍射仪大得多，而且它是在一定范围内是可调的。相机长度范围大，有利于做更多的电子衍射工作。

3.3 衬度原理

运动电子与物质作用的过程很复杂，在透射电镜中，电子的加速电压很高，采用的试样很薄，而且所接受的是透过的电子信号，因此这里主要考虑电子的散射、干涉和衍射等作用。电子束在穿越试样的过程中，与试样物质发生相互作用，穿过试样后变为带有试样特征的信息，但是人的眼睛不能直接感受电子信息，需要将其转变成眼睛敏感的图像。图像上明、暗（或黑、白）的差异称为图像的衬度，或称为图像的反差。在不同情况下，电子图像上衬度形成的原理不同，它所能说明的问题也就不同。透射电镜的图像衬度主要有散射（质量—厚度）衬度、衍射衬度和相位差衬度。衬度原理是分析电子显微图像的基础。

1. 电子的散射

入射电子进入试样后，与试样原子的原子核及核外电子发生相互作用，使入射电子发生散射。如果入射电子经散射后仅仅运动方向发生变化而能量不变，这种散射称为非弹性散射。入射电子与原子核的作用主要发生弹性散射，入射电子与核外电子的作用主要发生非弹性散射。入射电子被试样中原子散射后偏离入射方向的角度称为散射度，一个电子被试样中的一个原子散射，散射角大于或等于某一定角 α 的概率称为该试样物质对电子的“散射截面”，用 σ_α 表示。其中包含了弹性散射截面（σ_e）和非弹性散射截面（σ_i），即

$$\sigma_\alpha = \sigma_e + \sigma_i \tag{8-26}$$

对于弹性散射，有

$$\sigma_e \propto \frac{Z^{4/3}}{V} \tag{8-27}$$

对于非弹性散射，有

$$\sigma_i \propto \frac{Z^{1/3}}{V} \tag{8-28}$$

式中，V 是电子的加速电压；Z 为试样物质的原子序数。可见，随着原子序数 Z 的增加，散射截面增加，即重元素比轻元素对电子的散射能力强；随着加速电压 V 的增加，散射截面下降，即在加速电压高的电镜中试样对电子的散射能力小。

由于非弹性散射的电子有能量损失，因而在成像时造成色差，使图像的清晰度下降。从式（8-27）及式（8-28）可知$\frac{\sigma_i}{\sigma_\alpha} \propto \frac{1}{Z}$，原子序数越小，非弹性散射所占比例越大。因此，利用散射电子成像时，轻元素试样成像的色差比较大。

2. 散射（质量—厚度）衬度

电子显微镜可以使电子束被试样散射后带有的散射信息变成为人眼能观察到的电子图像。由于试样上各部位散射能力不同所形成的衬度称为散射衬度，也称质量—厚度衬度。图 8-14 说明了散射衬度形成的原理。物镜光阑放在物镜的后焦面上，光阑孔与透镜同轴，因此光阑挡住了散射角度大的电子，只有与光轴平等及散射角很小的那一部分电子可以通过光阑孔，光阑孔与透镜同轴保证了它对试样上所观察范围内各点的作用是等同的。如果入射电子束的强度（单位面积通过的电子数）为 I_0，照射在试样的 A 点及 B 点，由于试样各处对电子的散射能力不同，电子穿过试样上不同点后的散射也不同。设穿过 A 点及 B 点后能通过物镜光阑孔的电子束强度为 I_A 及 I_B，物镜的作用使得电子束以 I_A 的强度成像于 A' 点，以 I_B 的强度成像于 B' 点。在成像平面处放一个荧光屏，由于 I_A 与 I_B 的差异，形成了 A' 与 B' 两像点的亮度不同。假设 A 点物质比 B 点物质对电子的散射能力强，则 $I_A < I_B$，在荧光屏上可以看到 A' 点比 B' 点暗，这样，试样上各处散射能力的差异变成了有明暗反差的电子图像。在图像上反差形成的过程中，物镜光阑起了重要作用，故又称之为反差光阑。

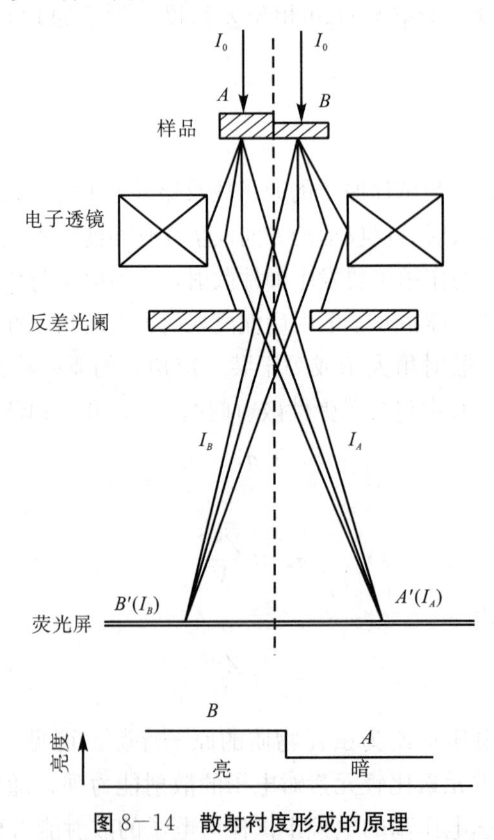

图 8-14　散射衬度形成的原理

用上述挡掉散射电子的方法所得到的图像称明场像，电镜中通常观察的是明场像。另外还可以用物镜光阑挡住直接透过的电子，使散射电子从光阑孔穿过成像，这样得到的电子图像称为暗场像。对于一般非晶态试样，暗场像与明场像的亮暗是相反的，即在明场像中暗的部位在暗场像中是亮的，反之亦然。实现暗场像常用的方法有两种，如图 8－15 所示，其中（a）是使物镜光阑孔偏离透镜镜轴；（b）是使入射电子束倾斜。无论哪种方法，都是使散射电子从光阑孔中穿过，由散射电子在荧光屏上形成图像，但后者保持了近轴电子成像的特点，成像分辨率比较高。

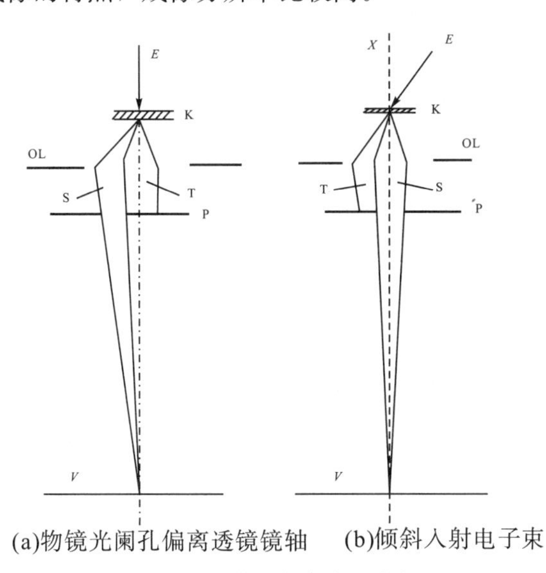

(a)物镜光阑孔偏离透镜镜轴　(b)倾斜入射电子束

图 8－15　暗场成像的两种方法

3. 散射（质量—厚度）衬度图像分析基础

散射衬度图像反应试样上各部位散射能力的差异，那么散射能力与试样的哪些特征有关？如何将电子图像与试样的微观结构联系起来呢？下面讨论这个问题。

以强度为 I_0 的电子束照射在试样上，试样的厚度为 t，原子量为 A（原子序数为 Z），密度为 ρ，对电子的散射截面为 σ_α（α 为物镜光阑所限制的孔径角），则参与成像的电子束强度 I 为

$$I = I_0 e^{-\frac{k\sigma_\alpha}{A}\cdot\rho t} \tag{8-29}$$

式中，k 为阿伏伽德罗常数。

图像上相邻点的反差决定于成像电子束的强度差，定义电子反差 G 为

$$G = \frac{I_1 - I_2}{I_1} \tag{8-30}$$

I_1 与 I_2 为相邻两点的成像电子束强度。将式（8－29）代入式（8－30），得到

$$G = 1 - e^{-k(\frac{\sigma_{\alpha 1}}{A_1}\cdot\rho_1 t_1 - \frac{\sigma_{\alpha 2}}{A_2}\cdot\rho_2 t_2)} \tag{8-31}$$

由于透射电镜中所用试样的厚度很薄，上式可以简化为

$$G = k(\frac{\sigma_{\alpha 1}}{A_1}\cdot\rho_1 t_1 - \frac{\sigma_{\alpha 2}}{A_2}\cdot\rho_2 t_2) \tag{8-32}$$

可以从关系式（8－32）来分析图像上的衬度与试样微观结构的关系。

4. 图像衬度与试样物质原子序数的关系

定义物质对电子的透明系数 μ 为

$$\mu = \frac{A}{k\sigma_{a}\rho} \tag{8-33}$$

μ 主要决定于元素的原子量，重元素物质比轻元素物质的透明系数小。

设试样上相邻部位的厚度相同，将式（8－33）代入式（8－32），得到

$$G = t\left(\frac{1}{\mu_1} - \frac{1}{\mu_2}\right) \tag{8-34}$$

这时图像上的衬度是由于试样各处对电子的透明系数不同而形成的，透明系数由原子序数所决定，物质的原子序数越大，散射电子的能力越强，在明场像中参与成像电子越少，荧光屏上相应位置就越暗。反之，试样物质原子序数相差越小，荧光屏上相应位置就越亮。试样上相邻部位的原子序数相差越大，电子图像上的反差便越大。

5. 图像衬度与试样厚度的关系

设试样上相邻两点的物质种类和结构完全相同，仅仅是电子穿越的试样厚度不同，这时，式（8－33）可简化为

$$G = k\frac{\sigma_{a}}{A}\rho \cdot \Delta t \tag{8-35}$$

其中

$$\Delta t = t_1 - t_2$$

在这种情况下，图像的衬度反映了试样上各部位的厚度差异，荧光屏上暗的部位对应的试样厚，亮的部位对应的试样薄，试样上相邻部位的厚度相差大时，得到的电子图像反差大。

6. 图像衬度与物质密度的关系

由式（8－32）可知，图像的衬度还与密度有关。试样中不同的物质或者是不同的聚集状态，其密度一般不同，也可以形成图像的反差，但这种反差一般比较弱。

为便于理解，对以上各种因素分别进行了讨论，但实际上往往是几种因素同时存在，应当根据所用试样的性质综合考虑各因素的影响。从以上分析可知，散射衬度主要反映了试样的质量和厚度的差异，故也将散射衬度称为质量—厚度衬度。

3.4 电子衍射

电子衍射可以分为高能电子衍射和低能电子衍射两大类，电子显微镜中的电子衍射属于高能电子衍射。运动电子具有波粒二相性，在一定的加速电压作用下，电子束具有一定的波长，电子束与晶体物质作用，可以产生衍射现象。与 X 射线衍射类似，电子衍射也遵循布拉格定律，即：波长为 λ 的电子束照射到晶体上，当电子束的入射方向与

晶面距离为 d 的一组晶面之间的夹角 θ 满足关系式：

$$2d\sin\theta = n\lambda \tag{8-36}$$

就会在与入射电子束成 2θ 的方向上产生衍射束（图 8－16）。式（8－36）中 n 为整数。在电子衍射中，一般只考虑一级衍射（或者作为 d/n 间距的一级衍射），可以将式（8－36）改写成

$$2d\sin\theta = \lambda \tag{8-37}$$

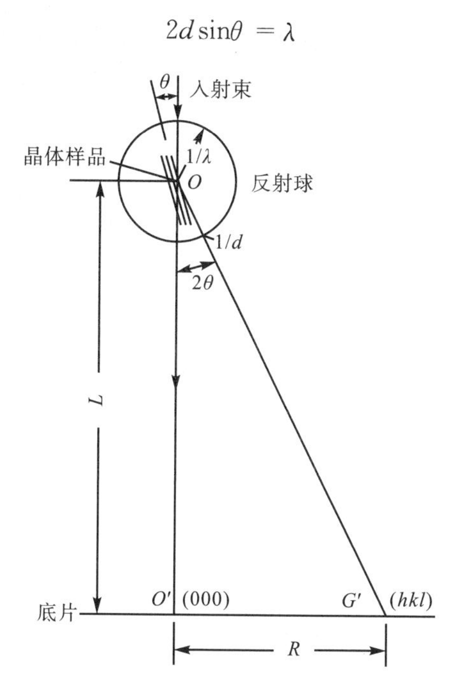

图 8－16　电子衍射的基本几何关系

在电镜中，电子透镜使衍射束会聚成为衍射斑点，晶体试样的各衍射点构成了电子衍射花样。

与 X 射线衍射相比，电子衍射主要有以下几个特点：①在电镜中作电子衍射时，电子的波长比 X 射线的波长短得多，因此电子衍射的衍射角很小，一般为 1°～2°，而 X 射线衍射角可以大到几十度。②由于物质对电子的散射作用比 X 射线强，因此电子衍射比 X 射线衍射多，摄取电子衍射花样的时间只需几秒钟，而 X 射线衍射则需数小时，所以电子衍射有可能研究晶粒很小或者衍射作用相当弱的样品。正因为电子的散射作用强，电子束的穿透能力很小，所以电子衍射只适于研究薄的晶体。③在透射电镜中作电子衍射时，可以将晶体样品的显微像与电子衍射花样结合起来研究，而且可以在很小的区域作选区电子衍射。然而，在结果的精确性和实验方法的成熟程度方面，电子衍射不如 X 射线衍射分析。

用电子显微镜可以得到各种晶体试样的电子衍射花样。单晶体试样产生规则排列的衍射斑点，图 8－17 是有机大分子物质单晶体的电子衍射花样；多晶试样产生同心环状衍射花样，图 8－18 是金属多晶样品的衍射环；织构样品产生弧状衍射花样；而无定形试样得到的是弥散环。

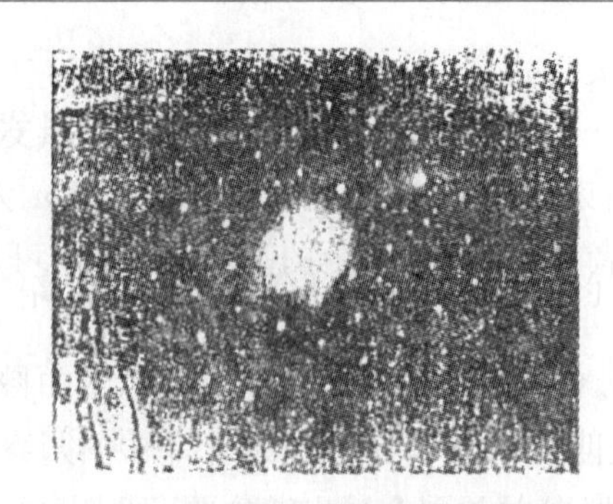

图 8－17　有机大分子单晶体的电子衍射花样

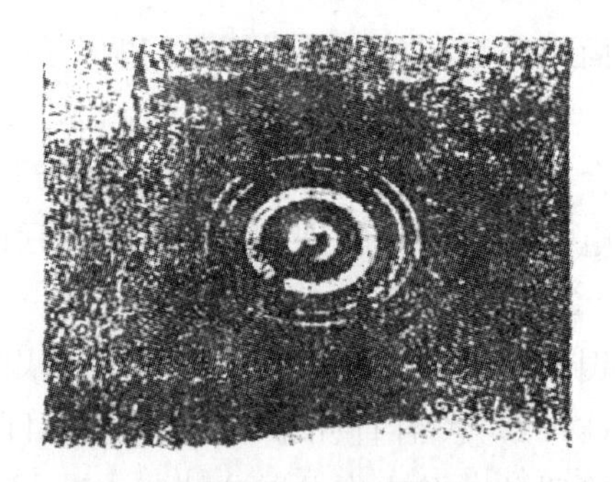

图 8－18　金属多晶样品的衍射环

电子衍射的基本几何关系如图 8－16 所示。图中表示面间距为 d 的晶面族（hkl）处满足布拉格条件的取向，在距离晶体样品为 L 的底片上照下了透射斑点 O' 和衍射斑点 G'，G' 和 O' 之间的距离为 R。从图可知：

$$R/L = \tan 2\theta \tag{8-38}$$

因为在电子衍射中的衍射角非常小，一般只有 1°～2°，所以

$$\tan 2\theta \approx 2\sin\theta \tag{8-39}$$

将式（8－38）、式（8－39）代入式（8－37），得到

$$L\lambda = Rd \tag{8-40}$$

这是电子衍射的基本公式。式中，L 为相机长度，是作电子衍射时的仪器常数；根据加速电压可以计算出电子束的波长 λ；R 是衍射底片上衍射斑点到透射斑点之间的距离；d 就是该衍射斑点对应的那一组晶面的晶面间距。从底片上测出 R 值，利用一些确定的关系可以对电子衍射花样进行标定和分析。

在简单的电子衍射装置中，相机长度就是晶体试样到照相底片之间的距离。前面已经讲过，在电镜中照相底片记录下来的是物镜后焦面上的衍射花样的放大像。我们仍然可以应用简单的关系式（8－40），但是此时的 L 称为有效相机长度。有效相机长度不再是试样到照相底片的距离，而是与作电子衍射时的仪器条件有关的仪器常数。由于在电镜中实际应用的都是有效相机长度，因此一般就把有效相机长度称作相机长度。现代电镜中，仪器可自动显示出相机长度的数值；假若没有给出，或者为了数值更精确，可以用已知 d 值的晶体样品测量相机长度。

3.5　衍射衬底简介

前面所介绍的散射（质量—厚度）衬度原理适用于非晶态或者是晶粒非常小的试样。金属薄膜样品的厚度可视为是均匀的，样品上各部分的平均原子序数也相差不多，不能产生足够的质量—厚度衬度。薄晶试样电镜图像的衬度，是由与样品内结晶学性质有关的电子衍射特征所决定的，这种衬度称为衍射衬度（简称衍衬），其图像称为衍衬图像。

现在以单相多晶样品为例，说明衍射衬度成像原理的特点。图 8－19 说明两个不同位向的晶粒产生的衍射衬度。假设试样中的两颗晶粒 A 与 B，它们的结晶位向不同，

用电镜中的测角台倾斜试样，使得 B 晶粒的某个（hkl）晶面恰好与入射电子束交成布拉格角 θ_B，而其他的晶面族都不满足布拉格条件，这时，B 晶粒在物镜的后焦面上产生一个强衍射斑点（图中的 $W_{(hkl)}$）。如果衍射电子束的强度为 I_0，样品足够薄，电子的吸收等效应可以不考虑，在满足所谓的“双束条件”（即除透射束以外，只有一个强衍射束）下，可以近似地认为：

$$I_{T(B)} + I_{(hkl)} = I_0 \tag{8-41}$$

式中，$I_{T(B)}$ 为 B 晶粒的透射束强度；$I_{(hkl)}$ 为指数（hkl）的衍射束的强度。假若取向不同的 A 晶粒的所有晶面都不满足布拉格条件，则 A 晶粒在物镜后焦面上不产生衍射斑点，这时有

$$I_{T(A)} = I_0 \tag{8-42}$$

式中，$I_{T(A)}$ 为 A 晶粒的透射束强度。在物镜的后焦面处有物镜光阑，其孔只能使透射斑点 $V_{(000)}$ 通过，而挡住了衍射斑点 $W_{(hkl)}$ ［图 8－19（a）］。若在像平面处旋转荧光屏，其上对应于 B 晶粒的像 B' 处的电子束强度 I_B 为

$$I_B = I_0 - I_{(hkl)} \tag{8-43}$$

对应于 A 晶粒的像 A' 处的电子束强度 I_A 为

$$I_A = I_0 \tag{8-44}$$

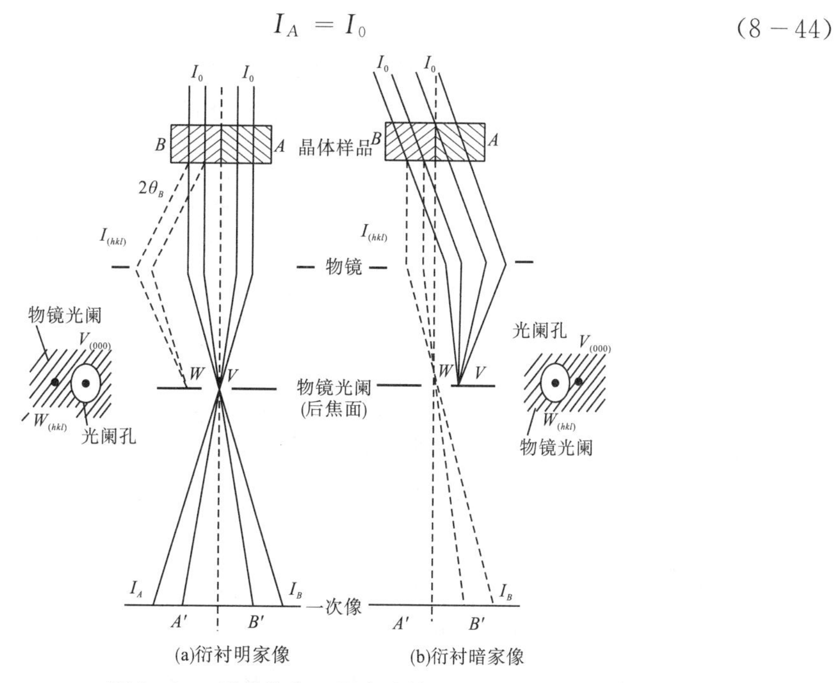

图 8－19　**晶粒位向不同产生的衍衬效应**

因此，A 晶粒的像 A' 比较亮，而 B 晶粒的像 B' 比较暗，于是出现了有明暗反差的图像。这样得到的衍衬图像称为衍衬明场像。图 8－20 是合金钢的衍衬明场像的电镜照片。图中晶粒 B 中某晶面满足布拉格条件，其像比较暗；晶粒 A（两颗）的各晶面与布拉格条件的偏离都较大，其像比较亮。

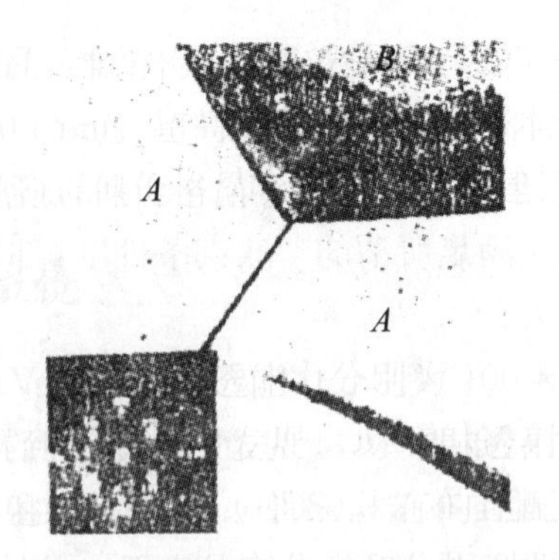

图 8-20　合金钢的电子衍衬明场像

另外，可以用倾斜电子束（或者移动物镜光阑）的方法，使得衍射斑点 W 正好通过反差光阑，而透射斑点 V 被光阑挡住［图 8-19（b）］，这时的荧光屏上各晶粒对应的电子束强度为 $I_B=I_{(hkl)}$，$I_A=0$，因此 B 晶粒的像是亮的，A 晶粒的像是暗的。这种用衍射斑形成的像称为衍衬暗场像。

图 8-21 是孪晶马氏体的电子衍衬明场像和对应的暗场像，可以看到两张照片中图像的亮暗是互补的。

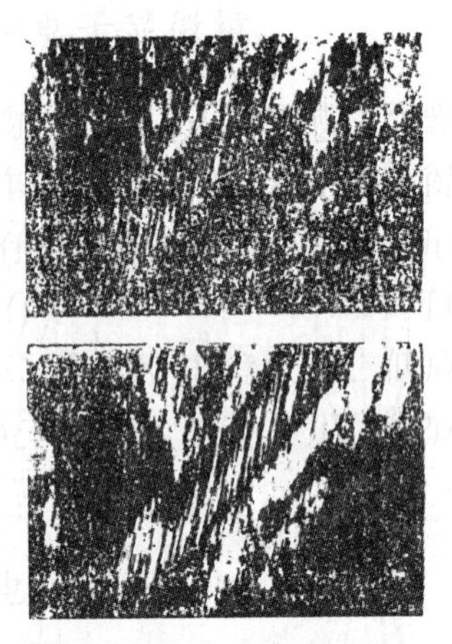

图 8-21　孪晶马氏体的衍衬明场象与对应的衍衬暗场像

由于晶体试样上各部位满足布拉格条件的程度的差异所形成的电子显微图像是衍衬图像。衍衬图像反映试样内部的结晶学特性，不能将衍衬图像与实物简单地等同起来，更不能用一般金相显微像的概念来理解薄晶样品的衍衬图像。衍衬图像中包含着一些衍射效应造成的特殊现象。例如，试样基体中存在球形的第二相粒子，在电镜中有时看到的是两叶花瓣状的图像，不能简单地认为第二相粒子是两个花瓣状的。这是由于第二相和基体共格，粒子中心晶面不发生畸变，形成了零衬度线，使得一颗完整的粒子在衍衬图像上变成了两半。因此，薄晶样品的电子显微分析必须与电子衍射分析结合起来，才能正确理解图像的衬度。为了解释衍衬图像，发展了电子衍衬的运动学理论和动力学理论，由于篇幅有限，这里不作介绍，读者可查阅相关专著。

3.6　相位衬度

随着电子显微镜分辨率的不断提高，人们对物质的微观世界的观察更加深入，现在已经能拍下原子的点阵结构像和原子像。进行这种观察的试样厚度必须小于 100 Å，甚至薄到 30～50 Å。这样，由以上所介绍的衬度机制产生的图像反差就很小了，单个原子成像的质量—厚度衬度数值约为 1%，而人的眼睛一般只能分辨反差大于 10%的图像。因此用前述衬度概念不能解释高分辨像的形成机理。高分辨电子显微图像的形成原理是相位衬度原理。

入射电子波穿过极薄的试样后，形成的散射波和直接透射波之间产生相位差，同时有透镜的失焦和球差对相位差的影响，经物镜的会聚作用，在像平面上会发生干涉。由于穿过试样各点后电子波的相位差情况不同，在像平面上电子波发生干涉形成的合成波也不同，由此形成了图像上的衬度。图 8－22 表明了相位衬度与质量—厚度衬度的区别，在图 8－22（b）中，电子束照在试样上的 P 点，由于物镜光阑挡住了散射角大的那部分（图中斜线所示）电子波，穿过光阑孔的电子波的强度决定了像点 P'的亮度，这样形成的是质量—厚度衬度。在图 8－22（a）中，电子束穿过试样原子后，散射角大的电子波很弱，散射角小的散射电子波也能穿过物镜光阑孔。在穿过光阑孔的电子波中，散射波与直接穿透电子波之间有相位差，到达像平面处发生干涉，决定了像平面处合成波的强度，使像点 P'具有与试样特征相关的亮度。

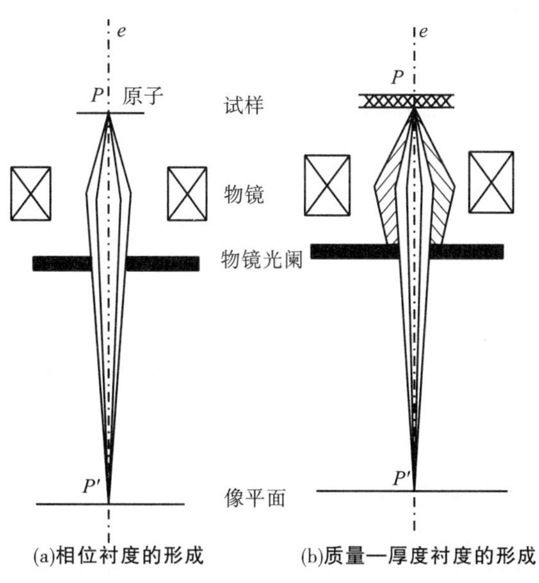

图 8－22　相位衬度与质量—厚度衬度的区别

为了获得更多信息，进行高分辨观察时可以选用大孔径物镜光阑，甚至可以不用物镜光阑。由于图像上形成的相位衬度值与透镜的失焦量和球差值有关，因此必须选择最佳失焦量等实验条件，才能得到好的高分辨像。

第4节 分析测试

透射电镜研究的样品尺度很小，而且必须对电子束是“透明”的，因此样品制备方法在透射电子显微术中起着非常重要的作用。人们最初用电镜只能观察粉末样品和苍蝇翅膀之类的东西，超薄切片技术的发展使得生物医学领域广泛应用了电镜，表面复型方法的建立使得透射电镜可用于观察大块金属及其他材料的显微组织。这时，电子显微镜比普通光学显微镜提供了更多的结构细节，但是它并没增加新的信息。20世纪60年代以来，出现了金属薄膜样品制备技术，发展了薄晶的衍射电子显微术，它不仅能发挥电镜高分辨率的特长，而且可以显示出材料结晶学方面的结构信息，还可以配合能谱做微区成分分析以及直接对材料进行动态研究等。总而言之，透射电镜应用的深度和广度在一定程度上依赖于样品制备技术的发展。

图像的理解与样品的制备方法有直接关系，因此这里也将谈到图像的分析问题。

4.1 制样

1. 对样品一般要求

对于在透射电镜中研究的样品有以下要求：

（1）透射电镜样品置于载样铜网上，铜网的直径为2～3 mm，所观察的试样最大尺度不超过1 mm。电镜能观察的结构范围由若干微米到几埃。

（2）样品必须薄到电子束可以穿透。具体厚度视加速电压大小和样品材料而异，在100 kV加速电压下，一般样品的厚度不能超过一两千埃。

（3）电镜镜筒中处于高真空状态，只能研究固体样品。样品中若含有水分、易挥发物质及酸碱等腐蚀性物质，须事先加以处理。

（4）样品需要有足够的强度和稳定性，在电子轰击下不致损坏或变化，样品不荷电。

（5）样品要非常清洁，切忌尘埃、棉花毛、金属屑等沾污样品，以保证图像的质量和真实性。

样品的主要制备方法如下：

直接法{粉末颗粒；直接薄膜；超薄切片}；间接法{一级复型；二级复型}；半间接法——萃取复型

2. 粉末颗粒样品的制备及重金属投影

（1）支接膜的制备。

粉末颗粒样品可以直接放在载样铜网的网格上，但为避免样品从网孔中落下，可以在铜网上制备一层支持膜。支持膜要有一定的强度，对电子的透明性能好，并且不显示自身的结构。支持膜的种类很多，常用的有火棉胶膜、碳膜、碳补强的火棉胶膜等。

火棉胶支持膜的制备方法是将一滴火棉胶的醋酸异戊酯溶液（1%～2%）滴在蒸馏水表面上，在水面上形成厚度为 200～300 Å 的薄膜，将膜挥在载样铜网上即可。这种支持膜透明性好，但在电子束轰击下易损坏。

碳支持膜是在真空镀膜机中蒸发碳，形成厚约 100 Å 的膜，最后设法捞在铜网上。碳膜的使用性能较好，但捞膜比较困难。

碳补强的火棉胶支持膜是先将很薄的火棉胶支持膜捞在铜网上，然后在火棉胶膜上蒸发一层厚 50～100 Å 的碳层。这种支持膜制作较方便，性能也比较好，目前使用得最多。

以上几种膜在高分辨下观察时仍能显示自身的结构，为了进行高分辨工作，需要制备其他性能更好的支持膜。

（2）样品的分散。

粉末样品在支持膜上必须有良好的分散性，同时又不过分稀疏，这是制备粉末样品的关键。具体的方法有悬浮液法、喷雾法、超声波振荡分散法等，可依需要选用。

图 8－23（a）是碳酸盐的透射电镜照片。制样方法是将样品粉末放在水中分散，选择浓度合适的分散液滴在碳补强的火棉胶支持膜上，在电镜中观察并拍照。

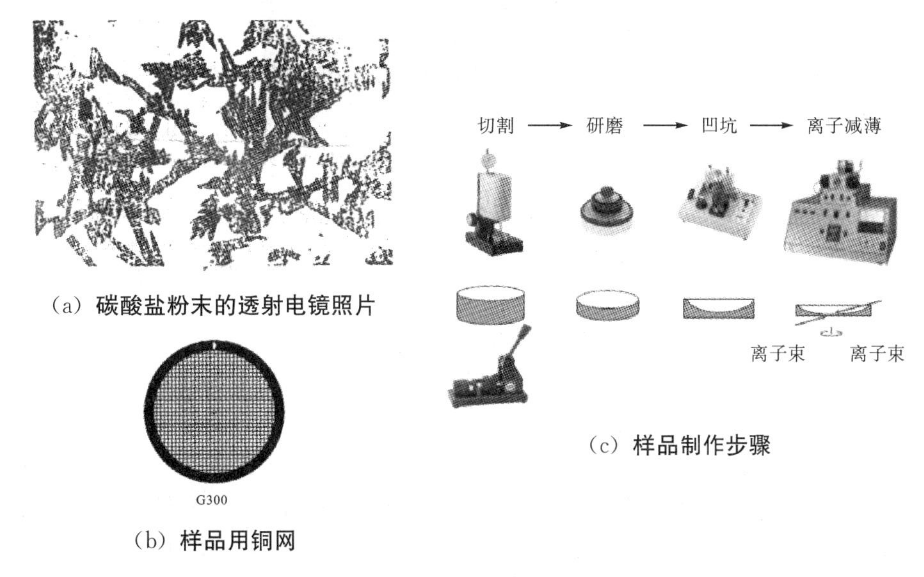

（a）碳酸盐粉末的透射电镜照片

（b）样品用铜网

（c）样品制作步骤

图 8－23　透射电镜研究

（3）重金属投影。

有些样品，尤其是由轻元素组成的有机物、高分子聚合物等样品对电子的散射能力差，在电子图像上形成的衬度很小，不易分辨，在 TEM 中可以采用重金属投影来提高衬度。投影工作在真空镀膜机中进行。选用某种重金属材料（如 Ag，Cr，Ge，Au 或 Pt 等）作为蒸发源，金属受热后成原子状态蒸发，以一定倾斜角投到样品表面（图 8－24），由于样品表面凹凸不平，形成了与表面起伏状况有关的重金属投影层。由于重金属的散射能力强，投影层与未蒸发金属部分形成明显的衬度，增加了立体感。

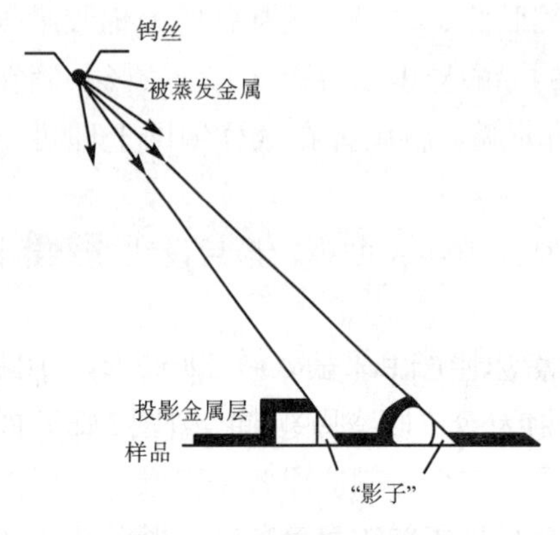

图 8-24　重金属投影图

8-25　NaCl 微晶的透射电镜照片

图 8-25 是经重金属投影的氯化钠微晶颗粒。在颗粒的一侧，存在一个没有蒸发重金属的“影子”，增加了颗粒的立体感。在观察这种图像时，不要把颗粒的影子误认为是颗粒本身的一个“尾巴”。

3. 表面复型方法和图像分析

大块物体不能直接放到电镜中观察，制备薄膜的方法又有许多局限性，为此常常选用适当的材料，制成欲研究物体表面的复制品。用复制品在电镜中进行观察研究，这就是表面复型方法。这种方法一般（除萃取复型外）只能研究物体表面的形貌特征，不能研究样品内部的结构及成分分布。

复型的制作方法有很多，目前常用的有以下几种：

（1）火棉胶（或其他塑料）一级复型。

取一滴火棉胶醋酸异戊酯溶液，滴于清洁的欲研究试样表面上，干燥后，用特殊的方法将之剥下置于铜网上，这是一种一级复型法。图 8-26 是塑料一级复型的制作过程示意图，这种复型法中复型膜的剥离比较困难。

塑料复型膜的上表面基本是平的，与试样接触的那一面形成与试样表面起伏相反的浮雕。例如在图 8-26 中，A 点在试样表面的凹部，在复型膜上对应的 A' 点是在凸起的部位，B 点与 B' 点则相反。由此可见，塑料一级复型是负复型（复型与试样表面的浮雕相反）。在电镜中观察的是复型膜，塑料一级复型样品的电镜图像直接反映复型膜中的厚度差，A' 点的图像较暗，B' 点的图像较亮，即在图像上看到暗的地方在试样上是凹的部位，而亮的地方是凸的部位。图 8-27 是碳钢回火马氏体试样塑料一级复型的电镜照片，图中亮的斑点是突出于试样表面的颗粒。这种金相试样的基体比碳化物容易被浸蚀，经过浸蚀以后，碳化物突起于试样表面，电镜图像上的颗粒就是回火马氏体中的碳化物颗粒。

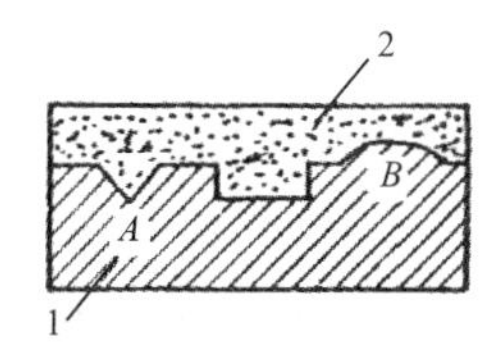

（a）在样品表面制作复型

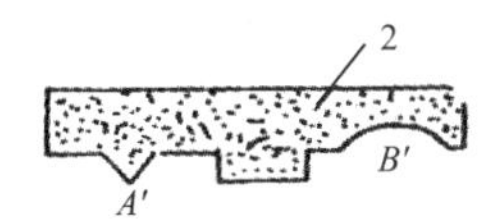

（b）剥下来的塑料复型膜

图 8－26　塑料一级复型的制作过程

1－试样；2－塑料膜

图 8－27　碳钢回火马氏体试样塑料一级复型的电镜照片

（2）碳膜一级复型。

用真空镀膜机在试样表面蒸上厚度为 300 Å 左右的碳膜，将碳膜剥离下来即为碳膜一级复型，图 8－28 表示了碳膜一级复型的制作过程。

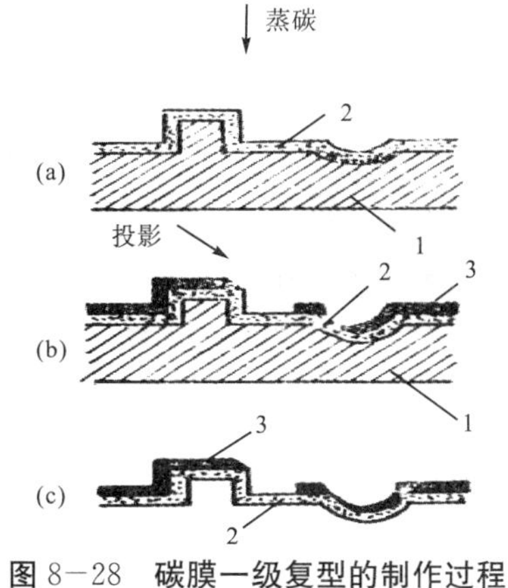

图 8－28　碳膜一级复型的制作过程

1－试样；2－碳膜；3－投影层

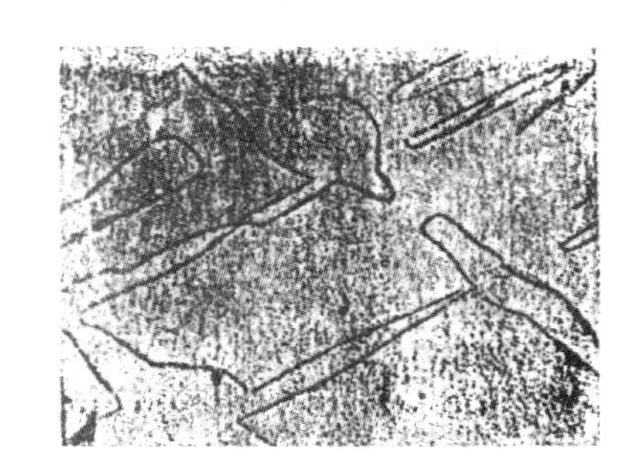

图 8－29　镍基高温合金碳膜一级复型的电镜照片

碳膜复型的分辨率较高，但为了剥离复型膜，一般需要损坏原试样。

由于碳粒子有“迁移”特性，所得到的碳膜基本上是等厚度薄膜［图 8－28（a）］，试样表面有凹有凸，但反映在复型膜的厚度差异上二者是没有区别的，所以这种复型在电镜中得到的图像只反映形貌特征的轮廓，而无法辨别凹凸的差异。图 8－29 是镍基高温合金碳膜一级复型的电镜照片，图中有试样中组织的清晰轮廓线，但不能分辨其凹凸关系。为了弥补这一不足，可在碳膜上进行重金属投影［图 8－28（b）］。图 8－28（c）是有重金属投影的碳膜一级复型，这种复型可以反映出试样表面的凹凸关系。上述的碳膜一次复型是正复型，因为复型膜的浮雕特征与试样是相同的。在电镜中观察时，为了正确理解图像，需要首先判断投影的方向，然后观察“影子”的特征，沿着投影方向看过去，如果“影子”在轮廓线的前部，表示试样上该部位是凸的；如果“影子”在轮廓线的后部，表明该部位是凹的。当然，运用有关试样的专业知识并参考其他分析手段获得的结果，更有利于准确理解图像。

(3) 塑料薄膜—碳膜二级复型。

用醋酸纤维素膜(简称AC纸)或火棉胶等塑料制成第一次复型，然后在其与试样接触的表面再制作碳膜复型(蒸发碳层并用重金属投影)，制作过程如图8－30所示。在电镜中观察的是第二次复制物的碳膜[图8－30(d)]，这种复型方法称为二级复型法。一级复型物不直接用于电镜观察，因此可以做得比较厚，减少了剥离的困难，但其分辨率受塑料复型所限制，不如碳膜一级复型的分辨率高。这种复型方法制作比较简便，碳膜在电子轰击下不易破坏，因此目前被广泛采用。

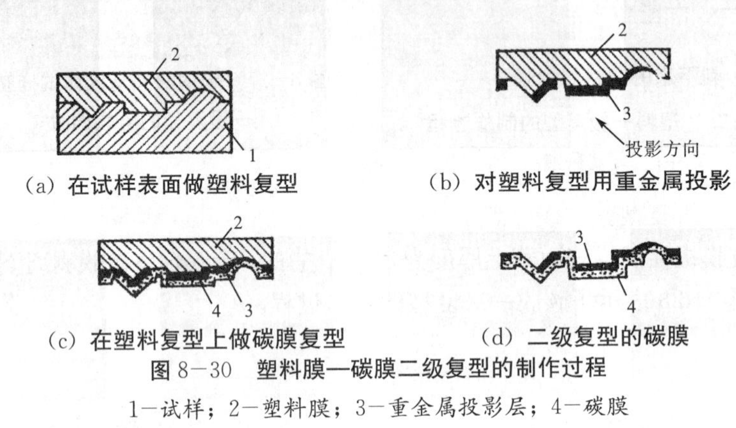

图8－30　塑料膜—碳膜二级复型的制作过程

1—试样；2—塑料膜；3—重金属投影层；4—碳膜

应用各种复型方法所得到的电镜图像都是质量—厚度衬底。分析二级复型图像时，应该注意到二级复型的碳膜是在塑料负复型的基础上做成的。如图8－30所示的过程制作出来的二级复型的图像，具有负复型的特征，即图像的浮雕特征与试样相反。

图8－31是聚四氟乙烯块材，在327℃恒温经5 h，冷冻断裂，断面二次复型的电镜照片。从图中看到了聚四氟乙烯伸直链的结晶形态，可以分析这种材料在不同处理条件下，形态结构与性能的关系。

图8－31　聚四氟乙烯断面二次复型的电镜照片

(4) 萃取复型。

当试样浸蚀得比较深，或者复型膜的黏着力比较大，在复型膜与试样分离时，试样表层的某些物质随同复型膜一起离开试样基体，得到黏附着试样物质的复型膜，这种复型叫作萃取复型。图8－32是萃取复型方法的示意图。萃取复型兼有间接试样和直接试样的特点，试样的表面起伏性被复印在复型膜上，而萃取下来的物质又是试样本身的组成部分，并且保留了在原试样中的相对位置，在电镜中不仅可以看到试样的表面形貌，还可以显示萃取物质的形态，并且可以对萃取物做电子衍射和成分分析。

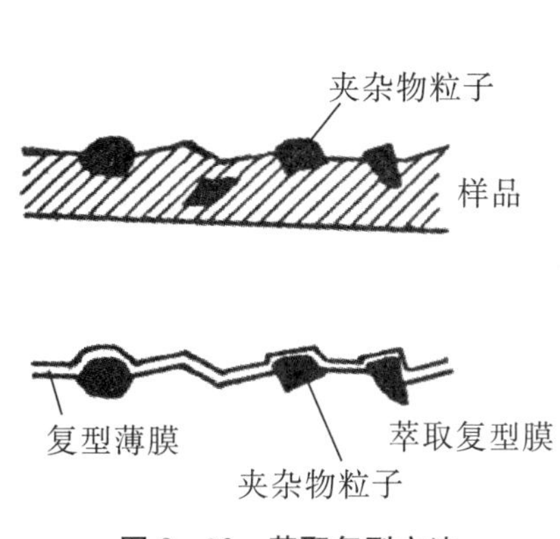

图 8－32　**萃取复型方法**

(a) **碳钢中珠光体组织萃取复型的电镜照片**

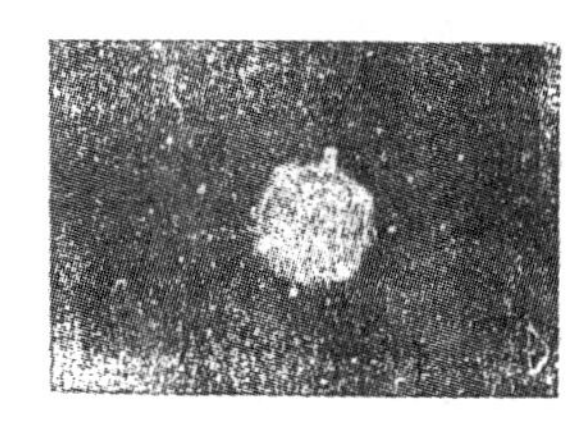

(b) **碳化物的选区电子衍射花样**

图 8－33　**碳钢** TEM

图 8－33 (a) 是碳钢中珠光体组织萃取复型的电镜照片，从图中看到了珠光体组织的表面浮雕特征，图中黑的条状物是从试样上萃取下来的碳化物。图 8－33 (b) 是该碳化物的选区电子衍射花样

4. 直接薄膜样品

可以将欲研究的试样制成电子束能穿透的薄膜样品，直接在电镜中进行观察。薄膜的厚度与试样的材料及电镜的加速电压有关，对于 100 kV 的加速电压，电子束可以穿透的铝膜样品的厚度一般为几千埃，而铀膜样品只有数百埃，一般金属薄膜的厚度是 1000～2000 Å，有机物或高分子材料的厚度在 1 μm 以内。直接薄膜样品的优点在于能直接观察样品内部的结构，能对形貌、结晶学性质及微区成分进行综合分析；还可以对这类样品进行动态研究（如在加热、冷却、拉伸等作用过程中观察其变化）。制备薄膜样品的方法很多，使用中应根据样品的性质和研究的要求，选用不同方法。下面列举几种常用的制膜方法：

(1) 真空蒸发法。

在真空蒸发设备中，使被研究材料蒸发后再凝结成薄膜，金属材料及有机物均可能采用此法。拍摄氯代酞氰铜的原子像所用的样品就是用这种方法制备的。

(2) 溶液凝固（或结晶）法。

选用适当浓度的溶液滴在某种平滑表面上，待溶液蒸发后，溶质凝固成膜。图 8－34是用这种办法得到的聚乙烯球晶的电镜照片，从图中可以看到，聚乙烯球晶中晶片的放射状结构。

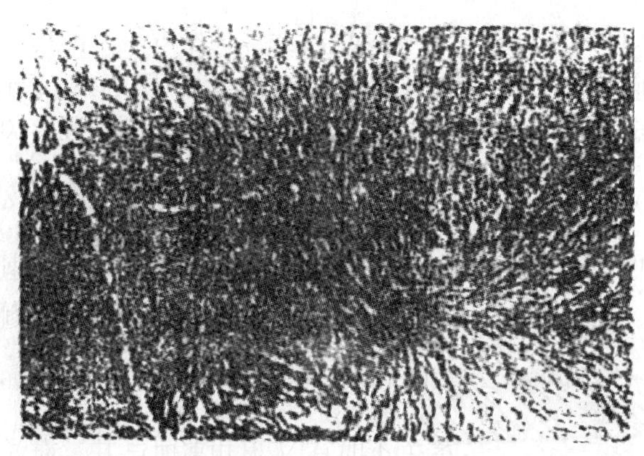

图 8-34　聚乙烯/二甲苯浓溶液滴在碳膜上得到的聚乙烯球晶的电镜照片

（3）离子轰击减薄法。

用离子束将试样逐层剥离，最后得到适于透射电镜观察的薄膜。这种方法对金属及非金属材料都适用，尤其是对高聚物、陶瓷、矿物等不能运用电解抛光减薄法的试样，离子轰击减薄法更显示了它的优越性。但是这种方法需要的设备比较复杂，制作一个样品所用的时间也相当长。

（4）超薄切片法。

欲研究试样经过预处理后，用环氧树脂（或有机玻璃等）包埋，然后将包埋块固定在超薄切片机上，用硬质玻璃刀（或金刚石刀）切成电子束可以穿透的薄片。一般情况下，切片的厚度需小于 500～600 Å，将切片捞在载样铜网上，即可供在电镜中观察使用。

超薄切片是等厚度样品，其在电镜中形成的衬度一般很小，因此需要采用“染色”的办法来增加衬度，即将某种重金属原子选择性地引入试样的不同部位，利用重金属散射能力大的特点，提高了超薄切片样品图像的衬度。

在生物、医学领域中，超薄切片技术在电子显微术中占有重要地位，研究高分子材料及催化剂等样品时，也经常采用超薄切片方法。图 8-35 是聚乙烯超薄切片样品的电镜照片，聚乙烯材料在 127℃恒温结晶，电镜样品用氯碘酸和醋酸铀进行染色。从图中可以清晰地看到聚乙烯的片晶结构，可以从图上分别测出晶区及非晶区的宽度。

图 8-35　聚乙烯超薄切片样品的电镜照片

（5）金属薄膜样品的制备方法。

工程上所用的金属材料一般都是大块状的，为了用透射电镜研究这种材料，需要采用适当的方法，制成电子束能穿透的薄膜样品。在制作过程中必须保持材料本身的结构特征，尤其在制膜的最后阶段，应该尽量减少对材料结构的机械损伤及热损伤。制备金属薄膜的一般过程如下：

①从大块试样上切割厚度为 0.5 mm 左右的薄块。

②用机械研磨或化学抛光等方法，将薄块减薄成为 0.1 mm 左右的薄片。

③用电解抛光减薄法或者离子减薄法，制成厚度小于 5000 Å 的薄膜，这时薄膜的厚度不可能是均匀的。在电镜中可从样品上选择对电子束透明的区域进行观察。电解抛光方法的设备简单，操作方便，目前应用比较广泛。

金属薄膜样品的电子显微图像是衍衬图像，应该用衍衬理论来解释图像。图 8－36 是 18－8 不锈钢薄膜样品的电子显微衍射图像，从图中看到了该试样中的位错和堆垛层错的特征。

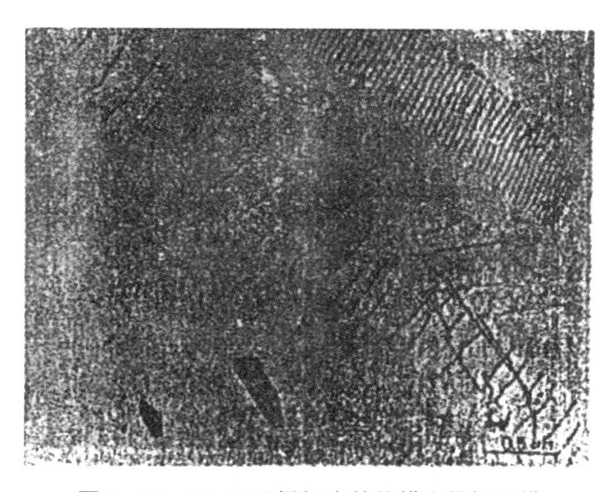

图 8－36　18－8 不锈钢中的位错和堆垛层错

以上介绍的是透射电子显微术的各种常用制样方法。应该指出，电镜的图像与制样方法有密切关系，因此，分析电镜图像时，必须考虑样品的制作过程。

4.2　分析

下面观察一实例，图 8－37 中的四张图都是不锈钢中珠光体组织的电镜照片，分别采用四种不同的方法制样，图 8－37（a）是用塑料一级复型法，图 8－37（b）是用二级复型法，图 8－37（c）是用萃取复型法，图 8－37（d）是用金属薄膜法。可以看出，四种方法得到的电子显微图像虽有共同点，但又各不相同。用复型方法得到的图像是通过试样表面的浮雕反映了材料的组织结构特征，萃取复型上有一部分是原试样本身的组成部分，而薄膜样品是直接观察分析试样材料。各种图像的成像原理也不相同，图 8－37（a）及图 8－37（b）是质量—厚度衬度，图 8－37（c）基本上也是质量—厚度衬度，而图 8－37（d）是衍射衬度。各图都表现出珠光体组织是大致平等排列的层片状渗碳体和铁素体两相相间的结构，但在分析图像时，应考虑到各种制样方法的特点，比如珠光体组织中的渗碳体层片在图 8－37（a）中是亮的条带；在图 8－37（b）中是凹的条带；在图 8－37（c）中既有层片的复型，又有一部分渗碳体层片；而在图 8－37（d）中渗碳体层片是暗的条带。图 8－37（d）是衍射图像，因此图中还可以看到铁素体中的位错条纹，这一点是各种复型图像所不及的。

（a）塑料一级复型样品的电镜照片

（b）二级复型样品的电镜照片

（c）萃取复型样品的电镜照片

（d）金属薄膜样品的电镜照片

图 8－37　不锈钢中珠光体组织的各种电镜照片

第 5 节　知识链接

请同学们思考，为什么在电镜测试时需要高真空？

真空绝不是“完全空”，而是一种“指定空间内，低于一个大气压的气体状态”，对于一个密闭的容器，内部飞来飞去的气体分子一直在频繁地撞击容器壁，其趋势是向外推挤容器壁。单个分子碰在容器壁上产生的力自然是微不足道的，然而同时碰在容器壁上的分子数目非常巨大，合起来就是很大的力，这种推力就是气压。气压的性质是，当温度和体积不变时，容器中的空气越稀薄，即容器中气体分子数越少，气压越低，在自然环境中，海拔越高的地方，气压越低。也就是说，越往高空（外太空）去，便越接近“完全空”的真空。由此可见，真空相对于标准大气压而言是负的气压，具有不同的气压范围分布，如表 8－2 所示。

表 8－2　真空等级划分

区域物理特性	粗真空	低真空	高真空	超高真空	极高真空
压力范围/Pa	$10^{2}\sim10^{5}$	$10^{-1}\sim10^{2}$	$10^{-6}\sim10^{-1}$	$10^{-9}\sim10^{-6}$	$<10^{-9}$
气体分子密度/（个/cm^3）	$10^{16}\sim10^{19}$	$10^{13}\sim10^{16}$	$10^{8}\sim10^{13}$	$10^{5}\sim10^{8}$	$<10^{5}$
平均自由程/cm	$10^{-5}\sim10^{-2}$	$10^{-2}\sim10$	$10\sim10^{6}$	$10^{6}\sim10^{9}$	$>10^{9}$
气流特点	①以气体分子间的碰撞为主；②黏滞流	过渡区域	①以气体分子与容器壁的碰撞为主；②分子流；③已不能按连续流体对待	分子间的碰撞极少	气体分子与容器壁表面的碰撞频率较低
平均吸附时间	气体分子以空间飞行为主			气体分子以吸附停留为主	

气压的标准单位是帕斯卡（Pa），目前还有其他单位在不同地区使用，比如 Torr，mmHg，atm，bar，mbar 等。Torr（托）代替 mmHg，二者等价（1958 年）。国际计量会议于 1971 年确定 Pa 为国际单位。$1\ \text{Pa}=1\ \text{N/m}^2=7.5\times10^{-3}$ Torr，1 Torr=133.32 Pa；1 atm=760 Torr；$1\ \text{bar}=10^5$ Pa。

5.1　基本术语

1. 平均自由程

真空中分子或粒子平均自由程（每个分子在连续两次碰撞之间的路程称为“自由程”）为

$$\lambda = \frac{1}{\sqrt{2}\pi\sigma^2 n} = \frac{kT}{\sqrt{2}\pi\sigma^2 P}$$

计算 25℃时分子自由程：$\lambda=0.667/P$（cm）。

2. 碰撞次数

碰撞次数/入射频率（单位时间，在单位面积的器壁上发生碰撞的气体分子数称为“入射频率”）满足 Hertz－Knudsen 公式：

$$\nu = \frac{1}{4}nv = \frac{P}{\sqrt{2\pi mkT}}$$

3. 饱和蒸气压

对于每种气体，都有一个特定温度，即高于此温度时，气体无论怎样都不会液化，称为该气体的临界温度。室温高于临界温度的气态物质称为气体，反之称为蒸气。把各种固/液体放入密闭的容器中，在任何温度下都会蒸发，蒸发出来的气压称为蒸气压。在一定温度下，单位时间内蒸发出来的分子数与凝结在器壁和回到蒸发物质的分子数相等时的蒸气压称为饱和蒸气压。这说明环境气压只有低于物质的饱和蒸气压，物质才会蒸发。因此，选择真空室所用的材料时，应选择饱和蒸气压低的材料，一般比要求达到的真空低两个数量级。饱和蒸气压与温度关系密切，随温度的升高，饱和蒸气压迅速增加。物质的蒸发温度规定为饱和蒸气压为 1.33 Pa 时的温度。

5.2　真空的获得

首先需要明确，没有 $P=0$ Pa 的绝对真空。密闭腔室真空的获取，是通过各种泵完成的，每种泵都有其工作气压范围，见表 8－3。没有一种泵能直接从大气直接抽到超高真空，因此经常需要几种泵组合使用，也特别需要注意各种泵的工作范围。

表 8-3　各种真空泵的工作气压范围

泵种类		工作气压范围/Pa	原理
机械泵	油封机械泵（两级）	$10^{-3} \sim 10^{5}$	用机械力压缩并排除气体
	机械式干式泵	$10^{-1} \sim 10^{5}$	
	机械增压泵	$10^{-2} \sim 10^{3}$	
	涡轮分子泵	$10^{-8} \sim 10^{-2}$	
蒸汽喷射泵	油扩散泵	$10^{-7} \sim 10^{-1}$	用喷射气流的动量将气体带走
	油喷射泵	$10^{-1} \sim 10^{2}$	
	蒸汽喷射泵	$10^{0} \sim 10^{5}$	
干式泵	溅射离子泵	$10^{-9} \sim 10^{-1}$	利用升华或溅射形成吸气膜，吸附并排除气体
	钛升华泵	$10^{-10} \sim 10^{0}$	
	低温冷凝泵	$10^{-9} \sim 10^{-2}$	利用气体物理吸附并排除到冷壁上
	吸附泵	$10^{-2} \sim 10^{5}$	
真空泵抽速比较	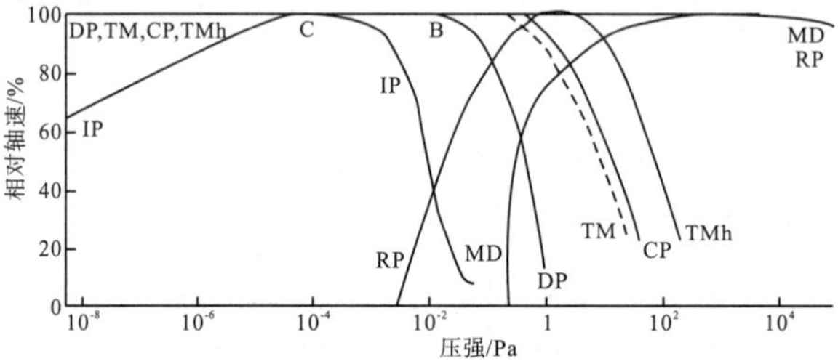 MD—机械式干式泵；TMh—涡轮分子泵（混合式）；TM—涡轮分子泵；RP—两级式油封机械泵；DP—油扩散泵；IP—溅射离子泵；CP—低温冷凝吸附泵		

5.3　真空的测量

真空的间接测量（直接测量困难），即测量在低气压下与压强有关的某些物理量，变换后得到容器的压强。当压强改变时，这些相关的物理量也随着变化。由于任何物理特性都是在一定的压强范围才显著，所以，任何方法都有一定的测量范围，即真空计的量程。目前没有一种真空计能从大气直接测量到 10^{-10} Pa。下面简单介绍常用的几种真空测量仪器：

（1）热偶真空规。真空测量仪器称为真空计，其中测量真空的元件称为真空规。热偶真空规和热阻真空规的测量原理类似：气体的热导率随气体压力的变化而变化。热偶真空规测量热丝的温度变化，热阻真空规测量热丝的电阻变化。在 0.1～100 Pa 范围内，气体热导率随气体压力的增加而上升，这时热偶真空规才能测出真空度。气压过高时，气体热导率不随压力变化而变化；气压过低时，气体热导率引起的变化不灵敏，也不能测量。

热阻真空规又称皮拉尼真空规，通过测量热丝的电阻随温度的变化来实现对真空的测量。

（2）电离真空计。电离真空规由阴极、阳极和离子收集极三个电极组成。阴极发出的电子向阳极飞行过程中，与气体分子碰撞使其电离。离子收集级接受电离的离子，并根据离子电流大小测量真空度。离子电流与阴极发射电流、气体种类和气体分子密度有关。测量范围 10^{-1}～10^{-6} Pa，压强大于 10^{-1} Pa 时，虽然气体分子很多，但是电离作用达到饱和，使曲线偏离线性。压强小于 10^{-6} Pa 时，阴极发射的高能电子打到阳极上，产生软 X 射线，当其辐射到离子收集极时，将自己的能量传给金属中的自由电子，使电子逸出金属，形成光电流，使离子电流增加。此时的离子流是离子电流与光电流之和，使曲线偏离线性。

（3）薄膜真空计。依靠薄膜在气体压力差下产生微小机械位移，测量电容的变化，变换成压强差，可用于气体绝对压力测量，测量结果与气体种类无关，适用于发生化学反应的真空测量。探测下限：10^{-3} Pa，相当于薄膜位移仅一个原子大小，上限取决于薄膜的位移极限。

5.4　超高真空的应用

在普通高真空，例如 10^{-6} Torr 时，对于室温下的氮气，$\nu=4.4\times10^{14}$分子/（cm^2 · s），如果每次碰撞均被表面吸附，按每平方厘米单分子层可吸附 5×10^{14} 个分子计算，一个“干净”的表面只要一秒多钟就覆盖满了一个单分子层的气体分子。而在超高真空，如 10^{-8} Pa 或 10^{-9} Pa 时，由同样的估计可知，“干净”表面吸附单分子层的时间将达几小时到几十小时之久。目前获得的极限真空大约为 10^{-12} Pa。因此，超高真空可以提供一个“原子清洁”的固体表面，可有足够的时间对表面进行实验研究（包括测试分析）。这是一项重大的技术突破，它促进了近二十年来新兴表面科学研究的蓬勃发展，无论是在表面结构、表面组分及表面能态等基本研究方面，还是在催化腐蚀等应用研究方面都取得了长足的发展。超高真空可以得到超纯或精确掺杂的镀膜或分子束外延生长晶体，促进了半导体器件、大规模集成电路和超导材料等的发展，也为在实验室中制备各种纯净样品（如电子轰击镀膜、等离子镀膜、真空剖裂等）提供了良好的基本技术。

第 6 节　技术应用

透射电镜的分辨率已由当初的 50 nm 提高到今天的 0.1 nm 水平，相应的应用扩展到几乎所有的科学领域。在材料科学领域（包括金属材料、高分子材料、陶瓷、半导体材料、建筑材料等）中，透射电子显微镜更是不可缺少的分析工具之一，尤其是近二十年来，这些方面已经获得了大量卓越的研究成果。在地质、矿物、冶金、环境保护领域，以及物理、化学等基础学科的研究中，电子显微镜也得到了广泛的应用，主要包括表面形貌分析、纳米尺度材料分析、晶体缺陷分析。随着仪器水平的进一步提高和样品制备方法的不断改进，透射电镜的应用领域将会不断扩大，研究的问题将会更加深入。

6.1 发展方向

1. 高分辨电子显微学及原子像的观察

材料的宏观性能往往与其本身的成分、结构以及晶体缺陷中原子的位置等密切相关。观察试样中单个原子像是科学界长期追求的目标。一个原子的直径为 (2～3)×10^{-7} mm。因此，要分辨出每个原子的位置，需要 0.1 nm 左右的分辨本领，并把它放大约 1000 万倍。20 世纪 70 年代初形成的高分辨电子显微学（HREM）是在原子尺度上直接观察分析物质微观结构的学科。计算机图像处理的引入使其进一步向超高分辨率和定量化方向发展，同时也开辟了一些崭新的应用领域。例如，英国医学研究委员会分子生物实验室的 A. Klug 博士等发展了一套重构物体三维结构的高分辨图像处理技术，为分子生物学开拓了一个崭新的领域，因而获得了 1982 年诺贝尔化学奖，以表彰他在发展晶体电子显微学及核酸—蛋白质复合体的晶体学结构方面的卓越贡献。

用 HREM 使单个原子成像的一个严重困难是信号/噪声比太小。电子经过试样后，对成像有贡献的弹性散射电子（不损失能量，只改变运动方向）所占的百分比太低，而非弹性散射电子（既损失能量，又改变运动方向）不相干，对成像无贡献且形成亮的背底（亮场），因而非周期结构试样中的单个原子像的反差极小。在挡去了未散射的直透电子的暗场像中，由于提高了反差，才能观察到其中的重原子，例如铀和钍—BTCA 中的铀（$Z=92$）和钍（$Z=90$）原子。对于晶体试样，原子阵列会加强成像信息。采用超高压电子显微镜和中等加速电压的高亮度、高相干度的场发射电子枪透射电镜在特定的离焦条件（Scherzer 欠焦）下拍摄的薄晶体高分辨像可以获得直接与晶体原子结构相对应的结构像。再用图像处理技术，例如电子晶体学处理方法，已能从一张 200 kV 的 JEM－2010F 场发射电镜（点分辨本领 0.194 nm）拍摄的分辨率约 0.2 nm 的照片上获取超高分辨率结构信息，成功地测定出分辨率约 0.1 nm 的晶体结构。图 8－38 给出了金催化剂的 HRTEM 图。

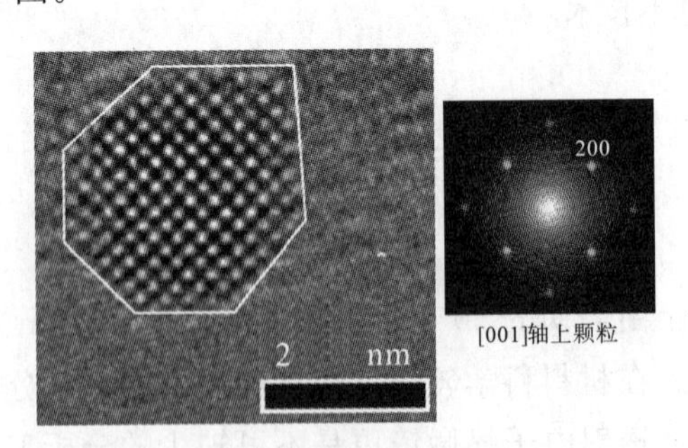

图 8－38 金催化剂的 HRTEM 图

2. 像差校正电子显微镜

电子显微镜的分辨本领由于受到电子透镜球差的限制，人们力图像光学透镜那样来减少或消除球差。但是，早在 1936 年 Scherzer 就指出，对于常用的无空间电荷且不随时间变化的旋转对称电子透镜，球差恒为正值。在 20 世纪 40 年代，由于兼顾电子物镜的衍射和球差，电子显微镜的理论分辨本领约为 0.5 nm。校正电子透镜的主要像差是人们长期追求的目标。经过 50 多年的努力，1990 年 Rose 提出用六极校正器校正透镜像差得到无像差电子光学系统的方法。在 CM200ST 场发射枪 200 kV 透射电镜上增加了这种六极校正器，研制成世界上第一台像差校正电子显微镜，电镜的高度仅提高了 24 cm，而并不影响其他性能，分辨本领由 0.24 nm 提高到 0.14 nm。当这台像差校正电子显微镜上球差系数减少至 0.05 mm（50 μm）时，拍摄到了 GaAs〈110〉取向的哑铃状结构像，点间距为 0.14 nm。

3. 原子尺度电子全息学

1948 年，Gabor 在当时难以校正电子透镜球差的情况下，提出了电子全息的基本原理和方法，论证了如果用电子束制作全息图，记录电子波的振幅和位相，然后用光波进行重现，只要光线光学的像差精确地与电子光学的像差相匹配，就能得到无像差、分辨率更高的像。由于那时没有相干性很好的电子源，电子全息术的发展相当缓慢。后来，这种光波全息思想应用到激光领域，获得了极大的成功，Gabor 也因此获得了诺贝尔物理奖。随着 Mollenstedt 静电双棱镜的发明以及点状灯丝，特别是场发射电子枪的发展，电子全息的理论和实验研究也有了很大的进展，在电磁场测量和高分辨电子显微像的重构等方面取得了丰硕的成果。Lichte 等用电子全息术在 CM30FEG/ST 型电子显微镜（球差系数 C_s=1.2 mm）上以 1 k×1 k 的慢扫描 CCD 相机，获得了 0.13 nm 的分辨本领。目前，使用刚刚安装好的 CM30FEG/UT 型电子显微镜（球差系数 C_s=0.65 mm）和 2 k×2 k 的 CCD 相机，已达到 0.1 nm 的信息极限分辨本领。

4. 表面的高分辨电子显微正面成像

如何区分表面和体点阵周期从而得到试样的表面信息是电子显微学界一个长期关心的问题。目前，表面的高分辨电子显微正面成像及其图像处理已得到了长足发展，成功地揭示了 Si（111）表面（7×7）重构的细节，不仅看到了扫描隧道显微镜（STM）能够看到的处于表面第一层的吸附原子（Adatoms），而且看到了顶部三层的所有原子，包括 STM 目前还难以看到的处于第三层的二聚物（Dimers），说明正面成像法与目前认为最强有力的，在原子水平上直接观察表面结构的 STM 相比，也有其独到之处。李日升等以 Cu（110）晶膜表面上观察到了由 Cu—O 原子链的吸附产生的（2×1）重构为例，采用表面的高分辨电子显微正面成像法，表明对于所有的强周期体系，均存在衬度随厚度呈周期性变化的现象，对一般厚膜也可进行表面的高分辨电子显微正面成像的观测。

5. 超高压电子显微镜

近年来，超高压透射电镜的分辨本领有了进一步的提高。JEOL 公司制成 1250 kV 的 JEM-ARM1250/1000 型超高压原子分辨率电镜，点分辨本领已达 0.1 nm，可以在原子水平上直接观察厚试样的三维结构。日立公司于 1995 年制成一台新的 3 MV 超高压透射电镜，分辨本领为 0.14 nm。超高压透射电镜分辨本领高，对试样的穿透能力强（1 MV 时约为 100 kV 的 3 倍），但价格昂贵，需要专门建造高大的实验室，很难推广。

6. 中等电压电子显微镜

中等电压 200 kV/300 kV 电镜的穿透能力分别为 100 kV 的 1.6 和 2.2 倍，成本较低、效益/投入比高，因而得到了很大的发展。场发射透射电镜已日益成熟。TEM 上常配有锂漂移硅 Si（Li）X 射线能谱仪（EDS），有的还配有电子能量选择成像谱仪，可以分析试样的化学成分和结构。原来的高分辨和分析型两类电镜也有合并的趋势：用计算机控制甚至完全通过计算机软件操作，采用球差系数更小的物镜和场发射电子枪，既可以获得高分辨像，又可进行纳米尺度的微区化学成分和结构分析，发展成多功能高分辨分析电镜。JEOL 的 200 kV JEM－2010F 和 300 kV JEM－3000F、日立公司的 200 kV HF－2000 以及荷兰飞利浦公司的 200 kV CM200 FEG 和 300 kV CM300 FEG 型都属于这种产品。目前，国际上常规 200 kV TEM 的点分辨本领为 0.2 nm 左右，放大倍数为 50～150 万倍。

7. 120 kV/100 kV 分析电子显微镜

生物、医学以及农业、药物和食品工业等领域往往要求把电镜和光学显微镜得到的信息联系起来。因此，一种操作方便、结构紧凑，在获得高分辨像的同时还可以得到大视场高反差的低倍显微像，装有 EDS 的计算机控制分析电镜应运而生。例如，飞利浦公司的 CM120 Biotwin 电镜配有冷冻试样台和 EDS，可以观察分析反差低以及对电子束敏感的生物试样。日本的 JEM－1200 电镜在中、低放大倍数时都具有良好的反差，适用于材料科学和生命科学研究。目前，这种多用途 120 kV 透射电镜的点分辨本领达 0.35 nm 左右。

8. 场发射枪扫描透射电子显微镜

场发射枪扫描透射电镜（STEM）是由美国芝加哥大学的 A. V. Crewe 教授在 20 世纪 70 年代初期发展起来的。试样后方的两个探测器分别逐点接收未散射的透射电子和全部散射电子。弹性和非弹性散射电子信息都随原子序数而改变。环状探测器接收散射角大的弹性散射电子。重原子的弹性散射电子多，如果入射电子束直径小于 0.5 nm，且试样足够薄，便可得到单个原子像。实际上，STEM 也已看到了 γ－alumina 支持膜上的单个 Pt 和 Rh 原子。透射电子通过环状探测器中心的小孔，由中心探测器接收，再用能量分析器测出其损失的特征能量，便可进行成分分析。为此，Crewe 发展了亮度比一般电子枪高约 5 个数量级的场发射电子枪 FEG：曲率半径仅为 100 nm 左右的钨单晶针尖在电场强度高达 100 MV/cm 的作用下，在室温时即可产生场发射电子，把电子束聚焦到 0.2～1.0 nm，而仍有足够大的亮度。英国 VG 公司在 20 世纪 80 年代开始生产这种 STEM。最近在 VGHB5 FEGSTEM 上增加了一个电磁四极—八极球差校正器，球差系数由原来的 3.5 mm 减少到 0.1 mm 以下。进一步排除各种不稳定因素后，可以把 100 kV STEM 的暗场像的分辨本领提高到 0.1 nm。利用加速电压为 300 kV 的 VG－HB603U 型获得了 Cu（112）的电子显微像：0.208 nm 的基本间距和 0.127 nm 的晶格像。期望物镜球差系数减少到 0.7 mm 的 400 kV 仪器能达到更高的分辨本领，这种 UHV－STEM 仪器相当复杂，难以推广。

9. 能量选择电子显微镜

能量选择电镜（EF－TEM）是一个新的发展方向。在一般透射电镜中，弹性散射电子形成显微像或衍射花样；非弹性散射电子则往往被忽略，而近来已用作电子能量损失谱分析。德国 Zeiss－Opton 公司在 20 世纪 80 年代末生产的 EM902A 型生物电镜，在成像系统中配有电子能量谱仪，选取损失了一定特征能量的电子来成像。其主要优点是：可观察 0.5 μm 的厚试样，对未经染色的生物试样也能看到高反差的显微像，还能获得元素分布像等。目前，Leica 与 Zeiss 合并后的 LEO 公司的 EM912 Omega 电镜装有 Ω－电子能量过滤器，可以滤去形成背底的非弹性散射电子和不需要的其他电子，得到具有一定能量的电子信息，进行能量过滤会聚束衍射和成像，清晰地显示出原来被掩盖的微弱显微像和衍射电子花样。该公司在此基础上又发展了 200 kV 的全自动能量选择电镜。JEOL 公司也发展了带 Ω－电子能量过滤器的 JEM2010FEF 型电子显微镜，点分辨本领为 0.19 nm，能量分辨率在 100 kV 和 200 kV 时分别为 2.1 μm/eV 和 1.1 μm/eV。日立公司也报道了用 EF－1000 型 γ 形电子能量谱成像系统，在 TEM 中观察到了半导体动态随机存取存储器 DRAM 中厚 0.5 μm 切片的清晰剖面显微像。

美国 GATAN 公司的电子能量选择成像系统装在投影镜后方，可对电子能量损失谱 EELS 选择成像。可在几秒钟内实现在线的数据读出、处理、输出，及时了解图像的质量，据此自动调节有关参数，完成自动合轴、自动校正像散和自动聚焦等工作。例如，在 400 kV 的 JEM－4000EX 电镜上用 PEELS 得到能量选择原子像，并同时完成 EELS 化学分析。

透射电镜经过了半个多世纪的发展已接近或达到了由透镜球差和衍射差所决定的 0.1～0.2 nm 的理论分辨本领。人们正在探索进一步消除透镜的各种像差，在电子枪后方再增加一个电子单色器，研究新的像差校正法，进一步提高电磁透镜和整个仪器的稳定性；采用并进一步发展高亮度电子源场发射电子枪、X 射线谱仪和电子能量选择成像谱仪、慢扫描电荷耦合器件 CCD、冷冻低温和环境试样室、纳米量级的会聚束微衍射、原位实时分析、锥状扫描晶体学成像（Conical Scan Crystallography）、全数字控制、图像处理与现代信息传送技术，实现远距离操作观察，以及克服试样本身带来的各种限制，透射电镜正面临着一个新的重大突破。

6.2 应用综述

透射电子显微术所研究的问题大致归纳为以下几个方面。

1. 分析固体颗粒的形状、大小、粒度分布等问题

凡是粒度在透射电镜观察范围（几埃到几微米）内的粉末颗粒样品，均可用透射电镜对其颗粒形状、大小、粒度分布等进行观察。例如，从图 8-25 中可以看到，氯化钠的晶粒是正方形的。电镜照片有确定的放大倍数，可以计算出所观察样品中晶粒的大小，测量大量的颗粒，可以算出颗粒大小的分布。又如，图 8-39 是聚合物乳胶粒子的电镜照片，可以在聚合的不同阶段取样，观察颗粒的大小及均匀度，配合聚合工艺条件及聚合机理的研究工作。

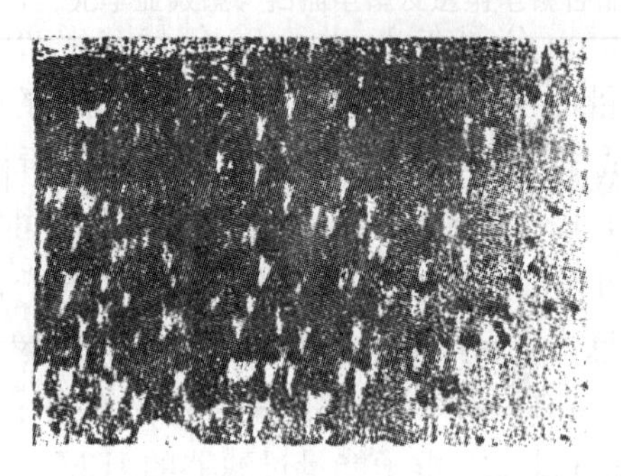

图 8-39　聚合物乳胶粒子的电镜照片（重金属投影）

2. 研究由表面起伏现象表现的微观结构问题

材料的某些微观结构特征能由表面的起伏现象表现，或者通过某种腐蚀的办法（化学腐蚀、离子蚀刻等），将材料内部的结构特点转化为表面起伏的差异，然后用复型的制样方法，在透射电镜中显示试样表面的浮雕特征。将组织结构与加工工艺联系起来，可以研究材料性质、工艺条件与性能的关系。图 8-31、图 8-33 及图 8-34 都是这种实例。这类观察类似于在金相显微镜下观察试样，在金属学中用于金相分析和断口分析，但由于电镜的分辨本领比光学显微镜高得多，故可以显示出更多的结构细节。例如，图 8-40 是合金钢塑料性断口二次复型的透射电镜照片，从图中可看到典型的韧窝结构，通过断裂表面特征的分析，可以提示断裂过程的机制，研究影响断裂的各种因素，为失效分析提供依据。

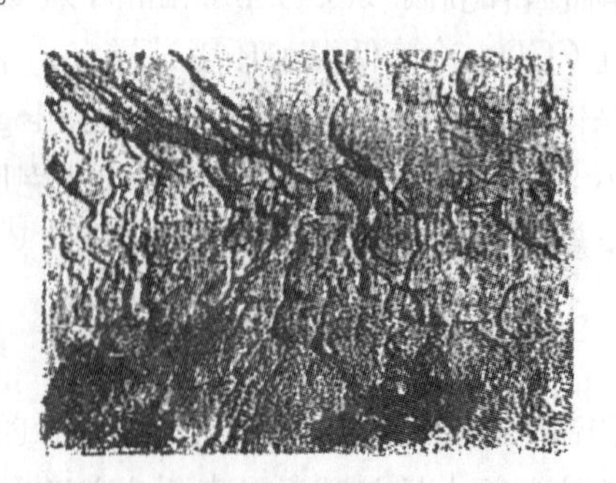

图 8-40　合金钢中塑料性断口的韧窝结构

3. 研究样品中的各部分对电子的散射能力有差异的微观结构问题

由于样品本身各部分的厚度、原子序数等因素不同，可形成散射能力的差异，有些样品可以通过重金属染色的办法来增加这种差异。对这类材料可制成电子束能穿透的薄膜试样，在透射电镜中进行观察分析。例如，各种生物和非生物的超薄切片样品、聚合物薄膜样品等，图 8−35、图 8−37 即能发现这类问题。

4. 研究金属薄膜及其他晶态结构薄膜中各种对电子衍射敏感的结构问题

这类薄膜样品可以在透射电镜中进行电子衍射及电子衍射图像分析、研究晶体缺陷(位错、层错、空位等)、分析第二相杂质、研究相变问题等。在金属、矿物、陶瓷材料的研究中经常遇到这类问题，现在也开始将这种方法应用于高分子及其他材料的研究中。图 8−41 是 Ni 基合金中晶粒的交界及晶粒中的位错条纹，这些结构特征都与材料的性质有关。

图 8−41　Ni 基合金中晶粒的交界及晶粒中的位错条纹

5. 电子衍射分析

应用电子衍射方法可以确定晶体的点阵结构、测定点阵常数、分析晶体取向及研究与结晶缺陷有关的各种问题。图 8−42 给出了不同晶体结构的电子衍射花样。对非晶而言，是一个漫散的中心斑点。

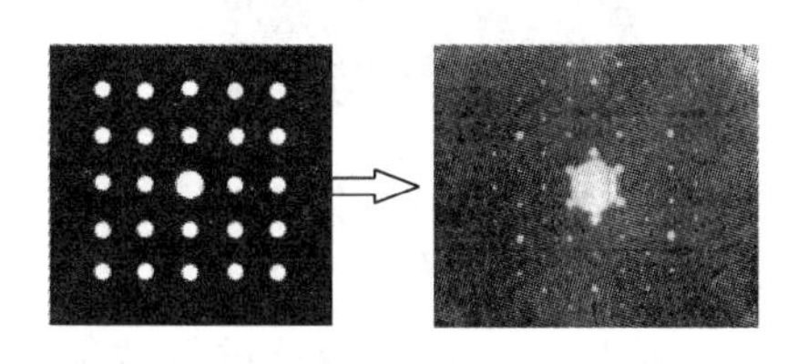

(a) **高岭石单晶电子衍射谱**

单晶：一定几何图形分布且排列规则的衍射斑点，反映结构对称性

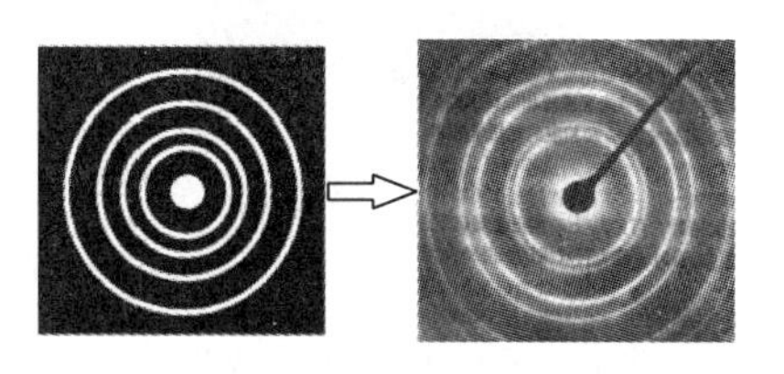

(b) **金的多晶电子衍射谱**

多晶：一系列不同半径的同心环。

图 8−42　典型的电子衍射谱

第7节 例题习题

7.1 例题

例1 图8−43（a）是采用透射电镜观察Al_2O_3+WC+ZrO_2复合增韧陶瓷材料显微组织的TEM图像，能够观察到白色区域Al_2O_3相与暗色区域WC相结构穿插交织，相与相之间结合致密，各取向随机分布，晶界位置未发生玻璃相，过渡区和共溶区只观察到一条平滑的线，在暗色区能够看见黑色球状物质［图8−43（b）］，为ZrO_2相，ZrO_2颗粒细小，能够很好地改善陶瓷的烧结性能和力学性能（成分由XPS能谱获得）。图8−43（c）可以清楚地看见ZrO_2粒子分散在Al_2O_3中，尺度为纳米级别，通过图（c）得知，纳米ZrO_2粒子能够在基体中产生局部应力，诱导裂纹向基体粒子内扩展，产生晶粒内破坏，使主裂纹末端发生偏转，提高基材断裂能，从而提高复合陶瓷的抗弯强度和断裂韧性。对图8−43（b）、（c）中ZrO_2颗粒进行选区电子衍射，如图8−43（d）、（e）所示。经衍射斑点指数标定和晶格常数计算，可以得到图8−43（d）中ZrO_2为m−ZrO_2结构，图8−43（e）中ZrO_2为t−ZrO_2结构。说明ZrO_2发生相变与其所在位置及尺寸有关，相变的发生有利于提高陶瓷基材的断裂韧性。

（a）复合材料的TEM

（b）晶界处ZrO_2的TEM

（c）Al_2O_3晶粒内ZrO_2的TEM

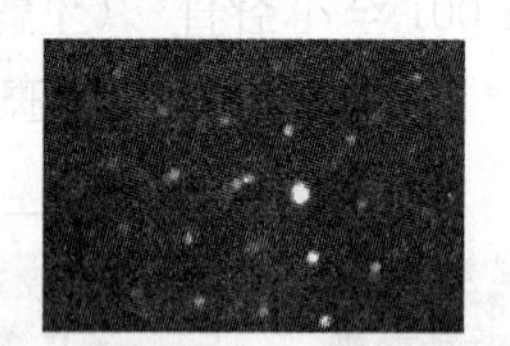

（d）m−ZrO_2的选区电子衍射像

（e）t−ZrO_2的选区电子衍射像

图8−43　Al_2O_3+WC+ZrO_2复合增韧陶瓷材料显微组织的TEM图像

TEM能够非常直观地表征纳米材料的结构与形貌，为更有效地进行纳米材料的研究与制备提供更方便的表征方法。

例2 图8−44是不同结构粉状纳米材料的TEM图，图8−44（a）和8−44（b）是碱法制作的纳米氧化锌在450℃煅烧后的TEM图，其中图8−44（a）是纳米氧化锌经过超声波清洗仪分散后的TEM图，图8−44（b）是纳米氧化锌经超声波细胞粉碎仪分散后的TEM图。由图8−44（a）、（b）看出，碱法制备的纳米氧化锌为无规则颗粒。

由于图 8－44（b）分散时，换能器做纵向机械振动，振动波通过浸入在分散介质中的变幅杆产生空化效应，激发粉状纳米材料在垂直方向剧烈振动，可以更好地分散开软团聚体，因此图 8－44（b）中氧化锌的团聚程度较图 8－44（a）轻。图 8－44（c）为纳米氧化锌在 650℃煅烧后的 TEM 图，颗粒尺寸增加。图 8－44（d）为酸法制备的纳米氧化锌的 TEM 图，形貌变为棒状，直径由几十纳米到几百纳米不等。上述 TEM 图表明，选择不同的制备工艺，获得的产品形貌差别大，相应的性能也不一样，可以满足不同的使用。

图 8－44（e）和（f）分别是改性前后纳米氢氧化镁的 TEM 图，可以看出改性后，团聚程度得到改善，平均粒径减少，分散性更好。

图 8－44（g）和（h）是介孔分子筛 SBA－15 的侧面和剖面 TEM 图，能够看到规则有序的孔道、孔径大小和孔壁厚度能够获得。

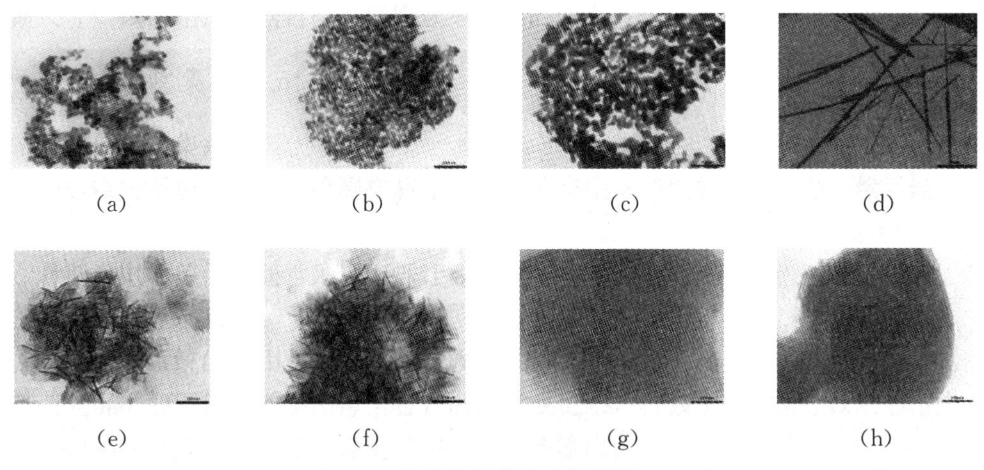

(a)　(b)　(c)　(d)

(e)　(f)　(g)　(h)

图 8－44　不同结构粉状纳米材料的 TEM 图

在确定样品点阵类型、晶格指数及位向时，往往要用到选区电子衍射花样，其分析过程很复杂，感兴趣的同学可以参考透射电镜类专业书籍。

例 3　图 8－45 给出了一些常见的电子衍射花样及其对应的晶格参数。图 8－45（a）～（d）是超点阵花样的一些实例，这些花样是从一种沿〈111〉方向具有 6 倍周期的复杂有序钙钛矿相中得到的。图 8－45（a）是沿〈010〉方向 2 倍周期有序的超点阵电子衍射花样，图 8－45（b）是沿〈101〉方向 2 倍周期有序的超点阵电子衍射花样，图 8－45（c）是沿〈$11\bar{1}$〉方向 2 倍周期有序的超点阵电子衍射花样，而图 8－45（d）则是沿〈111〉方向 6 倍周期有序的电子衍射花样；图 8－45（e）和（f）是 CaMgSi 相中的（102）孪晶在不同位向下的孪晶花样，图 8－45（g）是 CaMgSi 相中另外一种孪晶的电子衍射花样，其孪晶面是（011）面，图 8－45（h）是镁中常见的（$10\bar{1}2$）孪晶花样。图 8－45（i）是有名的超晶格结构，大衍射斑点中间又有小衍射斑点 Ag 的（111）面；图 8－45（j）是孪位错的衍射花样，表现为有序金属间化合物经常会有弱点出现；图 8－45（k）和（l）是二次衍射中出现多余衍射斑点的两种不同，其中图 8－45（k)是在镁钙合金中得到的电子衍射花样，图中本来只存在两套花样，分别是镁的［$\bar{1}100$］晶带轴电子衍射花样和 Mg_2Ca 相的［$3\bar{3}02$］晶带轴花样。二次衍射花样中出现了很多卫星斑，这是由于 Mg_2Ca 相的（$1\bar{1}03$）斑点与 Mg 的（$000\bar{2}$）斑点之间存在的差矢平移所致。图 8−45（l）是一种有序钙钛矿相中沿［010］p 方向得到的电子衍射花样，其中图 8−45（l）上图是在较厚的地方得到，而下图则是在很薄的地方得到。在较厚的地方，由于动力学效应，出现二次衍射的矢量平移，使得本来应该消光的斑点变得看起来不消光了；而在较薄的地方，由于不存在动力学效应，可以清楚地看到花样中存在相当多消光的斑点。

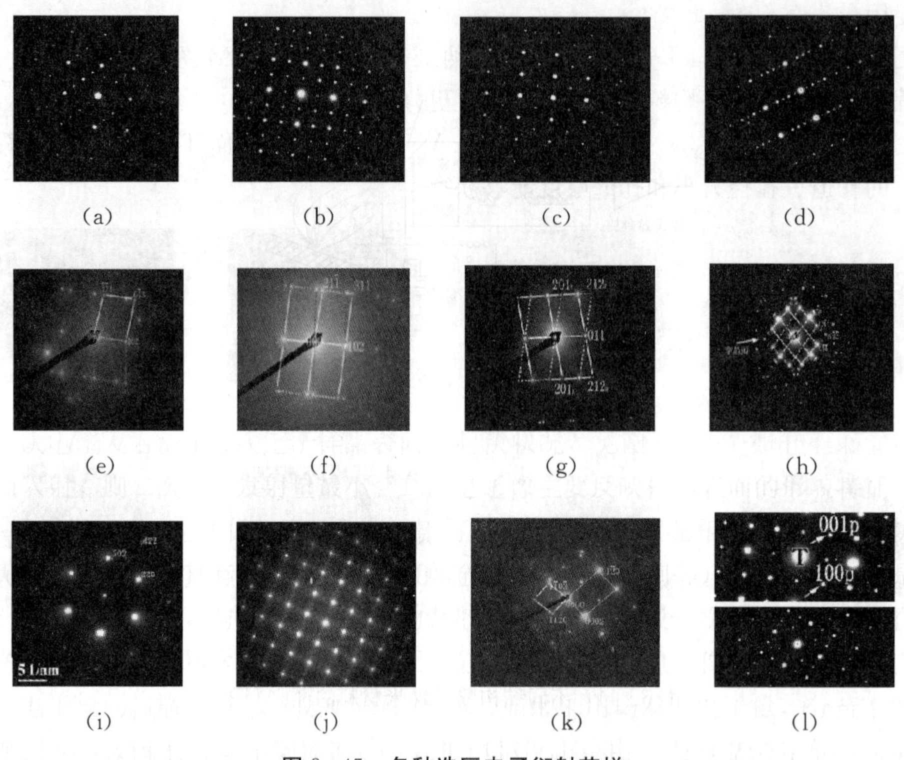

图 8−45　各种选区电子衍射花样

7.2　习题

1. 电子透镜的分辨本领是由什么决定的？提高透镜的放大率能提高透镜的分辨本领吗？
2. 电子衍射和 X 射线衍射有什么异同？它们各自的衍射花样有什么异同？
3. 电子透镜的像差有哪几类？产生的原因是什么？对图像产生什么样的影响？
4. 样品有哪些制备方法？这些方法各有哪些特点和适用范围？
5. 简述电子显微图样的几种衬度原理及其信息分析范围。
6. 论述相位衬度包含的信息。相位衬度在光学领域的应用是什么？
7. 简要说明单晶，多晶以及非晶衍射花样的特征及形成原理。
8. 电子显微镜为何必须工作在真空环境？

第 9 章　扫描电子显微术

第 1 节　历史背景

扫描电子显微镜（SEM，以下简称“扫描电镜”）是一种大型分析仪器。从 1965 年第一台商品扫描电镜问世以来，日本、荷兰、德国、美国和中国等相继制造出各种类型的扫描电镜。经过 40 年的不断改进，扫描电镜得到了迅速发展，种类不断增多，性能日益提高，分辨率从第一台的 25 nm 提高到现在的 0.01 nm，并且已在材料科学、地质学、生物、医学、物理、化学等学科领域获得越来越广泛的应用。为适应不同的分析要求，在扫描电镜上相继安装了许多专用附件，实现了一机多用，从而使扫描电镜成为同时具有透射电子显微镜（TEM）、电子探针 X 射线显微分析仪（EPMA）和电子衍射仪（ED）等功能的一种快速、直观、综合的分析仪器。据不完全统计，世界上至少已有一万台扫描电镜（包括小型扫描电镜）在各个领域工作着。

1.1　扫描电镜发展历程

1924 年，法国科学家 De Broglie 证明任何粒子在高速运动的时候都会发射一定波长的电磁辐射，其辐射波的波长与粒子的质量和运动速度成反比，用公式表示如下：

$$\lambda = \frac{h}{m\nu} \tag{9-1}$$

式中，λ 代表波长；h 为普朗克常数；m 为粒子的质量；ν 为粒子运动的速度。

如果高速运动的粒子是电子，那么电子在真空中运动的速度与加速电压有关，根据能量守恒定律，可以得到：

$$\frac{1}{2}m\nu^2 = eV \tag{9-2}$$

式中，e 为电子的电荷绝对值；V 为加速电压。

化式（9−2）为电子的速度为

$$\nu = \sqrt{\frac{2eV}{m}} \tag{9-3}$$

将式（9−3）代入式（9−1），得到辐射波波长与加速电压 V 有如下关系：

$$\lambda = \frac{h}{\sqrt{2emV}} \quad (9-4)$$

将 $h=6.63\times10^{-34}$ J·s，$e=1.6\times10^{-19}$C，$m=9.1\times10^{-31}$ kg 代入式（9−4），得

$$\lambda = \frac{1.225}{\sqrt{V}}(\text{nm}) \quad (9-5)$$

电镜中所用加速电压都较高，电子运动的速度与光速相比已不可忽略，需考虑相对论效应。经相对论修正后，式（9−5）为

$$\lambda = \frac{1.225}{\sqrt{V_r}}(\text{nm}) \quad (9-6)$$

式中，V_r为相对论效应，其与加速电压 V 有如下关系：

$$V_r = V(1+0.978\times10^{-6}) \quad (9-7)$$

将式（9−7）代入式（9−6），得

$$\lambda = \frac{1.225}{V^{\frac{1}{2}}}(1+0.978\times10^{-6})^{\frac{1}{2}}(\text{nm}) \quad (9-8)$$

由式（9−8）得知，电子波长 λ 是由加速电压 V 决定的，见表 9−1。

表 9−1　不同加速电压的电子波长

加速电压（kV）	50	75	100	200	300	400	500	1000
波长 λ（nm）	0.0055	0.0045	0.0039	0.0025	0.002	0.0017	0.0012	0.0007

这种随加速电压改变电子波长的波叫作德布罗意波，这为电镜的研制打下了基础，但仅有电子流辐射波还不行，因为并没有解决电子流聚焦放大的问题。

1926 年，德国科学家 Garbor 和 Busch 发现用铁壳封闭的铜线圈对电子流能折射聚焦，即可以作为电子束的透镜。

上述两个重大发现为电镜的研制提供了重要的理论基础。德国科学家 Rushka 和 Knoll 在前面两个发现的基础上，经过了几年的努力，终于在 1932 年制造出第一台电子显微镜。尽管它十分粗糙，分辨率也很低，但它却证实了上述两个理论的实用价值。经过改造，在 1933 年研制的电镜分辨率为 50 nm，放大倍率为 1.2 万倍；到 1938 年，分辨率为 10 nm，放大倍率为 20 万倍。1939 年，这一成果正式交付德国西门子公司批量生产，当时生产了 40 台投入国际市场。

1932 年，Knoll 提出了扫描电镜可成像放大的概念，并在 1935 年制成了极其原始的模型。1938 年，德国的阿登纳制成了第一台采用缩小透镜用于透射样品的扫描电镜。由于不能获得高分辨率的样品表面电子像，扫描电镜一直得不到发展，只能在电子探针 X 射线微分析仪中作为一种辅助的成像装置。此后，在许多科学家的努力下，解决了扫描电镜从理论到仪器结构等方面的一系列问题。最早期作为商品出现的是 1965 年英国创桥仪器公司生产的第一台扫描电镜，它用二次电子成像，分辨率达 25 nm，使扫描电镜进入了实用阶段。

1968 年在美国芝加哥大学，Knoll 成功研制了场发射电子枪，并将它应用于扫描电镜，可获得较高分辨率的透射电子像。1970 年，他发表了用扫描透射电镜拍摄的铀原

子和钍原子像，这使扫描电镜又发展到一个新的领域。

1982 年，德国物理学家 Gerd Binnig 与瑞士物理学家 Heinrich Rohrer 在瑞士苏黎世研究所工作时发明了扫描隧道显微镜（STM），并因此共同获得了当年的诺贝尔物理奖。

1986 年，Binnig 等发明了原子力显微镜，可以在任何环境（如液体、空气）中成像，在纳米级、分子级水平上做研究。商用产品出现在 1989 年。

扫描电镜在我国也获得了迅速发展，成为各个科学研究领域和工农业生产部门广泛使用的有力工具。为了适应四个现代化的要求，赶超世界大型精密分析仪器的先进水平，我国从 1975 年开始，已经自行设计制造了性能良好的扫描电镜。现在，中国科学院科学仪器厂、上海新跃仪表厂等都在批量生产配有 X 射线光谱仪的扫描电镜，从而填补了我国分析仪器方面的一个空白。

1.2　扫描电镜的特点

扫描电镜能得到迅速发展和广泛应用，与扫描电镜本身具有的一些特点是分不开的，归纳起来主要有以下几点：

（1）仪器分辨本领较高，通过二次电子像能够观察试样表面 60 Å 左右的细节。

（2）仪器放大倍数变化范围大（一般为 10～150000 倍），且能连续可调。因而，可根据需要任意选择不同大小的视场进行观察，同时在高放大倍数下，也可获得一般透射电镜较难达到的高亮度的清晰图像。

（3）观察试样的景深大，图像富有立体感。可直接观察起伏较大的粗糙表面，如金属断口、催化剂等。

（4）样品制备简单。只要将块状或粉末的、导电或不导电的样品稍加处理或不加处理，就可直接放到扫描电镜中进行观察，由于不采用一般透射电镜常用的复杂复型技术，因而使图像更近于样品的真实状态。

（5）可以通过电子学方法方便有效地控制和改善图像的质量（反差和亮度），如通过 γ 调制，可改善图像反差的宽容度，以使图像各部分亮暗适中。采用双放大倍数装置或图像选择器，可在荧光屏上同时观察放大倍数不同的图像或不同形式的图像。

（6）可进行综合分析。扫描电镜装上波长色散 X 射线谱仪（WDX）或能量色散 X 射线谱仪（EDX），可在观察形貌图像的同时，对样品上任选的微区进行元素分析；装上半导体试样座附件，通过电动势像放大器可直接观察晶体管或集成电路中的 PN 结及其微观缺陷（由杂质和晶格缺陷造成的）；装上不同类型的样品台，可以直接观察处于不同环境（加热、冷却、拉伸等）中样品结构形态的变化（动态观察）。

1.3　扫描电镜类型介绍

20 世纪 70 年代以来，扫描电镜的发展主要是：①不断提高分辨率，以求观察更精细的物质结构及微小的实体，以至分子、原子；②研制超高压电镜和特殊环境的样品室，以研究物体在自然状态下的形貌及动态性质；③研制能对样品进行综合分析（包括形态、结构和化学成分等）的设备。

截止到目前，科学界已成功研制出的设备有典型的扫描电镜、扫描透射电镜（STEM）、场发射扫描电镜（FESEM）、冷冻扫描电镜（Cryo－SEM）、低压扫描电镜（LVSEM）、环境扫描电镜（ESEM）、扫描隧道显微镜（STM）、扫描探针显微镜（SPM）、原子力显微镜（AFM）等，以及多功能的分析扫描电镜（即电镜带上能谱仪、波诺仪、荧光谱仪、二次离子质谱仪和电子能量损失谱仪等，既能做超微结构研究，也能做微区的组分分析，即进行定性、定量、定位分析）。由电镜衍生出电子探针和离子探针。以下介绍几种近代生产的扫描电镜以及最常用的扫描电镜类型。

1. 扫描隧道显微镜（STM）

STM之所以得到发明并且迅速发展，是由于微电子学以极快的速度发展。作为电子计算机核心部分的硅集成块的集成板要求越来越高，其尺寸越来越小，所带来的问题是集成块表面积与体积之比的急剧增大，此时在集成块的工作状态中以及它与其他逻辑元件的相互作用中，表面状态变得越来越重要。

STM采用了全新的工作原理，它利用电子隧道现象，将样品本身作为一个电极，另一个电极是一根非常尖锐的探针。把探针移近样品，并在两者之间加上电压，当探针和样品表面相距只有数十埃时，由于隧道效应，在探针与样品表面之间就会产生隧道电流并保持不变；若表面有微小起伏，哪怕只有原子大小的起伏，也将使穿透电流发生成千上万倍的变化。这种携带原子结构的信息输入电子计算机，经过处理即可在荧光屏上显示出一幅物体的三维图像。其分辨率达到了原子水平，放大倍数可达3亿倍，最小可分辨的两点距离为原子直径的1/10，也就是说它的分辨率高达0.01 nm。

STM提供了一种具有极高分辨率的检测技术，可以观察单个原子在物质表面的排列状态和与表面电子行为有关的物理、化学性质，在表面科学、材料科学、生命科学、药学、电化学、纳米技术等研究领域有广阔的应用前景。但STM要求样品表面与针尖具有导电性，这也是STM在应用方面最大的局限。

2. 扫描电镜（SEM）＋扫描探针显微镜（SPM）

SEM+SPM是微观分析技术的新一代组合。应用SEM可以对样品进行放大（从10倍到几十万倍）观察，它的极限分辨率是1 nm左右（仅对特殊的含金颗粒标样），但是无法观察到原子尺寸的特征图像。而SPM可对样品进行原子尺寸的观察，它需要一台能够将SPM的悬臂和针尖移到特定位置的专用机械手。因此，Nanotechnik成功开发出一种纳米机械手，能像人的手一样灵巧，操作自如地拨动这些碳管，移动纳米颗粒。能安装在SEM内的SPM，在SEM上可以通过二次电子成像，观察样品特定区域的形貌特征，锁定目标，并用SPM进行原子尺度观察，在磁畴形态的研究、表面原子的移动、电化学反应机理研究等方面具有独特的优势，它还可以进行一些材料的物理特性的测量，如杨氏模量测定、I—V曲线测定等。

有些半导体晶片上如果存在两个电极，需要引出，做特殊的电化学性能测量。在扫描电镜上装上 Nanotechnik 制造的 MM3，装上专用测量针（超微探针/纳米镊子），就可以从晶体片上直接引出，进行测量，可以快速诊断出器件在生产过程中的质量问题，提高产品合格率。在环境扫描电镜上装上超微注射器，就可以在感兴趣的区域注入特殊的液体，在原位观察反应生成物，充分发挥环境扫描电镜的特殊功能，获得更深入的研究结果。借助于超微注射器精确的定位功能，可以提高区域捕捉的准确性。

3. 原子力显微镜（AFM）

AFM（新一代扫描探针显微镜）不要求样品具有导电性，待测样品不需要特殊处理就可直接进行纳米尺度的观测。AFM 在任何环境（包括液体）中都能成像，而且针尖对样品表面的作用力较小，能避免对样品造成损伤，所以 AFM 已成为生物学研究领域中进行纳米尺度的实时观测的一种重要工具。例如，在体外可对细胞进行长达数小时甚至数天的实时观测，从而为在纳米尺度实时监测自然状态下细胞的运动、分裂、聚集、转化、凋亡等过程提供了可能。

一般认为 AFM 是扫描隧道显微镜技术的进一步发展，所不同的是，扫描隧道显微镜有一个装在扫描头压电陶瓷上的电子探针，而 AFM 上则是一个固定于微悬臂上的针尖。通过光栅式的扫描，微悬臂在样品表面 x 方向采集一系列点的数据，在 y 方向上进行相同数量的扫描，就可以获得相应的计算图像。通过对位置敏感的光学检测器检测微悬臂背面反射激光束的位置变化，就可获得样品高度的信息。当微悬臂在样品表面移动感受样品高度变化时，通过一个反馈系统将一个相应的补偿电压加到压电陶瓷上，使其在 z 轴方向上下移动，从而使激光束打到光学检测器上的位置固定不变，从这个补偿电压的变化就可获得样品高度的信息。AFM 是利用对微弱力极其敏感、顶端带有针尖的微悬臂对样品表面进行逐行扫描，针尖最外层原子与样品表面原子之间的相互作用力使微悬臂发生形变或改变运动状态，通过检测微悬臂的偏转获得样品形貌和作用力等相关信息，供计算机成像。原于力显微镜成像有两种模式：一种是接触模式，另一种是间歇接触模式。

AFM 已迅速普及和应用到了各门学科，如生物学领域中蛋白质、DNA、活细胞和细胞骨架等结构的研究。随着 AFM 仪器和样品制备技术的不断成熟，目前对各种大分子和活细胞的 AFM 成像已成为常规工作了。用磁力驱动 AC 模式在空气或液体中获得如细胞 S—layer 蛋白的高分辨率，AFM 成像已经是很平常的事了。对哺乳动物细胞的 AFM 成像不需要专门技术将细胞固定于表面，一些实验室已成功地获得了在液体中的活细胞 AFM 图像。但是，细菌的成像需要将细菌固定于表面的技术，如在云母表面涂明胶以便在液体中对活细胞成像。AFM 可以对绝缘材料成像，而且结果容易获得。AFM 还可用于在纳米级、分子级水平上研究有机功能材料的结构及相关分子识别。

4. 环境扫描电镜（ESEM）

ESEM 有两个功能，既可以在高真空状态下工作，也可以在低真空状态下工作。在利用高真空功能的时候，对于非导电材料和湿润试样，必须经过固定、脱水、干燥、镀膜等一系列处理后方可观察。利用低真空功能时，样品可以省略预处理环节，直接观察试样，不存在化学固定所产生的各种问题，甚至可以观察活体生物样品。但是ESEM的样品室虽然处在低真空状态，但是与生物生存的环境相差甚远，未经固定的生物样品在这种环境中能保持不变的时间很短，经受不起电子束的轰击，只能作短时间的观察，因此只适合于含水量较少的生物样品，对于含水量高的样品的观察还存在一些技术上的困难。

ESEM的高真空工作原理与一般SEM相同，而低真空工作原理与一般SEM的区别主要在于样品室部分。一般SEM的真空度为1 mPa，ESEM的样品室在1～2600 Pa之间，甚至更高。所谓“环境”是指气体环境，可给样品室充不同气体，使样品能保持原有自然状态，为了保证样品室有高气压的环境，ESEM的真空系统必须是多级的结构。

ESEM在石油、陶瓷、建筑、印刷、化工催化剂、电信、医药卫生、燃料、高温超导体、金属腐蚀与防护、材料科学、肢体化学、环境科学、生命科学、化学和物理等领域都有应用。

5. 冷冻扫描电镜

请见本章第5节。

6. 扫描透射电镜（STEM）

STEM是20世纪70年代初制造的，是一种成像方式与透射电镜和扫描电镜都相似，且兼有二者优点的新型电子显微镜。其分为高分辨型和附件型两种：高分辨型是专用的扫描透射电镜，分辨率可高达0.3～0.5 nm，能够直接观察单个重金属原子像，已经接近透射电镜的水平；附件型是指在透射电镜上加装扫描附件和扫描透射电子检测器后组成的扫描透射电镜装置，这种扫描透射电镜的分辨率较低，一般为1.5～3.0 nm，但它增加了透射电镜的功能，为人们提供了一个新的研究手段。现在，几乎所有高性能透射电镜都可以安装上这种附件。

扫描透射电镜可以观察从钠原子（原子序数11）到铀原子（原子序数98）的高质量图像，可以在镜体内进行原子的动态观察，也可以观察未经染色的超薄切片以及各种生物切片。

7. 场发射扫描电镜（FESEM）

FESEM是一种高分辨率扫描电镜，在材料分析中得到广泛应用。尤其是良好的低压高空间分辨性能和低压下良好的扫描电子像相互结合使用，使扫描电镜应用范围得到扩展。

FESEM低压性能好的优点是：进行表面微细节观察与研究时，可以得到原子序数衬度像；可以利用二次电子成像观察与分析；可以对小于0.1 μm的细节进行成分的点、线和面分析；可以对试样在常规钨丝枪不能分辨开的区域进行分析；可以替代TEM的部分工作。也可以利用FESEM进行半导体方面的研究，如半导体材料中晶体缺陷应变场的形状和尺寸、缺陷的走向、表面层内的密度、单个缺陷的显微形态、缺陷间的相对取向以及相互作用等，检验抛光硅表面氧、碳的沾污，直接观测集成电路中用电子束曝光蚀刻的二氧化硅、氮化硅的亚微米光栅的间距、蚀刻深度及边缘角度。

8. 扫描电声显微镜（SEAM）

SEAM 是融现代电子光学技术、电声技术、压电传感技术、弱信号检测和脉冲图像处理计数以及计算机技术为一体的一种新型无损分析和显微成像工具。它可以在原位同时观察基于不同成像机理的二次电子像和电声像；也可以观察残余应力分布的精细结构，清楚地显示维氏压痕所留下的塑性区和弹性区交替变化的电声像；还可以观察未经预处理的样品，得到极性功能材料最基本的物理特性——铁电畴的实验结果。近年来，图像处理功能的不断增强、高灵敏度电声信号探测器的研制成功以及扫描探针显微术的不断发展，对于电声成像技术的广泛应用和电声成像理论的完善起到了极大的推动作用。

扫描电声显微镜已发展成为将材料的微细物理性能研究（电学、热学、力学等）、非破坏性内部缺陷检测（气孔、杂质、分层、微裂纹、位错等）以及对试样不需进行预处理的结构分析（晶粒、晶界、电畴、磁畴等）融合在一起的一种新型多功能显微成像技术，并针对金属材料、半导体材料和无机极性材料建立了相应的电声成像热波理论、过剩载流子理论、压电耦合理论以及后来的三维电声成像理论。样品的尺寸要求为直径 10 mm、厚度 2 mm 左右（方片也可以），可研究金属铝、半导体 GaAs 外延材料、铌镁酸铅功能晶体、超导陶瓷、MEMS 系统器件以及用于扫描探针声学成像的透明电光陶瓷——锆钛酸铅镧等材料。这些试样在进行电声成像之前不需要腐蚀、抛光或者减薄等预处理，保持自然状态即可。

第 2 节　方法原理

扫描电镜的基本原理可以简单地归纳为“光栅扫描，逐点成像”。“光栅扫描”是指电子束受扫描系统的控制在样品表面上作逐行扫描，同时，控制电子束的扫描线圈上的电流与显示器相应偏转线圈上的电流同步，因此，试样上的扫描区域与显示器上的图像相对应，每一物点均对应于一个像点。“逐点成像”是指电子束所到之处，每一物点均会产生相应的信号（如二次电子等），产生的信号被接收放大后用来调制像点的亮度，信号越强，像点越亮，这样，就在显示器得到与样品上扫描区域相对应但经过高倍放大的图像，图像客观地反映着样品上的形貌（或成分）信息。

2.1　电子与物质相互作用

电子与物质的相互作用是一个很复杂的过程，是扫描电镜所能显示各种图像的依据，因此有必要先作一定的说明。

如图 9-1 所示，当高能入射电子束轰击样品表面时，由于入射电子束与样品间的相互作用，将有 99%以上的入射电子能量转变成样品热能，而余下的约 1%的入射电子能量，将从样品中激发出各种有用的信息，主要有以下几种：

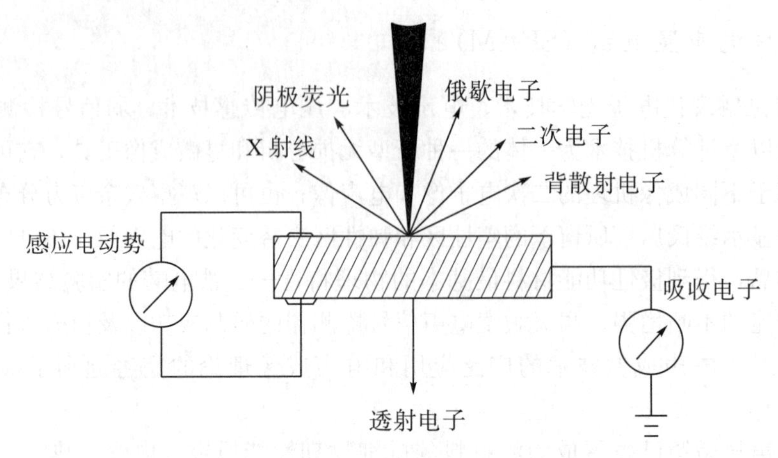

图 9-1　入射电子束轰击样品产生的信息

（1）二次电子。从距样品表面 100 Å 左右深度范围内激发出来的低能电子。在被激发出来之前，还可能受到其他原子的散射而损失能量，所以二次电子的能量很低，往往小于 30 eV。习惯上把能量低于 50 eV 的自由电子称为二次电子，以示与背散射电子的区别。由于二次电子能量很低，二次电子的发射并被感知的区域与入射电子束直径相差无几，深度也只有几纳米，故所成图像分辨率较高。从试样得到的二次电子产生率与表面形态有密切关系，而受试样成分的影响较小，所以它是研究表面形貌的最有用的工具。通常所说的扫描电镜图像就是这一种。由于二次电子的能量很低，检测到的信号强度很容易受到试样处电场和磁场的影响，因此利用二次电子也可观察磁性材料和半导体材料。

（2）背散射电子。从距样品表面 0.1～1 μm 深度范围内散射回来的入射电子，其能量近似于入射电子能量。背散射电子所携带的信息具有块状材料特征，其产出率随原子序数增大而增多，所以背散射电子除可以显示表面形貌外，还可以用来显示元素分布状态以及不同相成分区域的轮廓。此外，利用背散射电子还可以研究晶体学特征。

（3）透射电子。如果样品足够薄（1 μm 以下），透过样品的入射电子为透射电子，其能量近似于入射电子能量，大小取决于样品的性质和厚度。所谓透射方式是指用透射电子成像和显示成分分布的一种工作方式。

（4）吸收电子。残存在样品中的入射电子。收集这部分电子在试样和地之间形成的电流称为吸收电流。由于吸收电流值等于入射电子流和发射电子流的差，故样品电子流像的衬度恰与背散射电子加二次电子像的衬度相反，呈互补关系。因此，吸收电子可以用来显示样品表面元素分布状态和试样表面形貌，尤其是试样裂缝内部的微观形貌。

（5）俄歇电子。从距样品表面几埃深度范围内发射的具有特征能量的二次电子。由于俄歇电子能量极低，目前在 SEM 中尚未利用。

（6）X 射线（光子）。由于原子的激发和退激发过程，从样品的原子内部发射出来的具有一定能量的特征 X 射线，发射深度为 0.5～5 μm 范围。借助于波谱仪或能谱仪可以进行微区元素的定性和定量分析。

(7) 阴极荧光。入射电子束轰击发光材料表面时，从样品中激发出来的可见光或红外光。阴极荧光的波长既与杂质的原子序数有关，也与基体物质的原子序数有关。因此，当入射电子束轰击样品时，用光学显微镜观察试样的发光颜色或用分光仪对所发射的光谱作波长分析，能够鉴别出基体物质和所含杂质元素。用聚光系统和光电倍增管接收并成像可显示杂质及晶体缺陷的分布情况。

(8) 感应电动势。入射电子束照射半导体器件的 PN 结时，将产生由于电子束照射而引起的电动势。

以上列举的各种信息，是在高能入射电子束轰击样品时，从样品中激发出来的。不同的信息，反映样品本身不同的物理、化学性质。扫描电镜的功能就是根据不同信息产生的机理，采用不同的信息检测器，以实现选择检测。任意一种信息，都要被转变成放大了的电信号，并在显像管荧光屏上以二维图像的形式显示出来，或通过纸带记录仪记录下来。应特别指出，扫描电镜的图像不仅仅是样品的形貌像，还是反映元素分布的 X 射线像、反映 PN 结性能的感应电动势像等，这一点与一般光学显微镜和透射电镜有很大不同。

2.2　扫描电镜成像原理

扫描电镜成像过程与电视显像过程有很多相似之处，而与透射电镜的成像原理完全不同。透射电镜是利用成像电磁透镜成像，并一次成像；而扫描电镜的成像则不需要成像透镜，其图像是按一定时间、空间顺序逐点形成，并在镜体外显像管上显示。

二次电子像是用扫描电镜所获得的各种图像中应用最广泛、分辨本领最高的一种图像，下面将以二次电子像为例来讨论扫描电镜的成像原理及有关问题。

图 9－2 是扫描电镜成像过程示意图，图 9－3 是扫描电镜的结构原理图。由电子枪发射的能量最高可达 30 keV 的电子束，经会聚镜和物镜缩小、聚焦，在样品表面形成一个具有一定能量、强度、斑点直径的电子束。在扫描线圈的磁场作用下，入射电子束在样品表面上将按一定的时间、空间顺序作光栅式逐点扫描。由于入射电子与样品之间的相互作用，将从样品中激发出二次电子。由于二次电子收集极的作用，可将向各方向发射的二次电子汇集起来，再经加速极加速射到闪烁体上转变成光信号，经过光导管到达光电倍增管，使光信号再转变成电信号。这个电信号又经视频放大器放大，并将其输出送至显像管的栅极，调制显像管的亮度。因而在荧光屏上便呈现一幅亮暗程度不同、反映样品表面起伏程度（形貌）的二次电子像。

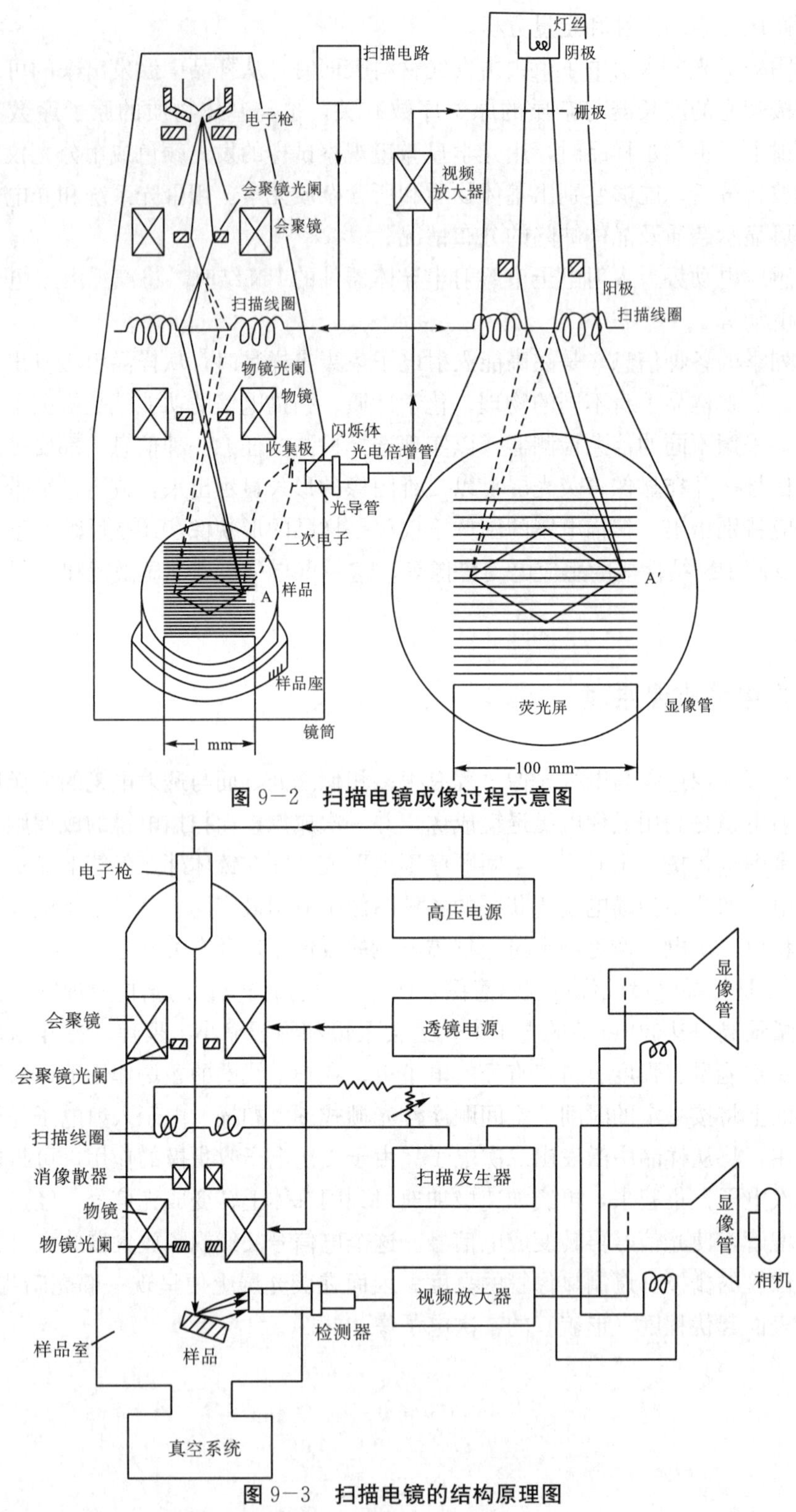

图 9－2　扫描电镜成像过程示意图

图 9－3　扫描电镜的结构原理图

这里，应特别指出“同步扫描”这个概念。对于扫描电镜来讲，入射电子束在样品上的扫描和显像管中电子束在荧光屏上的扫描是用一个共同的扫描发生器控制的，这样就保证了入射电子束的扫描和显像管中电子束的扫描完全同步，即保证了样品上的“物点”与荧光屏上的“像点”在时间与空间上一一对应。如图 9－2 所示，当入射电子束在样品上的 A 点时，显像管中电子束在荧光屏上恰好在 A'点，即“物点” A 与“像点” A'在时间与空间上一一对应。通常称“像点” A'为一个“图像单元”，一幅扫描图像是由近 100 万个分别与物点一一对应的图像单元构成的。正因为如此，才使得扫描电镜除了能显示一般的形貌外，还能将样品局部范围内的化学元素、光、电、磁等性质的差异以二维图像的形式显示出来。

2.3　基本参数

1. 分辨本领与景深

显微镜能够清楚地分辨物体上最小细节的能力叫分辨本领，一般以能够清楚地分辨客观存在的两点或两个细节之间的最短距离（δ）来表示。分辨本领是显微镜最重要的性能指标。一般情况下，人眼的分辨本领为 0.1～0.2 mm，光学显微镜的分辨本领为 0.1～0.2 μm，透射电镜的分辨本领为 5～7 Å（最佳可近于 2 Å 或更小），而扫描电镜二次电子像的分辨本领一般为 60～100 Å（最佳可达 30 Å）。值得提出的是，当谈到分辨本领时，往往还要提到景深，即在样品深度方向可能观察的程度。扫描电镜观察样品的景深最大，光学显微镜的景深最小，见图 9－4。透射电镜虽具有较大景深，但实际上无论如何也不会超过样品厚度（可供观察的有机样品厚度小于 1 μm，无机样品厚度为 0.1～0.3 μm）。然而，光学显微镜、透射电镜及扫描电镜各有其优缺点，是互相补充的，有关性能比较列于表 9－2 中。

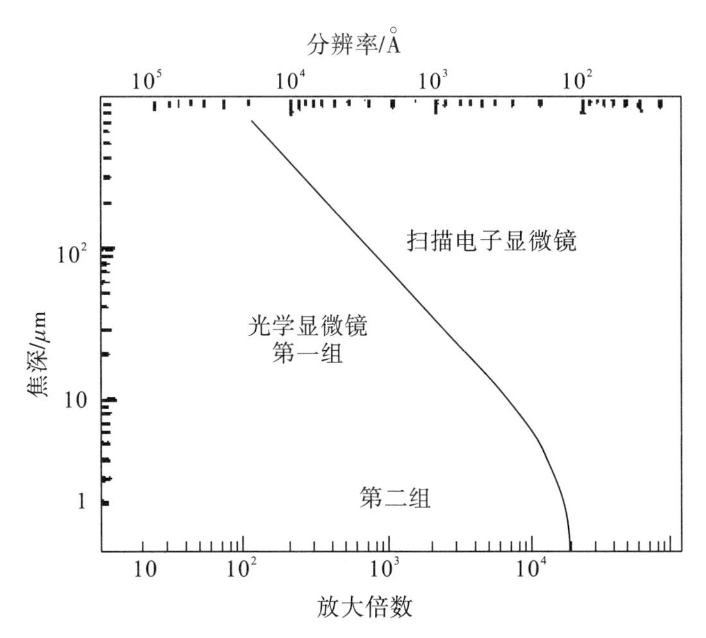

图 9－4　分辨本领、景深、放大倍数间的关系

还应指出的是，一台扫描电镜的分辨本领为 100 Å，并不表明样品表面所有约 100 Å的细节都能看清楚。样品表面细节实际看清楚的程度，不仅与仪器本身的分辨本领有关，还与操作条件、样品的性质、被观察细节的形状、照相条件以及操作人员的熟练程度等有关。仪器制造厂家给出的最佳分辨本领，是在仪器处于最好的状态下，用特殊制备的样品，由熟练的操作者（包括照相技术），即在最理想的条件下表现出来的。而在一般工作条件下观察样品时，可能达到的图像分辨本领要比仪器本身的分辨本领低（表 9−2）。

表 9−2　光学显微镜、扫描电镜及透射电镜性能比较

项目	光学显微镜	扫描电镜	透射电镜
1. 分辨本领： 最高 一般产品 熟练操作 容易达到	 0.1 μm（紫外光显微镜） 0.2 μm 5 μm	 5 Å（超高真空场发射扫描电镜） 100 Å 1000 Å	 1~2 Å（特殊试样） 5~7 Å 50~70 Å
2. 放大倍数	1~2000 倍	10~150000 倍	100~800000 倍
3. 景深（与分辨本领及放大倍数有关）	短： 0.1 mm（约 10 倍时） 1 μm（约 100 倍时）	长： 10 mm（10 倍时） 1 mm（100 倍时） 10 μm（1000 倍时） 1 μm（10000 倍时）	接近扫描电镜，但实际上为样品厚度所限制，一般小于 1000 Å
4. 视场（与分辨本领及放大倍数有关）	100 mm（1 倍时） 10 mm（10 倍时） 1 mn（100 倍时） 0.1 mm（1000 倍时）	10 mm（10 倍时） 1 mm（100 倍时） 0.1 mm（1000 倍时） 10 μm（10000 倍时） 1 μm（1000000 倍时）	2 mm（100 倍时） 其他同扫描电镜

2. 放大倍数及有效放大倍数

显微镜的放大倍数（M）一般定义为像与物大小之比。而扫描电镜的放大倍数定义为显示荧光屏边长与入射电子束在样品上扫描宽度之比。如荧光屏边长为 100 mm，入射电子束在样品上扫描宽度为 1 mm（图 9−2），则此时扫描电镜放大倍数为

$$M=\frac{100\ \text{mm}}{1\ \text{mm}}=100$$

将样品细节放大到人眼刚能看清楚（一般为 0.2 mm）的放大倍数叫有效放大倍数。如扫描电镜分辨本领为 100 Å，则其有效放大倍数为

$$M_{\text{有效}}=\frac{\text{人眼分辨本领}}{\text{仪器分辨本领}}=\frac{0.2\ \text{mm}}{100\ \text{Å}}=2\times10^{4}$$

显然，欲观察 100 Å 的细节，扫描电镜只要具备两万倍的放大能力就够了。可是目前一台分辨本领为 100 Å 的扫描电镜，可达到的最大放大倍数都在 10 万倍以上，所以在实际工作中，不是把 100 Å 的细节只放大到 0.2 mm，而放大到 1 mm 或更大，其目的完全是使操作者观察图像舒适、方便。由于分辨本领的限制，本来不能分辨开的细节

（如 100 Å 以下的细节），无论怎样提高放大倍数，还是看不清，就像一张模糊的底片，无论再放大多少倍，图像还是模糊不清的。

第 3 节　技术原理

3.1　仪器结构

图 9-5 是 JSM-7500F 型场发射扫描电镜的外貌照片。仪器的实际结构因制造厂家不同而有一定的差别，但大体可分为三个主要部分：电子光学系统、信号收集与显示系统、真空系统和电源系统。

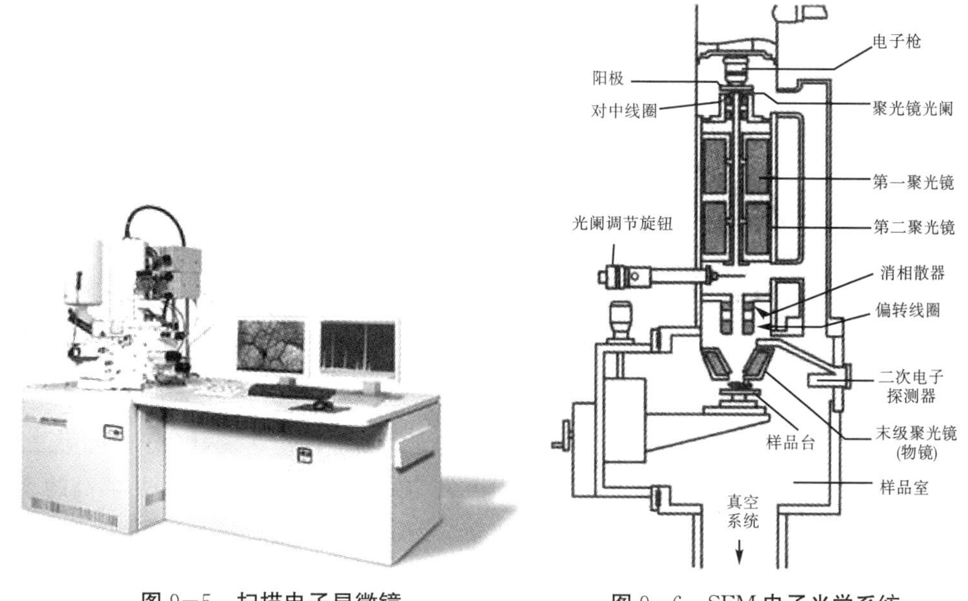

图 9-5　扫描电子显微镜　　　图 9-6　SEM 电子光学系统

1. 电子光学系统

扫描电镜的电子光学系统由电子枪、电磁透镜、光阑、扫描线圈和样品室等部件组成，见图 9-6。其作用是获得扫描电子束，作为信号的激发源。为了获得较高的信号强度和图像（尤其是二次电子像）分辨率，扫描电子束应具有较高的强度和尽可能小的束斑直径。电子束的强度取决于电子枪的发射能力，而束斑尺寸除了受电子枪的影响之外，还取决于电磁透镜的会聚能力。

（1）电子枪。

人们一直在努力获得亮度高、直径小的电子源，在此过程中，电子枪的发展经历了发卡式钨灯丝热阴极电子枪、六硼化镧（LaB_6）热阴极电子枪和场发射电子枪三个阶段。

热阴极电子枪（图 9-7）是依靠电流加热灯丝，使灯丝发射热电子，并经过阳极和灯丝之间的强电场加速得到高能电子束。栅极的作用是利用负电场排斥电子，使电子束得以会聚。

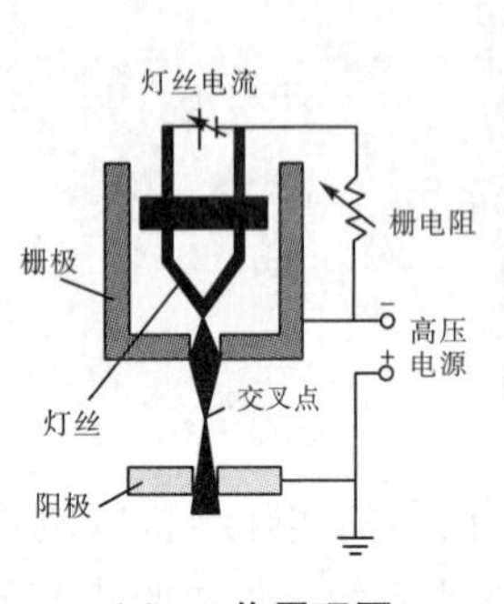

(a) **工作原理图**

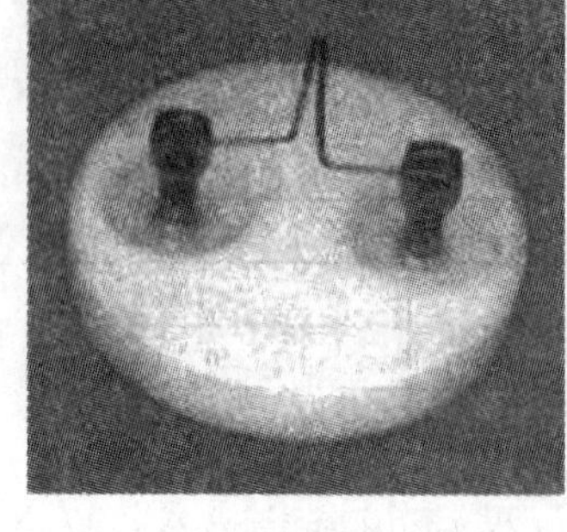

(b) **钨灯丝**

(c) **六硼化镧灯丝**

图 9-7　**热阴极电子枪**

钨灯丝电子枪发射率较低，只能提供亮度 $10^4 \sim 10^5$ A/cm^2、直径 20～50 μm 的电子源。经电子光学系统中二级或三级聚光镜缩小聚焦后，束流强度为 $10^{-13} \sim 10^{-11}$ A 时，扫描电子束最小直径才能达到 60～70 nm。

六硼化镧阴极发射率比较高，有效发射截面可以做得小些（直径约为 20 μm），无论是亮度还是电子源直径等，性能都比钨阴极好。如果用 30％六硼化钡和 70％六硼化镧混合制成阴极，性能还要好些。

场发射电子枪如图 9-8 所示。它是利用靠近曲率半径很小的阴极尖端附近的强电场使阴极尖端发射电子，所以叫作场致发射，简称场发射。就目前的技术水平来说，建立这样的强电场并不困难。如果阴极尖端半径为 1000～5000 nm，若在尖端与第一阳极之间加 3～5 kV 的电压，在阴极尖端附近建立的强电场足以使它发射电子。在第二阳极几十千伏甚至几百千伏正电势的作用下，阴极尖端发射的电子被加速到足够高的动量，以获得短波长的入射电子束，然后电子束被会聚在第二阳极孔的下方（即场发射电子枪第一交叉点位置上），直径小至 100 nm，经聚光镜缩小聚焦，在样品表面可以得到 3～5 nm的电子束斑。

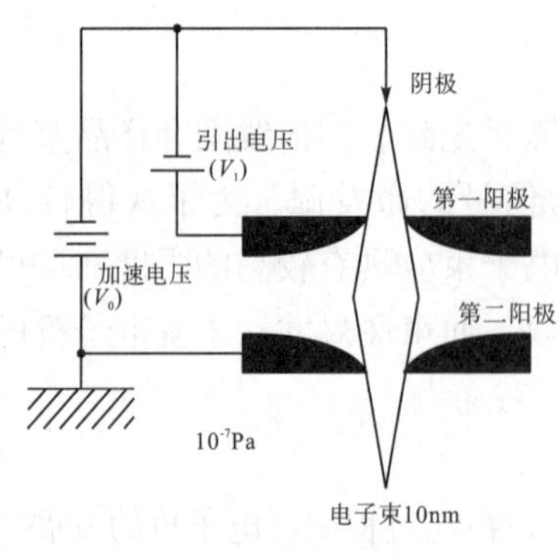

(a) **工作原理图**

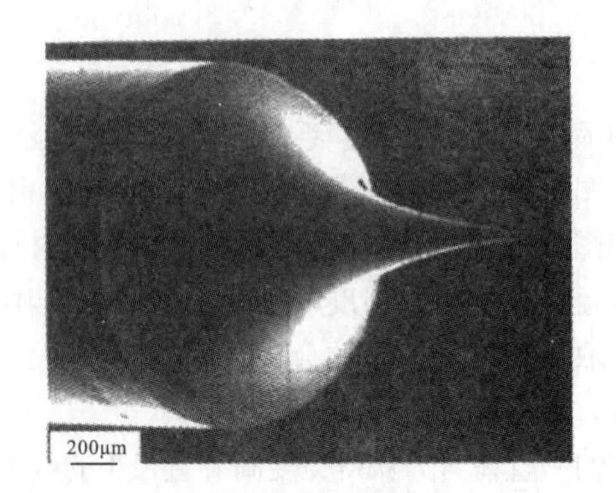

(b) **场发射灯丝**

图 9-8　**场发射电子枪**

（2）电磁透镜。

在扫描电镜中，电子枪发射出来的电子束，经三个电磁透镜聚焦后，作用于样品上。如果要求在样品表面扫描的电子束直径为 d_p，电子源（即电子枪第一交叉点）直径为 d_c，则电子光学系统必须提供的缩小倍数为 $M = d_p / d_c$。

（3）扫描系统。

扫描线圈是扫描电镜的一个十分重要的部分，它使电子作光栅扫描，与显示系统的 CRT 扫描线圈由同一锯齿波发生器控制，以保证镜筒中的电子束与显示系统 CRT 中的电子束偏移严格同步。

（4）样品室。

扫描电镜的样品室要比透射电镜复杂，它能容纳大的试样，并在三维空间进行移动、倾斜和旋转。目前的扫描电镜样品室在空间设计上都考虑了多种信号收集器安装的几何尺寸，以使用户根据自己的意愿选择不同的信息方式。

2. 信号收集与显示系统

（1）信号收集系统。

信号收集系统的作用是检测样品在入射电子作用下产生的物理信号，然后经视频放大，作为显像系统的调制信号。不同的物理信号，要用不同类型的检测系统。二次电子、背散射电子等信号通常采用闪烁计数器来检测。

（2）图像显示系统。

图像显示系统的作用是将信号检测放大系统输出的调制信号转换为能显示在阴极射线管荧光屏上的图像或数字图像信号，供观察或记录，将数字图像信号以图形格式的数据文件存储在硬盘中，可随时编辑或用办公设备输出。

3. 真空系统和电源系统

真空系统的作用是保证电子光学系统正常工作，防止样品污染，提供高的真空度，一般情况下要求保持 $10^{-3} \sim 10^{-2}$ Pa 的真空度。电源系统由稳压、稳流以及相应的安全保护电路组成，其作用是提供扫描电镜各部分所需电源。

3.2　图谱概论

如图 9—1 所示，入射电子束从样品中除激发出二次电子外，还激发出其他各种信息。通过检测和处理这些信息，可获得表征样品形貌、元素分布等性质的扫描电子像。一台扫描电镜的应用范围，完全取决于仪器单独检测每一种信息的能力。下面分别进行叙述。

1. 二次电子检测与二次电子像

这里所说的二次电子是指入射电子束从样品表层（约 100 Å）激发出来的低能电子（50 eV 以下）。实际工作中，根据能量上的差别，将二次电子与高能背散射电子分离开来，以实现二次电子检测。

二次电子检测器如图 9－9 所示，其收集极处于正电位（一般为 250 V 或 500 V 等），样品表面由于受到来自收集极的正电场的作用，向各个方向发射的低能二次电子，都被拉向收集极。背散射电子因其能量高，电子运动方向几乎不受收集极电场影响。检测器加速极（一般为 10 kV）用来加速被收集的二次电子，使闪烁体受激发光，从而使电信号转变成光信号。再经光导管和光电倍增管，又使光信号变为电信号输出，这样就实现了对二次电子的检测和部分放大。

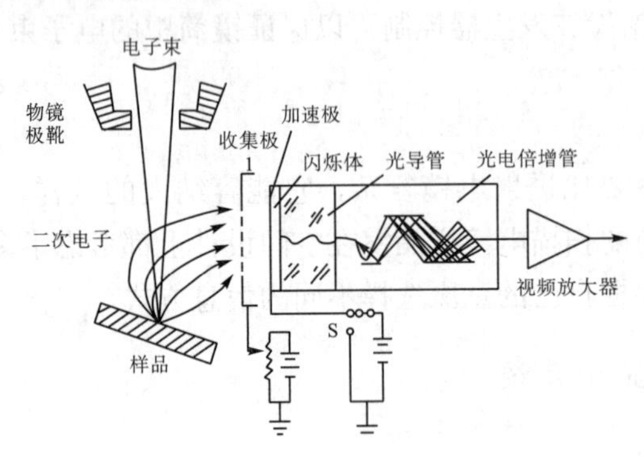

图 9－9　二次电子检测器原理图

二次电子发射量主要决定于样品表面的起伏状况，见图 9－10。如电子束垂直于样品表面入射，则二次电子发射量最小。二次电子像主要反映样品表面的形貌特征。从图 9－11 可看出，二次电子像与医学上在无影灯下看到的物体情况相似，因此它可认为是一种无影像。在观察具有复杂表面形貌（如金属断口、催化剂等）的样品时，这是很重要的。值得注意的是，与原子序数有关的背散射电子也能激发二次电子，因此，在二次电子图像反差中，必然含有一定的表面元素分布特征。二次电子像分辨本领较高，对于热阴极电子枪的扫描电镜，一般为 60～100 Å，如果采用场发射电子枪，分辨本领可达 30 Å 或更好。如果样品是半导体器件，在加电情况下，由于表面电位分布不同也会引起二次电子发射量的变化，即二次电子像的反差与表面电位分布有关。这种由于表面电位分布不同而引起的反差，叫作二次电子像电压反差。利用电压反差效应研究半导体器件的工作状态（如导通、短路、开路等）是很有效的。图 9－12 为 CdTe 薄膜的二次电子像。

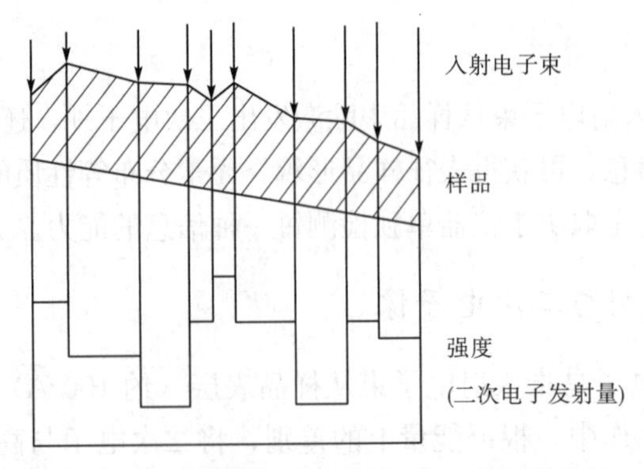

图 9－10　样品表面不同部位的二次电子发射

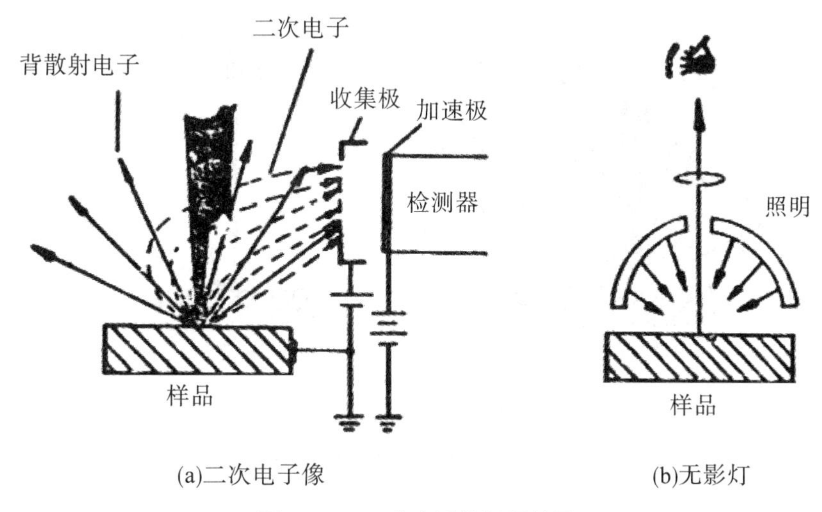

(a)二次电子像　　　　(b)无影灯

图 9－11　二次电子像照明效果

图 9－12　CdTe 薄膜的二次电子像

2. 背散射电子检测与背散射电子像

背散射电子是被样品散射回来的入射电子，其能量接近入射电子能量。在扫描电镜中通常共用一个检测器检测二次电子或背散射电子。通过改变检测器加电情况，可实现背散射电子选择检测。

在图 9－13 中，检测器收集极处于零电位，此时从样品表面发射的二次电子、背散射电子将沿初始方向运动。能够进入检测器的电子，是在一定立体角内的按初始方向运动的背散射电子和二次电子。进入检测器的背散射电子，因其能量高，不经加速极加速就可使闪烁体发光，而二次电子不经加速是不足以使闪烁体发光的。因此，在检测器加速极处于零电位时，只有背散射电子被转变成光信号，因而背散射电子得到了检测。由于背散射的电子始终按直线方向运动，若在其前进方向存在障碍物（样品突起部分等），即使在可检测立体角内的背散射电子也不能进入检测器。显然，背散射电子像与用点光源照明物体时的效果相似。因此，背散射电子像可认为是一种有影像。

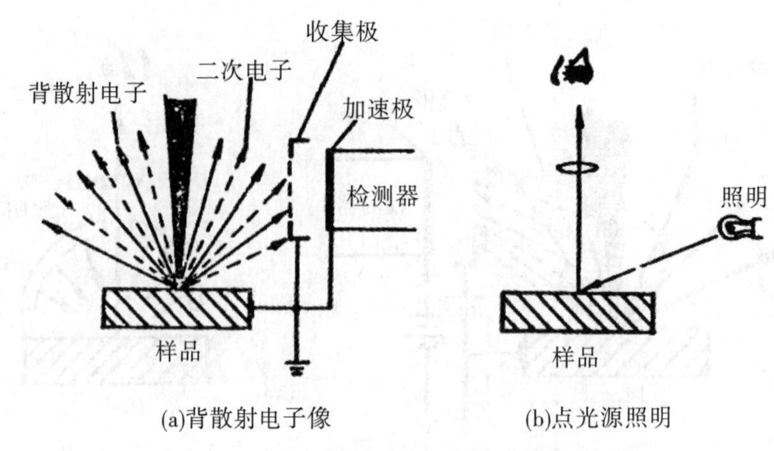

图 9-13　背散射电子像照明效果

另外，背散射电子发射量与样品原子序数有关。样品表面元素原子序数越大，对入射电子散射能力越强，即背散射电子发射量也越大。因此，背散射电子像兼具样品表面平均原子序数分布和形貌特征。由于观察背散射电子像时所用电子束流为 10^{-9}～10^{-7}A，即电子束斑较大，加之入射电子束在侵入样品过程中遭到散乱等原因，背散射电子像的分辨本领为一般为 500～2000 Å，目前有的扫描电镜可达 100 Å。

背散射电子也可采用两组（A，B）半导体 PN 结检测器检测。如图 9－14 所示，在物镜下极靴表面，半导体检测器 A，B 相对电子光学系统对称放置。A，B 输出信号经运算放大器相加，可获得只反应表面元素分布状况的背散射电子组成像，它们的输出信号经运算放大器相减，将获得只反应样品表面凸凹情况的形貌像。图 9－15 为背散射电子形貌像和组成像。

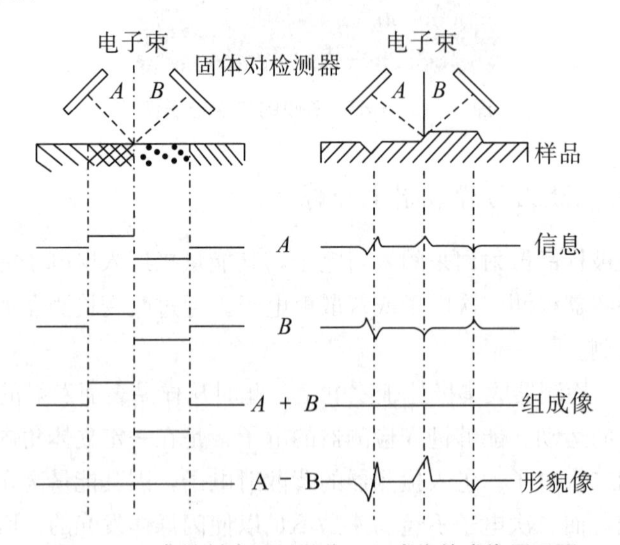

图 9-14　背散射电子形貌像、组成像的成像原理图

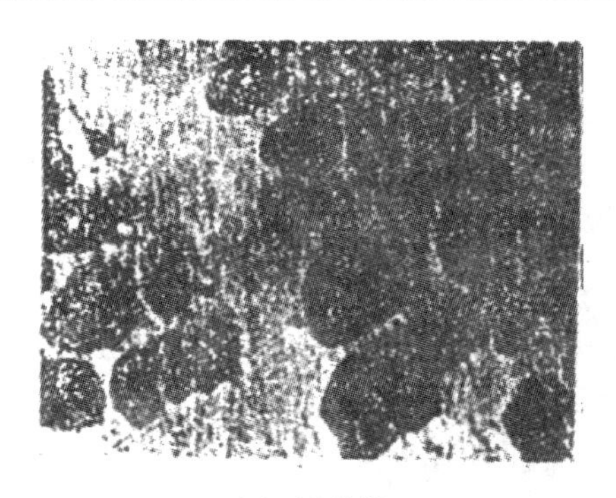

(a) 形貌像

(b) 组成像

图 9－15　背散射电子像

3. 吸收电流检测及吸收电子像

吸收电流是指入射电子束照射样品时，残存在样品中的电子通过导线流向大地的电流。以样品本身为检测器，用高增益的吸收电流放大器将吸收电流放大并调制显像管的亮度，便得到吸收电流像。吸收电子像的分辨本领主要受电子学线路信噪比的限制（入射电子束直径一定时），一般为 0.1～1 μm。

通常认为吸收电流像的反差与背散射电子像反差互补，但实际上是与背散射电子像以及二次电子像两种图像反差互补。出图 9－16 可知，如果样品是导电的，则有：

$$I_O = I_S + I_B + I_A + I_T$$

式中，I_O为入射电子束强度；I_S为二次电子流强度；I_A为吸收电流强度；I_B为背散射电子流强度；I_T为透射电子流强度。如果样品比较厚，$I_T = 0$，则有 $I_O = I_S + I_B + I_A$，在一定实验条件下，I_O是一定的，即

$$I_O = I_S + I_B + I_A = 常数$$

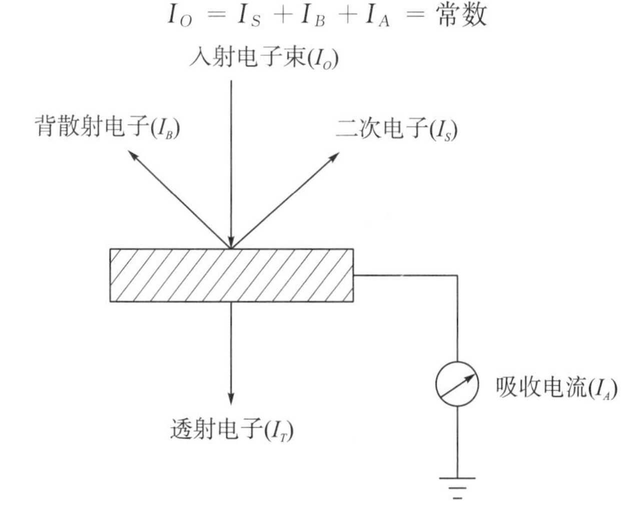

图 9－16　吸收电流与其他信息的关系

显然，吸收电流 I_A的大小取决于I_S和I_A，即吸收电子像的反差与二次电子像以及背散射电子像反差互补。利用吸收电子像研究晶体管或集成电路的 PN 结性能与晶格缺

陷和杂质的关系是很有效的。图 9-17 是 AL-Sn-Pb 合金的吸收电子像。

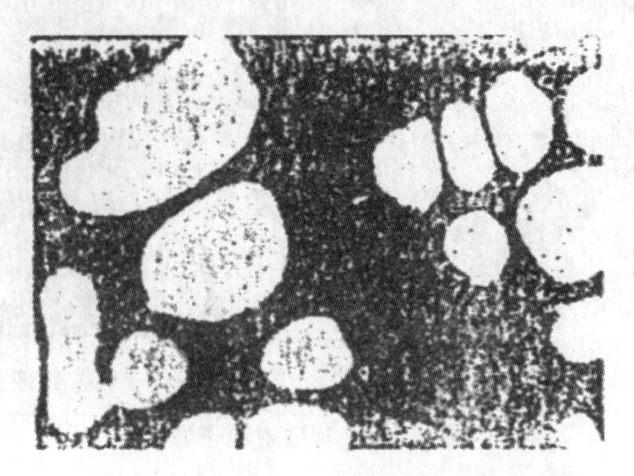

图 9-17 AL-Sn-Pb 合金的吸收电子像

4. 透射电子像

当入射电子束照射足够薄的样品（如厚度小于 1 μm）时，会有相当多的电子透过样品，这些电子就是透射电子（图 9-18）。透射电子一般包括弹性散射电子和非弹性散射电子等。在扫描电镜中，透射电子像是利用透过样品的弹性散射电子和部分非弹性散射电子作为有用检测信号而成像的。由于这些电子仅有少量的能量损失，所以它们可直接使检测器中的闪烁体发光，再由光电倍增管转换成电信号，经过放大，调制显像管的亮度便得到透射电子像。

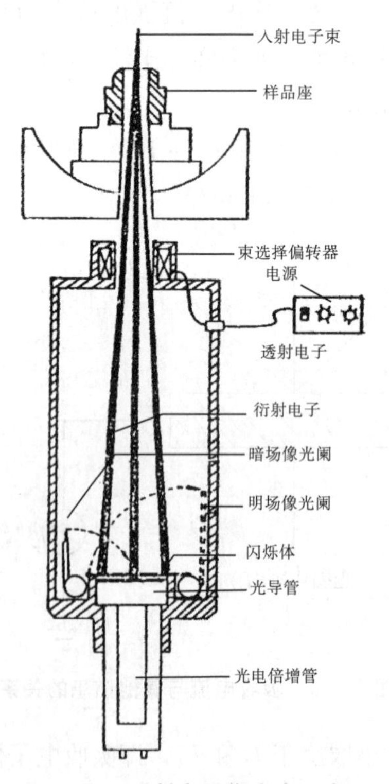

图 9-18 透射电子像成像示意图

由光学的亥姆霍兹原理可知，普通透射电子像和扫描透射电子像的成像之间存在着倒易关系，只要普通电镜的照明孔径角与扫描电镜中透射电子接收孔径角相等，那么两者的电子光学系统则完全等价，光路互相倒易。即普通电镜中的电子源与扫描电镜透射电子检测器相对应，普通电镜中的成像平面与扫描电镜中扫描电子源相对应。根据这种倒易关系，扫描透射电子像可与普通透射电子像进行对应，并且扫描透射电子像具有以下特点：

（1）在普通透射电镜中，非弹性散射电子经透镜聚焦成像后会导致色差，而参与形成扫描透射电子像的非弹性散射电子并不经过成像透镜聚焦放大，而是直接进入检测器，所以不会导致色差。这样，在同样的加速电压下，用扫描电镜可清晰地观察较厚样品的图像，或对同一厚度的样品可在较低的电压下进行观察，这对观察受电子轰击易破坏的样品，如生物样品特别有利。

（2）与普通透射电镜相比，扫描电镜可收集大角度的散射电子，所以电子的接收效率高，并且可采用高灵敏度的检测器，以便有效地收集透过样品的每一个电子，再通过光电倍增管及放大器，将透过样品的微弱透射电子信号放大，以提高图像亮度。

（3）可改善生物样品的图像反差。即通过电子学的方法，可方便地压低透射电子信号中的直流成分，放大交流成分，以得到更为合适的图像反差。其定性说明如图9－19所示。

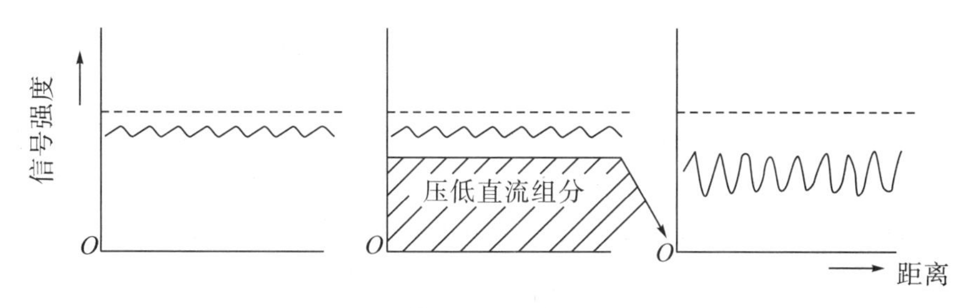

图9－19　扫描透射电子像反差增强方法

在扫描电镜的透射电子像成像中，利用空心挡板或实心环形孔挡板，就可方便地得到普通透射电镜那样的明场像和暗场像。由于受电子束斑的限制，一般扫描电镜的透射电子像分辨本领为30～50 Å。透射电镜和扫描电镜现在一般都带有扫描透射电子成像附件，从而把透射电镜的高分辨本领与扫描电镜的多功能的优点有机地结合起来。超高分辨率的扫描透射电子像可达到3～5 Å的点分辨本领，可直接显示单个重原子，同时也可进行选区电子衍射和元素分析。目前，已发展成独立的分析扫描透射电镜（STEM）。

5. X射线及X射线显微分析

当具有一定能量的入射电子束激发样品时，样品中的不同元素将受激发射特征X射线。各种元素特征X射线波长与其原子序数Z之间存在一定的关系，用莫塞莱定律表示：

$$\sqrt{\nu}=\sqrt{\frac{hc}{\lambda}}=K(Z-\sigma)$$

式中，ν 为特征 X 射线频率；λ 为特征 X 射线波长；Z 为元素原子序数；c 为光速；K 与 σ 均为常数。因此，只要能测出元素特征 X 射线波长 λ 或测出的特征 X 射线光子能量 $h\nu$，便可确定原子序数 Z，这样即可确定特征 X 射线发射区中所含的化学元素。通常把测出特征 X 射线波长的方法叫波长色散法（WDX），测定特征 X 射线能量的方法叫能量色散法（EDX）。目前，一般扫描电镜均可用上述两种方法进行元素分析。

第 4 节　分析测试

4.1　制样

用于扫描电镜的样品大体分为两类：一是导电性良好的样品，二是不导电的样品。对于前者一般可以保持原始形状，不经或稍经清洗，就可放到电镜中观察。但对于导电性不好的样品，或在真空中有失水、放气、收缩变形现象的样品，需经适当处理，才能进行观察。扫描电镜观察的样品种类很多，样品的制备技术也不完全相同，因此在选择制样方法时，应结合具体样品的特点，尽可能综合利用已经熟悉的光学显微镜、透射电镜及 X 射线光谱仪的制样技术，以达到获得高质量图像的目的。下面简略介绍制备样品中应考虑的几个问题。

（1）观察的样品必须为固体（块状或粉末），同时在真空条件下能保持长时间的稳定。含有水分的样品，应事先干燥，或在预抽气室适当“预抽”。有些样品因表面形成导电性不良的氧化膜，有时需剥掉氧化层后方可进行观察。沾有油污的样品，是造成样品荷电的重要原因，因此需要先用丙酮等溶剂仔细清洗。

（2）观察样品应有良好的导电性，或样品表面至少要有良好的导电性。导电性不好或不导电的样品，如高分子材料、陶瓷、生物样品等，在入射电子束照射下，表面易积累电荷（荷电），这样会严重影响图像的质量，因此对于不导电的样品，一般均需进行真空镀膜，即在样品表面蒸上一层厚约 100 Å 的金属膜（金膜或银膜），以消除荷电现象。应当注意，镀膜太厚，将掩盖样品表面细节；而镀膜太薄，部分区域可能未被金属覆盖而荷电。采用真空镀膜技术，除了能防止不导电样品发生荷电外，还可增加所观察样品的二次电子发射率，提高图像衬度，并减少入射电子束对样品的照射损伤（尤其对生物样品）。图 9-20 给出了常见的小型离子溅射镀金属设备及 SEM 样品台。

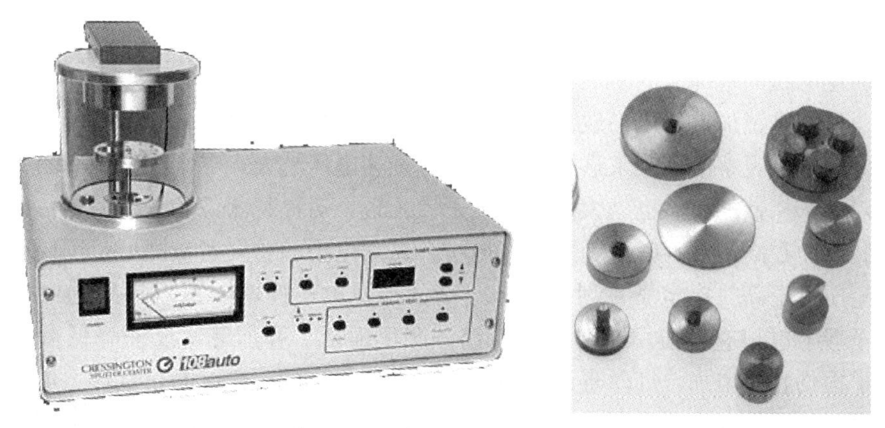

图 9－20　小型离子溅射镀金属设备及 SEM 样品台

（3）金属断口以及质量事故中的一些样品，一般可保持原始形态放到扫描电镜中观察。但样品的大小不是任意的，一般扫描电镜最大允许尺寸为 ϕ 25 mm，高 20 mm。因此在切取和选择这类样品时，样品的大小是一个重要问题。尺寸再大，都需备置专用样品台。

（4）用波长色散 X 射线光谱仪进行元素分析时，分析样品应事先进行研磨抛光，以免样品表面的凹凸部分影响 X 射线检测。不导电样品，表面应喷涂厚约 100 Å 的碳膜，以使样品表面具有良好的导电性，又不致对 X 射线产生强烈的吸收。采用 X 射线能谱仪进行元素分析时，允许样品表面有一定的起伏。

（5）生物样品因其表面常附有黏液、组织液，体内含有水分等，用扫描电镜观察前，一般都需要进行脱水干燥（自然干燥或临界点干燥）、固定、染色、真空镀膜等处理。

4.2　测试分析

1. 扫描电镜的操作

扫描电镜的操作比较简单，识别键盘上的有关功能键后就能操作。但要熟练地运用扫描电镜，熟悉其性能界限，并能从研究样品中得到最高信息，仍然要掌握一定要领。

（1）电镜的启动。

接通电源→合上循环冷却水机开关→合上自动调压电源开关→打开显示器开关（接通机械泵、扩散泵电源），即开始抽真空。

（2）样品的安装。

按放气阀，空气进入样品室 1 min，样品室门即可打开。把固定在样品台上的样品移到样品座上，将样品座缓慢推入镜筒并用手扶着（即关闭样品室），同时按下抽真空阀，待样品室门被吸住再松手。重新抽真空，待显示“READY”，即可加高压（HT 红灯亮），加灯丝电流（缓慢转动 FIKAMENT 钮，一般控制存 100 μA 以下）。

（3）观察条件的选择。

观察条件包括加速电压、聚光镜电流、工作距离、物镜光阑、扫描速度以及倾斜角度等。

①加速电压的选择。

普通扫描电镜加速电压一般为0.5~30 kV（通常用10~20 kV），应根据样品的性质、图像要求和观察倍率等来选择加速电压。加速电压越大，电子探针越容易聚焦得很细，入射电子探针的束流也越大。二次电子波长短，对提高图像的分辨率、信噪比和反差是有利的。在高倍观察时，因扫描区域小，二次电子的总发射量降低，因此采用较高的加速电压可提高二次电子发射率。但过高的加速电压使电子束对样品的穿透厚度增加，电子散射也相应增强，导致图像模糊，产生虚影、叠加等，反而降低分辨率，同时，电子损伤相应增加，灯丝寿命缩短。一般来说，金相试样、断口试样、电子通道试样等应尽可能用高的加速电压。如果观察的样品是凹凸的表面或深孔，为了减小入射电子探针的贯穿和散射体积，应采用较低的加速电压，可改善图像的清晰度。对于容易发生充电的非导体试样或容易烧伤的生物试样，也应该采用低的加速电压。

②聚光镜电流的选择。

聚光镜电流大小与电子束的束斑直径、图像亮度、分辨率紧密相关。聚光镜电流大，束斑缩小，分辨率提高，焦深增大，但亮度不足。亮度不足时，激发的信号弱，信噪比降低，图像清晰度下降，分辨率也受到影响。因此，选择聚光镜电流时应兼顾亮度、反差，考虑综合效果。可先取中等水平的聚光镜电流，如果对观察试样所采用的观察倍数要求不高，并且图像质量的主要矛盾是由于信噪比不够，则可以采用较小的聚光镜电流；如果要求观察倍数较高并且图像质量的主要矛盾是分辨率，则应逐步增加聚光镜电流。此时，如果信噪比发生问题，只要仍能用肉眼看清图像，可通过其他途径（如延长扫描时间等）去解决信噪比问题。

一般来说，观察的放大倍数增加，相应图像清晰度所要求的分辨率也会增加，故观察倍数越高，聚光镜电流越大。

③工作距离的选择。

工作距离是指样品与物镜下端的距离，通常其变动范围为5~48 mm。如果观察的试样是凹凸不平的表面，要获得较大的焦深，必须采用大的工作距离，但样品与物镜光阑的张角变小，使图像的分辨率降低。要获得高的图像分辨率，必须选择小的工作距离，通常选择5~10 mm，以期获得小的束斑直径和减小球差。如果观察铁磁性试样，选择小的工作距离可以防止试样磁场和聚光镜磁场的相互干扰。形貌观察常用的工作距离一般为25~35 mm，兼顾焦深和分辨率。

④物镜光阑的选择。

扫描电镜最末级的聚光镜靠近样品，称为物镜。多数扫描电镜在末级聚光镜上设有可动光阑，也称为物镜可动光阑。通过选用不同孔径的光阑，可调整孔径角、吸收杂散电子、减少球差等，从而达到调整焦深、分辨率和图像亮度的目的。但是，物镜光阑孔径缩小会使信号减弱、信噪比下降、噪音增大，而且孔径容易被污染，产生像散，造成扫描电镜性能下降。因此，必须根据需要选择最佳的物镜光阑孔径。一般5000倍左右观察可用300 μm的光阑孔径，万倍以上观察用200 μm的光阑孔径，要求高分辨率时用100 μm的光阑孔径。

⑤扫描速度的选择。

为了提高图像质量，通常用慢的扫描速度。但在实际应用中，扫描速度却受试样可能发生表面污染这个问题的限制，因任何试样表面的污染（即扫描电子束和扩散泵油与蒸气的相互作用，造成油污沉积在试样表面上，扫描时间越长则在试样表面的油污沉积越严重）均会降低图像的清晰度。对于未经前处理的非导体试样，扫描速度宜快，以防试样表面充电，影响观察；对于金属试样，扫描速度宜慢，可改善信噪比。一般低倍观察的扫描时间常用 50 s，高倍观察用 100 s，以免试样表面过分污染。

2. 图谱解析

（1）选择视野。

一张高质量的扫描电镜图像首先应当是细节清晰，其次是图像富有立体感，层次丰富，反差与亮度适中。此外，还要求主题突出和构图美。因此，为了获得一幅优良的扫描电镜图像，除了正确地选择观察条件外，如何选择适当的被观察部位也是十分重要的。

①研究者必须清楚研究的内容，以寻找所需的视野。观察部位应具有科学意义，即所观察到的形貌能说明某项研究问题的实质。

②所选择观察部位的画面和角度要符合美学观点，具有良好的构图效果。

③如果满足上述条件的观察部位有多处视野可供选择，则应取白色区域的部位，以期图像具有较大的信噪比。

（2）选择放大倍数。

随着放大倍数的增加，观察视野相应缩小，因此应根据观察要求选择合理的放大倍数，确保图像的整个画面既有研究的内容，又没有遗漏或杂散景物的干扰。每提高一挡放大倍率之后，须相应调控聚焦、消像散、亮度和反差。

（3）调整聚焦和消像散。

消像散和聚焦是需要熟练掌握的操作，稍有不慎，图像质量就会明显下降。出现像散的原因，主要是电子束难以聚集，使像散方向发生变化。聚焦是通过粗、细聚焦按钮调节的。消像散是通过 X，Y 方向的消像散按钮调整图像清晰度的。聚焦与消像散相互交替进行调整时，先从低倍开始，逐步提高倍率，直到图像最清晰为止。

（4）调整反差和亮度。

图像的反差是指图像中最大亮度和最小亮度的比值。在扫描电镜中，图像的反差不但取决于试样本身的性质和成像信息的性质，而且可以通过信号处理系统和显示系统进行人为控制，故扫描电子像的反差可以在较宽的范围内变化。如果图像的反差与亮度调整不当，层次少，就会使图像中的细节丢失。通常扫描电镜图像的反差调整是靠改变光电倍增管的电压（300～600 V）来进行的，而亮度是靠改变电信号的直流成分来调节的。但是一般来说，增加反差也增加了直流成分，因而光亮度也会增高，所以操作时对比度和光亮度要交替进行。反差或亮度过大，图像细节会丢失；过小，图像模糊。只有当对比度、光亮度合适时，才能保证图像细节清晰，明暗对比适宜。此外，在拍摄时应根据底片的型号和特性来调整反差和亮度。扫描电镜图像的最终成品是照片，可随个人爱好或研究目的，调节合适的对比度和光亮度。

（5）调整倾斜角。

倾斜角的大小因放大倍数和样品表面性质而异。一般放大倍数低，倾斜角度小；放大倍数高，倾斜角度大。样品凹凸明显，倾斜角度小；样品比较平坦，倾斜角度较大。倾斜角过大或过小，拍摄效果都不好。样品倾斜后，会导致水平和垂直位移以及样品高度变化，可用 X 轴和 Y 轴调节按钮回到原来的视野，用高度调节按钮调回到原来的高度，再进行聚焦。

（6）调节扫描速度。

应根据样品的性质或研究目的来选择扫描速度，通常 1000 倍以上观察用慢速扫描，1000 倍以下观察用快速扫描。如果记录图像要求像质高，必须采用慢速扫描，拍摄一幅图像用 100 s；快速扫描，拍摄一幅图像要用 50 s。

（7）拍照。

在比计划摄像高一挡的倍率上调整聚焦、亮度和反差后，将倍率缩小一挡，用选区扫描检查是否获得理想图像（要注意相片上缺少的部分，一般照相视野比观察视野稍小），然后拍照并记录。拍照时，要避免振动及外界条件干扰。常用的底片为全色 120 胶卷。

（8）关机。

将放大倍数按钮调至最低倍数，灯丝电流按钮调至 0 位；关高压开关，关显示器开关；关调压器开关，真空系统停止工作；待扩散泵冷却后（20～30 min）停止供水。工作中突然断水时，可采用强制方式（如用风扇吹扩散泵）冷却扩散泵，以防止泵油挥发，污染镜筒。

3. 限制和影响扫描电镜分辨本领的主要因素

如前所述，分辨本领是显微镜最重要的性能指标。一般情况下，为了观察更多的清晰细节，总是希望显微镜分辨本领越高越好。但是，由于成像所用信号不同，以及各种像差（球差、衍射差、色差、像散、枕形及桶形畸变等）、电源稳定度、检测器的灵敏度及效率、放大器的噪声等原因，使得不同种类的显微图像可能达到的分辨本领不相同。对于扫描电镜，限制和影响其分辨本领的因素较多，下面重点讨论三个主要因素：

（1）入射电子束斑直径。

这里所说的电子束斑直径，是指经物镜聚焦后，刚好打到样品表面上的入射电子束斑的大小。如前所述，每幅扫描图像由近百万个图像单元组成，在样品上与每个图像单元对应的发射信息的最小范围，无论如何也不会比入射电子束斑直径小。通过减小电磁透镜的像差（主要是球差和像散）和增大透镜缩小倍数，可缩小入射电子束斑直径，从而提高扫描电镜分辨本领。但随着束斑直径的减小，打到样品上的入射电子束流将急剧减小，因而从样品中激发的本来已很微弱的各种信息将减弱，以致不能检测，或即使能检测出来，由于信噪比等因素的影响，也不会提高扫描电镜的分辨本领。因此，入射电子束斑直径不能任意减小。常用的热发射扫描电镜，为获得 100 Å 细节的二次电子像，入射电子束流不得小于 10^{-12}～10^{-11} A，与此束流对应的入射电子束斑一般最小可达到

50 Å 左右。这就是目前热阴极扫描电镜二次电子像分辨本领很难做到优于 50～60 Å 的主要原因。

（2）样品对电子的散射作用。

高能电子束向样品内部侵入时，由于与样品原子间产生相互作用，将经历一个复杂的散射过程。其结果是使处于样品内部一定深度的入射电子束斑直径——有效入射电子束斑直径较入射时大。其增大程度（散射程度）则与加速电压、样品性质有关。因此，样品上发射信息的最小范围，实际上取决于有效入射电子束斑的大小。显然，由于样品对电子束的散射作用，将使扫描电镜分辨本领变坏。如图 9－21 所示，二次电子由样品表层发射，由于遭受散射较小，有效入射电子束斑直径近似等于入射电子束斑直径，即二次电子像分辨本领近似于入射电子束斑直径。而背散射电子、X 射线等是从样品较深处发射的，此时有效电子束斑直径远比入射电子束斑直径大，这就是背散射电子像、X 射线元素面分布像较二次电子像分辨本领差得多的一个重要原因。

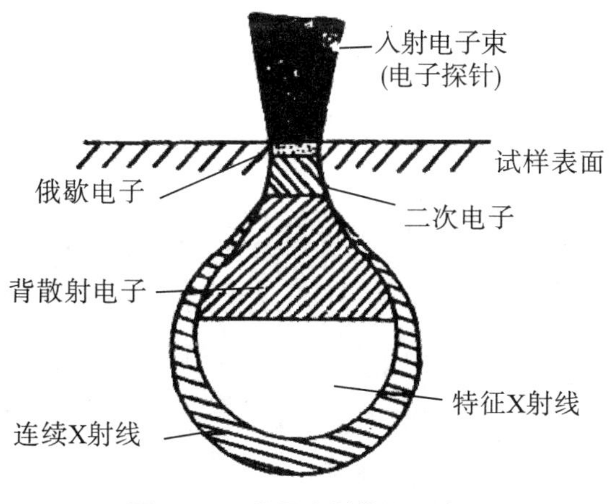

图 9－21　信号发射范围示意图

（3）信噪比。

扫描电镜的各种图像都是通过各种检测器和放大器，检测和放大各种量子信息（电子、X 射线等）而获得的，因此在有用的信息中不可避免地会夹杂一些有害的噪声。有用信息与有害噪声之比简称信噪比。噪声的来源可分为两类：一类是电噪声，另一类是信息本身的统计涨落噪声。因此，一般都采用质量很高的放大器、暗电流较小的光电倍增管，以使电噪声降到最小。降低统计涨落噪声的常用办法如下：

①尽可能采用较大的入射电子束流，以提高每单位时间内激发的量子信息数量。

②把样品相对检测器倾斜 20°～35°，以提高对量子信息的检测效率。

③延长扫描时间，以提高构成每个图像单元的量子信号量。

第5节 知识链接

常规电镜要求所观察的样品无水，而一些样品在干燥过程中会发生结构变化，致使无法观察其真实结构。冷冻扫描电镜又称低温扫描电镜（Cryo SEM），它是把冷冻样品制备技术与扫描电镜融为一体的一种新型扫描电镜。采用超低温冷冻制样及传输技术（图 9－22）可实现直接观察液体、半液体及对电子束敏感的样品，如生物、高分子材料等。样品经过超低温冷冻、断裂、镀膜制样（喷金/喷碳）等处理后，通过冷冻传输系统放入电镜内的冷台（温度可至－185℃）即可进行观察。快速冷冻技术可使水在低温状态下呈玻璃态，减少冰晶的产生，从而不影响样品本身结构，冷冻传输系统保证在低温状态下对样品进行电镜观察。冷冻扫描电镜特别适用于含水样品的观察，因此在生物学领域的应用日益增多。2013 年 12 月 5 日，美国加州大学旧金山分校副教授程亦凡与同事 David Julius 的实验室合作，确定了一种膜蛋白（TRPV1）的结构。由于冷冻扫描电镜所需样品量很少，也无须生成晶体，这为一些难结晶的蛋白质的研究带来了新的希望，蛋白质 TRPV1 结构的确定标志着冷冻扫描电镜正式跨入“原子分辨率”时代。

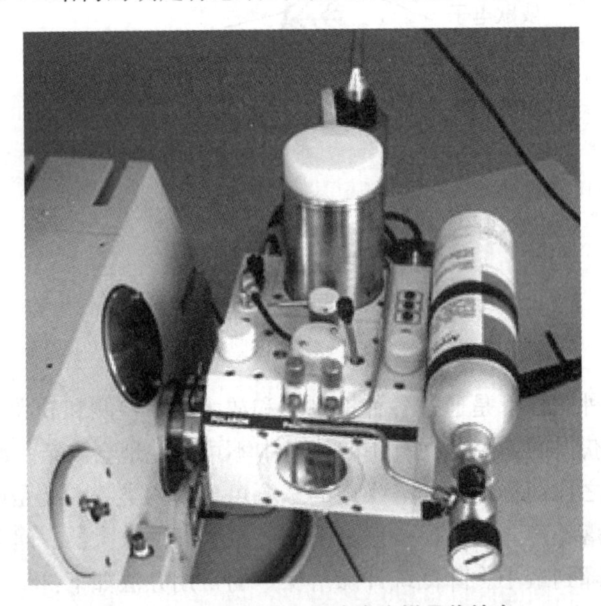

图 9－22 CryoSEM 系统冷冻样品传输台

冷冻扫描电镜只是冷冻电镜中的一类，其家族还包括冷冻透射电镜、冷冻蚀刻电镜等。冷冻电镜在电镜本体腔室端口上装有超低温冷冻制样传输系统，采用独特的结构设计，确保样品传输过程中全程真空及全程冷冻，该系统有利于对电子束敏感的样品测试。其工作过程原理及流程与普通扫描电镜或透射电镜一样，只是多了冷冻过程。冷冻可采用液氮方式；也可采用喷雾冷冻方式，即利用结合底物混合冰冻技术（Spray－freezing），把两种溶液（如受体和配体）在极短的时间（ms 量级）内混合，然后快速冷冻，将其固定在某种反应中间状态，这样能对生物大分子在结合底物时或其他生化反应中快速的结构变化进行测定，深入了解生物大分子的功能；还可采用高压冷冻方式。冷冻相关操作流程有两个关键步骤：一是在载样品网上形成一薄层水膜；二是将第一步获得的含水薄膜样品快速冷冻。在多数情况下，手动将载样品网迅速浸入液氮内，可使水冷冻成为玻璃态。冷冻的优点在于：使样品保持接近“生活”状态，不会因脱水而变形；减少辐射损伤；捕捉不同状态下的分子结构信息，了解分子功能循环中的构象变化。

由于冷冻电镜获得图像的信噪比低，需要对三维物体不同角度的二维投影进行三维重构解析，从而获得物体的三维结构。其理论原理是中心截面定理，它是在 1968 年由 De Rosier 和 Klug 提出的，即一个函数沿某方向投影函数的傅里叶变换等于此函数的傅里叶变换通过原点且垂直于此投影方向的截面函数。由于样品的性质和有无对称结构的不同，图像解析的方法也有差异，目前主要使用的几种冷冻电子显微学结构解析方法包括电子晶体学、单颗粒重构技术、电子断层扫描重构技术等，它们分别针对不同的生物大分子复合体及亚细胞结构进行解析。但对于所有的生物样品，都有三个基本的任务要解决。

第一，必须得到不同方向的样品图像；第二，计算确定样品的方向和中心，并不断加以优化；第三，无论是在傅里叶空间还是真实空间，图像的移位必须加以计算校正，以使样品所有的图像有共同的原点。

冷冻扫描电镜已经广泛应用于生命科学，包括植物学、动物学、真菌学、生物技术、生物医学和农业科学研究。冷冻扫描电镜技术也成为药物学、化妆品和保健品的重要研究工具，而且是食品工业的标准检测方法，如用于冰淇淋、糖果、蜜饯和乳制品等产品的检测。

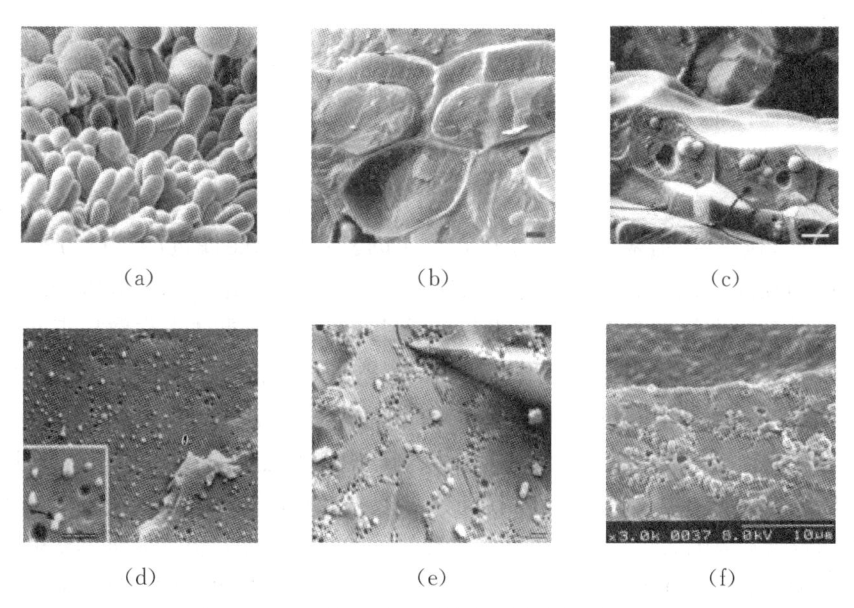

图 9－23　采用冷冻技术获得的扫描电镜图片

图 9－23 给出了采用冷冻技术获得的扫描电镜图片。图 9－23（a）是一种真菌的冰冻扫描电镜图片。图 9－23（b）是“蜡质植物”球兰近轴表面的腊质的冷冻扫描电镜

图片，球兰角化的角质层（10～15 μm）外表面有精致纹饰排布的蜡质，但是蜡质在常规扫描电镜中容易被破坏，采用冷冻技术可以很容易看到。图 9－23（c）是顶端分生组织细胞的细胞器的冷冻断裂电镜图。冷冻技术可以通过样品选择性冷冻断裂（选择性刻蚀或升华）暴露不同的表面，进而显示各种结构，这是冷冻技术的最大优点。图 9－23（d）是未固化的环氧树脂冷冻扫描电镜图片。图 9－23（e）是天然橡胶冷冻后的颗粒扫描电镜图片。图 9－23（f）是冰淇淋的冷冻扫描电镜图片，尽管是液体，但是冰淇淋实际上是一种固化的泡沫状乳剂，含有很多气体作初级分散相，从图中可以看出气和冰的界面以及乳糖结晶体。

第 6 节　技术应用

随着扫描电镜技术的普及和发展，扫描电镜已经从高层次的研究发展成为应用广泛的测试手段。扫描电镜用于观察物质的表面形貌，研究物质微观三维结构和微区成分。扫描电镜不仅用于材料学、化学、物理、电子学等领域的研究，而且还广泛地应用于半导体工业、陶瓷工业、化学工业等生产部门。其应用范围极广，下面列举部分实例以供参考。

6.1　在基础学科中的应用

1. 材料学

（1）扫描电镜技术在高分子复合材料微观形态研究中发挥了重要作用。由于填充塑料中界面区的存在是导致复合材料具有特殊复合效应的重要原因之一，因此界面黏结性能的强弱直接影响复合材料的性能。2002 年，沈惠玲等分别将 MPP1、MPP2 及铝酸脂偶联剂加入 PP/$CaSO_4$晶须的复合体系中，并用扫描电镜对不同复合体系的微观形态结构进行了观察和研究，结果显示：含有 MPP1 的复合体系能促进晶须的分散，使两相界面结合能力提高，拉伸强度此时有一最佳值，而且实验数据与结果分析一致。

（2）为了分析磨料与金属表面的相互作用过程，就需要具体考察磨损表面及磨屑形成的各种过程，而通过扫描电镜对磨损表面的微观形态特征进行分析，就可以推测材料去除和磨屑形成的各种不同机制并进行分类，从而提出改进措施。

（3）应用扫描电镜及其动态拉伸台对高碳钢、中碳钢进行动态拉伸试验，跟踪观察高碳钢、中碳钢裂纹的萌生、扩展及断裂过程，发现高碳钢的强度、硬度主要取决于珠光体的片间距以及渗碳体的大小、分布，珠光体片层间距减少，铁素体、渗碳体变薄，相界面增多，高碳钢的强度、硬度提高；中碳钢的强度、硬度主要取决于珠光体团的直径以及渗碳体的大小、分布，较小、较弥散分布的珠光体、铁素体会使中碳钢的强度、硬度提高。

（4）应用扫描电镜研究氢气浓度与裂解温度对乙炔裂解积碳量及其结构的作用。在乙炔裂解产物中发现了一种螺旋状的碳纤维，可利用这种碳纤维独特的螺旋结构进行物理、化学、材料学、电子学等领域的研究，开辟纳米材料新领域，如图9－24所示。

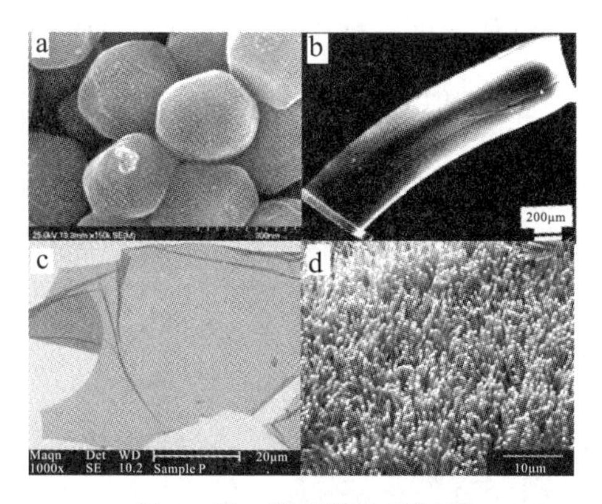

图9－24　常见的纳米材料

a—纳米颗粒；b—纳米管；c—石墨烯；d—纳米线

（5）利用扫描电镜可以直接研究复合膜层界面、材料断裂面等，以及晶体缺陷及其生成过程。图9－25是一组复合材料的界面SEM图，图9－26表示的是晶体常见的一种缺陷。由图上可以看出：晶体中的原子按照一定的顺序（如ABC ABC ABC面心立方）排列起来，在某一处变成ABC AB AB CA等，［图9－26（a）虚线处］这种缺陷在显微镜下相当于晶体沿层错面发生了一定量的移位［图9－26（b)]，如果结合计算机图像分析，还可以得到定量的结果。

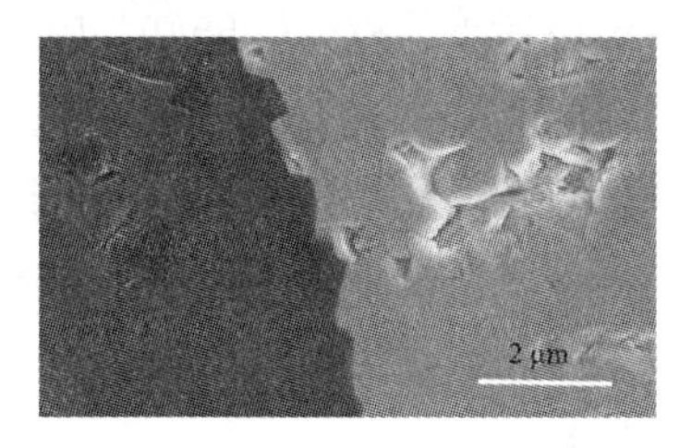

图9－25　材料界面SEM图

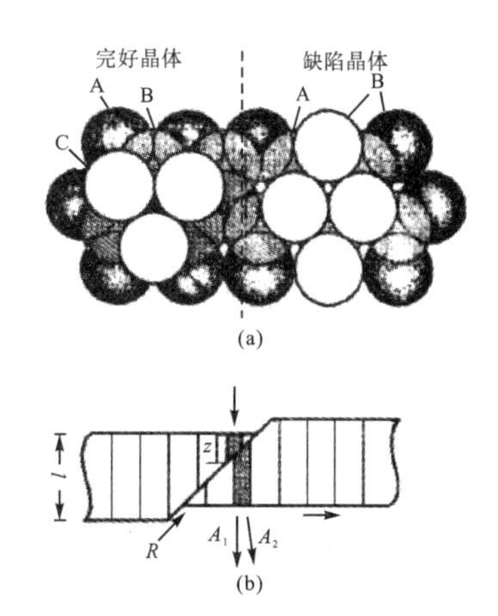

图9－26　晶体中的排列顺序有缺陷

2．物理和化学

（1）液晶显示器使用导电粉的形状、尺寸及偏差对于液晶显示屏的质量控制是非常重要的。应用扫描电镜观测导电粉的粒径分布、导电粉在导电点中的浓度和分析导电点缺陷，可提高液晶显示器的产品质量。

（2）应用扫描电镜观察研究镱薄膜传感器压阻灵敏度时，发现热处理有助于薄膜晶粒长大。经过热处理，在原始晶粒的基础上出现再次结晶，促使薄膜生长取向一致，有效地增大了薄膜晶粒尺寸和结构密度，减少了薄膜内部的缺陷，降低了薄膜电阻率，使压阻系数明显增大，从而提高了薄膜传感器的压阻灵敏度。

(3) 应用环境扫描电镜观察纸浆纤维素在同步糖化发酵产酒精过程中的降解情况，结果显示，在同步糖化发酵过程中，纤维素的酶解产物由于被酵母及时转化为酒精，没有形成对纤维素的反馈抑制，纸浆纤维降解较快，有效地提高了纤维素的酶解效率。

6.2 在工业中的应用

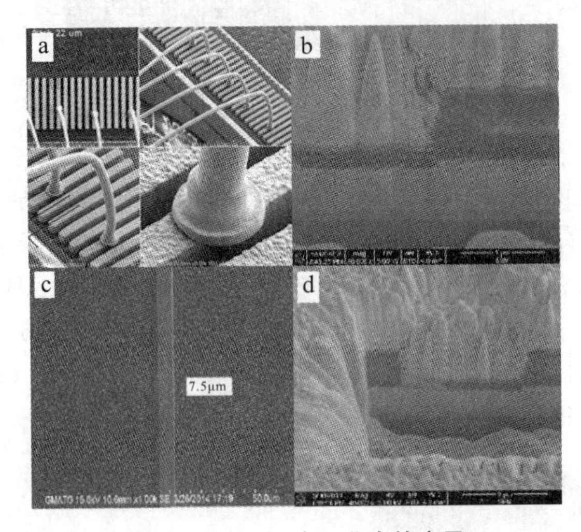

图 9-27 SEM 在工业中的应用

a—微电子封装中焊接位置；b—芯片刻痕；c—芯片电路；d—芯片缺陷

1. 半导体工业

由于半导体器件体积小、重量轻、寿命长、功率损耗小、机械性能好，因而适合的范围极广。然而半导体器件的性能和稳定性在很大程度上受其表面微观状态的影响。一般在半导体器件试制和生产过程中包括切割、研磨、抛光以及各种化学试剂处理等一系列工序，正是这些过程会使表面结构发生惊人的变化，所以几乎每一个步骤都需要对扩散区的深度进行测量或者直接看到扩散区的实际分布情况，而生产大型集成电路更是如此。目前，扫描电镜在半导体中的应用已经深入很多方面。

(1) 质量监控与工艺诊断。

硅片表面沾污常常是影响微电子器件生产质量的严重问题。扫描电镜可以检查和鉴定沾污的种类、来源，以清除沾污。如果配备 X 射线能谱仪，在观察形态的同时，可以分析这些沾污物的主要元素成分。用扫描电镜还可以检查硅片表面残留的涂层或均匀薄膜，也能显示其杂质的结构。

在器件加工中，扫描电镜可以检查金属化的质量，如 SiO_2，PSG，PBSG 等钝化层台阶的角度。台阶上金属化的形态关系到器件的成品率和可靠性，因此，国内外早已制定了扫描电镜检查金属化的标准并作为例行抽验项目。

当 IC 线条的加工进入亚微米阶段，为了生产出亚微米电路所需的精密结构，利用扫描电镜进行工艺检查，从而控制精度在纳米数量级。

在机械加工过程中，会引起表面层的晶格发生损伤。损伤程度一方面取决于切割方法、扳动与磨料的选择情况，另一方面取决于晶体本身的抗损伤能力。利用扫描电镜中产生的特征衍射图样的变化，可以直观而灵敏地看到表面结构状况以及晶格结构完整性在不同深度上的分布，从而确定表面损伤程度。

（2）器件分析。

扫描电镜可以对器件的尺寸和一些重要物理参数进行分析，如结深、耗尽层宽度、少子寿命、扩散长度等，也就是对器件的设计、工艺进行修改和调整。扫描电镜二次电子像可以分析器件的表面形貌，结合纵向剖面解剖和腐蚀，可以确定 PN 结的位置和结深。

利用扫描电镜束感生电流工作模式，可以得到器件结深、耗尽层宽度、MOS 管沟道长度，还能测量扩散长度、少子寿命等物理参数。

（3）失效分析和可靠性研究。

相当多器件的失效与金属化有关，对于超大规模电路来说，金属化的问题更多，如出现电迁移；金属化与硅的接触电阻、铝中硅粒子、铝因钝化层引起应力空洞等。扫描电镜是失效分析和可靠性研究中最重要的分析仪器，可观察研究金属化层的机械损伤、台阶上金属化裂缝和化学腐蚀等问题。

用扫描电镜的电压衬度和束感生电流可以观察 PN 结中存在的位错等缺陷，如漏电流大、软击穿等电性能。正常 PN 结的束感生电流图是均匀的，而当 PN 结中存在位错或其他缺陷时，这些缺陷成为复合中心，电子束产生的电子、空穴在缺陷处迅速复合，因此，在 PN 结的束感生电流图中，位错缺陷处出现黑点、线条或网络。

（4）电子材料研制分析。

随着电子技术的迅速发展，对电子材料的性能及环保标准提出了更高的要求。应用扫描电镜研究消磁用热敏电阻的显微形貌，结果显示，利用以柠檬酸盐凝胶包裹法制备的纳米粉体烧结而成的 PTC 热敏电阻，粒径在 5 μm 左右，而且分布较均匀，没有影响材料性能的粗大颗粒存在。另外，材料中的晶粒几乎全部发育成棒状（或针状）晶体。这表明柠檬酸盐凝胶包裹法及适当的烧结工艺可以研制无铅的环保型高性能热敏电阻。

（5）半导体材料中的动力学现象（如扩散和相变）具有很重要的意义。

用扫描电镜跟踪铝薄膜条在大电流密度下的电迁移行为，便可以得到有关空洞移动和熔化解洞失效的细节。此外，利用 X 射线显微分析技术也可以对半导体材料进行各种成分分析。

2. 陶瓷工业

（1）大多数玻璃宏观上透明均匀，但微观上却不均匀，存在分相现象。通过扫描电镜观察可以了解玻璃组成、工艺条件对玻璃中的相变现象是有效的，所得到的图像信息可指导微晶玻璃的制造工艺。

(2) 工程陶瓷材料是高科技领域发展的新型材料。应用扫描电镜研究工程陶瓷材料的表面与断扣形貌的显微结构，可分析断裂过程与机理，并了解试样的晶粒尺寸、内部组织形态分布、致密度及相互结合情况等评定材料质量的标准；还可分析陶瓷材料中各相物质相互间的应力作用，为研究复相陶瓷材料的相变机理和复合机理，以及改善材料性能提供科学根据。

(3) 精细陶瓷在当代材料技术发展中占有非常重要的地位。它具有热稳定性和化学稳定性的特点，可制造各种功能的陶瓷产品，在高温条件下具有高强度和耐腐蚀性，可作为高温材料来使用。然而，从原材料到瓷体制备工艺中的每一环节都会影响瓷体的性能，其中粉体的制备是获得优质陶瓷的关键。应用扫描电镜研究分析粉体性能与制备工艺条件之间的关系，对粉体的制备工艺有实际的指导意义。

(4) 利用扫描电镜技术研究陶瓷的微观形貌与烧结温度的关系，有助于考察电畴与烧结温度的关系。如果结合电学参数的测量，可以更有效地选择新型功能陶瓷的烧结温度。将水热法制备的粉体材料在 1173～1373 K 烧结 2 h，可以得到大晶粒的钛酸铅陶瓷，由于这种陶瓷具有良好的电畴，因此也具有铁电性、电压性和热释电性。

3. 化学工业

应用扫描电镜对化工产品的微观形态进行观察，可以根据其性质对工艺条件进行选择、控制、改进和优化，并可进行产品鉴定等。

(1) 为了在生产中能有效地有利于控制低硅烧结矿冶金性能改善的矿物的生成，应用扫描电镜观察成品烧结矿，结果显示，低硅烧结矿还原度较高、软化温度较高、软熔区间较窄，有利于高炉内间接还原的发展和料柱透气性、透液性的改善。但低温还原粉化较为严重，成为低硅烧结技术发展的限制性环节，在生产中应在提高铁酸钙含量、降低Fe_2O_3含量的基础上改善低硅烧结矿的低温还原粉化。

(2) 应用扫描电镜观察不同催化剂、不同工艺条件下以纳米聚团床催化裂解法制得的碳纳米管样品的微观形态、团聚结构及分散性能的差异。通过催化剂种类与粒度的选择和工艺条件的控制，可获得纯度较高、尺度分布较均匀的碳纳米管产品。

(3) 借助扫描电镜对工业氧化镁经表面活性剂水化、煅烧处理的产物的微观聚集状态进行观察，可见产物的结晶完整、分散性能良好。对工艺进行改进和优化，如增加表面活性剂和水的用量、提高水化温度、控制合适的燃烧温度，可以得到高度分散的纳米级氧化镁。

(4) 应用扫描电镜观察纺织原料纤维的形态，依据观察的结果改进加工工艺，提高质量。在纺织工业中，制成衣料的原料有天然纤维、人造纤维、合成纤维等，这些纤维的表面并不是光滑的，而是由尺寸为几纳米至几十纳米的微细结构在表面形成斜率十分小的起伏。通常，纤维的表面形态与纤维的加工工艺有关，它会直接影响纤维的性质。例如，聚酰胺纤维是一种合成纤维，强度大、耐热、耐磨，且弹性好，可以用于制造飞机或载重汽车的帘线以及缆绳、衣料等。利用扫描电镜观察它在不同工艺处理情况下表面微细结构的变化，可由此找出最合适的工艺条件。另外，根据纤维表面上存在的形状不同的堆积物和一些不规则的孔洞，能够判断机械损伤的程度。

(5) 在橡胶工业中，有些产品是用胶乳制备的，例如医用手套、暖水袋、胶管、探空气球等。应用扫描电镜对胶乳的粒子大小及形态进行观察研究，可以使生产工艺过程简化，不必用大型机械，用途很广。对于不同品种的橡胶，应当使用合适的炭黑作填充剂才能提高橡胶的机械性能。在扫描电镜下，不仅能够观察到炭黑的形态，同时可以研究炭黑在橡胶中的融变、迁移现象以及它的分布规律和聚集形态，从而可以进一步改进橡胶的性能。

6.3 SEM 的发展

图 9－28 是 SEM 的典型应用。

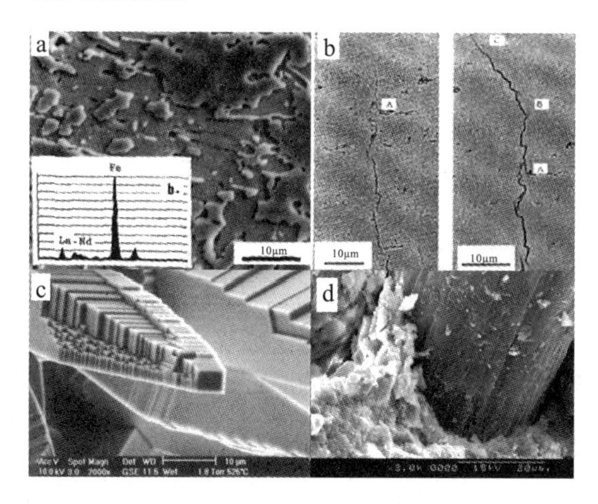

图 9－28　SEM 的典型应用

a—结构与成分（左下是成分图）；b—裂痕动态观察；c—表面组织观察；d—水泥与纤维胶结

扫描电镜经过几十年的探索和积累，研究的内容主要包括三个方面：扫描电镜的研制和改进（可以观察分子、原子像，还可以观察各种生物大分子和活体细胞）；研究样品的制备技术和相应的设备；研究图像记录的材料和方法以及图片的解释和处理技术（新型扫描电镜具有计算机系统提供图像记录和图片处理技术）。

1968 年以前，电子探针和扫描电镜是各自独自发展的，并同时配备有射线波谱分析仪和 X 射线能谱分析仪，只不过电子探针作为元素分析的专用仪器，主要向高精度和高灵敏度发展，并在控制操作和数据处理上实现自动化和电子计算机化；而扫描电镜作为表面形貌观察仪器，主要向高分辨率和进一步的表面观察发展。但由于这两种仪器的工作原理并无本质差异，故自 1986 年以后，这两种仪器已逐步相互融合。由于扫描电镜实现了自动化和计算机化，它已具有与电子探针相似的元素分析能力。近代发展的扫描电镜组合分析仪，已具备高性能的扫描电镜和电子探针分析工作的全部特性。

计算机在扫描电镜上的应用，早期主要作为成分分析附件，用于定量分析的数据处理及分析过程的自动控制，同时也用于扫描电镜图像分析，可在观察图像的同时快速绘出样品的粒度、面积、分布情况等各种数据。而随着信息技术的高速发展，新型扫描电镜已将计算机用于控制倍率、物镜调焦等自动补偿电路中，可以进行全面控制和全自动图像分析，并兼有电子探针的 X 射线显微分析功能，使操作更为方便，性能更为完善。

从目前商品生产扫描电镜来看，其竞争激烈，几乎每隔一两年便会出现一种新的改进型号，可以说是日新月异。预计在今后几年，扫描电镜作为观察表面微观世界的全能仪器，将会取得重大的进展。

第7节 例题习题

7.1 例题

例 1 图 9−29（a）是普通的沿晶断裂断口处 SEM 图。沿晶断裂属于脆性断裂，断口处无塑性变形痕迹，因为样品表面起伏导致图片有明暗，使得断口处呈石块状。图 9−29（b）是铁素体+马氏体双相钢拉伸断裂过程原位观察，可以看出铁素体首先发生塑性形变，并且裂纹先在铁素体中产生，随着断裂进行，裂纹受马氏体阻挡，继续拉伸后，铁素体断裂更加明显，但是马氏体没有断裂，进一步拉伸后，马氏体断裂，裂纹继续向前推进。

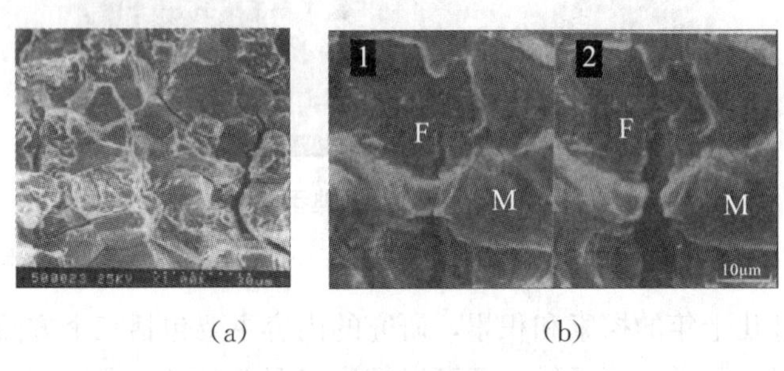

（a）　　（b）

图 9−29　断面及裂纹的 SEM 照片

F—铁素体；M—是氏体

例 2 图 9−30 是 35CrMnMo 钢管壁断口的 SEM 图。借助 SEM 图片可以观察到各种缺陷，比如夹杂物、结晶偏析、气孔等，也能获得断裂方式，比如图（a）沿晶断裂、图（b）解理断裂、图（c）解理+准解理断裂以及图（d）解理+沿晶断裂。

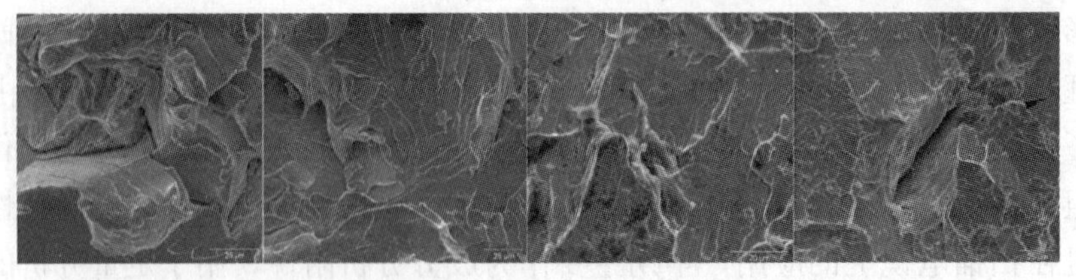

（a）沿晶断裂　（b）解理断裂　（c）解理+准解理断裂　（d）解理+治晶断裂

图 9−30　35CrMnMo 钢管壁断口的 SEM 照片

例 3　图 9－31 是一种薄膜表面形貌和剖面的 SEM 图。从图（a）可以看出薄膜表面颗粒分布比较致密，没有空洞出现，颗粒平均尺寸在 1.0 μm 左右，颗粒生长面比较清晰。图（b）显示出整个样品剖面有四层，每层厚度可以由图片中给的标尺读出，剖面处晶粒互相挤压，排布致密，薄膜表面比较粗糙。

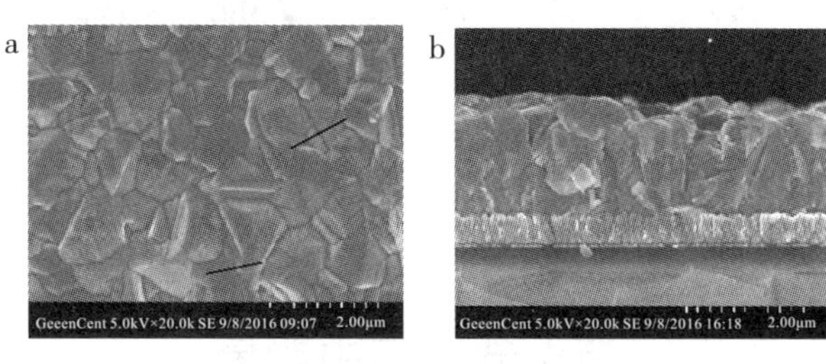

图 9－31　薄膜表面形貌和剖面的 SEM 图

例 4　图 9－32 是粉体形貌的 SEM 图。图（a）是 300 倍放大，能够看见粉末团簇的整体形貌，团簇的尺寸大小和分布情况也比较清晰。图（b）是 6000 倍放大，是单个团簇体的结构和形态，颗粒之间界面清晰。与专业的粒度仪相比，采用 SEM 测试粒度（颗粒尺寸）是可靠的。

（a）300 倍　　　　（b）6000 倍

图 9－32　粉末形貌的 SEM 图

7.2　习题

1. 固体样品受入射电子激发产生哪些种物理信号？其特点是什么？
2. 与透射电镜相比，扫描电镜的放大倍数有何特点？
3. 影响扫描电镜分辨率的主要因素有哪些？通常所讲的扫描电镜分辨率是指哪种信号成像的分辨率？
4. 试说明二次电子像衬度和背散射电子像衬度有何特点。
5. 试说明扫描电镜的成像原理。
6. 比较说明三种类型电子枪的特点。带有场发射电子枪的扫描电镜为什么可获得高的分辨率？
7. 试列举扫描电镜在材料科学中的应用。
8. 用以实例说明电子探针和扫描电镜的组合分析技术在实际中的应用。

第10章　原子力显微镜

第1节　历史背景

人们很早就对微观世界倾注了热情，但是受人眼的限制，视觉始终无法突破0.2 mm的局限。在很早的劳动实践中，人们发现，透过覆盖在叶子上面的露珠，可以更清楚看见叶子的纹路，人们第一次对放大成像有了认识。后来发现，凡是透明的球状物都可使物体放大成像，经过科学家的不断努力，到20世纪中叶，光学显微镜已达到了分辨率（有效放大倍数小于1000倍）的极限。进入20世纪，由于光电子技术飞速发展，1933年，世界上第一台透射电子显微镜（Transmission Electron Microscope）研制成功，放大倍数达到10000倍。尽管电子显微镜分辨率达到了纳米级，但受所使用电子波长的限制，仍然不能对原子级尺寸进行分辨。1981年，在IBM苏黎世研究实验室工作的G. 宾尼希（Gerd Binning）和H. 罗雷尔（Heinrich Rohrer）利用针尖和表面间的隧穿电流随间距变化的性质来探测表面结构，获得了物体三维图像。一种新的物理探测手段——扫描隧道显微镜（Scanning Tunneling Microscopy，STM）诞生了。如图10－1所示。

图10－1　G. 宾尼希和H. 罗雷尔及扫描隧道显微镜

STM具有其他表面分析仪器不具备的优势，使显微科学达到一个新的水平，人们第一次能够实时地观察原子在物质表面的排列状态和与表面电子行为有关的物理化学性质，并对物理、化学、生物、材料等领域产生巨大的推动作用，被科学界公认为表面科学和表面现象分析的一次革命。为此，G. 宾尼希和H. 罗雷尔于1986年被授予诺贝尔物理学奖。1986年10月15日，IBM苏黎世研究实验室与Dow Chemical公司的足球队进行预先安排的一场比赛。在比赛前几个小时，瑞典科学院宣布诺贝尔奖将授予G. 宾尼希和 H. 罗雷尔，大批新闻记者涌向记者招待会。令人吃惊的是，当会议接近尾声时，G. 宾尼希和 H. 罗雷尔宣布会议必须马上结束，因为两人都是足球队队员，结果 IBM 苏黎世研究实验室以 2∶4 败北，由此人们笑称：Dow Chemical 赢得了获得诺贝尔奖的 IBM 苏黎世研究实验室。由于 STM 利用隧道电流进行样品表面形貌及表面电子结构的研究，因此其只能用于导体和半导体的研究，不能对绝缘体和有较厚氧化层的样品进行直接观察与测试。1986 年，Binnig，Quate 和 Gerber 发明了第一台原子力显微镜（Atomic Force Microscope，AFM），其基本原理是将一个对微弱力极敏感的微悬臂一端固定，另一端装有一微小的针尖，针尖与样品表面轻轻接触，通过控制装置对样品的表面进行扫描，获得样品表面形貌的信息。可见 AFM 的应用范围比 STM 更为广阔，AFM 可以在大气、超高真空、溶液以及反应性气氛等各种环境中进行实验，除了可以对各种材料的表面结构进行研究外，还可以研究材料的硬度、弹性、塑性等力学性能以及表面微区摩擦性质，也可以用于操纵分子、原子进行纳米尺度的结构加工和超高密度信息存储，并克服了 STM 对测试样品的限制。之后，在原子力显微镜的基础上，相继制造出摩擦力显微镜（Friction Force Microscope，FFM）、静电力显微镜（Electrostatic Force Microscope，EFM）、磁力显微镜（Magnetic Force Microscope，MFM）等一系列扫描力显微镜。表 10－1 给出了主要的扫描力显微镜发展历史。

表 10－1　主要的扫描力显微镜发展历史

年份	名称	发明人	用途
1981	扫描隧道显微镜	G. Binnig，H. Rohrer	导体表面原子级三维图像
1986	原子力显微镜	C. Binning，C. F. Quate，Ch. Gerber	表面纳米级三维图像
1987	扫描吸引力显微镜	Y. Martin，C. C. Williams，H. K. Wichramasinghe	表面纳米级非接触三维图像
1987	磁力显微镜	Y. Martin，H. K. Wichramasinghe	100 nm 磁头图像
1987	静电力显微镜	Y. Martin，D. W. Abraham，H. K. Wichramasinghe	基本电荷量级电量测定
1987	摩擦力显微镜	C. M. Mate，G. M. McCleland，S. Chiang	表面纳米级摩擦力图像

表 10－2 列举了各种扫描探针显微镜性能，表 10－3 比较了扫描探针显微镜与其他显微镜的性能。扫描探针显微镜以其分辨率极高（原子级分辨率），实时，实空间，真实的样品表面成像，对样品无特殊要求（不受其导电性、干燥度、形状、硬度、纯度等限制），可在大气、常温环境甚至是溶液中成像，设备相对简单、体积小、价格便宜等优点，广泛应用于纳米科技、材料科学、物理、化学和生命科学等领域，并取得许多重要成果。

我国首台商品化扫描探针显微镜——CSTM－8900 型扫描隧道显微镜是由白春礼院士于 1988 年在京创立的本原公司制造的，该公司生产的扫描探针显微镜系列技术领先，具有一定国际竞争优势。

表 10−2 各种扫描探针显微镜性能

	名称	检测信号	分辨率	备注
扫描探针显微镜 SPM	扫描隧道显微镜（STM）	探针—样品间的隧道电流	0.1 nm（原子级分辨率）	统称扫描力显微镜（SFM）
	原子力显微镜（AFM）	探针—样品间的原子作用力		
	横向力显微镜（LFM）	探针—样品间相对运动横向作用力		
	磁力显微镜（MFM）	磁性探针—样品间的磁力	10 nm	
	静电力显微镜（EFM）	带电荷探针—带电样品间的静电力	1 nm	

表 10−3 各种显微镜的性能比较

指标	扫描探针显微镜（SPM）	透射电镜（TEM）	扫描电镜（SEM）	场离子显微镜（FIM）
分辨率	原子级（0.1 nm）	点分辨（0.3～0.5 nm） 晶格分辨（0.1～0.2 nm）	6～10 nm	原子级
工作环境	大气，溶液，真空	高真空	高真空	超高真空
温度	室温或低温	室温	室温	30～80 K
样品损伤度	无	小	小	有
检测深度	10 μm 量级	接近 SEM，但实际受样品厚度限制，一般小于 100 nm	10 mm（10 倍）、1 μm（10000 倍）	原子厚度

第 2 节 方法原理

2.1 原子间的相互作用

AFM 是在 STM 基础上发展起来的，通过测量样品表面分子（原子）与 AFM 微悬臂探针之间的相互作用力，来观测样品表面的形貌。AFM 与 STM 的主要区别是在于：AFM 并非利用电子隧道效应，而是利用原子之间的范德华力作用来呈现样品的表面特性的。假设两个原子中，一个是在悬臂（Cantilever）的探针尖端，另一个是在样本的表面，它们之间的作用力会随距离的改变而变化，其作用势能与间距的关系如图 10−2 所示。

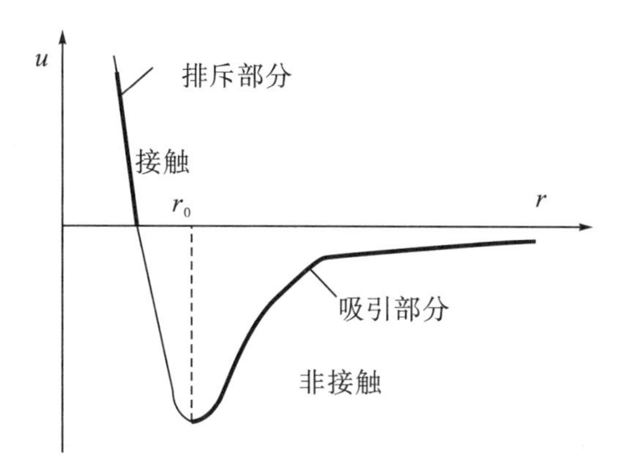

图 10－2　原子相互作用势能 u 与间距 r 的关系

当原子与原子很接近时，彼此电子云的排斥力作用大于原子核与电子云之间的吸引力作用，所以整个合力表现为排斥力的作用；反之，若两原子分开有一定距离时，其电子云的排斥力作用小于彼此原子核与电子云之间的吸引力作用，故整个合力表现为吸引力的作用。

原子力显微镜系统是利用微小探针与待测物之间的交互作用力，而呈现待测物的表面物理特性的。所以在原子力显微镜中，也利用斥力与引力的方式发展出两种基本操作模式：

（1）利用原子斥力的变化而产生表面轮廓，为接触式原子力显微镜（Contact AFM）。

（2）利用原子引力的变化而产生表面轮廓，为非接触式原子力显微镜（Non－contact AFM）。

2.2　力与距离关系

AFM 通过悬臂感知探针与样品之间的作用力，二者之间的作用力变化是 AFM 获取样品表面信息的唯一来源，而这种力的变化与探针针尖和样品的距离关系密切。因此，正确掌握力—距离曲线非常关键，有助于理解和解释 AFM 的各种工作模式和所成的像。针尖与样品之间的作用力 F 与悬臂形变 d 满足胡克定律（Hooke Law）：

$$F=-kd$$

式中，k 为悬臂弹性模量。测定悬臂形变 d，即可获得针尖与样品之间的作用力大小。

现通过探针与样品间的状态（图 10－3）来分析 AFM 力—距离曲线。

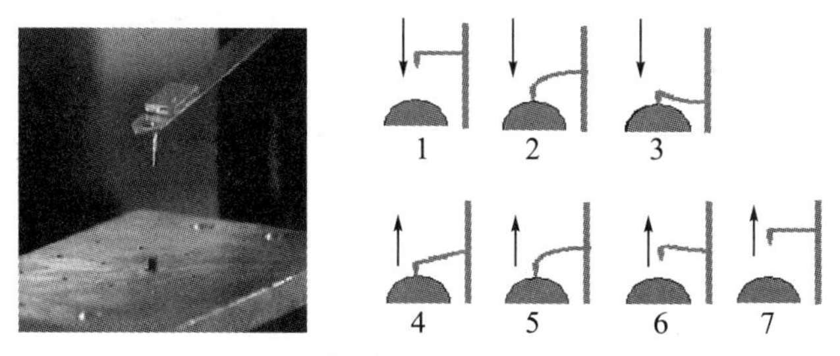

图 10－3　不同探针与样品距离下的悬臂状态

在 1 点，针尖离样品很远，针尖与样品之间没有力的作用。在 2 点处，针尖与样品非常接近，针尖因受到样品表面的引力而突然跳跃至与样品表面发生接触。随着压电陶瓷的继续伸长，微悬臂也进一步向下移动，导致针尖压迫样品表面，如 3 点。压电陶瓷伸长至设定值后，开始收缩，如 4 点。由于样品对针尖的黏附作用，针尖不会随微悬臂的上升而同步上升，直至微悬臂弯曲变形产生的力与黏附力平衡时，针尖才与样品分离，如 5 点。在 6 点处，微悬臂的弹性导致针尖脱离偏压后产生一定的振荡，之后针尖随微悬臂的上升而上升至设定值（远离样品）。7 点处，等待下一个循环。

微悬臂形变的变化幅度，可以由位置检测系统给出。z 轴压电换能器随电压的变化产生伸长和收缩，带动微悬臂接近和远离样品。在微悬臂接近和远离样品的过程中，位于微悬臂自由端的针尖受力不断发生变化，并由此引起微悬臂弯曲变形。记录下微悬臂的弯曲变形和微悬臂移动的距离，就可以绘制出 AFM 的力—距离曲线，如图 10－4 所示。

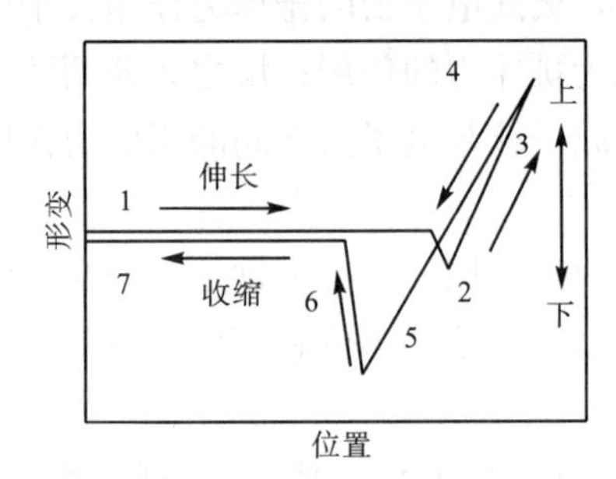

图 10－4　AFM 的力—距离曲线

2.3　工作模式

AFM 探针与样品表面原子相互作用时，通常有几种力同时发生作用，其中最主要的是范德华力，它与针尖和样品距离的关系如图 10－5 所示。当两个原子相互靠近时，它们将相互吸引；随着间距的减少，原子之间的排斥力开始抵消吸引力，直至到达 r_0 时，二者达到平衡；当间距继续减少时，排斥力急剧增加，范德华力由负变正。利用这个性质，可以让针尖与样品处于不同的距离，从而实现不同的工作模式。如图所示，一般分为三种模式：①接触模式，这时样品与针尖表现为排斥力；②非接触模式，针尖与样品相距数十纳米，表现为吸引力；③轻敲模式，针尖与样品相距几到十几埃，表现为吸引力。

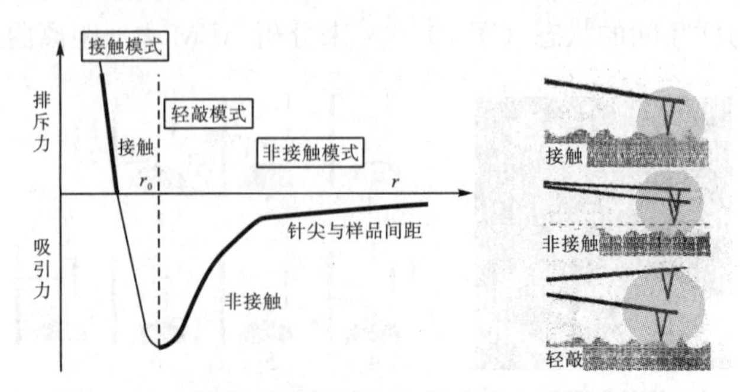

图 10－5　针尖和样品距离与作用力及工作模式的关系

1. 接触模式

样品扫描时，针尖始终同样品“接触”。此模式通常产生稳定、高分辨图像。当样品沿着 XY 方向扫描时，由于表面的高低起伏使得针尖与样品之间的距离发生变化，引起它们之间作用力的变化，从而使悬臂形变发生改变。当激光束照射到微悬臂的背面，再反射到位置灵敏的光电检测器时，检测器的不同象限会接收到与悬臂形变量成一定的比例的激光强度差值。反馈回路根据检测器的信号与预定值的差值，不断调整针尖与样品的距离，并且保持针尖与样品作用力不变，就可以得到表面形貌像，这种测量模式称为恒力模式。当已知样品表面非常平滑时，可以让针尖与样品之间的距离保持恒定，这时针尖与样品的作用力大小直接反映了表面的高低，这种方法称为恒高模式。由于生物分子的弹性模量较低，同基底间的吸附接触也很弱，针尖与样品间的压缩力和摩擦力容易使样品发生变形，从而会降低图像质量。

2. 非接触模式

针尖在样品表面的上方振动，始终不与样品表面接触。针尖检测的是范德华吸引力和静电力等长程力，对样品没有破坏作用。针尖与样品的距离在几到几十纳米的吸引力区域，其作用力比接触式小几个数量级，但其力梯度为正，且随针尖与样品的距离减小而增大。当以共振频率驱动的微悬臂接近样品表面时，由于受到递增的力梯度作用，使得微悬臂的有效共振频率减小，因此在给定共振频率处，微悬臂的振幅将减小很多。振幅的变化量对应力梯度量，因此对应针尖与样品之间的距离。反馈系统通过调整针尖与样品之间的距离使得微悬臂的振幅在扫描时保持不变，从而得到样品的表面形貌像。但由于针尖与样品之间的距离较大，因此分辨率比接触模式低。到目前为止，非接触模式通常不适合在液体中成像，在生物样品的研究中也不常见。

3. 轻敲模式

轻敲模式是介于上述两种模式之间的扫描方式。扫描时，在共振频率附近以更大的振幅（>20 nm）驱动微悬臂，使得针尖与样品间断地接触。当针尖没有接触到表面时，微悬臂以一定的大振幅振动；当针尖接近表面直至轻轻接触表面时，振幅将减小；而当针尖反向远离时，振幅又恢复到原值。反馈系统通过检测该振幅来不断调整针尖与样品之间的距离，进而控制微悬臂的振幅，使得作用在样品上的力保持恒定。由于针尖与样品接触，因此分辨率几乎与接触模式一样好；又因为接触非常短暂，剪切力引起的样品破坏几乎完全消失。轻敲模式适合于分析柔软、黏性和脆性的样品，并适合在液体中成像。

表 10－4 列出了 AFM 三种工作模式的比较

表 10－4　AFM 三种工作模式的比较

比较内容	接触模式	轻敲模式	非接触模式
针尖与样品作用力	恒定	变化	变化

续表10－4

比较内容	接触模式	轻敲模式	非接触模式
分辨率	最高	较高	最低
对样品的影响	可能破坏样品	无损坏	无损坏

2.4 原子力显微镜分辨率

原子力显微镜分辨率来自侧向分辨率与垂直分辨率，其中侧向分辨率取决于采集图像的步宽和针尖形状。AFM 采用以一定步宽逐点采集的方式在一定范围内进行扫描，每幅图如果取 512×512 个点进行数据收集，扫描 1 μm×1 μm 的面积可得 2 nm 步宽的高质量图。AFM 成像是表面形貌与针尖形状共同作用的结果，探针是原子力显微镜的核心部分，针尖形状直接影响 AFM 的分辨能力。传统的针尖由单晶硅（Si）和氮化硅（Si_3N_4）制作。不同工作模式对探针针尖的要求不一样：在接触模式下，由于针尖与样品距离小，只需要针尖附近几个原子发生作用，若样品平整，针尖形状为金字塔或者短圆锥形皆可；在非接触模式下，针尖大部分都要与样品表面发生作用，因此要求针尖为细长圆锥形，典型的高宽比为 3∶1，也可高达 10∶1。

由于探针的尖端曲率半径不可能达到零，以及探针形状固有的缺点，在实际使用中原子力显微镜对样品存在一定的放大作用。绝大多数 AFM 失真都来自于针尖放大。当针尖在样品上扫描时，探针的侧面将先于针尖与样品发生作用，引起图像失真。如果探针为理想半径为 r 的几何球体，那么探针在样品表面扫过一半径为 R 的球体时，测得的球形半径为 $R+r$，直径比实际尺寸大了 $2r$，如图 10－6 所示。其他的图像失真原因包括针尖污染、双针尖或多针尖假象、样品上的污染物以及针尖与样品间作用力太小等。为降低图形失真，一方面应制造针尖更尖的探针，另一方面采用在原 AFM 针尖上黏附碳纳米管来制备超级探针。与传统的针尖相比，碳纳米管针尖具有以下几个显著的特点：①高的纵横比；②高的机械柔软性；③高的弹性变形；④稳定的结构。图 10－7 给出了不同曲率半径对测试结果的影响，本章第 7 节还给出了其他造成伪图像的情况。

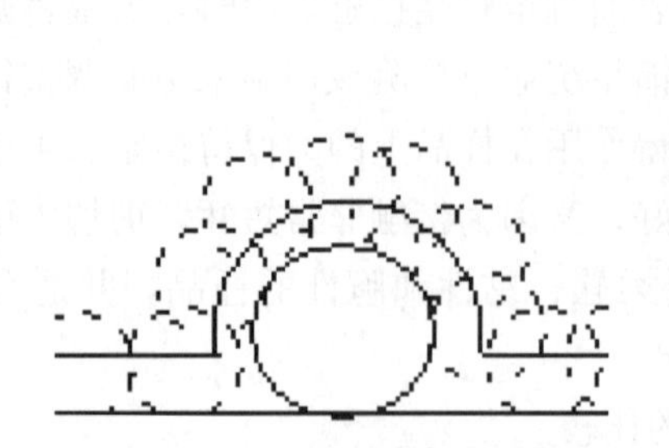

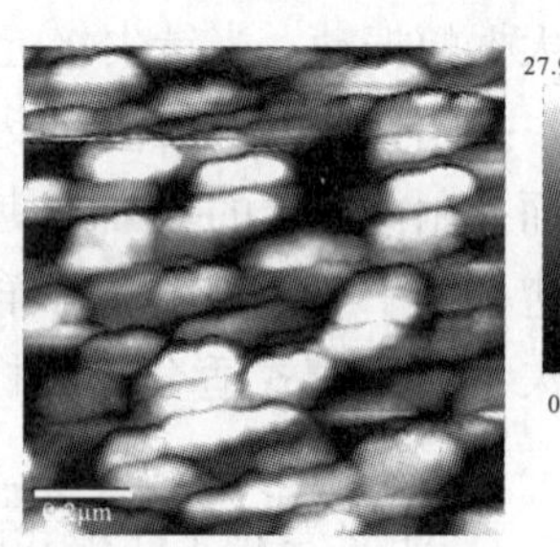

图 10－6　针尖放大作用及因针尖锐度不够而导致的放大成像

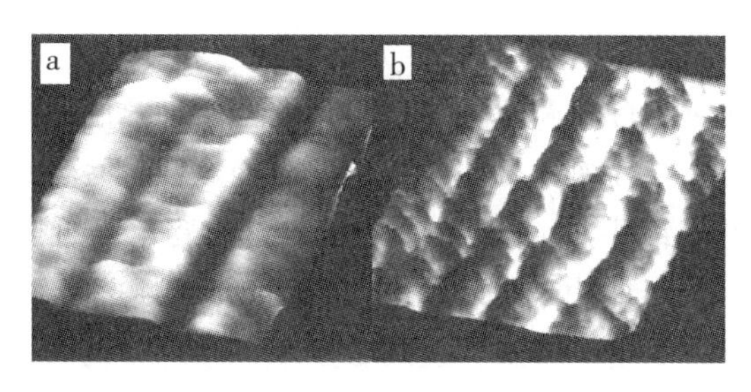

图 10—7　不同曲率半径的针尖对测试结果的影响（样品均为聚酰亚胺）

目前制备针尖的方法主要有机械成型法和电化学腐蚀法。对于机械成型法，多用铂铱合金丝，它有不易氧化和刚性较好的特点。机械成型法的基本过程如下：首先用丙酮溶液对针、镊子和剪刀进行清洁，用脱脂棉球对它们进行多次清洗，并让针、镊子和剪刀完全干燥。接着拿镊子用力夹紧针的一端，慢慢调整剪刀，使剪刀和针尖的另一端成一定角度（30°～45°），握剪刀的手在伴有向前冲力（冲力方向与剪刀和针所成的角度保持一致）的同时，快速剪下，形成一个针尖。最后以强光为背景对针尖进行观察，看它是否很尖锐，否则重复上述操作。

对于电化学腐蚀方法，多用钨丝作针，通过电极发生氧化还原反应，对电极产生腐蚀成型。基本方法是在装有 NaOH 电解液的容器中，扦入由不锈钢或铂做成的阴极，而以钨丝作为阳极，两极间施加 4～12 V 的电压。阳极钨丝安装在一个高度可调节的测微仪上。在腐蚀过程中，生成的 WO_4^{2-} 在重力作用下沿钨丝移动形成包覆物，保护钨丝进一步溶解，同时与液面交界处的钨丝反应最快，钨消耗直至拉断，形成针尖状结构，然后再用去离子水和无水酒精对针尖进行冲洗。相应的化学反应如下：

阳极反应：

$$W+8OH^- \longrightarrow WO_4^{2-}+4H_2O+6e^-$$

$$W+OH^-+2H_2O \longrightarrow WO_4+2H_2\ (g)$$

阴极反应：

$$6H_2O+6e^- \longrightarrow 3H_2\ (g)\ +6OH^-$$

第 3 节　技术原理

3.1　硬件结构

在原子力显微镜的系统中，可分成四个部分：探针扫描部分、位置检测与反馈部分、数据处理与显示部分及振动隔离部分。

1. 探针扫描部分

在原子力显微镜的系统中，所要检测的力是原子与原子之间的范德华力，所以在本系统中是使用微小悬臂来检测原子之间力的变化量的，如图 10−8 所示。微悬臂是探测样品的直接工具，它的属性直接关系到仪器的精度和使用范围。微悬臂必须有足够高的力反应能力，这就要求悬臂必须容易弯曲，也易于复位，具有合适的弹性系数（10^{-2}～10^{2} N/m），使得零点几个纳牛（nN）甚至更小的力的变化都可以被探测到；同时，要求悬臂有足够高的时间分辨能力，因而要求悬臂的共振频率应该足够高（>10 kHz），可以追随表面高低起伏的变化。根据上述两个要求，微悬臂的尺寸必须在微米范围。一般针尖的曲率半径约为 30 nm。通常使用的微悬臂材料是 Si_3N_4。其弹性系数为

$$k = 3EI/L^3 = 9.57mf$$

式中，E，I 分别为杨氏模量、转动惯量；L，m，f 分别是微悬臂的长度、质量和共振频率。微悬臂的劲度常数一般为 4×10^{-3}～2 N/m。

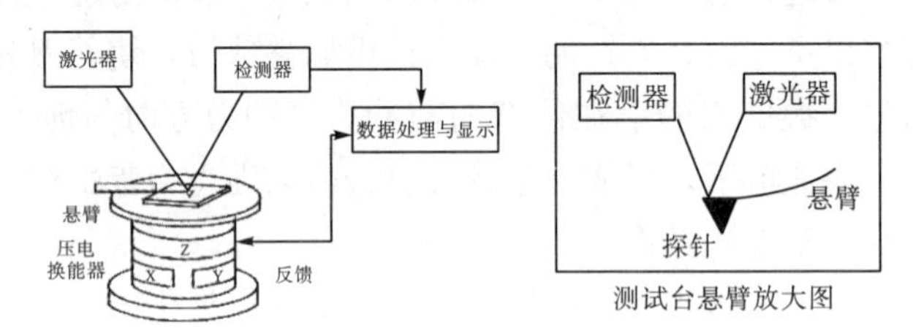

图 10−8　AFM 的结构示意图

要探测样品表面的精细结构，除了高性能的微悬臂以外，压电换能器的精确扫描和灵敏反应也是同样重要的。压电换能器是能将机械作用和电信号互相转换的物理器件。它不仅能够使样品在 XY 扫描平面内精确地移动，也能灵敏地感受样品与探针间的作用，同时能将反馈光路的电信号转换成机械位移，进而灵敏地控制样品和探针间的距离（力），并记录因扫描位置的改变而引起的 Z 向伸缩量 Δh（X，Y）。这样，压电扫描器就对样品实现了表面扫描。常见扫描器的最小分辨率为 0.1 nm×0.1 nm×0.01 nm。

2. 位置检测与反馈部分

位置检测系统可以敏感地检测到微悬臂的变化，一般而言，微悬臂偏转的检测有四种方法：

（1）光学干涉。采用光纤引入光至微悬臂表面，通过光的干涉来确定微悬臂变化情况。与光速偏转法相比，不要求微悬臂上有高反射性的表面，对环境波动引起的光路变化不敏感。

（2）光束偏转。这是目前应用最多的方法。如图 10−8 所示。激光束聚焦在微悬臂背面，通过反射激光的变化来获得微悬臂位移信息。

（3）隧道电流。与 STM 相似，在针尖上方放置一个隧道电极，通过检测微悬臂与隧道电极之间的隧道电流变化，而获得微悬臂偏转信息。该方法灵敏度很高，只需要在 STM 上改进即可。为了避免微悬臂产生电流的部位被污染，通常在高真空中测试。

（4）电容法。利用微悬臂作为平板电容的一极，在其上方放置另外一个平板，当微悬臂发生偏转时（板间距发生变化），二者之间电容值发生变化，由此得到垂直位移的大小，精度超过 10^{-1} nm。电容极板之间还可以通过压电陶瓷驱动器来控制，使得扫描

时电容值恒定，通过微悬臂的弯曲程度获得压电陶瓷驱动器信号大小，从而获得样品表面的信息。

以上检测手段均要求对微悬臂不能引入附加的作用力，以免造成限号误差。

激光器是光反馈通路的信号源，由于悬臂尖端的空间有限性，对照射器上的光束宽度提出了一定要求：足够细、单色性好、发散程度弱、光源的稳定性高、可持续运行时间久、工作寿命长。而激光正是能够很好地满足上述条件的光源。在原子力显微镜系统中，当针尖与样品之间有了交互作用之后，会使得悬臂摆动，所以当激光照射在悬臂末端时，其反射光的位置也会因为悬臂摆动而有所改变，这就造成偏移量的产生。在整个系统中，依靠激光光斑位置检测器将偏移量记录下来，并转换成电信号，以供计算器作信号处理。反馈系统中会将此信号当作反馈信号，作为内部的调整信号，并驱使通常由压电陶瓷管制作的扫描器做适当的移动，以使样品与针尖保持合适的作用力。

3. 数据处理与显示部分

数据处理与显示部分主要承担数据处理和测试数据显示作用。

4. 振动隔离部分

有效的振动隔离是 AFM 达到原子分辨率要求的一个必要条件，AFM 原子图像的典型起伏是 0.1 Å，所以外来振动的干扰必须小于 0.05 Å。有两类振动是必须隔离的：振动和冲击。AFM 常用的振动隔离方法有三种：①悬挂弹簧，这是最常见的方法；②平板弹性体堆垛系统，由橡胶块分割多块金属板堆积而成；③充气平台。

原子力显微镜是结合以上几个部分将样品的表面特性呈现出来的：使用微悬臂来感测针尖与样品之间的交互作用，这一作用力会使悬臂摆动，再利用激光将光照射在悬臂的末端，当摆动形成时，会使反射光的位置改变而造成偏移量，此时激光检测器会记录此偏移量，也会把此时的信号传给反馈系统，以利于系统做适当的调整，最后再将样品的表面特性以影像的方式呈现出来。

AFM 仪器如图 10-9 所示。

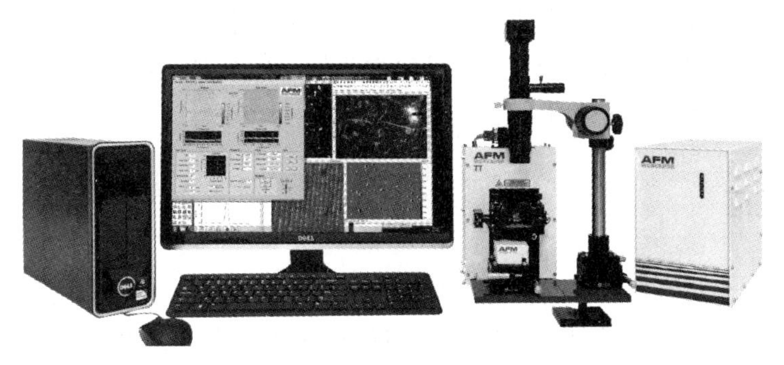

图 10-9　AFM 仪器

3.2 工作原理

如图 10－8 所示，二极管激光器发出的激光束经过光学系统聚焦在微悬臂背面，并从微悬臂背面反射到由光电二极管构成的光斑位置检测器。在样品扫描时，由于样品表面的原子与微悬臂探针尖端的原子间的相互作用力，微悬臂将随样品表面形貌而弯曲起伏，反射光束也将随之偏移，因此，通过光电二极管检测光斑位置的变化，就能获得被测样品表面形貌的信息。在系统检测成像全过程中，探针和被测样品间的距离始终保持在纳米（10^{-9} m）量级，距离太大不能获得样品表面的信息，距离太小会损伤探针和被测样品。反馈回路的作用就是在工作过程中，由探针得到探针与样品之间相互作用的强度，改变加在压电换能器垂直方向的电压，使样品伸缩，调节探针和被测样品间的距离，反过来控制探针与样品间相互作用的强度，实现反馈控制。因此，反馈控制是系统的核心工作机制。现在的 AFM 均采用数字反馈控制回路，测试人员在控制软件的参数工具栏通过设置参考电流、积分增益和比例增益等参数来对反馈回路进行控制。

第 4 节　分析测试

4.1 制样

AFM 的样品制备简单，一般要求如下：

（1）块状固体样品：观察微区表面平整，上下两表面尽量平行，起伏程度应小于 2 μm，样品尺寸应小于 4 cm×4 cm×0.5 cm。

（2）粉末样品：样品应固定在某一基体上，使其在扫描时不会移动，固定基体不应有黏附性。固定后样品的观察微区表面平整，起伏程度应小于 2 μm。

（3）样品在不同环境下无腐蚀性、无挥发性、无黏附性。

（4）对于薄膜材料，如金属、金属氧化物薄膜、高聚物薄膜、有机—无机复合薄膜等一般可以直接用于 AFM 研究。

4.2 操作规范

在进行原子力显微镜测试时，需要注意以下几个问题：

（1）整个实验成功的关键在于针尖的制备和安装，除了剪切一个合乎要求的针尖外，运用针尖还应注意以下几点：①避免针尖头污染。实验前针尖应进行必要的清洗和处理，但在测量过程中，空气中的灰尘和水汽很可能吸附在针尖上，因而针尖应取下再清洗。②测量时应关好防尘罩门，最好在罩内安放干燥剂除潮。③绝对避免针尖撞上样品表面。在快速扫描表面起伏大的样品时，应特别注意将扫描速度降低。通过对针尖加脉冲电压的方法可以修饰针尖，使针尖污物脱离，同时使针尖更尖锐。在进行原子级测量时，如果针尖并非一个原子，就会出现多针效应。这时可以调节偏压值和电流值，让针尖得到修饰，可能在多次往返扫描后就可得到单原子的针尖。

（2）在显微镜下检查样品表面是否干净、平整，如果有污染或不平，必须重新制样。因为原子力显微镜的针尖能测试的有效高度小于 6 μm，而水平范围只有 100 多微米。事实证明，接近探针测试极限测得的图像效果很差，且针尖很容易破坏和磨损。

（3）调整激光的位置，因为原子力采集的是由于针尖受力而导致的悬臂变形情况，这种形变是通过激光的位置变化来反映的，所以激光必须打在针尖上，否则会影响测试结果，甚至无法进行测试。

（4）如果探针用久了或样品表面比较黏的话，应加大扫描范围或烘烤样品。

（5）对不同的样品应选择不同的偏压。

（6）测试时确保环境安静。如果外面太吵，可以通过降低图像分辨率或扫描频率来减小外界的影响。

第 5 节　知识链接

5.1　粗糙度

粗糙度的定义：样品表面上具有的较小间距和微小峰谷的不平度，其两波峰或两波谷之间的距离（波距）很小（在 1 mm 以下），具有微观几何形状特性。表面粗糙度越小，则表面越光滑。粗糙度是表征样品表面状况的重要指标，分为线粗糙度和面粗糙度。

1. 线粗糙度

包括轮廓算术平均偏差 R_a（算术平均线粗糙度）、轮廓均方根偏差 RMS（均方根线粗糙度）、微观不平度十点高度 R_z（十点平均线粗糙度）、轮廓最大高度 $P-V$（最大高低差）。

R_a：在取样长度 l 内，轮廓各点到基准线的距离绝对值的算术平均值。

$$R_a = \frac{1}{l}\int_0^l |Y(x)| \mathrm{d}x$$

近似为

$$R_a = \frac{1}{n}\sum_{i=1}^{n} |Y_i|$$

RMS：在取样长度内，轮廓上各点到基准线的距离的均方根值。

$$RMS = \sqrt{\frac{1}{l}\int_0^l Y^2(x)\mathrm{d}x}$$

R_z：在采取样长度内，5 个最大轮廓峰高的平均值与 5 个最大轮廓谷深的平均值之和。

$$R_z = \frac{\sum_{i=1}^{5} Y_{pi} + \sum_{i=1}^{5} Y_{vi}}{5}$$

$P-V$：在取样长度内，轮廓最高点和最低点之间的距离。

$$P-V = Y_{max} - Y_{min}$$

2\. 面粗糙度

与线粗糙度对应，面粗糙度分为算术平均面粗糙度 R_a、均方根面粗糙度 RMS、十点平均面粗糙度 R_z、最大高低差 $P-V$。

R_a：采取样面积 S_0 内，测定面上各点到基准面的距离绝对值的算术平均值。

$$R_a = \frac{1}{S_0}\int_{Y_B}^{Y_T}\int_{X_L}^{X_R} \mid F(X,Y) - Z_0 \mid \mathrm{d}X\mathrm{d}Y$$

RMS：采取样面积 S_0 内，测定面上各点到基准面的距离绝对值的均方根值。

$$RMS = \sqrt{\frac{1}{S_0}\int_{Y_B}^{Y_T}\int_{X_L}^{X_R} \{F(X,Y) - Z_0\}^2 \mathrm{d}X\mathrm{d}Y}$$

R_z：在采取样面积 S_0 内，5 个最大峰高的平均值与 5 个最大谷深的平均值之和。

$$R_z = \frac{\sum_{i=1}^{5} Z_{pi} + \sum_{i=1}^{5} Z_{vi}}{5}$$

$P-V$：采取样面积 S_0 内，最高点和最低点之间的距离

$$P-V = Z_{max} - Z_{min}$$

5.2 新型纳米加工技术

纳米电子学技术是纳米技术中最重要的一个分支领域，其未来的发展，将以“更小、更快、更冷”为目标。“更小”是进一步提高芯片的集成度，减少芯片模块所占基板的体积；“更快”是实现更高的信息运算及处理速度，同时意味着芯片功率加大；“更冷”则是进一步降低芯片的功耗，在“更快”的同时，优化芯片及其环境的散热设计。只有在这三方面都得到同步发展，纳米电子学技术才能取得新的重大突破。要实现上述目标，电子器件的尺寸必然进入纳米尺度范围，即要小于 100 nm。更加小尺度的加工，必然要寻找更精细的工具，如扫描隧道显微镜（STM）和原子力显微镜（AFM）纳米加工技术等。STM 除了对样品表面形貌及物理性质进行检测外，还可以对样品表面进行纳米级加工。其作用机制：当 STM 工作时，探针与样品间将产生高度空间限制的电子束，此电子束与一般聚焦的电子束一样，可对样品表面进行微细加工，包括原子的搬迁、去除、添加和重排。另外，STM 的针尖与样品间存在范德华力和静电力，调节二者之间的偏压或调节针尖的位置，可以改变作用力大小与方向，即可移动单个原子，加工水平达到 0.1 nm。其中，原子放置可以分为铅笔法、蘸水笔法和钢笔法。比如 1990 年，IBM 在金属镍表面用 35 个惰性气体氙原子组成“IBM”三个英文字母；1993 年中

科院操纵原子写字，在 Cu（111）表面移动 C60，如图 10－10 所示。STM 产生的电子束也可以对均匀的抗蚀膜（几十纳米）表面进行电子束光刻，但其衬底必须为导电材料。

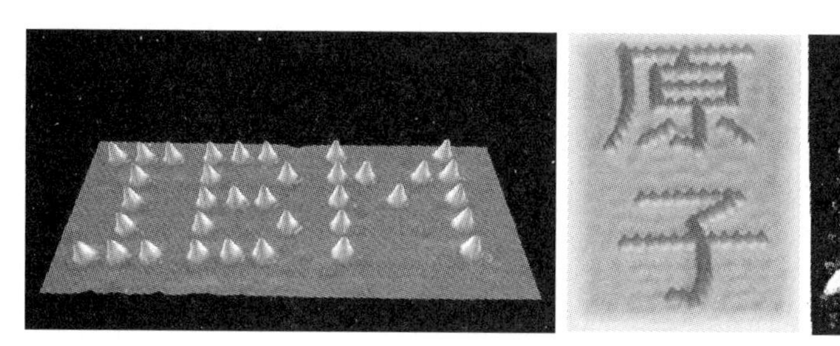

图 10－10　原子搬移

AFM 是一种与 STM 相似的纳米探针设备。与 STM 探测隧道电流不同，AFM 探测的是纳米针尖在样品表面扫描时的微悬臂偏移，这就意味着 AFM 样品并不需要是导电的。虽然 AFM 不能通过改变电压来操纵原子，但却提供了一种推动原子的方法。目前，已经发展了 AFM 的纳米级刻蚀技术制作各种纳米光栅、纳米电极，并制备出纳米级别的金属氧化物场效应晶体管（MOSFET）。图 10－11 给出了单原子提取的可能机制，在强电场作用下，某个原子脱离基体原子束缚成为自由电子，自由电子通过表面扩散达到新位置，当与探针接近时，或通过碰撞被散射移位，或通过吸附被带到新位置。

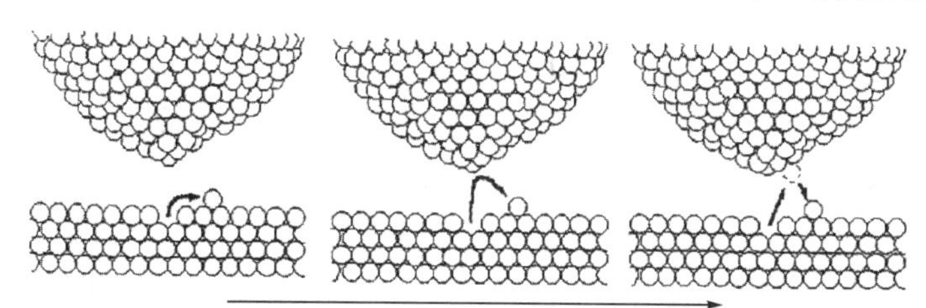

图 10－11　单原子提取的可能机制

图 10－12 是用 AFM 电子束在抗刻蚀聚合物材料上通过聚合反应产生连续的纳米细线结构和不同的图案。

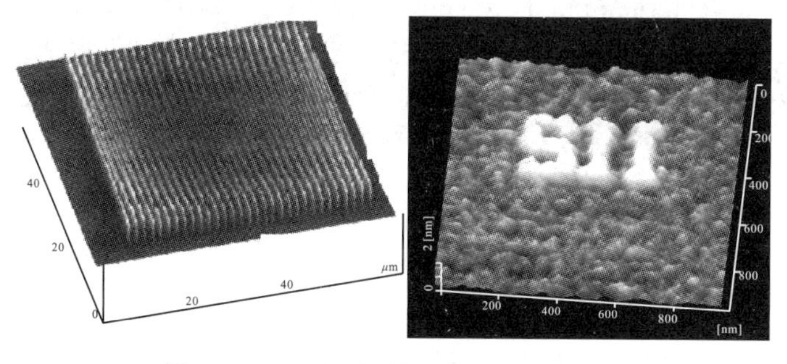

图 10－12　利用探针进行纳米级别加工

第6节　技术应用

原子力显微镜受工作环境限制较少，它可以在超高真空、气相、液相和电化学的环境下操作，测试样品也可以是绝缘体、导体或半导体，这使得其具有广阔的应用前景。

6.1　AFM基本用途

1. 表面形貌的表征

通过检测探针与样品间作用力，可表征样品表面的三维形貌，这是AFM最基本的功能。由于表面的高低起伏状态能够准确地以数值的形式获取，对表面整体图像进行分析可得到样品表面的粗糙度（Roughness）、颗粒度（Granularity）、平均梯度（Step Height）、孔结构和孔径分布等参数；对小范围表面图像分析还可得到表面物质的晶形结构、聚集状态、分子的结构、面积和表面积及体积等；通过一定的软件也可对样品的形貌进行丰富的三维模拟显示，如等高线显示法、亮度—高度对应法等，也可转换不同的视角，让图像更适于人的直观视觉。如图10−13所示。

图10−13　AFM图集锦

2. 表面物理化学属性的表征

AFM的一种重要的测量方法是力—距离曲线，它包含了丰富的针尖—样品作用信息。在探针接近甚至压入样品表面又随后离开的过程中，测量并记录探针所受到的力，就得到针尖和样品间的力—距离曲线。通过分析针尖与样品间作用力，就能够了解样品表面区域的各种性质，如压弹性、黏弹性、硬度等物理属性。若样品表面是有机物或生物分子，还可通过探针与分子的结合拉伸，了解物质分子的拉伸弹性、聚集状态或空间构象等物理化学属性；若用蛋白受体或其他生物大分子对探针进行修饰，探针则会具有特定的分子识别功能，从而了解样品表面分子的种类与分布等生物学特性。对于一些高分子材料，需要进行微力测试，避免针尖对样品的破坏，尽量减少针尖与样品的接触，获得高质量的 AFM 图像。

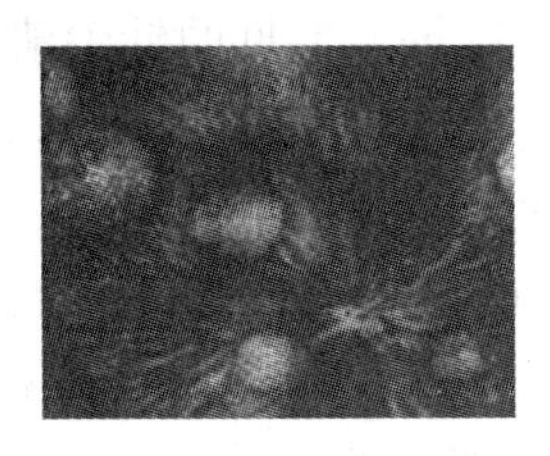

（a）聚偏氟乙烯球晶

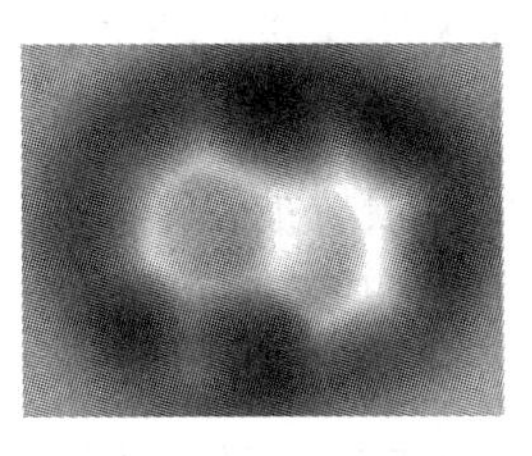

（b）8－羟基喹啉

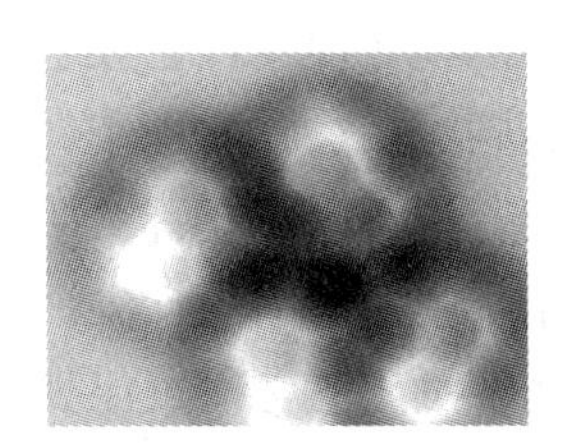

（c）聚集的 8－羟基喹啉

图 10－14　AFM 图像

为了避免在空气中测试样品，水膜使得针尖与样品间有较强的毛细作用，增加了表面作用力，人们发展了在液相中扫描样品，针尖与样品之间的作用力只有几纳牛。

根据针尖与样品材料的不同及针尖与样品间距离的不同，针尖与样品间作用力可以是原子间斥力、范德华吸引力、弹性力、黏附力、磁力和静电力以及针尖在扫描时产生的摩擦力。摩擦力显微镜可分析研究材料的摩擦系数；磁力显微镜可研究样品表面的磁畴分布，成为分析磁性材料的强有力的工具；电力显微镜可分析样品表面电势、薄膜的介电常数和沉积电荷等。目前，通过控制并检测针尖与样品间作用力，AFM 已经发展成扫描探针显微镜家族，不仅可以高分辨率表征样品表面形貌，还可分析与作用力相应的表面性质。

3. AFM 在无机非金属材料研究中的应用

AFM 除了可以研究无机非金属材料的表面形貌，还可以用来分析材料表面结构、表面缺陷、表面重构、表面吸附物质的形貌与结构、表面电子态与动态过程，在研究晶粒生长方面也有不俗的表现，这些都推动了材料的发展。

6.2　提高 AFM 的主要性能指标

AFM 的主要性能指标包括最大扫描范围和测试分辨能力等。围绕提高扫描范围和分辨能力，人们进行了大量的工作。

增加 AFM 的扫描范围主要有两种方法：

（1）硬件法。采用加大压电换能器的长度、提高压电换能器的电压来增大扫描范围，但都存在一定的局限性。如要加大压电换能器的长度，一方面其制作比较困难，很难做到质地均匀；另一方面也不利于扫描器的小型化。而提高压电换能器的电压，会使压电换能器的非线性效应十分明显，严重影响图像质量和扫描精度；另外，电压太大时有可能导致压电换能器的击穿。

（2）软件法。设计新的扫描驱动电路，使单幅图像的扫描范围大幅度提高；用步进电机和扫描器配合扫描，得到序列图像，序列图像拼接后获得大范围的样品图像。

提高 AFM 分辨能力主要集中在针尖的选取与日常维护，以及提高悬臂的品质因数。

无论探针是否使用过，其针尖和悬臂都有可能被污染。被污染的针尖扫描样品表面时，所得的图像模糊，甚至会出现无法解释的直线、马赛克等。常见的针尖清洁方法有：①高频振动法，适用于针尖污染不严重的情况。将针尖装入 AFM，激励悬臂产生高频振动，使得黏附在针尖上的微尘颗粒被振落，从而达到清洁针尖的目的。②清洗法，适用于中度污染的针尖。清洗液可以是去离子水，也可以是有机溶剂、弱酸或弱碱溶液，清洗过程务必注意保护针尖和悬臂。③紫外线和臭氧氧化还原法，适用于针尖受到有机物污染。④更换新针尖，适用于污染严重或受到损伤的针尖。

AFM 能够对样品表面进行精确扫描与成像，一个重要的方面就是系统有一个对力非常敏感的悬臂。对于接触模式的悬臂，其弹性常数一般小于 1 N/m；对于非接触或轻敲模式的悬臂，其弹性常数一般只有几十牛/米。悬臂的弹性常数在出厂时由生产厂商给出，但是该常数通常为同一批次产品的平均值。对于扫描成像，不需要知道悬臂的精确弹性常数；对于应力测试，精确的悬臂弹性常数是必需的，这就需要通过实验或计算得到悬臂的弹性常数。

6.3 拓宽 AFM 的应用范围

AFM 能被广泛应用的一个重要原因是它具有开放性。在基本 AFM 操作系统的基础上，通过改变探针、成像模式或针尖与样品间的作用力就可以测量样品的多种性质，并能与其他测试方式进行联合使用。以下是一些与 AFM 相关的显微镜和技术：

（1）侧向力显微镜（Lateral Force Microscopy，LFM）。

（2）磁力显微镜（Magnetic Force Microscopy，MFM）。

（3）静电力显微镜（Eelectrostatic Force Microscopy，EFM）。

（4）化学力显微镜（Chemical Force Microscopy，CFM）。

（5）力调置显微镜（Force Modulation Microscopy，FMM）。

（6）金相检测显微镜（Phase Detection Microscopy，PHD）。

（7）纳米压痕技术（Nanoindentation）。

（8）纳米加工技术（Nanolithography）。

另外，在实际应用中，人们需要知道样品表面晶粒之间的相互作用力，然而 AFM 只能检测针尖与样品之间的作用力，而不是针尖与晶粒之间的作用力，因此，AFM 中针尖与样品之间的力—距离曲线的应用受到限制。为了替代针尖与样品之间的相互作用，得到颗粒与样品之间的实际作用，一个有效的办法就是在针尖与悬臂上粘上特定的胶体颗粒（颗粒尺寸为几微米到几十微米），通过这种办法，能直接建立起颗粒与样品之间的力—距离曲线，实现对不同样品相互作用力的测试，从而极大地拓宽了 AFM 的应用范围。

第 7 节　例题习题

7.1　例题

例 1　图 10−15 为 SnO_2的 AFM 图谱，可以看出薄膜颗粒致密均匀，晶粒尺寸为 60 nm 左右，同时得到了薄膜的粗糙度见表 10−5。

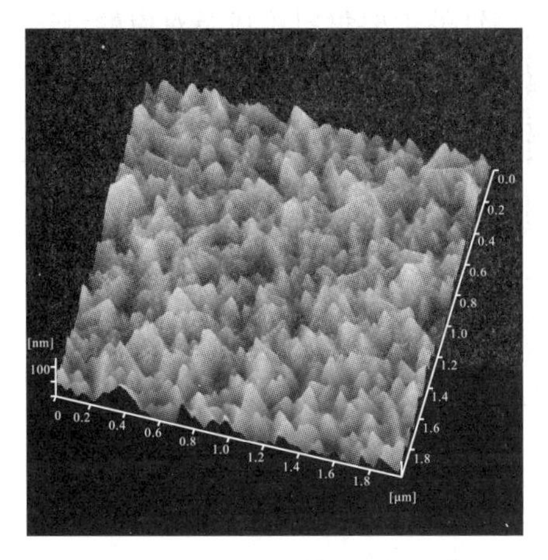

图 10−15　SnO_2 的 AFM 图谱

表 10−5　薄膜的粗糙度

参数	R_a	$P-V$	RMS	R_z
数值（nm）	15. 8	126	19. 5	88. 3

例 2　图 10−16 为原子力显微镜常见的各种伪图像，（a）是针尖大小对成像的影响；（b）是钝化或者被污染的针头所成的像；（c）是扫描速度过快或者频率过高所成的像；（d）是像素过低的图像。

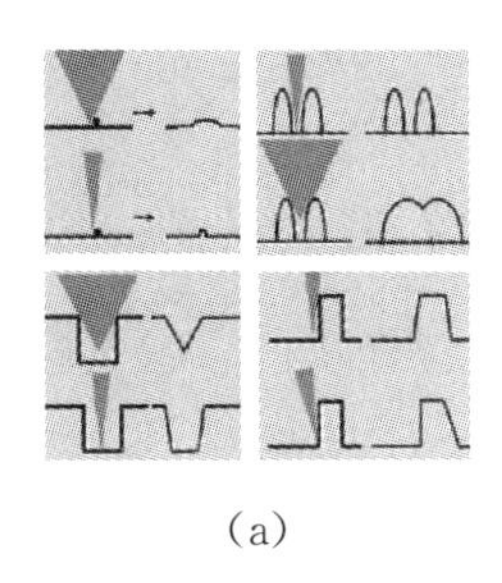

（a）

（b）

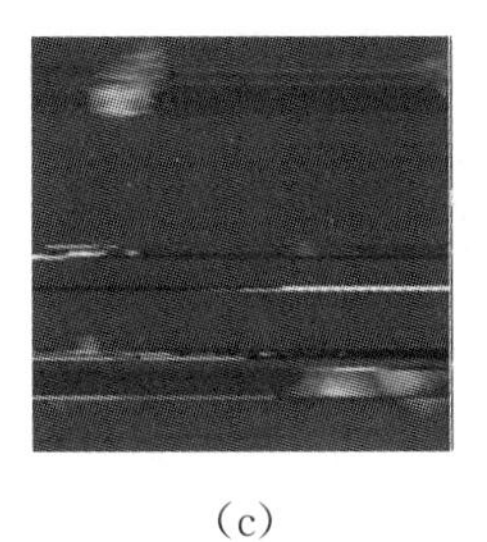

（c）

（d）

表 10−16　AFM 常见的各种伪图像

7.2 习题

1. 试分析原子之间作用力随距离的变化趋势。

2. 分析 AFM 各个组成部分的主要功能。

3. 简述 AFM 工作模式，并比较它们之间的区别。

4. 分析探针与样品距离对悬臂受力的影响。

5. 如果探针为理想半径为 r 几何球体，那么探针在样品表面扫过一边长为 a 的立方体时，测得的图形比实际尺寸大多少？

6. 简述原子力显微镜探针的主要材料构成及对应的测试选择。

7. 简述原子力显微镜在表征铁电隧道结方面的应用。

8. 简述原子力显微镜在有机半导体及其异质结研究中的应用。

第 11 章 X 射线衍射技术

第 1 节 历史背景

X 射线的发现是 19 世纪末、20 世纪初物理学界的三大发现（1895 年伦琴发现 X 射线、1896 年贝克勒尔发现放射线、1897 年汤姆森发现电子）之一，这一发现标志着现代物理学的产生，从而使微观世界更深层次的奥秘开始呈现出来。

1884 年 11 月 8 日，伦琴将阴极射线管放在一个黑纸袋中，关闭了实验室灯源，发现当开启放电线圈电源时，一块涂有氰亚铂酸钡的荧光屏发出荧光，即使用不同的介质插在放电管和荧光屏之间，仍能看到荧光。伦琴意识到这可能是某种特殊的从来没有观察到的射线，它具有特别强的穿透力，伦琴将这一具有非凡魅力的射线命名为 X 射线。1895 年 12 月 22 日，伦琴和他夫人拍下了第一张 X 射线照片。图 11－1 是伦琴及其拍摄的 X 射线照片。

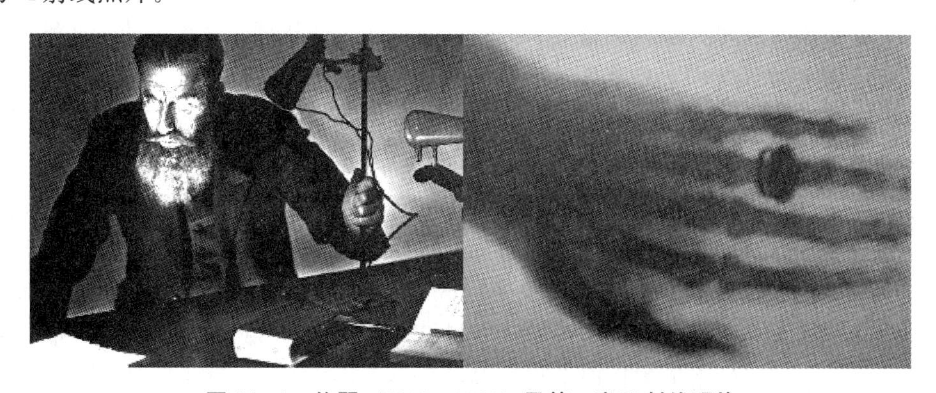

图 11－1 伦琴（1845—1923）及第一张 X 射线照片

在伦琴发现 X 射线之前，很多人都观察到了 X 射线的现象。比如 1836 年，英国科学家迈克尔·法拉第发现在稀薄气体中放电时会产生一种绚丽的辉光。1861 年，英国科学家威廉·克鲁克斯发现通电的阴极射线管在放电时会产生亮光，于是就把它拍下来，可是显影后发现整张干版上什么也没照上，一片模糊。他以为干版旧了，又用新干版连续照了三次，依然如此。克鲁克斯的实验室非常简陋，他认为是干版有毛病，退给了厂家。他也曾发现抽屉里保存在暗盒里的胶卷莫名其妙地感光报废了，他找到胶片厂商，指斥其产品低劣。一个伟大的发现与他失之交臂，直到伦琴发现了 X 光，克鲁克斯才恍然大悟。在伦琴发现X光的五年前，美国科学家古德斯柏德在实验室里偶然洗出了一张X射线的透视底片，但他将其归因于照片的冲洗药水或冲洗技术，便把这一“偶然”弃于垃圾堆中。而伦琴在试验中善于观察，精心分析，因此他发现了X射线，并于1901年获得了首届诺贝尔物理学奖。

自伦琴发现X射线后，科学家对其研究和利用的步伐就一直没有停止过。

1897年，法国物理学家塞格纳克发现，当X射线照射到物质上时会产生二次辐射，这种二次辐射是漫反射，比入射的X射线更容易吸收。

1906年，英国物理学家巴克拉在塞格纳克的基础上改进实验，将X射线以45°角辐照在散射物上，从散射物发出的二次辐射又以45°角投向另外的散射物，再从垂直于二次辐射的各个方向观察三次辐射，发现强度有很大变化，沿着既垂直于入射射线方向又垂直于二次辐射方向的强度最弱。由此，巴克拉得出了X射线具有偏振性的结论。根据X射线的偏振性，人们开始认识到X射线和普通光是类似的。巴克拉于1917年获得诺贝尔物理学奖。

1907—1908年，一场关于X射线是波还是粒子的争论在巴克拉和英国物理学家威廉·亨利·布拉格之间展开。

1912年，德国物理学家劳厄发现了X射线通过硫酸铜晶体时将产生衍射现象，证明了X射线的波动性和晶体内部结构的周期性，《自然》杂志把这一发现称为“我们时代最伟大、意义最深远的发现”，直接导致了X射线晶体学和X射线波谱学的诞生，该成果于1914年获得诺贝尔物理学奖。而劳厄的老板——物理学家阿诺德·索末菲最开始认为劳厄的设想非常不靠谱。劳厄的成果有两个重大意义：一方面，它表现了X射线是一种波，可以确定它们的波长，并制作出仪器对不同的波长加以分辨；另一方面，他第一次对晶体的空间点阵假说做出了实验验证，使晶体物理学发生了质的飞跃，一旦获得了波长一定的X光束，就能研究晶体光栅的空间排列，使X射线晶体学成为在原子水平研究三维物质结构的有力工具。这一发现是继佩兰的布朗运动实验之后，又一次向科学界提供的证据，以证明原子的真实性。

劳厄的文章发表不久，就引起了英国布拉格父子——威廉·亨利·布拉格及其儿子威廉·劳伦斯·布拉格的关注，他们通过对X射线谱的研究提出了晶体衍射理论，建立了布拉格公式，证明了能够用X射线来获取关于晶体结构的信息，并改进了X射线分光计。父子二人共同获得1915年的诺贝尔物理学奖，时年威廉·劳伦斯·布拉格25岁，是历史上最年轻的诺贝尔物理学奖获得者。

1912—1913年，美国科学家威廉·考林杰发明了热阴极管，即真空X射线管。热阴极管又经过许多改进，至今仍在应用。

1914年，英国物理学家莫塞莱发现，以不同元素作为产生X射线的靶时，产生了不同波长的特征X射线。他把各种元素按所产生的特征X射线的波长排列后，发现其次序与元素周期表中的次序一致，他称这个次序为原子序数，并改进了门捷列夫的元素周期表，认为元素性质是其原子序数的周期函数，这被称为莫塞莱定律。莫塞莱师从卢瑟福，于27岁死于战争，其继任者曼内·西格巴恩改进了X射线管，使得测试精度提高了1000倍，于1924年获得了诺贝尔奖。值得一提的是，曼内·西格巴恩的儿子凯·

西格巴恩因致力于研发用电子检测复合材料成分和纯度的新技术——X 射线光电子能谱学（X－ray Photoelectron Spectroscopy，XPS）和化学分析电子能谱学（Electron Spectroscopy for Chemical Analysis，ESCA），于 1981 年获得诺贝尔物理学奖。

1916 年，美籍荷兰物理学家、化学家德拜及其研究生瑞士物理学家谢乐发展了用 X 射线研究晶体结构的方法，采用粉末状的晶体代替较难制备的大块晶体用于鉴定样品的成分，测定晶体结构，提出了 XRD 分析晶粒尺寸的著名公式——德拜－谢乐（Debye－Scherrer）公式。德拜于 1936 年获诺贝尔化学奖。

1923 年 5 月，美国科学家康普顿在研究 X 射线通过物质发生散射的实验时，发现散射光中除了有原波长的光外，还产生了波长大于原波长的光，且其波长的增量随散射角的不同而变化，这种现象称为康普顿效应（Compton effect）。我国物理学家吴有训也曾对康普顿散射实验做出了杰出的贡献。康普顿因发现 X 光的粒子特性于 1927 年获诺贝尔物理学奖。

1927 年，美国遗传学家马勒发现了 X 射线的诱变作用，对突变基因进行了染色体结构分析研究，于 1946 年获得诺贝尔生理学或医学奖。

1963 年，美国科学家科马克发现人体的不同组织对 X 射线的透过率有所不同；1967 年，英国电子工程师豪斯菲尔德制作了一台能加强 X 射线放射源的简单扫描装置，对人的头部进行实验性扫描测量。1972 年，第一台 X 射线 CT 诞生，二人因此获得 1979 年的诺贝尔生理学或医学奖。

随着研究的深入，X 射线被广泛应用于晶体结构的分析以及医学和工业等领域，对于促进 20 世纪的物理学乃至整个科学技术的发展产生了巨大而深远的影响。

第 2 节　方法原理

2.1　X 射线原理

1. X 射线产生

X 射线与无线电波、红外线、可见光、紫外线、γ 射线、宇宙射线一样，具有波动性与粒子性的特征。波动性是指在晶体中的散射与衍射，以一定波长 λ 和频率 ν 在空间传播；而粒子性是指 X 射线由大量不连续的光子流构成，具有质量 m、能量 E 和动量 P，与粒子碰撞时有能量交换。其波动性与粒子性存在如下关系：

$$E = h\nu = \frac{hc}{\lambda},\quad P = \frac{h}{\lambda} \tag{11-1}$$

X 射线是由原子中的电子在能量相差悬殊的两个能级之间的跃迁而产生的粒子流，是波长介于紫外线和 γ 射线之间的电磁波，在 0.01～100 Å 之间。产生 X 射线的最简单的方法是用加速后的电子撞击金属靶，如图 11－2 所示。撞击过程中，电子突然减速，其损失的动能（其中的1%）会以光子形式放出，形成X射线光谱的连续部分，称为连续辐射，又称轫致辐射。通过加大加速电压，电子携带的能量增大，则有可能将金属原子的内层电子撞出，于是内层形成空穴，外层电子跃迁回内层填补空穴，同时放出波长在0.1 nm左右的光子。由于外层电子跃迁放出的能量是量子化的，所以放出的光子的波长也集中在某些部分，形成了X射线光谱中的特征线，称为特性辐射，又称标识X射线。特征光谱和靶材料有关。

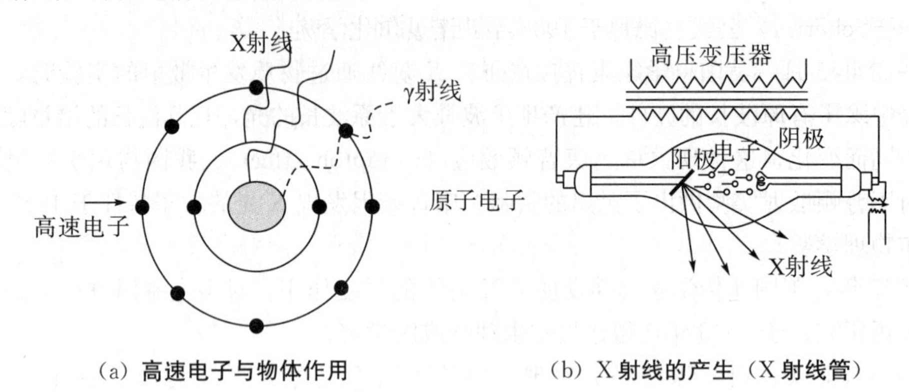

(a) 高速电子与物体作用　　(b) X射线的产生（X射线管）

图11－2

产生X射线的三个基本条件为：①有自由电子产生；②电子做定向高速运动；③有障碍物使其突然减速。表11－1给出了X射线光波长范围及主要用途。

表11－1　X射线波长范围及主要用途

名称	管压/kV	最短波长/nm	用途	人体组织对X射线的透过性		
极软X射线	5～20	0.062～0.25	表皮治疗、软组织拍片	可透性	中等透过	不透过
软X射线	20～100	0.012～0.062	透视和拍片	气体	结缔组织	骨骼
硬X射线	100～250	0.005～0.012	较深组织治疗	脂肪	肌肉组织	含钙组织
极硬X射线	>250	<0.005	深组织治疗		软骨、血液	

2. X射线管

X射线管是利用高速电子撞击金属靶产生X射线的真空电子器件，按照产生电子的方式可分为充气式和真空式两类，如图11－3所示。充气X射线管是早期的X射线管。1895年，伦琴就是用充气X射线管发现了X射线。1913年，库利吉发明了真空X射线管，管内真空度不低于10^{-4} Pa。

以真空固定阳极X射线管为例，其结构由阳极、阴极和固定两极及保持高真空的外壳（带窗口，通常用金属铍）三部分组成。阳极由阳极头、阳极帽、玻璃圈和阳极柄构成。阳极的主要作用是由阳极头的靶面（一般选用钨靶）阻挡高速运动的电子流而产生X射线，并将由此产生的热量通过辐射或者阳极柄传导出去，同时也吸收二次电子和散乱射线。阴极主要由灯丝、聚焦罩（或者称为阴极头）、阴极套和玻璃芯柱等组成。钨丝通过足够的电流将产生电子云，在阳极和阴极之间施加高压（千伏等级），电子云被拉往阳极。此时电子以高速高能的状态撞击钨靶，高速电子到达靶面，运动突然受到阻止，其动能的一小部分便转化为辐射能，以 X 射线的形式放出。改变灯丝电流的大小可以改变灯丝的温度和电子的发射量，从而改变管电流和 X 射线强度的大小。改变 X 射线管激发电位或选用不同的靶材可以改变入射 X 射线的能量或在不同能量处的强度。由于受高能电子轰击，X 射线管工作时温度很高，效率低下，99%以上的电子束功率变为阳极热耗，因此需要对阳极靶材进行强制冷却。为了满足高功率密度 5000 W/mm^2、小焦点的要求，后来又发明了靶面高速旋转 10000 转/分的 X 射线管。为了控制 X 射线的输出，又有了在阳极靶面与阴极之间装有控制栅极（施加脉冲调制）的 X 射线管，通过改变脉冲宽度及重复频率，可调整定时重复曝光。虽然 X 射线管效率十分低下，但依然是目前最实用的 X 射线发生器件。

3. X 射线的分类

如图 11－3 所示，X 射线管发出的 X 射线分为连续 X 射线和特征 X 射线。医学诊断常用连续 X 射线，物质结构分析使用特征 X 射线。各种管电压下的连续 X 射线都有一个短波限 λ_0（极少数电子一次碰撞将能量全部转换为一个光子对应的最短波长），通常峰值在 1.5λ_0处，λ_0只与管电压有关，$\lambda_0=1240/V$（nm），在产生连续谱线的情况下，X 射线管效率与原子序数和管电压有关，选用重金属靶和提高管电压都能增加射线管效率。特征 X 射线的产生与外加电压无关，只取决于靶材物质的原子序数（11－2）。

$$\sqrt{\nu}=\sqrt{\frac{c}{\lambda}}=k(Z-\sigma) \tag{11-2}$$

式中，k 是与靶材物质相关的常数；σ 是屏蔽常数，与电子所在壳层有关。该式表明：只要是同种原子，无论其处于何种物理和化学状态，它发出的特征 X 射线均具有相同的波长，不同靶材对应的特征谱线波长随原子序数 Z 增加而变短（莫塞莱定律）。

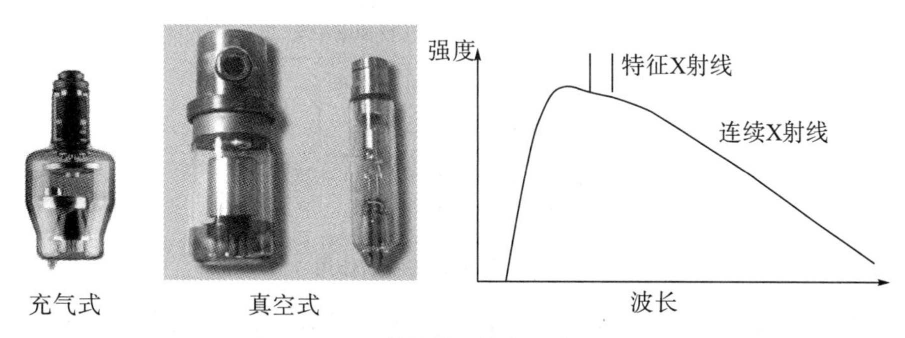

图 11－3　X 射线管及其产生的 X 射线谱

K 层电子被击出的过程叫 K 系激发，电子向 K 层跃迁引起的辐射叫 K 系辐射。以此类推 L 和 M 系激发与辐射。电子跃迁所越过的能级数目为 1，2，3，…，所引起的辐射相应的标注为 α，β，γ，…，这样，电子由 L 到 K、由 M 到 K 所引起的辐射标为 K_α，K_β，由 M 到 L、由 N 到 L 所引起的辐射标为 L_α，L_β。由于原子不同能级的能量不同，以及相邻壳层跃迁补位的概率大于隔层补位的概率，导致 K_α 线的波长比 K_β 线长而强度高。由于同壳层的电子分别处于若干亚能级的位置，如 L 层的 8 个电子属于L_{I}，L_{II}，L_{III}三个亚能级，不同亚能级电子跃迁会引起特征波长变化，在衍射主峰位置会出现次极峰，比如由于L_{III}上的 4 个电子和L_{II}上的 3 个电子向 K 壳层跃迁，辐射相邻的谱线，产生K_{α}双线。表 11－2 给出了常用阳极靶材的特征谱线参数，实验中最常用的是K_{α}特征线，最常用的靶材是 Cu 和 Fe。

表 11－2　常用阳极靶材的特征谱线参数

元素	激发电压/kV	工作电压/kV	K 系特征谱线波长/nm			
			$K_{\alpha 1}$	$K_{\alpha 2}$	$K_{\beta 1}$	$K_{\beta 2}$
24－Cr	5.89	20～25	0.22896	0.22935	0.22909	0.20848
26－Fe	7.10	25～30	0.19360	0.19399	0.19373	0.17565
27－Co	7.71	30	0.77889	0.17928	0.17902	0.16207
28－Ni	8.29	30～35	0.16578	0.16617	0.16591	0.15001
29－Cu	8.86	35～40	0.15405	0.15443	0.15418	0.13922

2.2　X 射线与物体相互作用

X 射线是一种波长极短、能量很大的电磁波，它的光子能量比可见光的光子能量大几万至几十万倍，与物质发生作用如图 11－4 所示。

1. X 射线散射

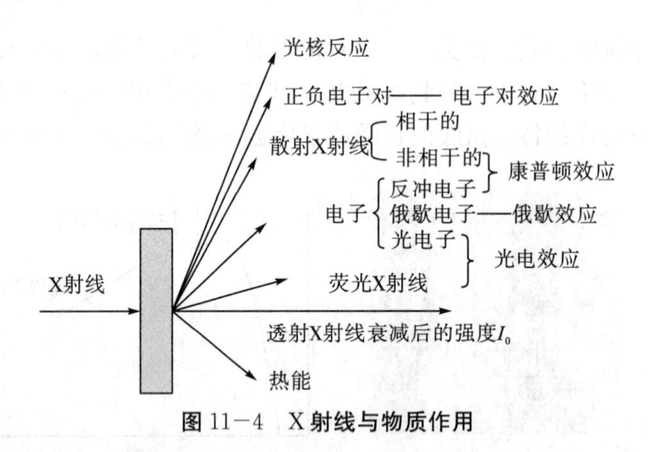

图 11－4　X 射线与物质作用

当 X 射线通过物质时，在入射光束电场作用下，物质原子中的电子将被迫围绕其平衡位置振动，同时向四周辐射出与入射 X 射线波长相同的散射 X 射线，由于散射波与入射波的频率或波长相同，位相差恒定，在同一方向上各散射波符合相干条件，故又称为相干散射。相干散射是 X 射线在晶体中衍射的基础，又叫汤姆逊散射。

当 X 射线光量子与束缚力较小的电子或自由电子作用时，光子将部分能量交给电子，光子本身能量减少而以角度 θ 改变运动方向，称为康普顿散射光子；电子获得能量后脱离原子而运动，该电子称为康普顿电子或反冲电子。散射波的位相与入射波的位相之间不存在固定关系，故这种散射波是不相干的，称为非相干散射或称康普顿—吴有训散射。

2. X 射线辐射

当 X 射线具有足够高的能量时，可以将物质中的内层电子激发出来，使原子处于激发状态，通过电子跃迁辐射出 X 射线特征谱线，包括二次特征辐射也称为荧光辐射和俄歇效应。

入射 X 射线光量子的能量大于原子某一内壳层的电子激发所需要的能量，X 射线能量被吸收，内层电子被激发，并使得高能级上的电子产生跃迁，进而发射出新的特征 X 射线，称为二次特征 X 射线或荧光 X 射线，该过程称为光电效应，产生光电效应发生的 X 射线吸收称为吸收限波长。

当一个处于内层的电子被激发后，在内壳层上出现空位，而原子外壳层上高能级的电子可能跃迁到这一空位上，同时释放能量，通常能量以发射光子的形式释放，但也可以通过发射原子中的一个电子来释放，被发射的电子叫作俄歇电子。由于这种二次电子处于特定的壳层，所以可以用来表征原子的信息，比如前面章节所讲的表面形貌分析。

3. X 射线的衰减与吸收

X 射线穿透过物质时，其强度要衰减，衰减的程度与物质的厚度有关，即

$$I = I_0 e^{-\mu_l x} \tag{11-3}$$

式中，I_0 和 I 分别为入射 X 射线强度和穿过厚度为 x 的物质后的 X 射线强度；μ_l 为衰减系数，也称线吸收系数，对于同一物质，线吸收系数正比于它的密度，为此引入质量吸收系数 μ_m，$\mu_m = \mu_l / \rho$。质量吸收系数在很大程度上取决于物质的化学成分和被吸收的入射 X 射线波长。当波长变化到一定值时，质量吸收系数会产生了一个突变，这是由于入射 X 射线的能量达到激发该物质元素的 K 层电子的数值而被吸收并引起二次特征辐射。当 X 射线透过多种元素组成的物质时，X 射线的衰减情况受到组成该物质的所有元素的共同影响，由被照射物质原子本身的性质决定，而与这些原子间的结合方式无关。

2.2　X 射线衍射基础

1. 布拉格定理

本章涉及的晶体结构方面的知识，请参阅固体物理课程内容。X 射线在晶体中平行原子面作镜面反射，平行晶面间距为 d，相邻平行晶面反射的射线行程差是 $2d\sin\theta$，θ 为入射光与晶面的夹角，当光程差是波长的整数倍时，来自相邻平面的辐射就发生了相长干涉，这就是布拉格定理，如图 11－5 所示。

$$2d\sin\theta = n \cdot \lambda \tag{11-4}$$

布拉格定理是晶格周期性的直接结果。

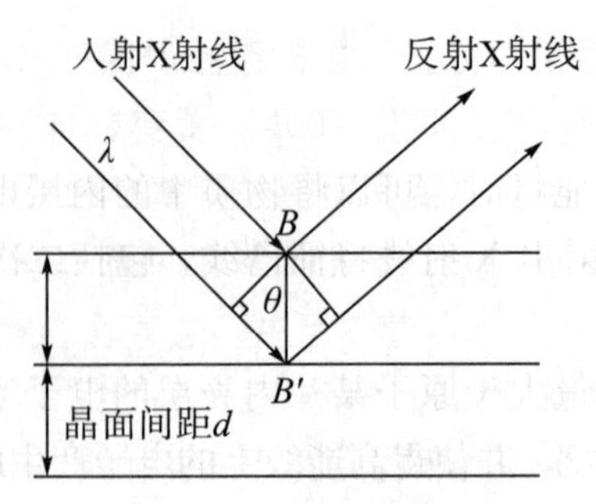

图 11－5 布拉格定理

2. 选择性反射

X 射线在晶体中的衍射实质上是晶体中各原子散射波之间的干涉结果。只有当 λ、θ 和 d 三者之间满足布拉格方程时才能发生反射，所以把 X 射线的这种反射称为选择性反射。

3. 产生衍射的极限条件

由于 $\sin\theta$ 不能大于 1，因此 $n\lambda/2d=\sin\theta<1$，即 $n\lambda<2d$。对衍射面言，n 的最小值为 l，所以在任何可观测的衍射角下，产生衍射的条件为 $\lambda<2d$。这也就是说，能够被晶体衍射的电磁波的波长必须小于参加反射的晶面最大面间距的 2 倍，否则不会产生衍射现象。

4. 干涉面与干涉指数

为了应用上的方便，需要引入干涉面和干涉指数的概念。布拉格方程可以改写成 $2d_{hkl}/n\cdot\sin\theta=\lambda$，令 $d_{HKL}=d_{hkl}/n$，则有 $2d_{HKL}\sin\theta=\lambda$。这样，就把 n 隐函在 d_{HKL} 之中，布拉格方程变成为永远是一级反射的形式。这也就是说，把（hkl）晶面的 n 级反射看成与（hkl）晶面平行、面间距为 d_{HKL} 的晶面的一级反射。面间距为 d_{HKL} 的晶面，并不一定是晶体中的原子面，而是为了简化布拉格方程所引入的反射面，把这样的反射面称为干涉面。干涉面的面指数称为干涉指数，通常用（HKL）来表示。干涉指数与晶面指数之间的明显差别是干涉指数中有公约数，而晶面指数只能是互质的整数。当干涉指数也互为质数时，它就代表一族真实的晶面。

5. 衍射花样与晶体结构

不同晶系的晶体或者同一晶系而晶胞大小不同的晶体，其衍射花样是不相同的。布拉格方程可以反映出晶体结构中晶胞的大小及形状的变化。布拉格公式给出了晶体衍射的必要条件，但并非充分条件，即满足布拉格定理的干涉指数不一定有衍射强度。另外，布拉格方程并未反映晶胞中原子的种类与位置。

立方晶系：

$$\sin^2\theta=\frac{\lambda^2}{4a^2}(H^2+K^2+L^2)$$

正方晶系：　$\sin^2\theta = \frac{\lambda^2}{4}\left(\frac{H^2+K^2}{a^2}+\frac{L^2}{c^2}\right)$

斜方晶系：　$\sin^2\theta = \frac{\lambda^2}{4}\left(\frac{H^2}{a^2}+\frac{K^2}{b^2}+\frac{L^2}{c^2}\right)$

六方晶系：　$\sin^2\theta = \frac{\lambda^2}{4}\left(\frac{4}{3}\cdot\frac{H^2+HK+K^2}{a^2}+\frac{L^2}{c^2}\right)$

2.3　X 射线衍射束强度

1. 单电子衍射

某个电子在 X 射线的作用下产生受激振动，振动频率与原 X 射线的振动频率相同，它将向空间各方向辐射与原 X 射线同频率的电磁波。距离该电子为 R 处（原 X 射线的传播方向与散射线方向之间的散射角为 2θ）的散射强度为：

$$I_P = I_0 \frac{e^4}{m^2c^4R^2}\cdot\frac{1+\cos^2 2\theta}{2} \tag{11-5}$$

上式称为汤姆逊（J. J. Thomson）公式，它表明一束非偏振的入射 X 射线经过电子散射后，其放射强度在空间各个方向上是不相同的，即散射线被偏振化了。偏振化的程度取决于散射角 2θ 的大小。所以 $(1+\cos^2 2\theta)/2$ 称为偏振因子。原子核对 X 射线的散射与电子相比可以忽略不计。

2. 单原子衍射

假定原子内包含有 Z 个电子，如果 X 射线的波长远远大于原子直径，可以近似地认为原子中所有电子都集中在一点同时振动。在这种情况下，所有电子散射波的相位是相同的，其散时强度为 $I_a=Z^2I_e$。但是，一般 X 射线的波长与原子直径为同一数量级，因此不能认为原子中所有电子都集中在一点，它们的散射波之间存在着一定的相位差。散射线强度由于受干涉作用的影响而减弱，必须引入一个新的参量来表达一个原子散射和一个电子散射之间的对应关系，即一个原子的相干散射强度为 $I_a=f^2I_e$，f 称为原子散射因子，它为一个原子的散射振幅与一个电子的散射振幅之比。各元素的原子散射因子的数值可以由专门的 X 射线相关书籍中查到。当入射 X 射线波长接近某一吸收限时，电子与原子核发生相互作用，f 值将会出现明显波动，这种现象称为原子的反常散射。在这种情况下，要对 f 值进行色散修正，$f=f+\Delta f$。Δf 为色散修正数据，在国际 X 射线晶体学表中可以查到。

3. 单晶胞衍射

在含有 n 个原子的复杂晶胞中，各原子位置不同，它们产生的散射振幅和相位也是各不相同的。所有原子散射的合成振幅不可能等于各原子散射振幅的简单相加。为此，需要引入结构因子参量 F_{HKL} 来表征单晶胞的相干散射与单电子散射之间的对应关系，晶胞对 X 射线的衍射，即 F_{HKL} 与原子种类和位置有关。

$$F_{HKL}^2=\left[\sum_{j=1}^{n}f_i\cos2\pi(Hx_i+Ky_i+Lz_i)\right]^2+\left[\sum_{j=1}^{n}f_i\sin2\pi(Hx_i+Ky_i+Lz_i)\right]^2 \quad (11-6)$$

下面简单介绍基本点阵产生X射线衍射的情况：

(1) 对简单立方晶体：每个晶胞只有一个原子，坐标位置为（000），即 $F_{HKL}=f_a$，F_{HKL} 不受（HKL）的影响，即（HKL）为任意整数时都能产生衍射。如（100）、（110）、（111）、（200）、（210）、（211）、（220）等。

(2) 对底心立方晶体：每个晶胞中有2个同类原子，其坐标分别为（000）和（$\frac{1}{2}\frac{1}{2}0$），$F_{HKL}^2=f_a{}^2\ [1+\cos\pi(H+K)]^2$，当（$H+K$）为偶数时，$F_{HKL}^2=4f_a{}^2$；当（$H+K$）为奇数时，$F_{HKL}^2=0$。所以，在底心立方点阵的情况下，$F_{HKL}$ 不受 L 的影响，只有当 H，K 全为奇数或全为偶数时才能产生衍射。如（002）、（003）、（112）、（114）、（204）、（006）等。

(3) 对体心立方晶体：每个晶胞中有2个同类原子，其坐标分别为（000）和（$\frac{1}{2}\frac{1}{2}\frac{1}{2}$），$F_{HKL}^2=f_a{}^2\ [1+\cos\pi(H+K+L)]^2$，当（$H+K+L$）为偶数时，$F_{HKL}^2=4f_a{}^2$；当（$H+K+L$）为奇数时，$F_{HKL}^2=0$。所以，在体心立方点阵的情况下，只有当（$H+K+L$）为偶数时才能产生衍射。如（110）、（200）、（211）、（220）、（310）、（222）、（321）、（400）、（411）、（330）等。

(4) 对面心立方晶体：每个晶胞中有4个同类原子，其坐标分别为（000）、（$0\frac{1}{2}\frac{1}{2}$）、（$\frac{1}{2}0\frac{1}{2}$）、（$\frac{1}{2}\frac{1}{2}0$），$F_{HKL}^2=f_a{}^2\ [1+\cos\pi(H+K)+\cos\pi(H+L)+\cos\pi(K+L)]^2$，当 H，K，L 全为奇数或偶数时，$F_{HKL}^2=16f_a{}^2$；当 H，K，L 为奇、偶混杂时，$F_{HKL}^2=0$。所以，在面心立方点阵的情况下，只有当 H，K，L 全为奇数或全为偶数时才能产生衍射。如（111）、（200）、（220）、（311）、（222）、（400）、（331）、（420）等。对金刚石结构而言，由于晶胞中有8个原子，比一般的面心立方结构多出4个原子，因此，需要引入附加的系统消光条件。晶胞沿（HKL）面反射方向上的散射强度 $I=f^2I_e$，若 $f=0$，则 $I=0$，意味着（HKL）面衍射线消失，这称为系统消光。系统消光分为点阵消光和结构消光，具体介绍请参考专业X射线书籍。基本点阵的消光规律如表11－3所示。

表11－3　四种基本点阵的消光规律

布拉菲点阵	出现的反射	消失的反射
简单立方点阵	全部	无
底心立方点阵	H，K 全为奇数或全为偶数	H，K 为奇、偶混杂
体心立方点阵	$H+K+L$ 为偶数	$H+K+L$ 为奇数
面心立方点阵	H，K，L 全为奇数或全为偶数	H，K，L 为奇、偶混杂

4. 完整小晶体衍射

设完整小晶体由 N 个晶胞构成，则完整小晶体的衍射强度：$I=I_eF_{KHL}^2N^2$，衍射强度的积分面积等于 $3\pi N$，衍射线积分宽度 $\beta\propto 1/N$。

这一关系式给出了衍射图相（倒易空间）与晶体尺寸（正空间）的对应关系，即正空间为点状（晶体极小）时，倒易空间（衍射区域）为球状；正空间为片状（晶体极薄）时，倒易空间为杆状；正空间为针状时，倒易空间为片状；正空间为球状时，倒易空间为点状。这些对应关系在单晶体衍射中可直接由衍射图谱相特征判别第二相析出形貌，并用于多晶体晶粒大小的测定。

5. 多晶体衍射

对粉末样品中晶体某（hkl）面反射的累计强度表达式为

$$I_{hkl}=I_0\frac{\lambda^3}{32\pi R}\left(\frac{e^2}{mc^2}\right)^2\frac{V}{v^2}P_{hkl}F_{hkl}^2\phi(\theta)A(\theta)e^{-2M} \tag{11-7}$$

式中，I_0 为入射 X 射线强度；λ 为波长；R 为德拜相机或衍射仪测角仪半径；e、m 为电子的电荷及质量；c 为光速；V 为样品被照射的体积；v 为晶胞体积；P_{hkl} 为（hkl）反射面的多重性因子，表示多晶体中与某种晶面等同晶面的数目，此值越大，这种晶面获得衍射的概率就越大，对应的衍射线就越强，多重性因数 P_{hkl} 的数值随晶系及晶面指数的变化可查表；F_{hkl}^2 为（hkl）衍射结构因子，表示某晶胞内原子散射波的振幅相当于一个原子散射波振幅的若干倍，计算结构因子除了要知道原子的种类，求出原子结构因子外，还必须知道晶胞中各原子的数目以及它们的坐标；$\phi(\theta)$ 为角因子，它是由偏振因子和洛伦兹因子组成的；$A(\theta)$ 为吸收因子，试样对 X 射线的吸收作用将造成衍射强度的衰减，因此要进行吸收校正，最常用的试样有圆柱状和板状试样两种，前者多用于照相法，后者用于衍射仪法，当衍射仪采用平板试样时，吸收因子为常数；e^{-2M} 为温度因子，原子热振动导致某一衍射方向上衍射强度减弱，温度因子小于 1。实验条件一定时，λ，R，e，m，c，V，v 均为常数，因此衍射线的相对强度表达式可改写为

$$I_{hkl}=P_{hkl}F_{hkl}^2\varphi(\theta)A(\theta)e^{-2M} \tag{11-8}$$

2.4　X 射线吸收限

吸收限是指物质对电磁辐射的吸收随辐射频率的增大而增加至某一限度时骤然增大。吸收限为 X 射线性状的特殊标识量，并且与原子中电子占有的确定能级有关，对应引起原子内层电子跃迁的最低能量。

1. 滤波片

在 X 射线分析时，希望得到波长单一的 X 射线，因此需要利用某些材料对 X 射线中不需要的部分，比如 K_β 射线进行过滤。图 11－6 给出了 Cu 靶过滤前后的 K 系发射线谱。Cu 靶 X 射线管发射的 X 射线 K_β＝0. 13922 nm，Ni 的吸收限在 K_α 和 K_β 之间，

对 K_β 有较大的吸收，而对 K_α 的吸收较小。经 Ni 片过滤后，其 K_β 射线基本消失（过滤前强度比为 100∶16，过滤后为 500∶1）。一般选用比靶材原子序数小 1（靶原子序数小于 40）或者 2（靶原子序数大于 40）的材料作滤波片。为了提高衍射图谱的质量，目前使用对满足布拉格方程的单射线反射率很强的晶体单色器作滤波片，其中石墨的反射本领最高，超过石英的 10 倍。平面晶体单色器采用一块良好的单晶薄片，可以将 K_α 和 K_β 分开，还可以将 $K_{\alpha1}$ 和 $K_{\alpha2}$ 分开，得到纯净的单波长光，但是只能反射互相平行的光的一部分，效率较低。为改进为弯曲晶体单色器时，可以使入射光一定发散角范围内的光线都获得利用，效率得到大幅度提高。

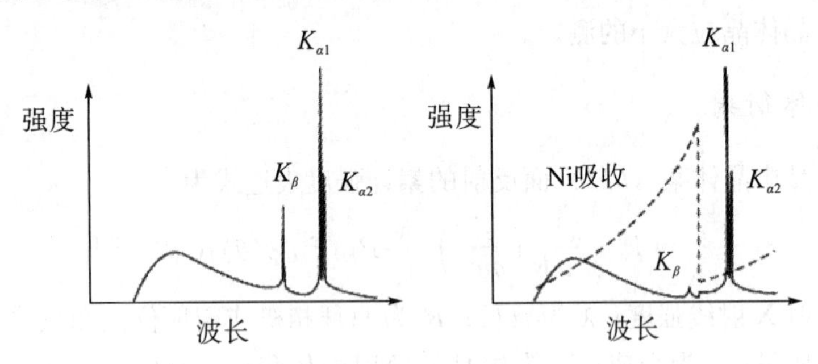

图 11－6　铜的特征 X 射线经 Ni 过滤后的 K_β 线强度分布

2. 不同阳极靶射线管

被吸收的 X 射线将激发荧光 X 射线，相应的吸收限即为激发线，将造成很高的背景，对结果进行干扰，因此需要根据所测样品的化学成分选用不同靶材的射线管。一般而言，应避免使用比样品中主元素的原子序数大 2～6 的材料作靶材，尤其是大于 2 的材料。比如，分析铁的时候，选用 Co 或者 Fe 靶的射线管，而不能选用 Ni 或者 Cu 靶。目前最常用的是 Cu 靶（适合除 Co，Fe，Mn，Cr 以外的样品），然后才是 Fe 靶和 Co 靶。

第 3 节　技术原理

3.1　硬件

图 11－7 是一种比较常见的 X 射线衍射仪及测角仪的构造。

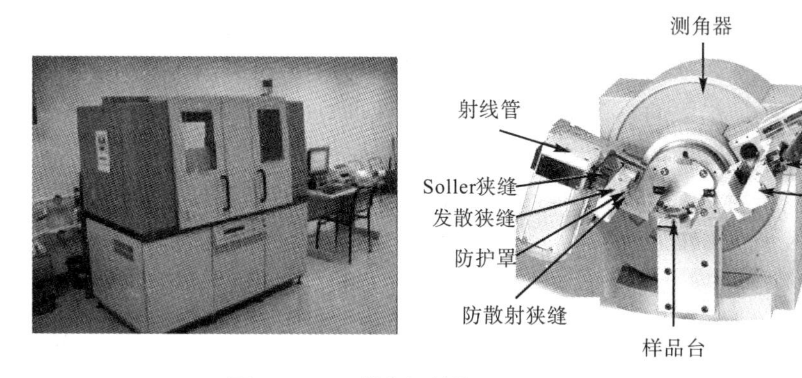

图11−7　X射线衍射仪（XRD）及测角仪的构造

注：Soller狭缝是限制轴向发散度。

1. X射线发生器

X射线发生器是产生X射线的装置，如第2节所述。

2. 测角仪

测角仪是用于测量角度 2θ 的装置，是X射线衍射仪的核心组成部分。样品台位于测角仪中心，样品台的中心轴与测角仪的中心轴垂直。样品放置于样品台上，且与中心重合，样品台既可以绕测角仪中心轴转动，又可以绕自身中心轴转动。测量时运动分为两种：一种是 θ—2θ 连动，X射线管不动，样品台转过 θ 角，探测器转过 2θ 角；另一种是 θ—θ 连动，样品台不动，X射线转过 θ 角，探测器转过 θ 角。图11−8给出了测角仪内部光路图。

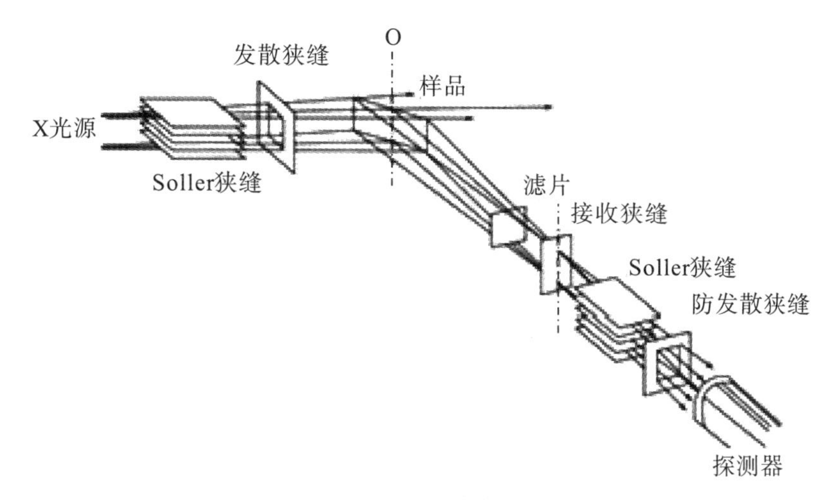

图11−8　测角仪内部光路图

测角仪要求与X射线管的线状焦点连接使用。线焦点的长边方向与测角仪的中心轴平行。X射线管的线焦点尺寸一般为1.5 mm×10 mm，靶是倾斜放置的，靶面与接收方向夹角为30°，这样在接收方向上的有效尺寸变为0.08 mm×10 mm。采用线焦点的好处是可使较多的入射线能量作用在样品上。如果只采用通常的狭缝，便无法控制沿窄缝长边方向的发散度，从而造成衍射圆环宽度的不均匀性，因此，在测角仪中采用由窄缝光阑与 Soller 狭缝组成的联合光学系统。在线焦点与试样之间，试样与探测器之间均引入一个 Soller 狭缝。在试样与探测器之间的 Soller 狭缝之间再安置一个狭缝，用以遮挡除试样产生的衍射线之外的寄生散射线（防寄生）。光路中心线所决定的平面称为测角仪平面，它与测角仪中心轴垂直。Soller 狭缝由一组互相平行、间隔很密的重金属（Ta 或 Mo）薄片组成（长 32 mm，厚 0.05 mm，间距 0.43 mm），安装时，要使薄片与测角仪平面平行。它可将倾斜的 X 射线遮挡住，使垂直测角仪平面方向的 X 射线束的发散度控制在 1.5°左右。

3. X 射线探测器

测量 X 射线强度的装置常用荧光板、正比计数器、NaI 闪烁计数管、固体检测器，下面简单介绍一下后两种。

X 射线衍射分析中使用的闪烁计数管由三部分组成：闪烁晶体、光电倍增管和前置放大器。闪烁晶体是掺有 0.5%左右的铊作为激活剂的 NaI 透明单晶体切片，厚 1～2 mm，晶体被密封在一个特制的盒子里，以防止 NaI 晶体受潮损坏。密封盒的一面是薄的铍片（不透光），用来作为接收 X 射线的窗；另一面是对蓝紫光透明的光学玻璃片。密封盒的透光面紧贴在光电倍增管的光电阴极窗面上，界面上涂有一薄层光学硅脂，以增加界面的光导率。每一个 X 射线光子作用在 NaI 上转换为突发的 420 nm（蓝紫色）可见光子群，每次闪烁将激发光电倍增管产生光电子，这些一次光电子被第一级接收极收集并激发出更多的二次电子，再被下一级接收极收集，又倍增出更多的电子，经 10 级接收极的倍增作用后形成可检测的电脉冲信号。闪烁计数管的主要优点是：对各种 X 射线波长均具有很高的量子效率，接近 100%，稳定性好，使用寿命长。此外，它和正比计数器一样具有很短的分辨时间（10^{-7}秒），因此实际上不必考虑检测器本身所带来的计数损失。其缺点为本底脉冲过高，即使在没有 X 射线入射时，依然会产生暗电流的脉冲，即所谓的热噪声。

固体检测器是以半导体材料为探测介质的辐射探测器。最常用的半导体材料是锗和硅。半导体探测器在两个电极之间加一定的偏压，当入射粒子进入半导体探测器时，即产生电子—空穴对，在两极加上电压后，电荷载流子就向两极做漂移运动，收集电极上会感应出电荷，从而在外电路中形成信号脉冲。在半导体探测器中，入射粒子产生一个电子—空穴对所需的平均能量为气体电离产生一个离子对所需能量的十分之一左右，因此，半导体探测器比闪烁计数器和气体电离探测器的能量分辨率更高。实际上，一般的半导体材料都有较高的杂质浓度，因此必须对杂质进行补偿或提高半导体单晶的纯度。通常使用的半导体探测器主要有面垒型、锂漂移型和高纯锗等几种类型。

4. X 射线系统控制装置

X 射线系统控制装置包括数据采集系统和各种电气系统。

5. 数据处理与打印系统

程序化的 X 射线衍射仪的运行以及衍射数据的采集分析等过程都可以通过计算机控制系统完成。计算机主要具有三大模块：①衍射仪控制操作系统：主要完成衍射数据的采集等任务；②衍射数据处理分析系统：主要完成图谱处理、自动检索、图谱打印等任务；③各种 X 射线衍射分析应用程序。

3.2　工作原理

X 射线衍射的基本原理是 X 射线受到原子核外电子的散射而发生的衍射现象。由于晶体中规则的原子排列就会产生规则的衍射图像，可据此计算分子中各种原子间的距离和空间排列。以粉末法 X 射线衍射为例，通过单色 X 射线照射多晶样品，入射 X 射线波长固定，通过无数取向不同的晶粒来获得满足布拉格方程的 θ 角，对于任意平面，由于粉末样品的晶体颗粒无穷多且取向随机，因此，在任意时刻，必有取向正好使得该平面满足布拉格方程的晶体存在，从而产生衍射，所有的衍射线分布在一个圆锥面上，不同的圆锥面对应不同的晶面衍射，如图 11－9 所示。

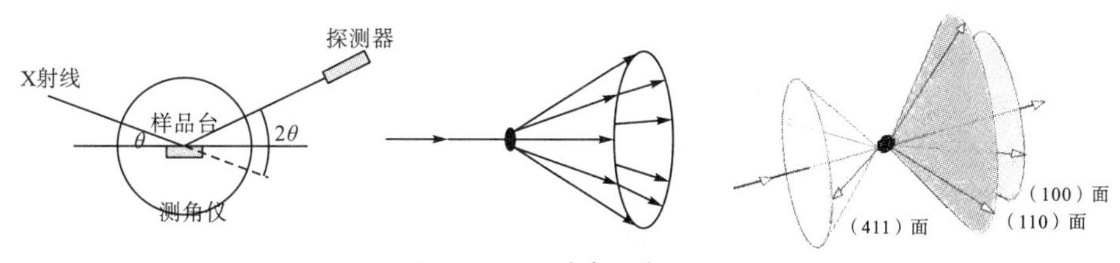

图 11－9　测试工作原理

由于平面与入射线的夹角为 θ，因此衍射线与入射线的夹角为 2θ。在实际测量衍射信号的时候，由于无法直接测出平面的排列及取向，所以也无法直接测量出平面与入射 X 射线的夹角，但可以直接测量出衍射信号与入射 X 射线的夹角 2θ，因此在 X 射线分析中，实际测量和使用的角度单位皆为 2θ 角度。

图 11－9 中衍射圆锥的顶角为 4θ，即为衍射角度的 4 倍。X 射线衍射仪的前身为德拜照相机，在照相机中，底片环绕样品安装，如图 11－10 所示。底片展开后，衍射圆锥与底片的交线为一对对圆弧。目前在晶体 X 射线衍射的标准数据库中，约 1980 年以前的数据都是以这种德拜照片为依据获得的。

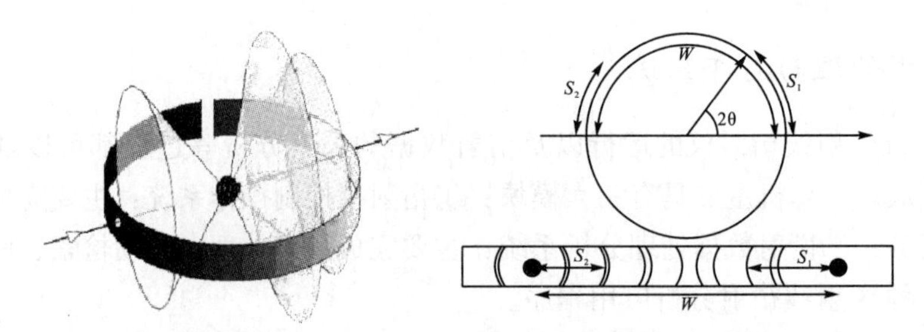

（a）德拜相机底片安装与衍射圆锥的关系　（b）底片侧面图与底片展开后衍射圆锥与底片的交线

图 11－10　德拜照相机

由于德拜照相机不仅精度低，而且需要冲洗照片，实验过程复杂费时，目前已经使用衍射仪对 X 射线进行分析，完全取代了德拜照相法。在 X 射线衍射技术中，衍射发生的原理及衍射信号的记录方式与德拜照相法是完全一致的。图 11－11 为同一样品用 X 射线衍射仪所得衍射图谱与用德拜照相机所得德拜照片的对比图。

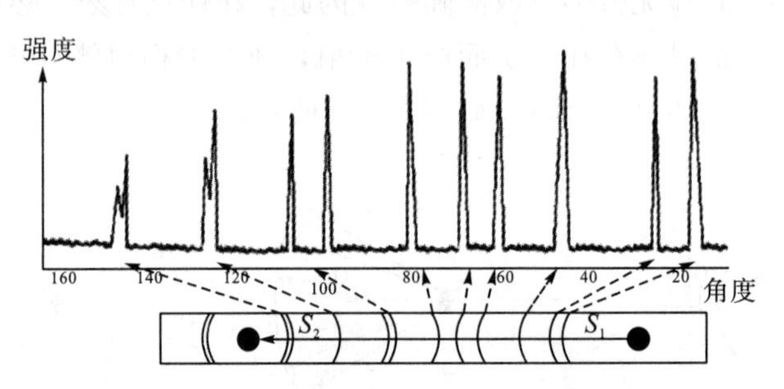

图 11－11　德拜照片与 X 射线衍射图谱比较

在 X 射线衍射仪测量时，测角仪（计数管）是在半圆周上测量的，即所测得的是衍射信号与入射 X 射线信号之间的角度，因此该角度为 2θ（计算晶面间距时应除以 2 变成 θ）。图 11－12 是一张典型的粉末样品 X 射线衍射图谱。

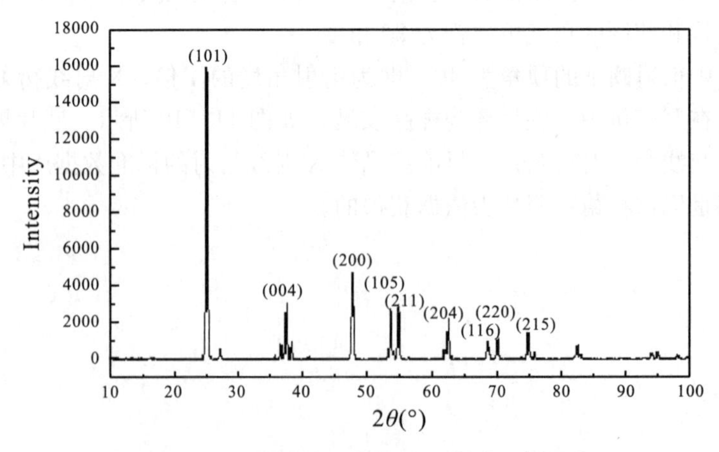

图 11－12　典型的粉末样品 X 射线衍射图谱

第 4 节　分析测试

4.1　制样

实验过程中应保证样品的组成及其物理化学性质的稳定，以确保采样的代表性和衍射图谱的可靠性，另外，制样方法对于获得的 X 射线衍射图谱有明显影响，如图 11－13所示。

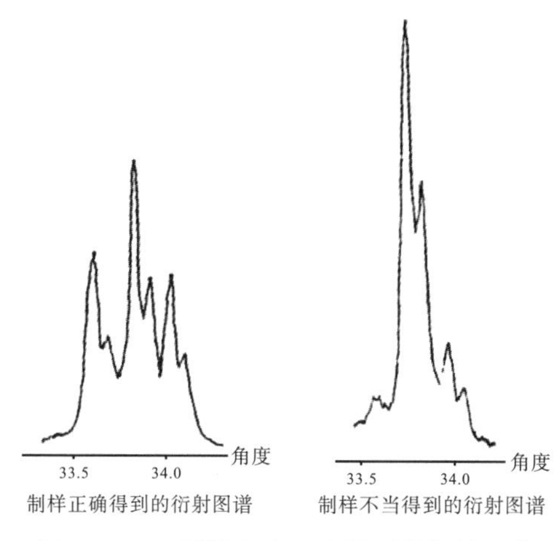

图 11－13　制样方法不当得到的衍射图谱

对于块状样品，X 射线测量样品面积应不小于 10 mm×10 mm，厚度不超过 5 mm，并用橡皮泥固定在空心样品架上，样品需有一个平面，该平面与样品板平面保持一致。

对于片状、圆柱状样品，会存在严重的择优取向，衍射强度异常，因此要求测试时合理选择相应的方向平面。

对于纤维样品的测试，应该给出测试纤维的作用方向是平行照射还是垂直照射，因为取向不同，衍射强度也不相同。

对于焊接材料，如断口、焊缝表面的衍射分析，要求断口相对平整。

对于金属样品，要求磨成一个平面，面积不小于 10 mm×10 mm，如果面积太小，可以将几块粘贴在一起。

当测量金属样品的微观应力（晶格畸变）和残余奥氏体等信息时，要求样品不能简单粗磨，要制备成金相样品，并进行普通抛光或电解抛光，消除表面应变层。

下面简单介绍粉末样品的制作过程。

首先，把样品研磨成适合衍射实验用的粉末（<320 目，约 45 μm）。然后，把样品粉末制成一个有十分平整的平面的试片。常用的方法有：①压片法，一般用玻璃板把样品压实、压平于样品板的凹槽中。如果样品量很少，则可用毛玻璃样品板制样，用玻璃板压在毛玻璃面上。②涂片法，把粉末撒在 25 mm×35 mm×1 mm 的显微镜载片上

（撒粉的位置要相当于制样框窗孔位置），然后加上足够量的易挥发的溶剂，比如丙酮或酒精（样品在其中不溶解），使粉末成为薄层浆液状，均匀地涂布开来，粉末的量只需能够形成一个单颗粒层的厚度就可以了，待溶剂蒸发后，粉末黏附在玻璃片上，就可使用了。

表 11－4 给出了颗粒大小与线吸收系数的关系。为了获得良好的衍射图谱，颗粒大小应该控制在一定范围。颗粒过大，不能保证试样受光照体积中晶粒的取向是完全随机的，也无法消除消光和吸收效应对衍射的影响，衍射强度低，峰形不好，分辨率低；但颗粒过细（$<$100 nm），衍射线会出现宽化。

表 11－4　颗粒大小与线吸收系数的关系

<table>
<tr><th rowspan="2">颗粒大小/μm</th><th colspan="4">线吸收系数/cm^{-1}</th></tr>
<tr><th>$10^0 \sim 10^1$</th><th>$10^1 \sim 10^2$</th><th>$10^2 \sim 10^3$</th><th>$10^3 \sim 10^4$</th></tr>
<tr><td>10^1</td><td>细</td><td>中</td><td>粗</td><td>十分粗</td></tr>
<tr><td>10^0</td><td colspan="2">细</td><td>中</td><td>粗</td></tr>
<tr><td>10^{-1}</td><td colspan="3">细</td><td>中</td></tr>
<tr><td>10^{-2}</td><td colspan="4">细</td></tr>
</table>

制备几乎无择优取向的样品试片的方法有喷雾法、塑合法等。

4.2　测量方法

多晶体 X 射线衍射方法一般都是 θ—2θ 扫描。即样品转过 θ 角时，测角仪同时转过 2θ 角，这个转动的过程称为扫描。扫描的方式一般分为两种：连续扫描和步进扫描。涉及的测量参数包括狭缝宽度、扫描速度、时间等。

1. 连续扫描

连续扫描测量法常用于物相定性分析。这种测量方法是将计数器与计数率仪相连，计数器由接近 0°（5°～6°）处开始向 2θ 角增大的方向扫描。计数器以一定扫描速度与样品台联动扫描测量各衍射角对应的强度，获得衍射峰强度与位置的关系曲线。采用连续扫描可在较快速度下获得一幅完整而连续的衍射图。例如，以 4°/min 的速度测量一个 2θ 从 20°～100°的衍射花样，20 min 即可完成。连续扫描的测量精度受扫描速度和时间常数的影响，因此需要合理地选定这两个参数。

2. 步进扫描

步进扫描测量法常用于精确测定衍射峰的积分强度、位置，或提供线性分析所需的数据，适合定量分析。这种测量方法是将计数器与定标器连接，计数器从起始 2θ 角处按预先设定的步进宽度（如 0.02°）、步进时间（如 5 s）逐点测量各 2θ 角对应的衍射强度。步进扫描每点的测量时间较长，总脉冲计数较大，可有效地减小统计波动的影响。

由于不使用计数率计，没有滞后效应，故测量精度较高，但因测试费时较多，通常只用于测定 2θ 范围不大的一段衍射图谱。步进宽度和步近时间是决定测量精度的重要参数，故要进行合理的选定。

4.3　测试分析软件

（1）PCPDFWIN，属于第二代物相检索软件。它是在衍射图谱标定以后，按照 d 值进行检索，包括限定元素、三强线、结合法等分析方法。一张复杂的衍射图谱有时候需要花几天的时间进行检索。

（2）Search－Match，一个专门的物相检索程序，属于第三代检索软件，采用图形界面，根据图谱进行对谱，实现和原始实验数据的直接对接，可以自动或手动标定衍射峰的位置，对于一般的图都能很好地应对。一张含有 4～5 相的图谱，检索只需 3 min，效率比较高。

（3）High－Score，几乎具备 Search－Match 中的所有功能，而且比 Search－Match 更实用，比如手动加峰或减峰更加方便，可以对衍射图进行平滑等操作，图谱更漂亮，可以编辑原始数据的步长、起始角度等参数，可以对峰的外形进行校正，进行半定量分析，物相检索更加方便，检索方式更多。

（4）Jade，是目前比较常用的 XRD 检索软件，如图 11－14 所示，具有以下优点：①可以进行衍射峰的指标化；②进行晶格参数的计算；③根据标样对晶格参数进行校正；④轻松计算峰的面积等；⑤作图更加方便，支持随意编辑。相关介绍请见本章第 5 节。

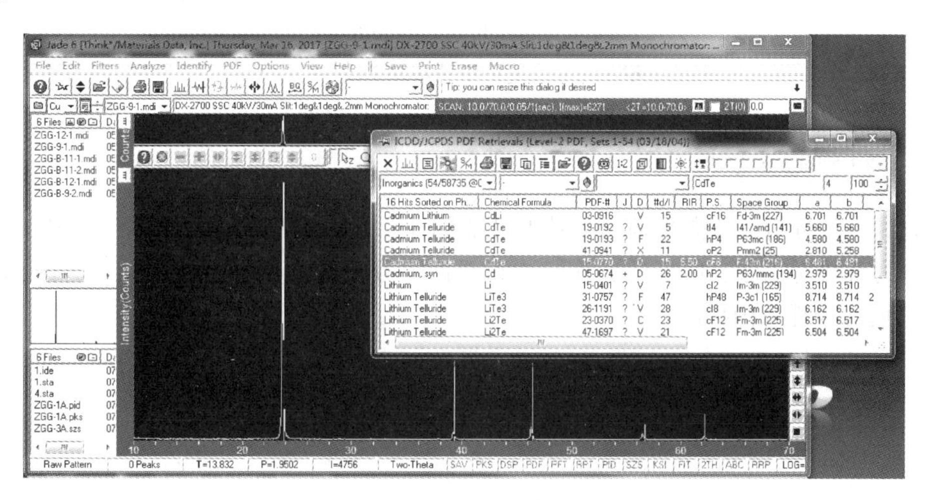

图 11－14　用于 X 衍射分析的 Jade 软件

4.4　测试过程

X 射线衍射测试的基本步骤包括：制备样品、获得衍射花样、分析计算各衍射线对应的各种参数。

衍射图谱往往很复杂，一般从3个基本要素着手：衍射峰对应的位置、形状与强度。其中峰位的确定有峰顶法、切线法、半高宽中点法、7/8高度法以及中点连线法等。其分析获得的信息包括物相定性与定量分析、点阵常数测定、晶体对称性测定、等效点系测定、应力测定、晶粒度测定和织构测定等。

1. 物相定性分析

物质的X射线衍射图谱特征是分析物相的"指纹"，每种物质的衍射花样都不相同，几种混合物的衍射花样是各单独物相衍射线的简单叠加，因此可以将混合物中的各物相一一确定出来。物相定性分析的基础原理与方法是：制备各种标准单相物质的衍射花样并将之规范化（PDF卡片，如图11－15所示），将未知物质的衍射花样与之进行对比，进而确定其组成。对于定性分析，应先确定三强线的信息，然后进行卡片索引，目前已经可由计算机完成相关工作。

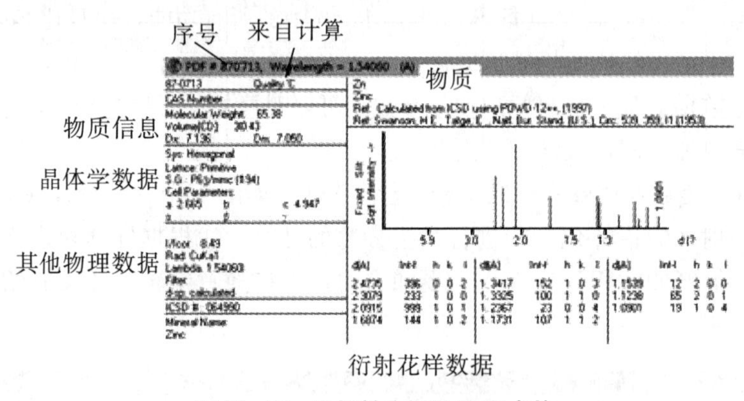

图11－15　X衍射分析用PDF卡片

2. 物相定量分析

物相定量分析的依据是各相衍射线的强度随该相含量的增加而提高。物相定量分析方法分为直接对比法、内标法、外标法和无标样分析法，其中内标法又分为内标曲线法、K值法与任意内标法。

第5节　知识链接

5.1　可用的数据库

目前提供X衍射数据库的机构有国际晶体学联合会（IUCr）、国际衍射数据中心（ICDD）、剑桥晶体数据库中心（CCDC）、无机晶体结构数据库（ICSD）、蛋白质结构数据库（PDB）、粉末衍射专业委员会（CPD）和晶体学公开数据库（COF）。通常所用的为国际衍射数据中心（ICDD）提供的电子版粉末衍射数据集（PDF2），在使用 Jade 之前必须导入 PDF2 才能进行充分的测定分析工作。

5.2　Jade 分析软件

Jade 分析软件是 MDI（Materials Date，Inc）的产品，具有 X 射线衍射分析的强大功能，如平滑曲线、K_{α}分离、去背底、寻峰、峰拟合、物相检索、结晶度计算、晶粒大小分析、晶格畸变与应力分析、晶格常数计算、图谱指标化、角度校正以及衍射谱计算等功能。从 Jade 6.0 开始增加了全谱拟合 Rietveld 法定量分析，还可以对晶体结构进行精修。本部分主要介绍 Jade 软件的基本使用方法。对图谱的分析包括数据导入、数据平滑、背底测量与扣除、分离 $K_{\alpha 2}$衍射线、寻峰、物相的定性分析与定量分析等。图 11－16 是 Jade 常用工具栏。

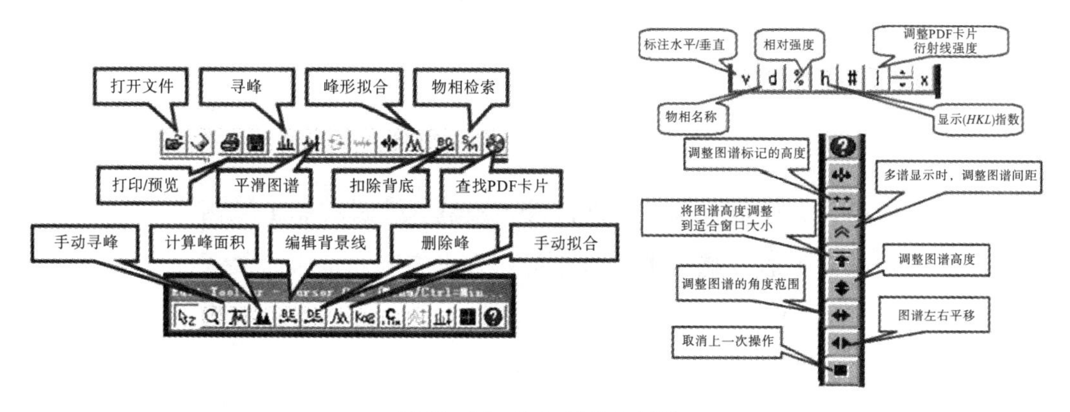

图 11－16　Jade 常用工具栏

1. 定性分析

定性分析的步骤包括：①给出检索条件，包括检索子库（有机还是无机、矿物还是金属等）、样品中可能存在的元素等；②计算机按照给定的检索条件进行检索，将最可能存在的前 100 种物相列成表；③从列表中检定出一定存在的物相。

简单的衍射数据处理如下：

(1) 数据导入。选择菜单“File ｜ Patterns...”打开一个读入文件的对话框。也可以点击进入。

(2) 数据平滑。右键单击图 11－17 中圈内按钮，打开对话框，移动滑轮，可以查看平滑效果，移动滑轮到合适位置，然后点击图中的 Close，最后左键单击平滑按钮，就会应用平滑效果。

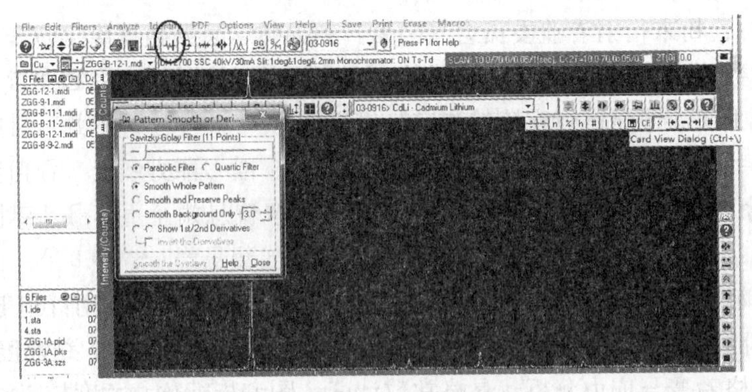

图 11－17　数据平滑

（3）背底测量与扣除。单击按钮，利用鼠标微调红色圆点，对基线进行调节，基线确定之后，再一次点击按钮，基线自动被扣除。

（4）物相检索。右键单击按钮，出现物相搜索与匹配界面。选择相应的数据库，点击 Ok，软件随即进行自动检索，如图 11－18 所示。在图中相应的卡片检索结果前勾选，完成检索。

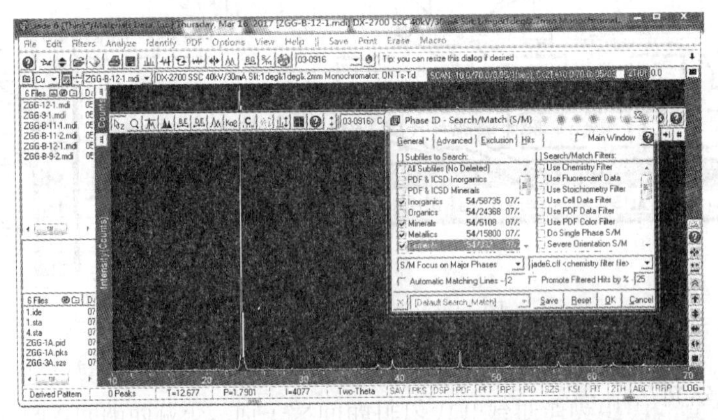

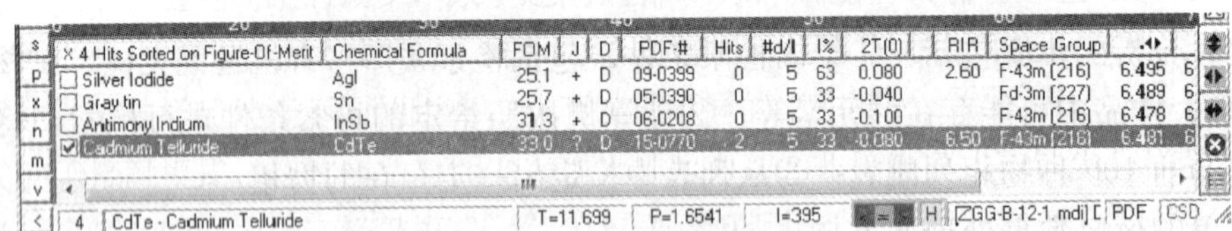

X 4 Hits Sorted on Figure-Of-Merit	Chemical Formula	FOM	J	D	PDF-#	Hits	#d/I	I%	2T(0)	RIR	Space Group	
Silver Iodide	AgI	25.1	+	D	09-0399	0	5	63	0.080	2.60	F-43m (216)	6.495
Gray tin	Sn	25.7	+	D	05-0390	0	5	33	-0.040		Fd-3m (227)	6.489
Antimony Indium	InSb	31.3	+	D	06-0208	0	5	33	-0.100		F-43m (216)	6.478
Cadmium Telluride	CdTe	33.0	?	D	15-0770	2	5	33	-0.080	6.50	F-43m (216)	6.481

图 11－18　物相检索

（5）寻峰。点击图 11－19 中圈内工具，将峰位置标定出来。在寻峰之后，一定要仔细检查，并用手动工具栏中的“手动寻峰”来增加漏判的峰（鼠标左键在峰下面单击）或清除误判的峰（鼠标右键单击）。然后观察和输出寻峰报告，可以通过右下角的“n”“h”等按钮，显示出衍射峰的信息，最后保存为 txt 数据，并用 Origin 作图，或者用鼠标右键点击，输出图片。

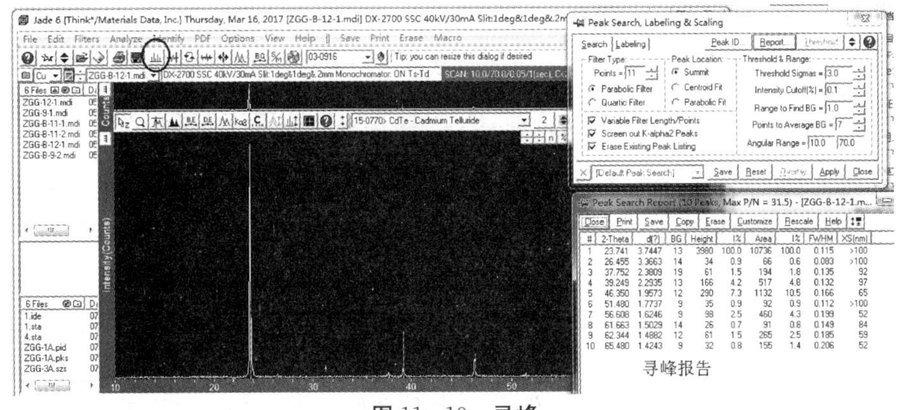

图 11－19　寻峰

2. 定量分析

定量分析的步骤包括：①对物质进行多物相检索，确定图谱中存在的物相种类，选定物相；②在Option 菜单中，选择 WPF Refine 模块，进入全谱拟合界面；③在全谱拟合界面中，对包括峰型函数、峰宽函数、背底函数、结构参数在内的参数进行修正。点击 Refine，进行精修，根据 WPF 模块中 Display 窗口中显示的 R 值来判断精修的好坏，一般情况下 R 值在 10%以内可以认为精修的结果是正确的。

3. 谢乐公式

谢乐（Scherrer）公式，由德国著名化学家德拜和他的研究生谢乐首先提出，是 XRD 分析晶粒尺寸的著名公式。

$$D = \frac{K\lambda}{B\cos\theta} \tag{11-9}$$

式中，K 为 Scherrer 常数；D 为晶粒垂直于晶面方向的平均厚度；B 为实测样品衍射峰半高宽度；θ 为衍射角；λ 为 X 射线，波长 0.154 nm。使用谢乐公式时，需要扣除仪器宽化的影响。如果用 Cu 靶 K_α 线衍射，$K_{\alpha1}$ 和 $K_{\alpha2}$ 必须扣除一个。计算晶粒尺寸时，一般采用低角度的衍射线，如果晶粒尺寸较大，可用较高衍射角的衍射线来代替。谢乐公式求得平均晶粒尺寸，且是晶面法向尺寸，如果是大角度衍射，最好取衍射峰足够强的峰。该计算公式适用的晶粒大小范围为 1～100 nm。

第 6 节　技术应用

6.1　在材料物相分析方面的应用

通过分析待测试样的 X 射线衍射花样，不仅可以知道物质的化学成分，还能知道某元素是以单质存在，还是以化合物、混合物或同素异构体存在。通过 X 射线衍射试验，还可以进行结晶物质的定量分析、晶粒大小的测量和晶粒的取向分析。目前，X射线衍射技术已经广泛应用于各个领域的材料分析与研究工作中。

1. 物相鉴定

物相鉴定是指确定样品的晶体结构、晶体完整性、晶态或者非晶态等，主要包括定性物相分析和定量物相分析。

图11－20是样品热处理前后由非晶态到晶态的XRD图谱。实验中发现室温下沉积的样品都是非晶态［曲线（a)］，在高温退火1 h后，多数样品转变为金红石结构的多晶薄膜。曲线（b)、(c)、(d）中的上只出现了SnO_2四方相的（110)、(101)、(200)、(211）衍射峰，且衍射峰的强度随着沉积条件的变化而改变。曲线（e）中除了SnO_2的衍射峰外，还出现了SnO四方相的（101)、(110)、(112)、(211）衍射峰。根据Scherrer公式，由（110）衍射峰半高宽计算出SnO_2薄膜中晶粒的平均尺寸，大小在10～20 nm之间。

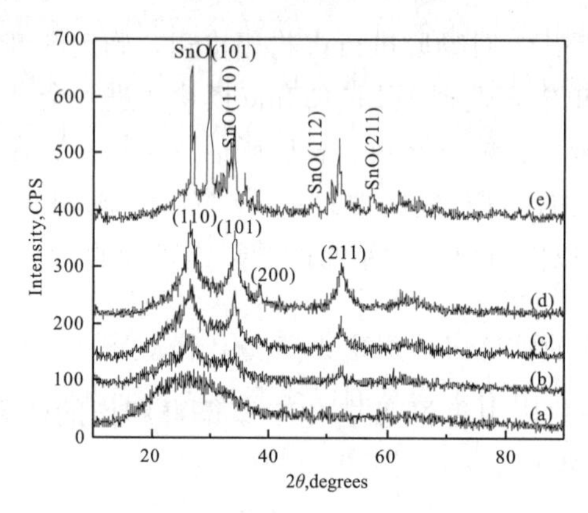

图11－20　样品热处理前后的XRD图谱

2. 点阵参数的测定

点阵参数是物质的基本结构参数，任何一种晶体物质在一定状态下都有一定的点阵参数。图11－21是利用X射线衍射技术获得的Ni掺杂$\alpha-Fe_2O_3$样品的晶胞参数。通过点阵参数的确定，可以研究物质的热膨胀系数、固溶体类型与含量、固相溶解度曲线、宏观应力、过饱和固溶体分解过程等信息。

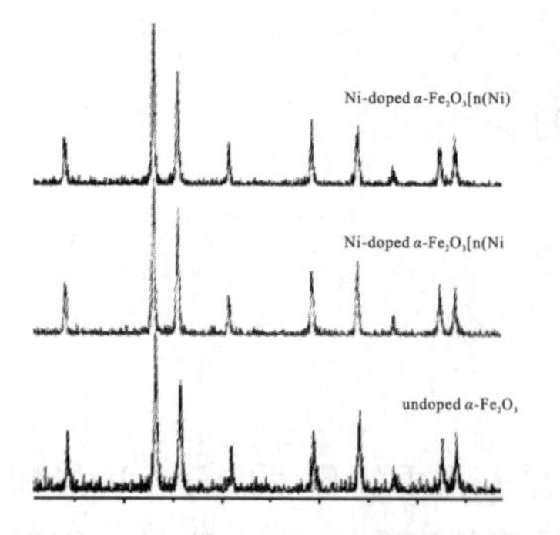

No.	n(Ni) /n(Fe)	a/Å	b/Å	c/Å
1	0	5.0190	5.0190	13.7635
2	0.05	5.0380	5.0380	13.7720
3	0.10	5.0536	5.0536	13.7816

图11－21　利用X衍射衍射技术获得的Ni掺杂$\alpha-Fe_2O_3$品的晶胞参数

3. 晶体取向及织构的测定

理想的多晶体中，各晶粒的取向为无规则分布，宏观表现为各相同性。实际多晶体材料的晶粒存在择优取向，称为织构。

织构的形成与材料制备工艺有关，织构造成多晶材料的物理、化学、力学等性能发生各向异性。织构分为丝织构和板织构。通过 XRD 测定织构有极图、反极图和取向分布函数等方法。图 11－22 是高纯 Ni 的再结晶织构和轧制织构。

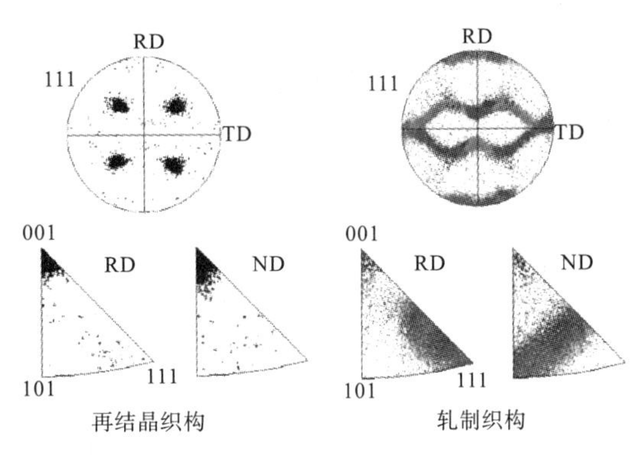

图 11－22　高纯 Ni 的再结晶织构和和轧制织构

4. 宏观应力参数的测定

微宏观应力的存在使得样品内部晶面间距发生变化，通过测定衍射角的变化可以算出宏观应力变化，衍射峰的位移是测定宏观应力的依据。

另外还有晶体取向的测定、结晶度的测定、晶粒大小计算等应用。

6.2　在生理学、医学上的应用

1. 揭示 DNA 双螺旋结构

20 世纪 40 年代末、50 年代初，DNA 被确认为遗传物质，它能携带遗传信息，能自我复制传递遗传信息，能让遗传信息得到表达以控制细胞活动，并能突变并保留突变。对于 DNA 的结构，人们一直在探索。伦敦国王学院的威尔金斯和富兰克林用 X 射线衍射法研究 DNA 的晶体结构。当 X 射线照射到生物大分子的晶体时，晶格中的原子或分子会使射线发生偏转，根据得到的衍射图像，可以推测分子大致的结构和形状。生物学家富兰克林最早认定 DNA 具有双螺旋结构。1952 年 5 月，她运用 X 射线衍射技术拍摄到了清晰而优美的 DNA 照片，照片表明 DNA 是由两条长链组成的双螺旋，宽度为 20 Å，这为探明其结构提供了重要依据。

加州理工学院的莱纳斯・鲍林将 X 射线衍射晶体结构测试的方法引入蛋白质结构的测定中，并且推导了经衍射图谱计算蛋白质中重原子坐标的公式。至今，通过蛋白质结晶进行 X 射线衍射实验仍然是测定蛋白质三级结构的主要方法，结构已知的绝大部分蛋白质都是由这种方法测定获得的。结合血红蛋白的晶体衍射图谱，鲍林提出蛋白质中的肽链在空间中是呈螺旋形排列的，这是最早的 α 螺旋结构模型。1954 年，鲍林由于在化学键的研究以及用化学键的理论阐明复杂的物质结构而获得诺贝尔化学奖。

同期，沃森和克里克的研究小组进行了 DNA 分子模型的研究，他们从 1951 年 10 月开始拼凑模型，几经尝试，终于在 1953 年 3 月获得了正确的模型。

DNA 双螺旋模型的发现，是 20 世纪最为重大的科学发现之一，也是生物学历史上唯一可与达尔文进化论相比的最重大的发现，它揭开了分子生物学的新篇章，人类从此开始进入改造、设计生命的征程。同时，它也是许多人共同奋斗的结果，克里克、威尔金斯、富兰克林和沃森，特别是克里克，是其中最为杰出的。沃森、克里克、威尔金斯因发现核酸的分子结构及其对生命物质信息传递的重要性分享了 1962 年的诺贝尔生理学或医学奖。

2. 测定蛋白质晶体结构

英国生物化学家肯德鲁和佩鲁兹用 X 射线衍射分析法研究血红蛋白和肌红蛋白。采用特殊的 X 射线衍射技术及电子计算机技术描述肌红蛋白螺旋结构中氨基酸单位的排列，研究了 X 射线衍射晶体照相术以及蛋白质和核酸的结构与功能。1960 年，他们把一些蛋白质分子和衍射 X 射线效率特别高的大质量原子（如金或汞的原子）结合起来，首次精确地测定了蛋白质晶体的结构。佩鲁兹和肯德鲁分享了 1962 年的诺贝尔化学奖。

3. 测定生物分子结构

英国女化学家霍奇金研究了数以百计的固醇类物质的结构，其中包括维生素 D2（钙化甾醇）和碘化胆固醇。她在运用 X 射线衍射技术测定复杂晶体和大分子的空间结构的研究中取得了巨大成就。1949 年，她测定出青霉素的结构，促进了青霉素的大规模生产。1957 年，她又成功测定出抗恶性贫血的有效药物——维生素 B12 的巨大分子结构，使合成维生素 B12 成为可能。霍奇金于 1964 年获诺贝尔化学奖，成为继居里夫人及其女儿伊伦·约里奥-居里之后，第三位获得诺贝尔化学奖的女科学家。

X 射线衍射技术的应用还有以下方面。

（1）挪威化学家哈塞尔（1969 年获诺贝尔化学奖）采用 X 射线衍射技术研究结晶结构和分子结构，并测定电偶极矩，确立用构象分析（分子的三维几何结构）把化学性质和分子结构系统地联系起来。

（2）英国科学家威尔金森与德国科学家费歇尔（1973 年获诺贝尔化学奖）采用 X 射线晶体分析法对有机金属化学进行综合研究。

（3）美国物理学家、化学家利普斯科姆（1976 年获诺贝尔化学奖）采用低温 X 射线衍射和核磁共振等方法研究硼化合物的结构及成键规律以及化学键的一般性质。

（4）英国生物化学家桑格（1958 年获诺贝尔化学奖，1980 年获诺贝尔化学奖）利用 X 射线确定了牛胰岛素的化学结构，从而奠定了合成胰岛素的基础，并促进了对蛋白质分子结构的研究，确定了胰岛素分子结构和 DNA 核苷酸顺序以及基因结构。

（5）英籍南非生物化学家克卢格（1982 年获诺贝尔化学奖）将 X 射线衍射法和电子显微镜技术结合起来，发明了显微影像重组技术，并用这种技术揭示了病毒和细胞内重要遗传物质的详细结构。

（6）美国晶体学家豪普特曼和美国物理学家卡尔勒（1985 年获诺贝尔化学奖）推导出衍射线相角的关系，确定了晶体学结构的直接计算法。

（7）胡伯尔、戴森霍弗以及米歇尔（1988 年获诺贝尔化学奖）用 X 射线晶体分析法确定了光合成中能量转换反应的反应中心复合物的立体结构，揭示了由膜束的蛋白质形成的全部细节。

（8）美国生物化学家博耶等（1997 年获诺贝尔化学奖）利用同步辐射装置的 X 射线研究生物分子的结构与功能，对人体细胞内的离子传输酶做出突出贡献。

（9）美国科学家麦金农（2003 年获诺贝尔化学奖）等利用 X 射线晶体成像技术获得了世界第一张离子通道的高清晰度照片，并第一次从原子层面揭示了离子通道的工作原理。

（10）科恩伯格（2006 年获诺贝尔化学奖）使用 X 射线衍射技术结合放射自显影技术揭示了真核生物体内的细胞如何利用基因内存储的信息生产蛋白质，为破译生命的隐秘做出了重大贡献。

第 7 节　例题习题

7.1　例题

例 1　利用 Jade 软件计算平均晶粒尺寸。

解析：通过 Jade 软件导入样品 X 射线衍射测试获得的 txt 文件数据，经物相检索，分别扣除背底和 $K_{\alpha2}$线、平滑曲线、全谱拟合，然后点击 Report/Size&Strain Plot，在弹出的对话框内，选择 Constant FWHM 菜单，即可得到平均晶粒尺寸数据。

例 2　NaCl 晶体的主晶面间距为 0.282 nm，对单色 X 射线的布拉格一级反射角为 15°，求对应的入射 X 射线波长。

解析：根据布拉格公式：$2d\sin\theta=n\lambda$，$n=1$，$\theta=15°$，求得 $\lambda=0.146$ nm。

例 3　图 11－23 是不同沉积条件制备的 ITO 薄膜的 XRD 图谱，试分析相应的物相信息。

解析：由图谱可知，薄膜在 21.3°，30.4°，35.3°，50.7°和 60.3°出现了强的衍射峰，分别对应 In_2O_3的立方相结构的（211）、（222）、（400）、（440）和（622）晶面（表 11－5 为编号 06－0416 的 In_2O_3标准卡片）。XRD 图谱中并没有发现 In、Sn 及其亚氧化物的衍射峰。由衍射峰的相对强度和锐度变化可以判断薄膜的结晶性能，随着溅射功率的增加，晶体结构得以完善，结晶质量提高，溅射功率在 13～74 W 范围时，（222）衍射峰的强度随着溅射功率的增加而增加，继续增加溅射功率，（222）衍射峰的强度逐渐减弱，同时（400）衍射峰逐渐增强，这表明薄膜的结晶取向发生了变化，薄膜由（222）方向的择优取向转变为（400）方向的择优取向。表 11－5 中列出了从 XRD 图谱上得到的所制备的 ITO 薄膜的晶面间距、晶格常数和晶粒大小等数据。由表可知，所制备的 ITO 薄膜的晶面间距 d 均大于 In_2O_3 晶体中（222）和（400）晶面的晶面间距，这说明薄膜中有应力存在，并且随着功率的增大，d 值减小，应力变小。溅射功率在 93 W 以下时，随着溅射功率的增大，（222）衍射峰的半高宽逐渐减小，晶粒尺寸变大。93 W 与 112 W 的溅射功率下沉积的薄膜的半高宽相差无几。

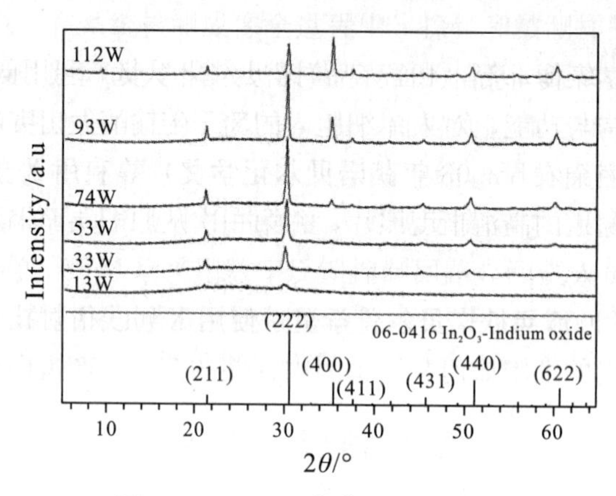

图 11－23　ITO 薄膜的 XRD 图谱

表 11－5　由 XRD 图谱得到的 ITO 薄膜的参数以及 In_2O_3 标准卡片

Power（W）	Orientation	d（Å）	In_2O_3 lattice constant（nm）	FWHM（°）	Average grain size（nm）
33	（222）	2.9667	1.0277	0.402	20.5
53	（222）	2.9527	1.0228	0.366	22.5
74	（222）	2.9474	1.0210	0.279	29.5
93	（222）	2.9442	1.0199	0.244	34.6
	（400）	2.5464	1.0186	0.235	
112	（222）	2.9381	1.0178	0.246	34.4
	（400）	2.5411	1.0164	0.236	
（JCPDS）card for In_2O_3（06－0416）	（222）	2.9210	1.0118		
	（400）	2.5290	1.0116		

7.2　习题

1. 简述 X 射线产生的条件及 X 射线衍射技术测试方式。
2. 简述 X 射线管的工作原理。
3. 简述连续 X 射线和特征 X 射线产生的原理与特点。

4. 对于 XRD 图谱，每一条衍射峰的位置（即衍射角度）都与标准图谱完全吻合，但衍射峰的强度不一样，这是为什么？

5. 什么是相干散射和非相干散射？

6. 计算当射线管电压为 80 kV 时，电子与靶碰撞时的速度与动能，以及发射的连续 X 射线短波限和最大动能。

7. 熟悉 Jade 6.0 软件的使用方法。

8. 试简述 X 射线光电子能谱（XPS）测试技术。

参考文献

［1］清华大学分析化学教研室. 现代仪器分析［M］. 北京：清华大学出版社，1983.
［2］雷仕湛. 漫话光谱［M］. 北京：科学出版社，1985.
［3］四川省分析测试技术联合服务中心. 精密分析仪器及应用［M］. 成都：四川科学技术出版社，1988.
［4］泉美治，小川雅弥，加藤俊二，等. 仪器分析导论［M］. 刘振海，李春鸿，张建国，等，译. 北京：化学工业出版社，2005.
［5］马成龙，王忠厚，葛德栋. 光学式分析仪器［M］. 北京：机械工业出版社，1981.
［6］《摄谱仪器》编写组. 摄谱仪器［M］. 北京：机械工业出版社，1978.
［7］塔检索夫 JK И. 光谱仪器［M］. 包学斌，桑胜泉，祝绍萁，译. 北京：机械工业出版社，1985.
［8］吴国安. 光谱仪器设计［M］. 北京：科学出版社，1978.
［9］赫兹堡. 分子光谱与分子结构（第二卷）［M］. 北京：科学出版社，1986.
［10］金鹤鸣，姜新力，姚骏恩. 中国电子显微分析仪器市场［M］//潘民. 分析仪器市场调查与分析. 北京：海洋出版社，1998.
［11］姚骏恩. 创造探索微观世界的有力工具［N］. 中国科技报，1986-12-08（3）.
［12］姚骏恩. 电子显微镜的最近进展［J］. 电子显微学报，1982，1（1）：1-9.
［13］郭可信. 晶体电子显微学与诺贝尔奖［J］. 电子显微学报，1983，2（2）：1-5.
［14］张三慧. 大学物理学之波动与光学［M］. 北京：清华大学出版社，2000.
［15］郭素枝. 扫描电镜技术及其应用［M］. 厦门：厦门大学出版社，2006.
［16］杜希文，原续波. 材料分析方法［M］. 天津：天津大学出版社，2006.
［17］梁志德，王福. 现代物理测试技术［M］. 北京：冶金工业出版社，2003.
［18］廖乾初，蓝芬兰. 扫描电镜原理及应用技术［M］. 北京：冶金工业出版社，1990.
［19］常铁军，祁欣. 材料近代分析测试方法［M］. 哈尔滨：哈尔滨工业大学出版社，2003.
［20］黄兰友，刘绪平. 电子显微镜与电子光学［M］. 北京：科学出版社，1991.
［21］王富耻. 材料现代分析测试方法［M］. 北京：北京理工大学出版社，2006.
［22］陈成均. 扫描隧道显微学引论［M］. 华中一，朱昂如，金晓峰，译. 北京：中国轻工业出版社，1996.
［23］彭昌盛，宋少先，谷庆宝. 扫描探针显微技术理论及应用［M］. 北京：化学工业

出版社，2007.
[24] 朱永法. 扫描探针显微镜 [EB/OL]. [2015－08－26]. http：//wenku. baidu. com/link? url=KbaEH2vfwUBo5tsCeKR0jQnodnpVLZDh1a4dMrO6qtqX4Dl0gveRMRnBZOZMvJXiwvG0CENl－Bi7w0kjAnjvpWG0XUlGiqXa3vLJYIOxfCu.
[25] 莫其逢，黄创高，田建民，等. 原子力显微镜与表面形貌观察 [J]. 广西物理，2007，28 (2)：46－49.
[26] 朱杰，孙润广. 原子力显微镜的基本原理及其方法学研究 [J]. 生命科学仪器，2005，3 (1)：22－26.
[27] 施洋，章海军. 新型大扫描范围原子力显微镜的研究 [J]. 光电工程，2004，31 (6)：30－33.
[28] 许槑，环圈量子引力简介 [J]. 物理通报，2007 (3)：55.
[29] LANG D V. Deep level transient spectroscopy a new method to characterize traps in semiconductors [J]. Journal of Applied Physics，1974，45 (7)：3023－3032.
[30] LANG D V. Recalling the origins of DLTS [J]. Physical B Condensed Matter，2007，401 (4)：7－9.
[31] 师昌绪，李恒德，周廉. 材料科学与工程手册 [M]. 北京：化学工业出版社，2004.
[32] 许振嘉. 半导体材料检测与分析 [M]. 北京：科学出版社，2007.
[33] 黄昆，韩汝琦. 半导体物理基础 [M]. 北京：科学出版社，1979.
[34] 万群，半导体材料浅释 [M]. 北京：化学工业出版社，1999.
[35] SAH C T，FORBES L，ROSIER L L，et al. Thermal and optical emission and capture rates and cross－sections of electrons and holes at imperfection centers in semiconductors from photo and dark current and capacitance experiments [J]. Solid State Electronics，1970 (13)：759－788.
[36] SHOCKLEY W，READ W T J. Statistics of the recombination of holes and electrons [J]. Physical Review，1952，87 (5)：835－842.
[37] HALL R N. Electron－hole recombination in Germanium [J]. Proceedings of the Physical Society，1953，24 (1)：221－229.
[38] 中国科学院半导体研究所理化分析中心研究室. 半导体的检测与分析 [M]. 北京：科学出版社，1984.
[39] BALCIOGLU A，AHRENKIEL R K，HASOON F. Deep－level impurities in CdTe/CdS thin－film solar cells [J]. Journal of Applied Physics，2000，88 (12)：7175－7178.
[40] 张寒琦. 仪器分析 [M]. 2 版. 北京：高等教育出版社，2013.
[41] 乔梁，涂光忠. NMR 核磁共振 [M]. 北京：化学工业出版社，2009.
[42] 严宝珍. 图解核磁共振技术与实例 [M]. 北京：科学出版社，2010.
[43] 熊国欣，李立本. 核磁共振成像原理 [M]. 北京：科学出版社，2007.
[44] 俎栋林. 核磁共振成像学 [M]. 北京：高等教育出版社，2004.